云安全联盟丛书

数据安全领域指南

王安宇　姚　凯　编著

电子工业出版社

Publishing House of Electronics Industry

北京·BEIJING

内 容 简 介

本书系统地阐述了数据安全的范畴、目标、体系架构和关键措施，对数据面临的安全风险与挑战进行了全面、深入的分析，提供了数据安全架构设计，隐私保护的监管要求、实施原则、技术选择，以及最佳实践。本书还针对IT网络、电信网络、云和物联网的数据安全，以及AI、区块链、5G等新兴场景与数据安全的结合点进行了分析与介绍，希望能够全面地反映国内外数据安全领域的理论和技术前沿水平。

本书不仅可作为高等院校网络空间安全、计算机、信息技术类专业的教材和参考书，也可作为信息安全、数据安全、云计算、隐私保护的从业人员，以及相近学科的工程技术人员的参考用书。

图书在版编目（CIP）数据

数据安全领域指南 / 王安宇，姚凯编著.—北京：电子工业出版社，2022.11

（云安全联盟丛书）

ISBN 978-7-121-44509-5

Ⅰ．①数… Ⅱ．①王… ②姚… Ⅲ．①数据处理－安全技术 Ⅳ．①TP274

中国版本图书馆 CIP 数据核字（2022）第 208918 号

责任编辑：李树林　　　文字编辑：张　慧

印　　刷：北京七彩京通数码快印有限公司

装　　订：北京七彩京通数码快印有限公司

出版发行：电子工业出版社

　　　　　北京市海淀区万寿路 173 信箱　邮编：100036

开　　本：787×1 092　1/16　印张：24　字数：614 千字

版　　次：2022 年 11 月第 1 版

印　　次：2025 年 1 月第 5 次印刷

定　　价：138.00 元

凡所购买电子工业出版社图书有缺损问题，请向购买书店调换。若书店售缺，请与本社发行部联系，联系及邮购电话：(010) 88254888，88258888。

质量投诉请发邮件至 zlts@phei.com.cn，盗版侵权举报请发邮件至 dbqq@phei.com.cn。

本书咨询和投稿联系方式：(010) 88254463，lisl@phei.com.cn。

"云安全联盟丛书" 概述

云安全联盟大中华区（以下简称"联盟"）是著名国际产业组织云安全联盟（CSA）的四大区之一，于 2016 年在中国香港注册，是在中国公安部注册备案的境外非政府组织。自成立以来，联盟致力于云计算和下一代数字技术安全领域的理论研究、标准制定和最佳实践的输出。

联盟受电子工业出版社邀请，组织编写了"云安全联盟丛书"。丛书的编写坚持理论与实践并重的原则，既保证理论知识的准确严谨，又注重实践方案的价值落地。丛书编委会成员由国内外具有丰富产业实践经验的专家组成，负责把前沿领域的理论知识与实践技能通过产教融合，以系列丛书的形式呈现给读者，内容涵盖云安全、大数据安全、物联网安全、零信任安全、5G 安全、人工智能安全和区块链安全等新兴技术领域。本丛书既可作为高等院校和社会相关培训的教材或教学参考书，也可作为业界的专业读物。

"云安全联盟丛书"编委会

编委会顾问

倪光南　邬贺铨

编委会主任

李雨航

编委会副主任

石文昌　徐　亭　李　岩　郭鹏程

编委会成员（以姓氏笔画为序）

于继万	王　亮	王安宇	王贵宗	邓小四
刘　浩	刘志诚	李　晨	李建华	何国锋
余晓光	沈　勇	张　森	张全伟	张志军
陈　妍	陈　钟	陈本峰	陈宇翔	俞能海
祝烈煌	姚　凯	贺志生	袁初成	贾良玉
原　浩	顾　伟	徐震天	高　巍	郭春梅
黄连金	鹿淑煜	董志强	程　光	谢　琴
戴立伟	魏小强			

序　一

当前全球新一轮科技和产业革命蓬勃发展，以云计算、人工智能、大数据等为代表的数字技术加速向各领域广泛渗透，与传统产业深度融合，新技术、新业态层出不穷，数字经济正在进行重大的时代转型，从而带动人类社会生产方式变革、生产关系再造、经济结构重组、生活方式巨变。数据是新一轮科技革命的重要基础，是数字经济和信息化社会的核心资源，被誉为"21 世纪的石油和钻石矿"，如同农业社会的"土地"、工业社会的"资本"。谁掌握了数据所有权，谁就拥有了资源、财富，就能掌握未来。

因此，数据安全是关系国家安全、公共安全、公民个人隐私安全、国际社会安全，以及人类社会公平正义的重要事务。目前，数据泄露为数字技术的广泛应用带来了巨大威胁，而如何做好数据流通过程中的保护，是每家企业都需要面对的安全挑战。数据泄露对企业来说代价高昂。根据 IBM 公司的报告，每次数据泄露事件的平均成本为 424 万美元。从 2020 年到 2021 年，处理数据泄露事件的成本平均增加了 10.3%，而 2021 年企业失去商业机会的平均总成本为 159 万美元。新型冠状病毒肺炎在世界范围的大流行，促进了企业向远程办公和混合办公的模式转型，导致网络犯罪有了更多的机会，进一步加剧了数据泄露的风险。IBM 公司的调查表明，当远程工作是导致数据泄露的一个因素时，数据泄露的平均总成本要提高约 80 万美元，可能达到 501 万美元，而对于拥有超过 60%的员工远程工作的组织，其数据泄露的平均总成本高于没有远程工作人员的组织。

2021 年 9 月 1 日，《中华人民共和国数据安全法》（以下简称《数据安全法》）正式施行，这是数字时代的划时代里程碑。《数据安全法》贯彻落实总体国家安全观，聚焦数据安全领域的风险隐患，加强国家数据安全工作的统筹协调，确立了数据分类、分级管理，数据安全审查，数据安全风险评估、监测预警和应急处置等基本制度。数据安全在本质上是为了抵御数据的误用、滥用和非法使用。要达成这一目标，需要厘清数据主体、使用方、监管方等相关方的权利、权力、权益和责任义务，需要各方的共同参与和密切配合，需要在数据收集、存储、传输及使用各环节制定规则和标准，需要加大隐私保护力度，规范访问控制、身份认证、数据加密与脱敏、容灾备份与恢复、安全审计等各环节的行为。而 2021 年 11 月 1 日起正式施行的《中华人民共和国个人信息保护法》（以下简称《个人信息保护法》），进一步加强了对隐私的保护。《中华人民共和国网络安全法》（以下简称《网络安全法》）、《数据安全法》和《个人信息保护法》这三部法律构成的基本法律法规框架体系覆盖了互联网、个人信息和数据活动的方方面面。可以说，"数据是网络安全的生命线，没有数据安全，就没有网络空间安全"。

数据安全认证专家（Certified Data Security Professional，CDSP）是 CSA 大中华区顺

应数字时代要求并结合中国的实际情况专门开发的权威认证。本书作为数据安全领域的学习指南，全面覆盖了 CDSP 的 6 大核心领域。此外，本书还展示了业界数据安全的优秀实践内容，包括多年前我在微软公司时带领的安全团队在数据安全方面的一些案例。相信 CDSP 的推出和本书的面世会极大地助力中国数据安全的发展。

本书的出版凝聚了 CSA 大中华区专家的心血，特别是王安宇、姚凯、高巍、吴沈括、贾良玉等专家，他们表现出非常出众的领导力与专业能力。相信本书有助于读者对数据安全领域深入和全面的理解，进而有利于数据安全和隐私保护行业整体能力的提升，助力数字经济行稳致远。

CSA 大中华区主席　　李雨航

序 二

近年来，数字经济正处于前所未有的高速发展进程中，其覆盖范围涉及金融、商贸、制造、物流、交通、教育等各行各业，给人们的生产生活带来了广泛而深刻的影响。特别是面对突如其来的新型冠状病毒肺炎疫情，数字经济对冲了疫情对传统产业的负面影响，并凸显了其对社会的多方面价值。

数据是数字经济的关键生产要素，是数字经济时代影响全球竞争的关键战略性资源。全球市值最大的几家科技公司，如 Facebook、亚马逊、谷歌、阿里巴巴、腾讯等，基本都是率先大规模使用数据、应用数据进行服务的企业。数字经济时代，对数据的收集、存储、分析、共享能力的要求远超以往，一旦某个关键节点出现规模性数据泄露，对个人而言，就可能危及用户的隐私、财产，甚至人身安全；对企业和国家而言，如果这些数据被竞争对手获取，则可能对企业发展甚至国家经济、安全造成影响。因此，高水平的数据安全治理是数字经济高质量发展的基础保障。

对数据安全进行治理已是各国的共识，全球超过 107 个国家和地区已制定数据安全和隐私保护相关法律，如欧盟、美国、俄罗斯、日本、新加坡、巴西、印度等。我国数据安全法规框架也基本形成，《中华人民共和国网络安全法》《中华人民共和国密码法》《中华人民共和国数据安全法》和《中华人民共和国个人信息保护法》相继出台。这也标志着数据安全的治理已不再仅是安全工程师的职责，更涉及数字经济生产过程的每个参与者。

数据安全治理贯穿了数据的收集、传输、使用、存储和销毁整个生命周期，不仅在技术上涉及数据分级、身份认证、通信安全、存储安全、操作安全等多个安全领域，还涉及政策法规、产业生态等非技术领域，是一个复杂且较为系统的体系。

本书是一本兼顾 IT 与数字化建设等领域的专业人士、研究人员、大专院校学生，以及其他有志于数据安全领域各界人士的工具类书籍。相信书中阐述的数据的分级分类体系、以数据为中心的安全架构、全生命周期的数据安全防护能力，以及各种应用场景，可以给读者带来启发。同时，本书还总结了 AI 数据安全、物联网数据安全和 5G/6G 数据安全的前沿研究进展，可供相关从业人员参考。本书由兼具业界和学术界背景的行业专家编写，内容涵盖了数据安全领域的核心内容，在一定程度上代表了数据安全领域的新技术研究和行业实践。相信本书可以为数据安全知识的普及、数据安全思维的传播和数据安全技术的普及起到积极作用。

中国工程院院士 蒋昌俊

序　三

世界已经处于第四代工业革命的进程中，且处于数字化到智能化的转折点，数字经济融合了人工智能、物联网、机器人、量子计算等技术和行业应用场景。如果能发挥数字经济的潜能，就可以为人类福祉和社会进步带来巨大贡献。

数据已经成为新的生产资料，其功能像矿山、原油一样，这种新的生产资料将改变各个行业运营模式。数据作为生产资料，复杂而特别，其所有权、使用权和数据的安全保障，亟待产学研政商各界共同应对。

数据的安全、数据的有效流动，不仅牵涉数字时代的个人隐私保护，也涉及工业生产的流程能否持续、组织和行业的核心竞争力能否保证等问题。

展望不远的将来，信息技术（IT）、通信技术（CT）和运营技术（OT）的进一步融合趋势将越发明显。这个趋势将引领数字化社会走向智能化社会。智能化社会的基础元素可以概括为"端、边、云、网、智"。"端"是指智慧化的终端，该终端能够产生和处理数据；"边、云、网"是基础设施，使基于数据的计算无处不在；"智"是指人工智能，通过算法的应用与创新，基于大数据的训练和预测，产生新的模型，让智能进入各行各业。

在智能化时代，5G、AI 等新技术的应用将会给互联网产业带来新的增长动能。2G 提供了基础的语音和文字通信；3G 使移动互联网蓬勃发展；4G 提供了视频、多媒体通信的能力，并促使了移动支付等场景的普及；而 5G 是推动互联网发展的新的基础设施。5G 带来的海量数据洪流正在汇聚为数据的海洋，需要被探索、被征服，并以此开启一个新的"地理"大发现时代。

2014 年，我和丁健在《财经》杂志发表题为《从消费互联网到产业互联网》的文章，提出"产业互联网时代"的构想，这是一个可称作中国的"互联网 2.0"的时代。产业互联网时代面临网络安全、数据安全和隐私保护等一系列挑战。在当前的产业互联网时代，系统性地分析这些挑战，制定和完善相应的安全控制措施，并推动相关的安全技术的实施和推广，对保障网络空间中数据的安全和隐私有重要价值。

传统的互联网架构难以完全承接未来工业、社会、生活基础设施这种大的工程，同时，数据的归属权、使用权和保护机制等也会面临诸多复杂的法律、监管和技术问题。如何建立一个安全的网络，并构建未来数据应用的法律、伦理、价格等，都是未来 20 年将要面临的非常重要的问题。

解决这些问题，或许需要以数据为中心的下一代互联网，不妨称之为"互联网 3.0"。无独有偶，互联网先驱、"万维网之父"蒂姆·伯纳斯·李爵士（Sir Tim Berners-Lee）目前正在带领麻省理工学院（MIT）的团队尝试建设下一代互联网——一个去中心化，以"数据赋予个人权力"为原则，以提供可信赖的服务来存储、保护和管理个人数据为目标的网络。无论这个尝试是否会成功，对下一代互联网的发展方向、趋势研究都将有重要的参考意义。

数据是业务的核心，数据安全至关重要，数据安全的从业者任重而道远。

本书的两位编著者分别是业界和学术界的专家，拥有丰富的电信和互联网产业从业经验，以及网络空间安全领域的教学与科研经验。本书广泛汲取了学术界最新的研究成果和业界的最佳实践，深入浅出，详细阐述了数据安全的体系和目标、风险与挑战、数据安全相关的技术，以及隐私保护等诸多方面知识，相信一定能给读者带来启发和思考。

希望越来越多的有志之士投身于数据安全相关领域，我们一起去发现、探索、征服数据大航海时代激动人心的征程。

亚信联合创始人　田溯宁

前　言

当前，世界处于新一轮的技术革命和产业革命的变革浪潮之中。大数据、云计算、5G、智慧终端等新一代信息技术迅速发展，人工智能技术和应用获得了重大的突破性进展，并快速向各个行业和领域渗透，是推动经济社会变革的重要力量。

展望未来，随着 5G 的快速兴起和普及，万物互联时代已然来临。物联网将互联网扩展到数百亿计的智能设备，人工智能（Artificial Intelligence，AI）技术提供了海量的信息、计算和洞察，增强现实和虚拟现实技术给用户提供了丰富的体验，虚拟世界和现实世界进一步交融。

今天，数据成为人工智能和云计算的核心。基本上所有的机构、组织、企业，甚至每个人都在不同程度上生成、处理、传输、保存各式各样的数据。

AI 技术和物联网的广泛普及，为生产和生活场景带来了深刻变革，使数据呈现井喷式增长，导致被采集的数据越来越多，数据传输的速度越来越快。人类社会每时每刻都在产生海量数据，这使数据安全风险陡然增加。同时，数据作为机器学习等人工智能技术的基础，持续推动智能化技术的迅猛发展，并带来更广泛的人工智能应用，而更广泛的应用又将采集更多数据，形成更大的数据平台。此外，随着人工智能技术的发展，对数据的分析和挖掘能力也在迅速增强，这将导致个人隐私、社会安全，甚至国家安全的风险。特别是，随着越来越多的数据被收集和利用，数据安全和隐私保护成为大数据、智能系统在开发和应用过程中面临的严峻的安全挑战。

数据安全领域面对的环境和业务包罗万象，并且在不断地发展变化。无论是国际政治博弈，还是法律法规、国际标准、国家与行业标准等，都对数据安全提出了越来越高的要求。此外，新场景、新业务和新业态的不断涌现，也给数据安全带来了巨大的风险和挑战。

本书从数据安全总体框架、数据安全模型的维度，针对监管要求、行业需求和用户诉求，根据数据安全的基础体系、安全设计的原则与案例，研究和制定数据安全架构与设计模型，并面向未来演进，前瞻性地分析和阐述数据安全和隐私保护关键技术，以期向信息安全、网络安全、云计算、隐私保护的管理层和专业人士提供数据安全领域的系统性认知和全面注解。本书也可作为数据安全相关研究人员，以及其他有志从事数据安全领域咨询、管理和架构设计的人士的参考书。

全书共 6 章。

第 1 章明确了数据安全领域的范畴，定义了数据安全的总体原则和实施路径，并对数据安全的体系架构做了概要的介绍。

第 2 章以多个视角介绍数据安全面临的风险与挑战，并系统地阐述数据安全的应对机制。

第 3 章介绍数据安全的架构设计和实施的体系框架，并针对所涉及的数据安全的关键技术，结合应用场景进行分析，同时还提供一些优秀案例。

第 4 章介绍数据安全的基石：密码学与加密技术，基于密码学和应用加密的关键技术，结合广泛的工业界应用实践进行阐述，并对量子时代的密码学新发展进行展望。

第 5 章介绍隐私保护和数据安全合规的监管需求、隐私保护的原则与体系、隐私保护的关键技术等。

第 6 章介绍数据安全体系的演进。对 AI 与数据安全、区块链背后的体系和算法、物联网数据安全、5G 与数据安全进行阐述，并对 6G 时代的数据安全进行展望。

本书的编写得到了丛书编委会的大力支持与协助，以及云安全联盟大中华区主席李雨航教授的指导；李岩、郭鹏程等专家审阅、校订了全部文稿，并提供了宝贵的意见和建议；位于比利时布鲁塞尔的华为网络安全透明中心研究员石新美、OPPO 安全标准专家杨明慧博士等人也对本书相关章节提供了修改建议。在此对他们致以感谢！

本书凝聚了两位编著者多年网络空间安全科研工作的理论总结和实践经验，在编著过程中，广泛参考了国内外最新论著、研究报告等成果，特此对相关作者表示衷心的感谢。

编著者

目　录

第 1 章

数据安全导论

自 20 世纪以来，科学与技术进步的浪潮已深刻地影响了全球经济，改变了人们生产和生活的方方面面。20 世纪 50 年代，计算机和数字化技术的出现，标志着第三次工业革命的开始。计算机被迅速推广和普及到工业、农业等各个领域，并引发银行、能源和通信等行业的深刻变革。网络技术的飞速发展和普及，以及数字革命的兴起，将世界更紧密地联系在一起。创新的技术风起云涌，并逐渐成为主流。

新一代的网络技术和信息技术的变革，以前所未有的力度和广度影响着人类社会。对全球物联网市场的研究和预测[1]，2019 年，活跃的物联网设备数为 76 亿台。到 2030 年，全世界的联网设备数将达到 241 亿台。这些联网的设备不仅包括计算机、服务器和手机，在人们的生活中，各类智能终端设备，如智能可穿戴设备、AR 眼镜、虚拟现实（Virtual Reality，VR）头戴式设备，甚至是全息投影设备等也将进一步普及。除此之外，车辆、无人机、工控机器人、家电和智能传感器在网络连接的设备中也将占据越来越大的比例。

当今世界已经进入第四次工业革命时代。第四次工业革命融合了人工智能（AI）、机器人技术、物联网（Internet of Things，IoT）、3D 打印、基因工程、量子计算和其他技术，这些技术是许多现代生活中不可或缺的产品和服务背后的支持者。例如，驾车时，智能导航系统可以迅速计算出到达目的地的最快路线；智能手机中的语音助手，提供了丰富的人机交互方式，甚至可以代替机主打电话以在餐馆预订座位；视频网站可以提供基于个人兴趣的电影浏览和推荐；社交应用可以识别出上传照片中的人脸并且圈出与其相关的朋友。

随着网络空间和真实空间的交融，物理、数字和生物世界之间的界限变得模糊，或者说是融合。在此场景中，数据的范畴得到了极大的外延，数据的数量急剧膨胀，数据的重要程度和价值也越来越高，数据的传输速度也得到了量级上的飞速提升，数据的风险也迅速增长。

在万物融合的时代，数据的范畴、数量、速度、质量都有明显的增长，这也导致数据安全的风险伴随性增长。数据的不同维度演进如图 1-1 所示。面对不断变化、飞速演进的数字化世界，系统化地分析、识别数据安全的风险，有针对性地制定和实施各类安全控制措施，设计和实现安全架构，并持续性地安全运营，

图 1-1　数据的不同维度演进

是每个组织保护数据安全的关键机制。

1.1　数据安全领域的范畴

数据安全（Data Security）聚焦于在数据全生命周期过程中保护数据免受未授权的访问与数据损坏，并涵盖一整套相关的标准、技术、框架和流程。

数据安全的主要目的是保护在收集、存储、创建、接收或传输过程的数据。合规性也是一个主要考虑因素。无论使用哪种设备、技术或流程来管理、存储或收集数据，都必须对其进行保护。

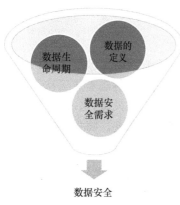

图 1-2　数据安全三要素

在"互联网+"业务飞速普及，并逐步渗透到各行各业的今天，基本上所有的政府机构、企业都在一定程度上处理着数据。因此，数据安全领域面对的环境和业务包罗万象。但是，无论是处理大量个人和财务数据的银行系统，还是运营商和互联网厂商提供的基础云服务，抑或在移动电话上存储用户照片，从数据安全的维度，最为重要的三个要素便是数据的定义、数据生命周期与数据安全需求，如图 1-2 所示。

本章将对这三个概念进行更为详细的阐述。

1.1.1　数据的定义

从基础定义上，数据（Data）是事实或观察的结果，是对客观事物的逻辑归纳，是用于表示客观事物的、未经加工的原始素材。

数据是信息的表现形式和载体，可以是符号、文字、数字、语音、图像、视频等。数据和信息是不可分离的，数据是信息的表达，信息是数据的内涵。数据本身没有意义，数据只有对实体行为产生影响时才成为信息。

从形式上，数据可以是连续的值，如声音、图像，称为模拟数据；也可以是离散的，如符号、文字，称为数字数据。狭义的数字数据是由二进制系统的 0 和 1 来表示的数据，而非通过模拟的形式进行表示。

在现代（1960 年后）计算机系统中，数据以二进制信息单元 0、1 的形式表示。如果没有其他说明，本书所指的"数据"一般是指计算机系统可以处理的狭义的数字数据。

显而易见，不是所有的数据都有相同的价值。因此，数据安全主要关注"需要受保护的数据"的安全防护。对一般组织和个人而言，两个相关的概念尤为重要：个人数据和敏感数据。

个人数据，也称个人信息，是与个人身份有关的任何信息。个人数据的范围非常广泛，其含义在不同的国家和地区也略有不同，但个人数据保护的原则类似。值得关注的个人数据的两大类型为个人身份信息（Personally Identifiable Information，PII）和个人隐私信息。美国国家标准与技术研究院（National Institute of Standards and Technology，NIST）在 SP 800—122 行业标准[2]中将个人身份信息定义为"由代理机构维护的有关个人的任何信息，包括：① 任何可用于区分或追踪个人身份的信息，如姓名、社会安全号码、出生日期和地点、母亲的娘家姓或生物特征记录；② 与个人链接或可链接的任何其他信息，如医疗、教育、财务和就业信息。"值得注意的是，在此定义下，互联网用户的 IP 地址为"链接的个人数据"。但是在欧盟，互联网用户的 IP 地址为个人数据。

敏感个人数据是个人数据的子集。在不同的国家和地区对其范畴有不尽相同的定义。一般而言，个人财务数据（如银行卡）、个人健康数据（如基因、病历卡）、个人生物识别特征（如面部特征、指纹）都被认为是敏感个人数据。处理敏感个人数据时，不仅要实施必备的安全防护机制，还需要满足适用的法律法规和监管要求。

1.1.2　数据生命周期

伴随着数据规模剧增、大数据时代来临，以及物联网的持续发展与演进，数据生命周期管理（Data Lifecycle Management，DLM）变得越发重要。越来越多的设备正在世界上的每个角落产生海量的数据，因此识别不同数据的整个生命周期，并对数据进行适当的安全防护，同时维持数据的使用便捷，便显现出其重要性。

数据生命周期（Data Lifecycle），即数据从其最初创建（或捕获），到存储、使用、分享（传输）、归档，直到其使用寿命结束并被销毁的生命周期阶段序列，如图 1-3 所示。

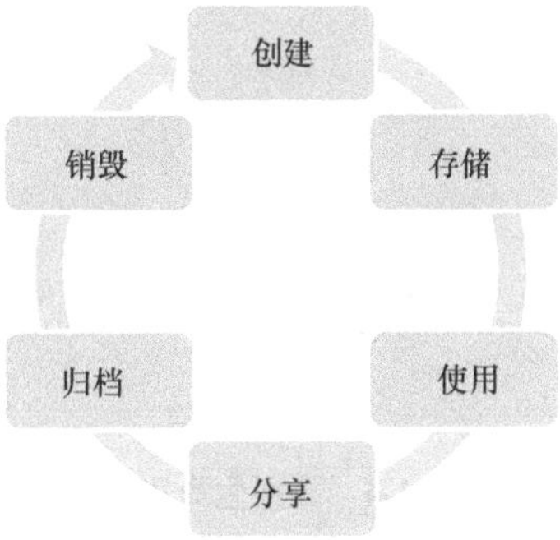

数据生命周期管理（DLM）是一个管理整个数据生命周期的数据流的过程。在整个数据生命周期中准确地识别和保护数据，特别是敏感数据，是数据安全的基础要求。基于数据生命周期的分析还可以确定应用安全控制的位置，并选择合适的安全机制。

不同数据类型的不同生命周期阶段，其每个阶段的安全防护关键点也不相同。本章节仅做基本阐述。

图 1-3　数据生命周期

在数据的创建阶段，不同的数据类型的创建方式可谓千差万别。例如，数字温度计采集办公室的室内温度数据，电信设备生成用户每次通话的计费账单，手机同步照片到云存储。但从数据安全的基本原则角度，在数据的创建阶段，应该对数据进行识别并做出合理的分类，还应明确该类数据的保护要求。

在数据的存储阶段，与创建阶段类似，数据的存储方式也有很大的差异，可能是在本地存储设备上存储，或者采用分布式存储、云存储。本阶段应该实现必要的数据访问控制，以确保数据受到合适的保护，从而降低数据被泄露、被篡改和被破坏的风险。

在数据的使用阶段，数据安全防护的关键点是，将安全控制机制应用于使用中的数据。一般而言，应能够监控对数据特别是敏感数据的访问，并应用各类安全控制以确保数据的安全。

数据的分享阶段往往是传统的数据安全控制中最薄弱的环节。而对于数据这一信息载体而言，数据在分享后才能产生价值，但在一定程度上，数据安全和数据价值会产生冲突，这也是为什么在正确的时间应用正确的安全控制很重要的原因。

在数据的归档阶段，需要关注不同法律法规对于数据留存的约束性要求，并应根据组织政策和用户需求，决定数据的归档方式、保护机制和隔离要求。

在数据的销毁阶段，数据的归档时限已过，或者应根据监管或业务需要删除数据。此时，数据安全的关注重点是采取合理的数据销毁机制，以确保数据无法被恢复。即使数据并非以传统的文件类型存储，也需要考虑相应的销毁机制。

上述为数据生命周期的六个典型阶段。需要注意的是，不同的数据类型其生命周期阶段也不完全一致。比如，对于数字温度计的温度数据，以数字温度计的视角，可以只有创建和分享两个阶段。

随着数据访问界面的不断复杂，攻击路径不断增加，攻击者的攻击策略变得越来越体系化和系统化，数据安全的各个方面都对数据安全管理变得非常重要——从安全的数据存储、使用和传输，到访问控制，以及有效的密钥管理，如果有一个环节易于受到攻击，则会破坏整体安全机制的有效性。

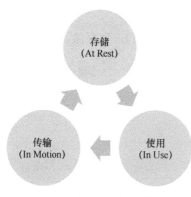

图1-4　数据生命周期状态

若要应对来自上述多个维度的风险，则需要一种全面的、以数据为中心的安全防护方法。也就是说，应在数据生命周期的所有环节关注保护数据本身，而不是仅关注网络、应用程序或服务器。

数据在存储［有时也称静止（At Rest）］、使用（In Use）和传输（In Motion）三种状态时（见图1-4）都会面临独特的安全威胁和挑战，因此要针对这三种状态下的数字进行保护。

接下来，对数据生命周期中的三种状态进行详细介绍。

1．数据的存储

数据在硬盘驱动器上存储时处于静止状态。在这种相对安全的状态下，传统的分层防御机制可以起到作用。首先，是存储位置所在的物理设施（如机房、办公室）的保护，其次，是基于外围的防御措施（如防火墙、入侵检测和防御系统）的保护，再次，是基于端点的防御措施（如防病毒软件、端点策略防护、补丁管理等），最后，是数据本身的防御措施（含加密和访问控制两大类型）。

加密可以分为驱动器加密、文件加密两个子类型。加密硬盘驱动器可以防止诸如硬盘丢失、被盗所产生的数据安全风险，对于安全销毁场景也有正面的作用。需要注意的是，大多数的硬盘驱动器加密的技术有技术缺陷，如在开机之后，磁盘内容会被解密，对数据的使用状态不会继续生效等。因此，对于部分包含敏感数据的文件，应该采用应用级别的文件加密。对于结构化的数据存储类型，许多数据库的发行版本也支持数据库加密、表加密，甚至列级加密等特性，因此可以针对敏感数据、个人数据做出细粒度的防护。

其他存储安全措施也可能对数据安全有帮助，如将不同的数据分类存储在单独的位置，以减少攻击者获得足够信息而进行欺诈或其他犯罪的可能性。

上面描述的是传统的主机存储、移动存储和服务器存储。对于云存储，还要关注其他方面的要求。例如，存储空间必须是在合同、服务水平协议和法规允许的地理位置，存储的数据必须要保证包括了所有的副本和备份，以防止因数据丢失而造成的损失。例如，存储和使用受欧盟《通用数据保护条例》（*General Data Protection Regulation*，GDPR）[3]约束的电子健康记录，可能对数据拥有者和云服务提供商都是一种挑战。将数据存放在云端后要考虑其可靠性、保密性及完整性，考虑供应商的安全权限管理措施是否完善，对存储的数据是否进行了安全管理，以及数据的存放格式是否合理。所以，若要保证在这一过程中数据的安全，就需要对数据进行额外的完整性保证、数据加密及数据隔离等措施。

综上所述，静态形式存储的数据是指位于硬盘驱动器、外置存储、云存储或磁带机等位置的数据，又称静态数据。静态数据通常被认为是最安全的数据状态。在此状态下，基于网络和物理边界的解决方案可以被视作第一道防线。根据数据本身的用途和敏感性，还可以添加额外的防线。数据的存储也需要注意应遵从相关的法律法规的约束。

2．数据的传输

虽然数据在静止状态更容易得到完善的保护，但数据一直处在静止状态是无法带来真正的价值的。数据通过传输以提供给其他需求方，从而实现数据的共享和价值。数据在此阶段往往最容易受到攻击。

云数据通过网络、进程通信等方式传输给其他的客户和虚拟服务以供其使用，由于网络的开放性，数据不能在没有安全控制的情况下进行传输。数据的创建者要考虑是否对数据进行管理权限的设置，所以若要保证传输数据的安全，就要使用数据加密技术以同时维护数据传输过程中的机密性及传输后的完整性。

相较于静态数据而言，传输中的数据更容易受到攻击，无论是通过公共网络或专用网络传输，还是利用其他传输机制。图 1-5 示例了几种典型的数据传输机制。

保护传输中的数据的一般做法是数据加密。应选用合适的密码算法与加密实践，从而将传输加密当作一道有效的防线。

3．数据的使用

对静态数据的防护是最容易解决的，也是普遍关注的重点。对传输中的数据进行防护是最容易理解的。与之相对，使用中的数据的安全性是最容易被忽略的，也是攻击者最容易突破的地方。

使用中的数据比静态数据更容易受到攻击，因为根据数据的可用性，需要这些数据的人员必须可以访问它们。当然，有权访问数据的人员和设备越多，在某些时候数据落入错误的人员的手中的风险就越大。确保使用中的数据安全的关键是尽可能严格地控制访问并结合一种或多种类型的身份认证，以确保用户使用的不是已被窃取的身份或凭据。

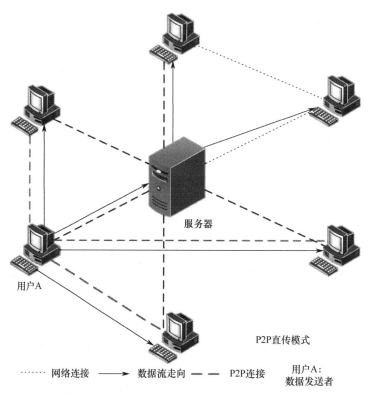

图 1-5　数据传输机制示例

组织还需要能够跟踪和报告相关信息，以便检测可疑活动、诊断潜在威胁并主动提高安全性。例如，由于一定次数的失败登录尝试而被禁用的账户可作为系统受到攻击的警告信号。

经验证明，如果存在对攻击者而言有价值的数据，一定要识别出可以访问数据的每一个入口，并对其加以保护。仅将加密局限在数据生命周期中的一部分是一种危险的行为。保护存储、传输和使用这三种状态中的数据是至关重要的。

在数据生命周期的三种不同状态下，面对的挑战不同，采取的防御手段也不同。图 1-6 归纳了数据生命周期各种状态下的常见保护机制。后续章节会做进一步的介绍。

图 1-6　数据生命周期各种状态下的常见保护机制

1.1.3 数据安全需求

在设计和实现系统、产品、服务时，如果涉及用户个人数据、敏感数据或商业秘密，则需要考虑数据安全的需求。

数据安全的典型需求如下。

（1）法律法规遵从的需求。

（2）国际国内标准的需求。

（3）行业标准、惯例、最佳实践的需求。

（4）所服务的客户的需求。

（5）竞争的需求。

（6）产品内部质量改进的需求。

（7）问题反馈驱动的需求。

上述数据安全的典型需求来源，可以汇总为合规需求、外部洞察需求和内部洞察需求三类，如图 1-7 所示。

合规需求具体指相应国家或地区的法律、所属地区的行政法规、国际标准与国家标准、行业标准和最佳实践，其效力由高至低如图 1-8 所示。

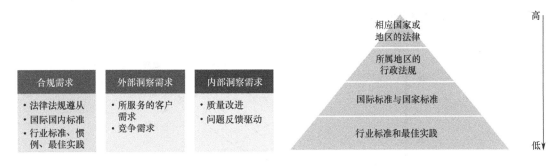

图 1-7　数据安全典型需求来源　　　　　　　图 1-8　合规需求效力

例如，在中国大陆，一家零售商想要开办一个用于提供在线零售服务的网站时，首先应满足法律要求，特别是《中华人民共和国网络安全法》[4]的要求。其次，要考虑所属地区的行政法规，如《电信和互联网用户个人信息保护规定》[5]《儿童个人信息网络保护规定》[6]等的要求。再次，应分析相关的国际标准、国家标准、行业标准的需求，如 GB/T 35273—2017《信息安全技术个人信息安全规范》[7]。

值得注意的是，合规需求的"规"，也就是指法律法规和各类标准，并非是一成不变的。例如，2021 年，《中华人民共和国数据安全法》和《中华人民共和国个人信息保护法》[8]均已实施。从业者应该关注适用的法律法规和各类标准的动态，并分析其影响，据以制定或改善安全控制措施，从而做到合规。

在实施层面，数据安全聚焦于数据生命周期的各个阶段，提供端到端的安全防护。不同的数据生命周期阶段，面临的威胁不同，防护的机制和关键措施也有区别。例如，对于数据的存储阶段，防护的关键在于文件或数据库的访问控制、敏感数据的加密密钥管理等机制。而对于数据的使用阶段，防护的关键在于数据在使用时的访问控制、系统安全机制等。

1.1.4 数据安全总体目标

前述章节指出，以组织的视角，安全技术的核心是保护数据的安全。在实施路径上，根据不同的数据生命周期阶段，重点关注和采纳的技术也略有不同。

历史上，得到关注最多的技术是网络安全技术。网络安全技术是指将组织的内部网络和外部网络隔离，使用防火墙和网关来保证组织的内部网络的安全，从而保护组织的信息资产安全。同时，主机安全技术也逐渐发展和普及。例如，基于公钥基础设施（Public Key Infrastructure，PKI）的设备和服务身份认证、端点防御技术、数据泄露防护（Data Loss Prevention 或 Data Leak Prevention，DLP）等，这些技术正在不断地发展、变化和融合。"纵深防御"安全架构和"以数据为中心的安全"架构等理念和实践也被提出，并得到了越来越广泛的应用。AI 和大数据的日渐普及，给组织的安全架构带来了新的机遇和挑战。同时，零信任安全架构作为近年来的新方向，也得到了广泛的关注。

在总体的信息安全技术演进趋势方面，网络本身防护的技术已成熟，主机安全的相关技术也已经步入成熟期，而数据安全的相关技术正飞速演进，并得到越来越多的关注。信息安全技术的演进如图 1-9 所示。

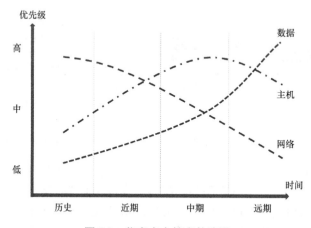

图 1-9　信息安全技术的演进

NIST FIPS 199（联邦信息处理标准出版物 199，《联邦信息和信息系统的安全分类标准》）[9]中提出，数据安全模型的三个核心要素为机密性（Confidentiality）、完整性（Integrity）与可用性（Availability），常简称为 CIA 三角（CIA Triad），如图 1-10 所示。

创建数据安全模型有助于阐述数据安全和信息安全两个领域的关系。数据安全领域和信息安全领域有着千丝万缕的联系，在某些区分不严格的场合中，这两个术语甚至可以混用。

信息安全一般是指企业或组织的商业秘密、技术秘密和其他关键信息资产的防护，从一般含义上讲，信息安全更侧重数据安全模型中的机密性（Confidentiality）。

著名的 DIKW（Data, Information, Knowledge, and Wisdom，数据、信息、知识和智慧）金字塔模型[10]清晰地阐述了数据、信息、知识和智慧四个术语之间的关系，如图 1-11 所示。

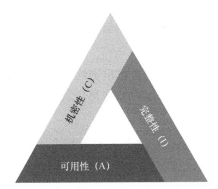

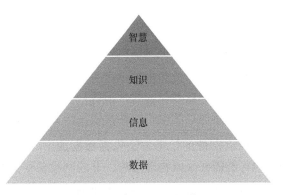

图 1-10　数据安全模型的三个核心要素　　　　图 1-11　DIKW 金字塔模型

最底层也是最基础的是数据。数据是以原始或未分类的形式表述的一系列事实。如果没有关联或上下文，数据本身的含义并不明确。例如，12122020 是一个数字的序列。如果加上表示日期的上下文，则很容易得到信息：2020 年 12 月 12 日。由此引出第二个概念：信息。

信息是已经排除错误并经过进一步处理的数据，可用于针对特定目的的测量、可视化和分析。取决于不同目的，数据处理可能涉及不同的操作，如组合不同的数据集（聚合），确保收集的数据相关且准确（验证）等，即基于目的的上下文所关联的数据产生信息。例如，3371.96、3373.28、3347.19，是一串离散的数据点。如果是已知这些数据点是上证综合指数某几天休市时的数据，则可以创建该特定时间段内数据点的图表来分析上证综合指数的表现。

信息从数据中获取关联，可用于解答"4W"的问题，即 Who（谁）、What（什么）、When（何时）、Where（何地）。不过一旦问题变为 How（如何），则进入更上一层的领域：知识。

从收集的数据中得出的信息与我们的目标"如何"相关呢？这些信息中的"各部分"如何与其他部分关联以增加更多的意义和价值呢？而且，也许最重要的是，"如何"使用信息来实现目标呢？

当信息不仅是对收集的事实的描述，而且信息还可以被使用以实现目标时，信息即转变为知识。这些知识通常是组织和个人超越竞争对手的优势。利用信息和知识，发现潜在的或隐含的关联，则称为"见解"。

当组织或个人使用从信息中获得的知识和见解做出主动决策时，即达到了 DIKW 金字塔模型的顶尖——"智慧"。智慧是知识在决策中的应用。智慧可以回答诸如 Why（为什么）开头的问题，也可以解答"哪种方案最佳"的问题。

根据信息安全和数据安全的概念辨析可知：按照信息和数据的范畴和内涵，数据的范畴和内涵更为通用和抽象；数据安全更聚焦于本领域的业务和技术，而信息安全聚焦于组织的信息甚至是知识的机密性，并聚焦于组织视角的场景与应用。

下面详细解释数据安全模型的三个核心要素的含义。

1. 机密性

机密性是指确保只有获得授权的信息访问主体才可以获得指定的信息。信息访问主体可以是实际的用户，也可以是进程、App、服务等。

机密性的定义比较抽象，可以从反方向来直观理解。常见的数据机密性受损的案例包括：手机丢失导致存储的照片泄露；互联网账户密码泄露导致账户被恶意登录和操作；含有报价等敏感信息的电子邮件被误发给其他人。

确保机密性的常见方法包括数据加密、多因素身份认证。当然，对于极度敏感的数据，也可能需要采取物理隔离、非联网设备存储等措施。

在维护信息机密性的过程中采取保护操作，是为了防止敏感信息在传递过程中出现误传或窃取等情况后被泄露。为此，必须使用一定的技术手段，使得对明文真实数据的访问必须仅限于有权查看该数据的人员。一般措施都是在信息传递之前实施的。同样还应预备好如果数据落入旁人之手后的处理方案。在数据已经被无权访问者获得之后，通常根据泄露的数量和类型进行分类，并根据这些假想情形的类别实施相应的善后措施。

除技术手段外，保护数据机密性通常还需要对处理重要数据的人员进行特殊培训。这类培训可以帮助被授权接触重要信息的人员熟悉潜在的风险因素，并实施有针对性的防范措施。

2. 完整性

完整性是指确保数据在整个生命周期中不会受到非法的篡改与破坏，以维持数据的准确和完整。

该术语的范围非常广泛，在不同的上下文中含义也略有不同。在某些场景下，数据完整性是数据质量的代称（如数据库中不出现逻辑相反的两条记录），在某些场景下，数据完全性是数据损坏的反义词。在数据安全领域，数据完整性旨在防止数据被意外或蓄意地更改。

在设计、实现和应用任何涉及存储、使用和传输数据的系统时，数据的完整性都是需要考虑的关键问题。完整性意味着必须采取行之有效的措施，以确保数据不会在传输过程中被更改，同时也不会被未经授权的人员更改（如在信息机密性受到损害之时）。

由于存储、检索或使用操作而导致的任何数据被意外更改，包括恶意篡改、意外的硬件故障和人为错误，都是数据完整性的故障场景。如果更改是由未经授权访问引发的，则也属于数据完整性的故障场景。

数据完整性的技术从目的上是相同的：确保按预期准确地记录数据，并且在以后检索时，确保数据与原始记录时的数据相同。

常见的确保数据完整性的措施包括文件操作许可控制和用户访问权限控制。此外，在日常的生产过程中，工作组织必须定期采取一些措施来检测由非人为的意外事件（如电磁脉冲或服务器崩溃）所带来的数据变化，这些检测措施包括但不限于检验数据的明文或加密后的校验和。除定期检验外，还必须有稳定安全的备份才能确保将受影响的数据恢复到正确的状态。

3. 可用性

可用性是指确保合法用户对数据的获取与使用能够得到保障。

任何用于存储、使用和传输数据的系统，应该在用户需要时，及时准确地提供数据。这意味着，存储、使用和传输的业务功能中，用于保护信息的安全控制及用于访问信息的通信通道必须能够正常运行。高可用性系统旨在始终保持可用状态，以防止因断电、硬件故障和系统升级而导致服务中断。确保可用性还涉及防止拒绝服务攻击（Denial of Service Attack，DoS 或 DoS 攻击），如防止因将大量传入消息发送到目标系统，从而迫使该系统无法针对正常用户提供服务的情况。

严格维护硬件设施、定期执行硬件维修、维护操作系统环境与保持系统始终部署最新的安全补丁与更新是可用性得以维持的重要保障。当然，提供足够的通信带宽并防止出现性能瓶颈也同样十分重要。在预防措施做足的同时，提供充足且稳定的冗余、故障转移、独立磁盘冗余阵列（Redundant Array of Independent Disks，RAID，简称"磁盘阵列"），甚至高可用性群集等后发性保障措施，可以有效缓解硬件问题发生所带来的后果。快速和自适应的灾难恢复在万一发生最糟糕的情况时显得至关重要，而强大的恢复能力需要依靠一套全面的灾难恢复计划（Disaster Recovery Plan，DRP）。

DRP 的风险预估中必须包括不可预测的事件，如不可抗力带来的灾害。为防止此类事件造成数据丢失，备份副本应该尽可能保有多份并存储在地理位置相隔离的地点。除不可抗力外，对于可能遭受的拒绝服务攻击等恶意攻击，DRP 要求部署额外的安全设备或软件（如防火墙和代理服务器），以确保即便在攻击造成了短暂宕机的情况下也能足够迅速地恢复正常的服务。

前述已经提及，在数据安全领域，可用性是三个核心要素之一，也是保障系统的用户能够正常使用系统的关键所在。同时，CIA 三角的三个核心要素也需要权衡一定的冲突。例如，对于企业 IT 系统而言，共享驱动器的访问、网络代理服务器的配置、员工发送外部电子邮件的权限等，都存在机密性、完整性和可用性的冲突，因此需要不同团队（如网络运营、开发、事件响应和变更管理团队等）的协作以解决问题、应对风险、保障企业内的数据安全。

1.2　数据分类的原则与实施

数据分类是根据预先定义的、特定于领域的标准对数据进行分类，并持续优化的过程。毫无疑问，准确地识别和分类组织的信息系统中处理的数据，对于正确选择安全控制措施并确保系统及其数据的机密性、完整性和可用性至关重要。

数据分类是保护数据安全的基础。微软公司在 RSA 2016 发表的"数据分类：感化那个信息安全的傻小子"（Data Classification: Reclaiming Infosec's Redheaded Step Child）演讲①中表示，信息安全从数据分类开始。

数据分类需要涵盖数据生命周期中的各个阶段。依据数据使用的目的和场景，数据的分类方式存在很多种。在数据安全场景下，一般依据数据的类型、敏感性和价值来标记数据。

从业务背景角度，数据分类很容易理解。在人们的生产和生活中，经常会用到各种各样不同类型的数据。以典型的企业环境为例，销售和技术支持团队可能会维护客户数据（如客户的通信地址、电子邮箱和电话号码）；财务分析师和战略分析师可能接触到企业的运营和财务数据；HR（人力资源部门）需要负责组织内员工的薪酬、绩效等人事数据；软件开发者需要处理软件产品的源代码库；网络运维和安全运维人员可能掌握组织的网络拓扑和账号信息。基于这种数据分类的交叉数据访问，往往不具备实际的业务目的，如 HR 访问软件产品的源代码库，网络运维人员访问客户数据，这些都应该被数据最小授权原则所限制。数据分类的思想也是源自这种朴素的场景进行划分的。

美国运营商 Verizon 发布的《2019 年数据泄露调查报告》[11]（2019 Data Breach Investigations Report，DBIR）数据显示，基于对 2019 年 41 686 起事故和 2013 起确认的数据泄露事件的分析，34% 的数据泄露由组织内部的因素引发，且来自组织内部的数据使用者凭借组织对他们的信任而滥用数据。而对共计 292 起涉及误用的数据泄露调查显示，特权滥用占比接近 80%，数据的误使用占比 45%。因此，在数据安全的实践中，数据的分类及基于数据分类的访问控制势在必行。

然而，实际上，微软公司在 RSA 2016 发表的演讲指出，基于其调查，55% 的 IT 专业人士认为数据分类太复杂，很难规划、管理和部署；63% 的 IT 专业人士不确定自己所在组织的分类策略是否和数据的创建、使用和分享方式保持一致；甚至，88% 的 IT 专业人士表示会忽略或绕过组织的数据分类策略。数据分类的普及、推行，不管是从管理层面，还是从技术层面及人员意识层面，都任重而道远。

在实现维度，数据分类模型可以概括为数据的识别方式和数据的持久化标签机制。

基于本书对数据生命周期的描述，数据可以划分为结构化数据和非结构化数据两大类，针对这两类数据的识别方式也有不同。数据分类模型如图 1-12 所示。

在创建数据时，应该基于数据的商业价值，识别出有价值的数据和价值相对较低的数据，并针对高价值数据定义和实施合适的访问控制措施。

对于结构化数据，其识别和分类相对简单；而对于非结构化数据，其识别和分类存在难点。

数据分类有三种主要类型，分别是基于内容，基于上下文和基于用户。其中，前两者可以做到一定程度的自动化。自动化的数据分类是搜索、识别数据内容，并基于数据内容

---

① Preimesberger, Chris. RSA Conference 2016: What's Old Security is New Again [J]. Eweek, 2016.

进行数据分类的过程，可以形象地比喻为找到网站上所有包含"数据安全"几个字的页面。当然，在实际场景中更重要的是，在海量的数据存储中识别和发现需要保护的数据资产，特别是个人数据、敏感数据和知识产权数据等。

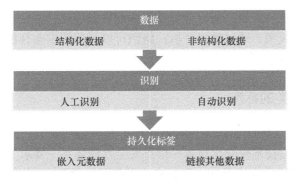

图 1-12 数据分类模型

例如，基于内容的数据分类技术可以通过文件解析器读取所支持的文件中的内容，然后将该内容与目标字符串或数据进行匹配。基于上下文的数据分类技术则会考虑数据的位置和应用程序。而基于用户的数据分类技术属于人工识别，取决于用户的知识和判断力。自动化的数据识别和分类在不同的应用场景存在局限性，也需要人工识别作为补充。对于小型组织及不涉及敏感数据的组织，人工识别和分类甚至可以作为主要方案。此外，人工识别和分类一般更为精确，并有助于提升利益相关方对于数据敏感程度的认识，且有利于组织的数据安全文化建设。

部分数据分类的实现机制涉及元数据的处理。元数据是指"有关数据的数据"，也就是"为其他数据提供信息的数据"。元数据可以被隐含、指定或直接给出。例如，当接收温度数据时，默认假设数据具有"当前时间"的时间参考，因此设备将日期、时间与温度数据记录在一起。当数据记录器传达温度时，它还必须报告每个温度的日期和时间，也就是这个场景下的元数据，此时元数据为隐含给出。在数据分类的场景下，数据的分类一般会在元数据中显式给出。

总之，各类组织均会收集、生成、处理、传递大量数据。实施有效的数据分类，可帮助组织进行以下工作。

（1）有效地组织相关数据。存储不必要的数据或重复的数据不仅昂贵，而且还可能淹没重要数据，导致错误判断，甚至损害业务。通过数据分类，可以发现数据的潜在关联，并丢弃异常值。

（2）使数据可访问。数据分类可确保合适的人员可靠、及时地访问数据。此外，标记数据有助于数据被发现并提高生产率。有了清晰的数据结构，组织中的各个角色都可以更快地找到需要的东西。

（3）确保数据安全。分类是识别组织拥有的数据类型并正确保护敏感信息的关键。数据分类策略用于授权谁可以访问关键数据。保护数据并限制其访问权限，可以使组织在一定程度上抵御网络攻击，并减轻数据泄露的影响。

（4）符合法规要求。商业数据通常与特定行业的法规联系在一起，这些法规要求各类组织保护敏感数据，如个人数据、信用卡信息和健康记录。数据分类对于确保合规性标准并成功通过审核至关重要。

（5）执行数据分析。对数据进行分类使组织能够发现趋势并获得洞察力，从而可以回答问题并做出明智的决策。通过数据分析，组织可以了解特定事件的原因，预测未来的结果或衡量给定行动的有效性。

1.2.1 数据分类的标准

国际标准化组织（International Organization for Standardization，ISO）制定的 ISO 27001:2013 标准 "信息技术—安全技术—信息安全管理体系—要求" [12]中提出，为确保信息得到与其重要程度相适应的保护，应该实施 "信息分类"，并在信息分类的原则上提出 "信息应依照法律要求，对组织的价值、关键性和敏感性进行分类"。与之相匹配，ISO 27002:2013 标准 "信息技术—安全技术—信息安全控制实践准则" [13]对数据的分类原则，特别是在建立和维护信息安全管理系统的场景方面，给出了明确的建议。NIST 特殊出版物 NIST 800-60 第 1 卷和第 2 卷《将信息和信息系统的类型映射到安全类别》[14]也提供了类似的建议。

ISO 27002 旨在供组织用作实施和管理信息安全控制的参考。许多组织将 ISO 27001 和 ISO 27002 标准结合使用并作为框架，以创建法律和法规。例如，美国的《萨班斯-奥克斯利法案》[15]（*Sarbanes-Oxley Act*，SOX，中文也译作《萨班斯法案》）和欧盟的《数据保护法令》（Data Protection Directive，官方名称 Directive 95/46/EC[16]）。欧盟《数据保护法令》（中文也译作《数据保护指令》或《数据资料保护指令》）于 1995 年 10 月颁布实施，于 2018 年 5 月被 GDPR 取代。2013 年 10 月发布的最新版 ISO 27002 标准涵盖了 14 个安全控制区域（编号从 5 到 18），并针对每个特定控制措施提供了实施指南和要求。

ISO 27002 标准的 "8.2.1 信息的类别" 章节指出，数据分类的原则为：

（1）法律要求；

（2）数据价值；

（3）数据泄露或被篡改的敏感性。

首先，数据的分类及相关保护控制措施的制定和实施，应考虑遵从该类数据适用的法律要求。值得重点关注的数据类型为金融数据、财务数据、健康数据等。

其次，需要考虑的是数据的价值。以商业组织为例，数据的价值可以视为对商业目标的重要性和影响程度。典型的机密级别数据可能包括知识产权数据（产品的设计和配方）、战略规划、合同和客户信息、投资计划等。

最后，基于法律要求、数据价值两个维度的分类可能比较难以具体操作。因此，在数据分类的实施过程中也经常基于数据对泄露或被篡改的敏感程度来分类。

NIST 建议的基于对组织（数据）的影响程度的分类方式见表 1-1。

表 1-1 数据影响程度分类

安全目标	影响程度		
	低	中	高
机密性（信息访问者或披露的授权限制）	泄露只会给组织（含业务、资产、成员）带来有限的负面影响	泄露会给组织（含业务、资产、成员）带来严重的负面影响	泄露会给组织（含业务、资产、成员）带来致命或灾难性的负面影响
完整性（防止不当修改或破坏信息）	对信息的未经授权的修改或破坏可能会对组织运营、组织资产或个人产生有限的不利影响	对信息的未经授权的修改或破坏可能会对组织运营、组织资产或个人产生严重的不利影响	对信息的未经授权的修改或破坏可能会对组织运营、组织资产或个人产生严重或灾难性的不利影响
可用性（确保及时可靠地访问和使用信息）	可以预期，对信息或信息系统的访问或使用中断会给组织运营、组织资产或个人产生有限的不利影响	对信息或信息系统的访问或使用中断可能会给组织运营、组织资产或个人带来严重的不利影响	对信息或信息系统的访问或使用中断可能会给组织运营、组织资产或个人造成严重或灾难性的不利影响

从 ISO 和 NIST 的数据分类方式可知，数据分类的原则为：首先是基于监管强制要求的数据分类，其次是基于数据价值（正向）或泄露影响（负向）的程度分类。

数据分类时需要注意，数据以三种基本状态之一存在：存储（静止）、使用中和传输中。所有这三种状态都需要独特的技术方案以进行数据分类和保护，但是每种数据分类的原理应该相同。被分类为机密的数据需要在存储、使用中和传输时都保持机密。

此外，数据也可以是结构化的或非结构化的。与非结构化数据（如文档、源代码和电子邮件）的分类过程相比，数据库和电子表格中的结构化数据的典型分类过程更简单，管理起来更省时间。但是，相比结构化数据，通常业务具有更多的非结构化数据。

数据的分类不是一成不变的，存在着随着组织和业务的变更，不断细化、不断纠偏的诉求。计划—执行—检查—处理（Plan-Do-Check-Act，PDCA）循环如图 1-13 所示，数据分类可以借鉴质量管理中的 PDCA 循环逐步地实施。

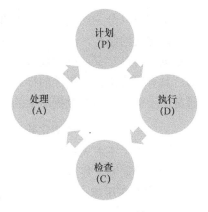

图 1-13 PDCA 循环

（1）计划：识别组织的数据资产，指定负责人，启动分类程序并开发保护配置策略。

（2）执行：基于数据分类策略，部署程序并根据需要为机密数据实施访问限制。

（3）检查：检查并验证报告，以确保所使用的工具和方法可有效地基于数据分类策略进行处理。

（4）处理：检查数据访问的状态，并查看需要修订分类的文件和数据，采纳更改并应对新的风险。

数据分类需要持续的维护。定期重新评估数据的分类可以确认根据法律和合同义务的变更、数据使用或数据价值的变化及原定的该数据集的分类是否仍然适用。该评估应由适当的数据管理员执行。数据管理员应根据可用资源确定最合适的数据分类重新评估频率，但是建议至少每年应重新评估一次。如果数据管理员确定某个数据集的分类已更改，则应进行安全控制分析，以确定现有控制是否与新分类一致。如果在现有的安全控制措施中发现了漏洞，则应根据这些漏洞带来的风险水平及时进行纠正。数据分类的维护也存在升级或降级两种场景。例如，秘密文档过了保密期后，该文档的数据分类从秘密数据降级为内部公开数据的场景属于降级场景。

1.2.2 数据分类框架

在现代企业应用系统中，部分系统支持采用信息检测技术和数据分类模板来建立初始的数据分类。数据分类的结果可以嵌入数据中，或者关联到元数据，如数据库的字段关联、字段类型或文件系统。数据分类方案及其应用应该涵盖整个数据生命周期，从而帮助组织更好地存储、使用、传输数据。数据分类是数据保护的前提，其能够有效地降低数据的风险，提升数据泄露防护、加密及其他安全措施的效率。

1. 数据识别

数据可以分为结构化数据和非结构化数据。结构化数据是指符合数据模型的数据，具有明确定义的结构，遵循一致的顺序，并且可以由人或计算机程序轻松访问和使用。结构化数据通常以定义明确的模式存储，如传统的关系型数据库。结构化数据通常是表格形式的，具有明确定义其属性的行和列。SQL（Structured Query Language，结构化查询语言）通常用于管理存储在数据库中的结构化数据。

与之相对应，非结构化数据是未按预定义方式组织或不具有预定义数据模型的数据，因此不适用于主流关系型数据库。对于非结构化数据，存在用于存储和管理的替代平台。非结构化数据通常包含文本、语音、图片、视频、PDF 文档、媒体日志等格式的数据，在IT 系统中的应用越来越广泛，并可以用于各种商业智能和分析应用程序中。

组织常见的数据分类的方案示例，如图 1-14 所示。

可公开数据	内部数据	机密数据	绝密数据
可向任何人公开的数据	不可公开、仅内部人员可访问的数据	一旦泄露，就会对业务带来负面影响的敏感数据	高度敏感的商业或客户数据，一旦泄露，就会让组织遭受严重的经济损失或陷入法律纠纷
如营销材料、公开的联系方式、产品公开报价等	如竞争分析、销售手册、组织框架图等	如供应商合同、员工考核表等	如信用卡信息、身份证号、社保号、病历信息等

图 1-14　数据分类方案示例

2. 持久化标签

数据分类结果的数字化表示，需要以持久化的方式伴随数据并以元数据的形式存储，或者存储在独立的位置，并维护数据直到其分类标签的映射。这种持久化的数据分类结果，一般称为"持久化标签"。

以办公环境中的文档为例。微软公司的 Azure 云和 Office 365 的信息保护支持两套基于文档，并以元数据的形式存储的标签机制。一套标签机制是美国政府信息安全分类系统，该系统由"第 13526 号行政命令：国家安全信息分类"（Executive Order 13526：Classified National Security Information）[17]定义。在该系统中，存在三种级别的数据分类。每种级别的数据分类都有一个描述，说明何时应该应用该分类。

（1）最高机密（Top Secret）：未经授权的披露，预期会对数据所属的机构或描述的国家安全造成极大的破坏。

（2）机密（Secret）：未经许可的披露，预期可能会严重损害数据所属的机构或描述的国家安全。

（3）秘密（Confidential）：未经许可的披露，预期会对数据所属的机构或描述的国家安全造成损害。

此外，另一套标签机制是指支持对于数据使用"未分类"（Unclassified）标签。这实际上不是一个有效的分类，而是代表其分类尚不明确的场景。

在商业或私营部门的应用中，也可以定义一个类似 Azure 云信息保护服务的默认列表，并用可能造成损害的金额来协助判断。

（1）高度机密（Highly Confidential）：应适用于信息，未经授权而合理的披露可能造成超过 100 万美元的损失。

（2）机密（Confidential）：应适用于信息，未经授权而合理的披露可能导致超过 10 万美元的损失。

（3）一般（General）：应适用于信息，未经授权的披露应合理地预期不会造成可衡量的损害。

（4）公开（Public）：应适用于公开、外部可以使用的信息。

（5）非业务（Non Business）：应适用于与公司业务无关的直接或间接信息。

每种数据分类都描述了在未经授权的情况下披露信息会对企业造成的风险。在识别了这些分类和条件之后，应识别属性，以帮助数据所有者了解要应用的分类。

微软公司提供的 Office 365 办公套件支持手动和自动的敏感度标签。当文档的用户保存包含信用卡号的 Word 文档时，可能会看到一个自定义工具提示，以建议用户应用管理员配置的标签，此标签将对文档进行分类并保护。Office 365 文档标签机制如图 1-15 所示。

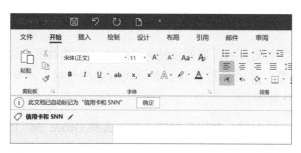

图 1-15　Office 365 文档标签机制

1.2.3　数据分类实施步骤

根据不同的数据分类场景和要求，数据分类的步骤也略有不同。良好的数据分类工作，需要高效的自动化处理方式的支撑，以应对信息系统中每天产生的大量数据。

通常，数据分类的实施一般包括以下几个步骤。

（1）明确要分类的对象，即数据分类的目标。

（2）决定涉及的数据生命周期状态。

（3）选择分类方式：人工或自动。

（4）定义和应用标签。

数据分类实施步骤如图 1-16 所示。

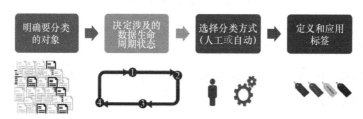

图 1-16　数据分类实施步骤

首先，要明确数据分类的对象。注意，不是所有的数据都拥有同样的价值，不需要对所有的数据进行分类，只需要关注有商业影响的数据。另外值得注意的是，数据的分类是一个持续、迭代的进程，不存在一劳永逸的数据分类策略。结合组织业务目标的变更或时间的变化，具体数据所属的分类也会变化。例如，在新产品发布之前，其外观设计、硬件配置和定价策略可能属于机密信息，需要得到完善的保护。但是在产品发布会之后，上述信息则变成公开信息。

其次，决定涉及的数据生命周期状态。根据数据分类阶段选定的目标，确定其生命周期状态。最重要的是，分析待分类的敏感数据是在何时何地创建的，以推荐在创建的源头做好分类。可能识别出的源头包含应用程序、文件服务器、数据库、代码仓库等。根据源头的上下文分类会更准确。根据创建者的判断，也更精确，且更容易被审计。注意，数据在生命周期状态中的额外的优势还包括数据在生命周期中的位置，该位置越靠前就越容易覆盖整个数据生命周期的安全性。

再次，选择合适的分类方式。可供选择的分类方式包括自动分类方式（基于内容、基于上下文等）、人工分类方式。最理想的分类方式是能够减少对用户的打扰和不便。因此，现代的数据分类方案一般都采用自动化预先识别、自动化建议和人工判断相结合的方式。在数据分类中，人工智能也发挥着越来越大的作用。

一种理想的机器学习的用于数据分类的模型为：在训练阶段，输入用户信息、文档内容、创建时的上下文、对文档的分类结果（标签）。基于机器学习的分类引擎训练示例如图 1-17 所示。

图 1-17　基于机器学习的分类引擎训练示例

之后使用训练得到的机器学习模型，对文档做出分类建议。基于机器学习的分类引擎应用示例如图 1-18 所示。

图 1-18　基于机器学习的分类引擎应用示例

在机器学习领域，"分类"策略通常属于有监督学习的范畴。本书将在 6.1 节"AI 与数据安全"中深入讨论。

最后，定义和应用标签。数据的类别应该能够携带保护的目的，数据的标签也应该有自解释性。不管是数据泄露防护（DLP），还是组织内部基于部门和角色的信息安全管理，都需要应用合适的数据标签。

注意，之前已经提到，大量不同的标签会带来额外的管理成本。因此，聚焦敏感数据的保护，不建议定义过多的标签（数据类型），对于数据泄露防护和一般的信息安全场景，可参考本书 1.2.2 节"数据分类框架"中介绍的两种数据分类系统，基于 3~5 种分类等级（如绝密、机密、秘密、内部公开、外部公开）的防护比较合适。在定义好标签之后，可以借鉴访问控制矩阵的理念，定义保护策略矩阵。数据分类与保护策略见表 1-2。

表 1-2　数据分类与保护策略

分 类 等 级	分类业务主题	保 护 策 略
内部公开	大部分文档	所有员工可以访问
秘密	客户信息数据库	客户经理等岗位
机密	雇员信息表	HR 等岗位
绝密	财务报表	财务和管理层
外部公开	公司年报	不需要额外保护

当前，已经有很多成熟的有关数据分类的 IT 系统或解决方案。选择组织机构时，可以考虑以下建议。

（1）应该支持人工和自动的数据分类方式。

（2）应该支持尽量多的数据形态和存储格式，而不仅使用微软办公系统的文档类型。

（3）分类机制可以和现有的 DLP、归档、数据发现（Electronic discovery，E-discovery）及其他系统集成。

（4）分类标签可以在数据的整个生命周期获取（跨平台）。

1.2.4 基于监管的数据分类

基于上述章节介绍的数据分类框架和实施步骤，按照欧盟标准，对于数据的顶层分类可将个人数据分为财务和金融数据、社交数据、外在特征或生理数据、内在特征数据等。

2016 年 4 月 14 日，欧洲议会投票通过了《通用数据保护条例》[3]（GDPR），该法规包括 91 个条文，共计 204 页，于 2018 年 5 月 25 日正式生效。GDPR 前身是欧盟在 1995 年制定的《数据保护法令》[16]。该条例的通过，标志着欧盟对个人信息的保护及其监管达到了前所未有的高度。对比世界各国的个人数据保护法律，该条例可看作世界上最严格的数据保护法之一。

《通用数据保护条例》中包含个人数据和敏感数据的定义。其中，涉及以下一种或多种类别的个人数据属于敏感数据。

（1）基本的身份信息，如姓名、地址和身份证号码等。

（2）网络数据，如位置、IP 地址、Cookie 数据和 RFID 标签等。

（3）医疗保健和遗传数据。

（4）生物识别数据，如指纹、虹膜等。

（5）种族或民族数据。

（6）宗教/哲学信仰。

（7）政治观点。

（8）涉及健康、性生活或性取向的数据。

GDPR 对于敏感数据的定义，大部分继承了早期的荷兰《个人数据保护法》（*Personal Data Protection Act*）[18]中的类别，仅在医疗保健、遗传数据和生物识别数据等维度做了增补和修订。

《通用数据保护条例》的颁布和实施，在全球范围内产生了广泛而深刻的影响。其立法的原则，对于个人数据的定义和分类，以及严格的保护要求，都深刻地影响了其后各个国家和地区的个人数据保护立法。

GDPR 的定义侧重原则，且比较宽泛。其他个人保护的法律法规也有类似或不同的要求。从总体维度，可以将个人数据划分为如下的类别。

1．财务和金融数据

财务和金融数据是指与个人的财务状况有关的数据。除授予个人数据保护有关的法律约束外，此类数据还可能受到其他的监管法律，如消费者保护相关的法律、金融监管相关的法律的约束。

财务和金融数据的类别与示例见表 1-3。

表 1-3　财务和金融数据的类别与示例

类　　别	描　　述	示　　例
账户	与个人的金融账户相关的数据	银行卡号、银行账户信息
权属	与个人的所有权、使用权有关的数据	汽车、房产、公寓
交易	个人的收入、支出和各类花费	购买记录、租赁记录、税务记录
信用	与个人财务状况关联的信用情况	信用卡还款记录、信用分数、信用卡授信额度

2．社交数据

社交数据包括作为"社会人"的各个维度的数据。提供社交服务、通信服务和公共服务的组织需要重点关注此类数据。此类数据涉及的监管约束非常繁杂，需要根据所在国家和地区的相关监管要求进一步识别。

社交数据的类别与示例见表 1-4。

表 1-4　社交数据的类别与示例

类　　别	描　　述	示　　例
教育与职业	与受教育信息与职业生涯有关的数据	工作履历、职位和头衔、就读的学校、面试记录、推荐信、个人认证
犯罪记录	与个人犯罪行为相关的数据	犯罪记录、被指控的记录、被赦免的记录
公共生活信息	与公共生活有关的数据	社会形象、个人信仰、工会信息、社交互动、通信元数据
家庭信息	个人的家庭和亲缘关系	家庭结构、兄弟姐妹情况、婚姻状态、亲密关系
通信与社交网络	个人的朋友圈、社交连接、通信情况	朋友情况、熟人、联系人、群组信息、语音信箱、电子邮件

3．外在特征或生理数据

此类别包含大量归属于"自然人"的各个维度的数据。提供通信服务、互联网服务、医疗和健康服务、公共服务的组织需要重点关注此类数据。针对医疗和健康数据，常有更严格的监管要求。

外在特征或生理数据的类别与示例见表 1-5。

表 1-5　外在特征或生理数据的类别与示例

类　　别	描　　述	示　　例
各类识别标识	可能唯一标识出一个自然人的信息	姓名、用户名、身份证号、护照号码、个人照片、生物标识（指纹、人脸特征等）

(续表)

类　　别	描　　述	示　　例
物理特征	个人的物理特征或外在表现	身高、体重、年龄、头发颜色、皮肤颜色、文身等
民族和种族	与种族、民族、宗教相关的信息	人种、国籍或民族、母语、方言或口音
行为信息	虚拟世界或真实世界中的行为或活动	网络浏览记录、通话记录、走路姿势
健康和医疗	与个人的健康、身体状况和保健相关的信息	身体和精神健康状况、药物使用和过敏记录、残疾情况、家族病史、病历、血型、血压、基因数据

此外，与个人性生活关联的私密信息也属于此类。

4．内在特征数据

此类别包含特定于每个个人的数据。内在特征数据的类别与示例见表 1-6。

表 1-6　内在特征数据的类别与示例

类　　别	描　　述	示　　例
知识和信仰	与个人的知识和信仰有关的数据	宗教信仰、哲学观点、思想、明确已知或未知的信息
认证凭据	与认证相关的凭据，特别是"你所知道的"维度	口令、密码，以及各类私人问题，如母亲的姓、出生地、小学老师的姓名等
内在喜好	与个人兴趣或喜好相关的信息	喜好的电视频道、喜欢的食物类型、经常听的音乐

除上述类别外，还有历史数据和跟踪数据两种类别。前者是指在个人的生命中发生过且影响到该个人的事情。跟踪数据既包含设备标识（IP 地址、MAC 地址、浏览器指纹）等可以用于跟踪到具体个人的数据，也包括个人的位置信息（经纬度、所在地区）、联系方式（手机号、电子邮件地址）等。

以上述个人数据的分类为框架，结合实际收集和控制的数据，组织可以定义出适合组织情况的数据类别和数据清单，并可遵照监管要求，实施相应的保护措施。

1.2.5　数据有效分类的策略

大部分企业和组织都有自己的数据安全策略，并在内部网站或以其他方式提供，甚至新员工培训时也会涉及。但是实际上，员工很少知道如何在日常的活动中应用这些安全策略。

安全策略应该具备可操作性。数据分类是实现这一点的前提，然后才是实施保护数据的技术方案。数据分类也使实施合适的数据保护方案更有效。

数据分类的方法是根据敏感度或价值等级对数据进行分类，并打标签。这些标签既可能是作为视觉标记附加的（可形象地比喻为档案袋上的"绝密"印章），也可能嵌入文件的元数据中。大量数据保护方案支持文件元数据的标签，可确保只能根据与其标签相对应的规则来访问或使用数据。

数据分类和数据标签可以完全自动化，但是研究和实践发现，当结合使用人工输入与软件工具时，将获得最佳结果。这称为用户驱动的数据分类。

结合使用人工输入与软件工具时，由员工负责确定哪个标签合适，并在创建、编辑、发送或保存数据时将标签附加到数据中。用户对数据上下文的洞察力使分类决策比计算机所做出的分类决策更加准确。

有效地实施数据分类策略的前提是数据资产的发现和位置确定。在此基础上，再确定合适的数据类型的划分方法。不建议使用太多种数据类型。一般而言，对于大多数组织，3～4 种数据类型也许就足够。当然，受监管的数据类型需要单独标注，如受到欧盟 GDPR 监管的用户隐私和个人数据。

数据分类需要使用合适的工具，以用于完成数据的发现和标签的自动化标注，并和现有业务流程相结合，使使用者得到无缝的使用体验。当然，确保工具适用于所有组织拥有的平台和操作系统、数据库和文档处理系统，是非常重要的。

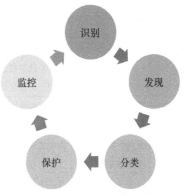

一个较好的引入合适的数据分类原则和实施策略的方案是首先对现有处理的数据进行分类，如当前业务需要的电子邮件、各类表格和文档。这样，既可以检验数据分类策略是否合理，也可以确保实施数据分类后，某一时刻之后的文档已经"放入保险箱"。然后，继续实施历史数据的发现、识别和保护等流程。

数据分类是一个动态的过程，不可能一蹴而就。数据分类遵循"识别→发现→分类→保护→监控"的生命周期流程，如图 1-19 所示。

图 1-19　数据分类生命周期

1.2.6　组织机构的数据分类示例

数据分类有助于确定哪些安全控制措施适合于保护某类数据。常见的数据分类有政府机构可以把数据分为最高机密、机密、秘密三大类，企业可以把数据分为高度机密、机密、一般、公开数据等类别。

以卡内基梅隆大学（Carnegie Mellon University）发布的数据分类原则为例。该大学的数据分为受限数据、私密数据和公开数据三大类。

（1）受限数据：如果未经授权地披露、更改或破坏数据可能给大学或其分支机构带来重大风险，则应将该数据分类为"受限制"。受限制数据的示例包括受州或联邦隐私法规保护的数据，以及受保密协议保护的数据。受限数据应该采用最高级别的安全控制。

（2）私密数据：如果未经授权地披露、更改或破坏数据可能会对大学或其分支机构造成一定程度的风险，则应将该数据分类为"私密"。在默认情况下，所有未明确分类为"受限"或"公开"数据的机构数据都应视为"私密数据"。应当对私密数据应用合理级别的安全控制。

（3）公开数据：如果未经授权地披露、更改或破坏数据对大学及其附属机构几乎没有风险，则应将该数据归类为"公开"。公开数据的示例包括新闻稿、课程信息和研究出版物。虽然几乎不需要采取任何控制措施来保护公开数据的机密性，但是需要某种程度的控制才能防止对公开数据进行未经授权的修改或破坏。

预先定义的受限数据包含的类别见表 1-7。卡内基梅隆大学位于美国宾夕法尼亚州的匹兹堡，受当地法律管辖。因此，下述分类示例的原则可以参考，但具体分类则需要基于场景和实际情况制定。

表 1-7　受限数据类别

编号	数据类别	说　明
1	身份验证凭据	身份验证凭据是个人所掌握的一条需保密的信息，用于证明该人就是他所说的真实身份。在某些情况下，也可以在一小群人之间共享身份验证凭据。身份验证凭据也可以用于证明系统或服务的身份。示例包括但不限于： （1）口令； （2）共享秘密； （3）密码学意义的私钥。
2	涵盖的财务信息	受《格雷姆-里奇-比利雷法案》[19]（*Gramm-Leach-Bliley Act*，GLBA）监管的财务信息
3	受保护的电子健康信息（EPHI）	受保护的健康信息（Electronic Protected Health Information，EPHI）定义为存储在电子存储介质中或通过电子存储介质传输的任何受保护的健康信息（Protected Health Information，PHI）。 电子存储介质包括计算机硬盘驱动器和任何可移动和/或可移动的数字存储介质，如磁带或磁盘，光盘或数字存储卡
4	出口管制材料	受美国出口管制法规约束的任何信息或材料，包括但不限于美国商务部发布的《出口管理条例》（EAR）和由美国国务院出版的《国际武器贸易条例》（ITAR）
5	联邦税务信息（FTI）	联邦税务信息（Federal Tax Information，FTI）被定义为与纳税人和税务相关的信息
6	支付卡信息	支付卡信息定义为信用卡号（也称主账号或 PAN），并结合以下一个或多个数据： （1）持卡人姓名； （2）服务代码； （3）截止日期； （4）CVC2、CVV2 或 CID 值； （5）PIN 或口令； （6）信用卡磁条的内容。 支付卡信息受第三方支付行业数据安全标准（Payment Card Industry Data Security Standard，PCI DSS）监管
7	可识别个人的教育记录	可识别个人的教育记录定义为包含以下一个或多个个人标识符的任何教育记录： （1）学生姓名； （2）学生的父母或其他家庭成员的姓名；社会安全号码； （3）学生号码； （4）一系列使学生的身份易于追踪的个人特征； （5）任何其他可使学生的身份易于追踪的信息或标识符

（续表）

编号	数据类别	说　明
8	个人身份信息（PII）	PII 被定义为一个人的名字或姓氏和名字，再加上以下一个或多个数据： （1）社会安全号码； （2）国家签发的驾驶执照号码； （3）国家签发的身份证号码； （4）金融账号，以及允许访问该账户的安全码、访问码或密码； （5）医疗和/或健康保险信息
9	受保护的健康信息（PHI）	PHI 被定义为通过电子媒体传输的"个人可识别的健康信息"，以电子存储介质或其他形式进行传输和维护。如果 PHI 包含以下一个或多个标识符，则被认为是可单独识别的： （1）姓名； （2）地址（所有小于州的地理分区，包括街道地址、城市、县、辖区或邮政编码）； （3）与个人相关的所有日期（年份除外）元素，包括出生日期、入院日期、出院日期、死亡日期和确切年龄（如果超过 89 岁）； （4）电话号码； （5）传真号码； （6）电子邮件地址； （7）社会保险号； （8）病历号； （9）健康计划受益人编号； （10）银行账号； （11）驾照/许可证号； （12）车辆标识符和序列号（包括车牌号）； （13）设备标识符和序列号； （14）统一资源定位系统（Uniform Resource Locator，URL）； （15）网际互联协议（Internet Protocol，IP）地址； （16）生物识别符（包括手指和语音指纹）； （17）脸部整体摄影图像和任何可比较的图像； （18）可以识别个人的任何其他唯一的识别号码、特征或代码
10	受控技术信息	受控技术信息是指军事或太空应用中的技术信息，其访问、使用、复制、修改、优化、显示、发布、披露或传播都受控制
11	仅供官方使用	标签或标记为仅供官方使用的文档和数据是美国国家档案局（National Archives and Records Administration，NARA）定义的受控未分类信息（Controlled Unclassified Information，CUI）
12	欧盟个人数据	欧盟的《通用数据保护条例》将个人数据定义为可以通过引用标识符直接或间接识别自然人的任何信息，包括： （1）姓名； （2）身份证号码； （3）位置资料； （4）在线标识符； （5）该自然人的身体、生理、遗传、精神、经济、文化或社会身份所特有的一个或多个因素

1.2.7　云数据分类示例

随着业务上云、移动办公等新型商业模式的兴起，企业的网络边界变得不再清晰。现代的工作环境已经迁移到云上。在这种变革中，如何保护组织和客户的数据，是首先需要解决的问题。因此，组织的安全负责人需要定义与时俱进的数据保护战略，以更新数据分类框架并实施数据保护的 IT 系统。

多数云服务提供商都支持完善的数据分类策略。部分云服务提供商还支持基于组织实际需求的进一步定制。以微软公司内部使用的 Azure 云服务为例，其提供 Azure 信息保护（Azure Information Protection，AIP）框架。

微软公司的数据分类框架是由安全与合规团队共同制定和刷新的。新的框架和标签更加直观，可以让员工做出更好的数据处理决策。数据保护标准可以更加清晰地对齐，并且易于员工理解和遵循。微软公司的分类框架具有以下五个标签。

（1）非业务（Non-Business）：使用微软公司资产创建的非业务数据，但与微软公司的业务或微软公司的客户无关。数据的特点是不需要加密，无法跟踪或撤销授权。

（2）公开（Public）：准备并批准供公众使用的微软公司商业信息。数据的特点是不受 Azure 权限管理服务（Rights Management Services，RMS）的保护，所有者无法使用 RMS 跟踪或撤销内容授权。

（3）一般（General）：非公开用途的商业信息；但是，它可以与员工、临时雇员、商务客户和外部合作伙伴共享。数据的特点是不受 RMS 保护，所有者无法使用 RMS 跟踪或撤销内容。如果员工未选择分类标签，则 AIP 默认使用此标签，但会根据文档中输入的内容提供标签建议。

（4）机密（Confidential）：敏感的战略业务信息，如果共享不当则可能会造成损害。个人数据，无论是否可识别，也属于该类型。数据的特点是使用 RMS 保护，所有者可以跟踪和撤销内容；收件人是受信任的，并且具有完整的委托权限，包括删除 RMS 保护的功能。

（5）高度机密（High Confidential）：非常敏感的关键和高风险数据，需要最严格的保护。此类数据包括受法律法规管制的数据和敏感的个人身份信息。数据的特点是使用 RMS 保护，所有者可以跟踪和撤销内容；收件人没有委托权限，不能修改或删除 RMS 保护。

对于"机密"和"高度机密"，Azure 云服务还提供标识可见性范围的子标签。

（1）Microsoft 管理层：仅对 Microsoft 高级管理层可见。

（2）Microsoft FTE：所有全职员工（Full Time Employees）均可看到。

（3）Microsoft 扩展：对全职员工和临时雇员均可见。

实现数据分类后，微软公司 Azure 信息保护通过集成到 DLP 中的保护机制，在数据的整个生命周期中对数据起到保护作用，如图 1-20 所示。

图 1-20　微软公司 Azure 信息保护

1. 识别和标注

Azure 信息保护对微软公司内部每个月大约 1500 万个文档和电子邮件进行分类、标记和保护。借助 Azure 信息保护，员工可以对自己所管辖的信息的内容进行分类，或者使用 Azure 信息保护扫描仪来自动分类文档，以扫描敏感内容（如信用卡号和社会保险号）。

人员、流程和技术的正确结合可以有效地保护组织的数据。微软公司的员工在保护其所创建、协作和管理的公司的数据方面起着至关重要的作用。在没有工具和自动化的情况下，微软公司仍然希望员工能够考虑分类和处理机密数据的正确方法。因此，微软公司选择让员工对数据进行分类，然后使用工具来扫描内容以提供分类建议。

无论是在公司内部还是在公司外部，在通过公司和个人设备不断地创建、编辑、存储和共享数据的过程中，都需要提供相应的工具和信息，以轻松、正确地对数据进行分类和标记。

Azure 信息保护软件在 Office 365 生产力应用程序（包括 Outlook 电子邮件、Word、Excel 和 PowerPoint）中，以加载项的形式提供"保护"按钮。安装 Azure 信息保护软件后，"保护"按钮为员工提供分类提示和自动方法，以对他们在 Office 365 生产力应用中打开或创建的文件进行分类。

微软公司要求员工对自己的文件进行分类，并提供类似如图 1-21 所示的提示建议来帮助员工选择适当的分类并鼓励他们持续参与分类。

图 1-21　Microsoft Office 365 文档敏感性标签

在默认情况下，未分类的文档以"常规"分类的形式打开，但是随着内容和数据的添加，Azure 信息保护软件会提出建议。这些建议基于关键字扫描，或者基于财务或个人信息的数字模式匹配。

2. 保护

标签和分类使用加密、身份和授权策略，以实现自动保护。Azure RMS 与云服务和应用程序[如 Office 365、Azure 活动目录（Azure Active Directory，Azure AD）和 Windows Information Protection]集成。无论文件位于公司网络、文件服务器和应用程序的内部还是外部，保护都随文档和电子邮件一起传播。

1）加密

Azure 存储中的 Azure RMS 数据加密有助于保护静态数据和传输数据。Azure 磁盘加密可用于加密虚拟机使用的操作系统和数据磁盘。数据在应用程序和 Azure 之间的传输过程中受到保护，因此可以始终保持安全。

Azure Key Vault 帮助保护加密密钥、证书和密码，这些又用于数据的保护。Azure Key Vault 使用硬件安全模块，其设计目的是使用户可以控制密钥，从而可以控制数据。通过 Azure 日志可以记录、监控和审核存储的密钥的使用情况，并且可以将日志导入 Azure HDInsight（一种云上的开源分析服务）或安全信息和事件管理系统（SIEM），以进行更多的分析和威胁检测。

2）访问控制

Azure 云服务可以管理用户身份和凭据，以多种方式控制对数据的访问。

Azure AD 确保只有授权用户才能访问微软系统的计算环境、数据和应用程序。在用户登录时，使用多因素身份验证进行安全登录。基于 Azure 角色的访问控制有助于对包含个人数据的 Azure 服务的访问进行管理。Azure AD 特权身份管理通过访问控制、管理和报告以降低与管理特权相关的风险。

3）策略控制

分类和标签还将通知策略控制，这些策略可以基于分类级别，限制对某些文档功能的访问。一旦员工应用了分类和标签和范围，微软公司的政策就会指定允许哪些收件人和收件人操作。例如，如下事例。

通过应用非商业标签，收件人可以查看、转发、打印和保存内容，且内容不受 RMS 保护。

通过应用"仅机密/收件人"标签，收件人可以查看、答复、打印和保存内容。但是，他们无法转发内容或删除 RMS 保护。

通过应用"机密/微软高层管理人员"标签，只有高层管理人员和相应用户组的成员才能查看、转发、答复、打印和保存内容。文档所有者可以使用 Azure 信息保护应用程序或利用控制台查看对其机密文档的跟踪和日志记录。

3. 监控和响应

应用 Azure 信息保护后，员工可以与公司内部或外部的人员安全地协作，跟踪使用情况，甚至远程撤销访问。借助 Azure 信息保护应用程序，员工可以看到谁有权访问其内容及该内容的位置，即使该内容超出了组织的传统界限。

1.2.8 微软数据分类体系示例

对于组织来说，所有有业务价值的信息都应该受到保护。不管是电子邮件发送还是在线文档共享，保护组织的信息安全是每个员工的责任。

显然，信息的价值越大，应该施加的控制措施就越多。

微软公司把企业内部的数据按照业务影响分为三个等级：高、中、低。这些等级对应采用 HBI、MBI 和 LBI 缩写词表示，见表 1-8。

表 1-8 微软数据分级表

分类	含 义	描 述
HBI	High Business Impact，高等级业务影响	如果被非授权泄露，会对公司、信息拥有者、客户造成直接的、立即的或相应程度的损失。HBI 需要遵照最小知情原则（need to know）。HBI 也包括高度敏感个人识别数据
MBI	Medium Business Impact，中等级业务影响	如果被非授权泄露，会对公司、资产拥有者、价值客户造成非直接的、非立即的损失。MBI 仅应该用在合法的业务场景。MBI 包括个人识别数据
LBI	Low Business Impact，低等级业务影响	如果被非授权泄露，会对公司、资产拥有者、相关方造成有限的损失

在典型场景下，各类数据的类型分级见表 1-9。当然，需要结合所在组织的具体情况，来确定各类数据的最终等级。

表 1-9 微软数据类型分级表

包含下述信息的数据	HBI	MBI	LBI
电子邮件		Yes	
身份证号	Yes		
业务流程文档		Yes	
私钥与口令	Yes		
用户名与密码	Yes		
公开可访问信息			Yes
公司的交易秘密		Yes	
财务信息	Yes		
客户的联系方式表	Yes		
员工住址的邮政编码			Yes

组织的员工有责任判断数据所属的等级。在计算机送修时，需要清除其中的 HBI 和 MBI 数据。

微软公司在自己的办公套件中，提供了相应的工具以实施保护。主要包含如下工具。

（1）信息权限管理（Information Rights Management，IRM）：Office 办公套件的一个特性，可以对 Office 文档设置权限，以防止被非授权的转发、打印、复制，甚至可以设置有效期。

（2）安全多用途互联网邮件扩展（Secure/Multipurpose Internet Mail Extensions，S/MIME）：可以加密和签名电子邮件。

（3）BitLocker磁盘驱动器加密：Windows 7及以上版本提供的磁盘加密的特性。可以在便携式计算机失窃的场景中，有效地保护硬盘中的数据。

（4）EFS：加密文件系统。在系统不支持BitLocker时启用。可以针对部分文件或目录加密。

对于高中级数据（HBI和MBI），传输、分享和存储的建议控制措施见表1-10。

表1-10　微软高中级数据控制措施表

	IRM	S/MIME	EFS	BitLocker
通过内部邮件发送	建议	可接受	不适用	不适用
通过外部邮件发送	仅应该与支持RMS的组织分享	建议	不适用	不适用
在线文档共享	建议	不适用	不适用	不适用
在计算机存储	和BitLocker一起使用	不适用	和BitLocker一起使用	需要
在可移动存储设备存储	可接受	不适用	可接受	建议

数据管理措施见表1-11。

表1-11　微软数据管理措施表

动　作	HBI	MBI	LBI
发送数据	需要信息拥有者批准转发、导出和复制。内部和外部发送时都需要加密。需要使用IRM或S/MIME	传出组织时，需要加密。传出组织时，需要使用IRM或S/MIME	无须额外措施
分享数据	需要使用IRM限制转发、复制和打印。根据信息拥有者指定的名单限制权限。传给第三方需要授权协议、法务批准	限制权限，使之仅在合法的业务场景中使用。传给第三方需要授权协议、法务批准	无须额外措施
存储数据（服务器、计算机、外部存储）	需要BitLocker加密。仅在可携带智能设备支持强加密和认证安全控制场景才允许存储	信息拥有者确定是否需要加密	无须额外措施
备份	建议仅由授权人员执行备份，并且在信息安全部门指定的位置备份。加密存储介质	在物理安全的位置存储，备份过程有日志，访问受控制和监控	无须额外措施
销毁	纸质材料需要碎纸机或焚毁。破坏磁带或磁盘时需要物理损坏。注意对退役硬件和存储介质的销毁要求	纸质材料需要碎纸机或焚毁。破坏磁带或磁盘。重新使用或报废磁盘之前，需彻底清空数据。如果磁盘不可操作，则需物理破坏	无须额外措施

1.2.9　终端数据分类示例

根据Statista（一家市场和消费者数据的提供商）在2019年11月发布的报告"世界

智能手机用户数 2014—2020"（Number of smartphone users worldwide 2014—2020）[20]，在 2018 年，全球有 29 亿人在使用智能手机，而在 2021 年年底，该数字已达到 38 亿。智能手机已经改变了人们的工作和生活方式。在智能手机上，社交、购物、支付、出行、娱乐等各类应用软件，让用户能够随时随地享受互联网时代的便利。

与此同时，终端，特别是智能终端，也存储了越来越多的各类个人数据和敏感数据，甚至是生物识别信息（指纹、面部特征等）和个人健康信息（心率、血压等）。这些数据是否得到了充分的保护，在智能手机复杂的使用场景中，能否确保数据的机密性、完整性和可用性，是来自用户的普遍担忧。

幸运的是，现代的智能终端操作系统，都设计了数据分类和基于数据分类的复杂的保护机制。下面以 iOS（苹果公司 iPhone 使用的操作系统[21]）为例进行介绍。

iPhone 上存储的文件，分为 A、B、C、D 四种类型。每种类型的使用场景不同，其相应的保护机制的强度也有所不同，见表 1-12。

表 1-12 iPhone 数据分类表

类型	描 述	特 征	示 例 数 据
A 类型	全面保护	用户锁定设备后，此类数据将无法访问（通过丢弃类密钥的形式实现）	Apple Pay 等财务、支付类数据，健康数据
B 类型	未打开文件的保护	锁定时可写不可读的文件类型的保护	健康数据（用户锻炼时生成的健康记录文件需要在设备锁定时写入）；邮件附件需要自动下载
C 类型	首次用户认证前保护	默认保护类型。与桌面计算机全宗卷加密有类似的属性。与 A 类的区别是，用户锁定设备后，已解密的类密钥仍然可以使用	默认的文件类型
D 类型	无保护	在用户输入锁屏密码前，部分功能需要的数据。此类的密钥仅受 UID（设备唯一密钥）的保护	闹钟、桌面壁纸、医疗急救卡（需要在锁屏状态下也能查看的信息，如血型、过敏等）

上面的四种类型是对数据文件的分类。对于口令、密钥等类型，iOS 还提供钥匙串数据保护，并使用安全隔区处理器硬件参与数据保护。钥匙串项目使用两种不同的 AES-256-GCM 对称加密算法的密钥加密，即表格密钥（元数据）和行独有密钥（私密密钥）。钥匙串元数据（除 kSecValue 外的所有属性）使用元数据密钥加密以加速搜索，而私密值（kSecValueData）使用私密密钥进行加密。元数据密钥受安全隔区处理器保护，但会缓存在应用程序处理器中以便进行钥匙串快速查询。私密密钥则始终需要在安全隔区处理器内进行处理。

对于面部特征用于身份认证、解锁手机的场景（在 iOS 中称为面容 ID 或 Face ID），iOS 在启动人脸身份认证时，会首先通过原深感摄像头自动查找脸部，然后检测是否双眼睁开且注视着设备，以确认屏幕注视和解锁意图。确认存在注视着设备的脸部后，原深感摄像头会投影并读取 30 000 多个红外点以绘制脸部的深度图和 2D 红外图像。此类数据被用来创建一个 2D 图像和深度图序列，经过数字签名后发送到安全隔区。所有的比对动作完全在安全隔区中进行，已注册的脸部数据（捕捉自脸部各种姿态转换而成的数学表达式）也由安全隔区保护，以抵御篡改比对结果、窃取脸部数据等攻击方式。

指纹识别（在 iOS 中称为触控 ID）采用类似的机制，对此本书不再详细描述。

1.3 身份认证与数据访问控制

访问控制包含两个重要的组成部分：授权和鉴权。访问控制依赖于准确的身份认证。没有身份认证，也就没有访问控制和数据安全。

图 1-22 不同的认证对象

狭义上讲，身份认证指的是对用户的认证，即验证用户确实是他声称的身份。从广义上讲，身份认证包含对发起资源访问或操作的实体的认证。发起资源访问的实体可能是人，也可能是物理设备，或者是进程/软件服务，因此相应的身份认证也包含人的认证、服务的认证和设备的认证，如图 1-22 所示。

对不同的认证对象，需要采用不同的手段，以保证认证的准确性，并适合各类身份认证场景的需求。

1.3.1 用户身份认证

对人的认证，可以总结为三种认证维度，如图 1-23 所示。

（1）你所知晓的：只有你所知道的秘密。

（2）你所拥有的：你拥有的认证凭据，一般为物理实体。

（3）你是谁：人本身的生物特征信息。

1. 你所知晓的（Something you know）

众所周知的基于密码/口令的身份认证，就是"你所知晓的"（Something you know）认证维度的示例。用户需要输入一个只有他自己知道的秘密，来验证自己的身份。

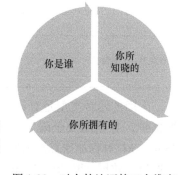

图 1-23 对人的认证的三个维度

当然，同样众所周知的是，基于口令的身份认证不够安全。这种脆弱性可能源于口令的重复使用（如在多个网站应用使用相同的口令）、弱口令（如"123456"或"qwerty"等）、不恰当的口令分享（如服务器的管理员将 root 的密码写成便签，贴到服务器上）、攻击者破解或猜测口令等。

2. 你所拥有的（Something you have）

"你所拥有的"（Something you have）可能包含各类门禁卡、USB 智能卡、动态令牌（One Time Pad Token，OTP Token，又称"一次性密码令牌"）等。用户通过某种方式向鉴权方证明自己拥有该物理实体，从而证明自己的身份。

行业内也有对于基于硬件的身份认证协议统一的尝试，并取得了各互联网厂商和硬件厂商的广泛支持。如 FIDO 联盟，其身份认证协议支持基于硬件密钥的账号认证。FIDO 联盟用于双因子认证[①]的 USB 安全密钥如图 1-24 所示。

图 1-24　FIDO 联盟用于双因子认证的 USB 安全密钥

近年来兴起并频繁得到使用的手机短信验证码、二维码扫描登录等也属于"你所拥有的"认证维度。一般而言，在需要访问敏感数据的身份认证场景中，"你所拥有的"认证维度很少单独使用。

3．你是谁（Something you are）

"你是谁"（Something you are）是指用户本人的生物特征信息，如指纹、面部特征、虹膜纹路等。在生产和生活中常见的生物特征使用场景如下。

（1）人脸识别：通过比较和分析面部轮廓来测量人脸的独特图案。它不仅可以用于安全认证和执法，还可以用作身份验证和解锁智能手机和便携式计算机等设备。

（2）指纹扫描：捕捉手指上的独特图案。许多智能手机和某些便携式计算机都将此技术用作解锁的一种凭据。

（3）虹膜识别：识别人的虹膜的独特图案。虹膜是瞳孔周围眼睛的彩色区域。在军事、政府机构和银行等高密级场景都有应用，在消费市场应用并不广泛。

（4）语音识别：与设备通话时，测量语音中独特的声波。银行可能会在致电时使用语音识别来验证客户的身份，或者在向诸如 Amazon Alexa 之类的智能音箱发出指示时，判断使用者的身份。其他的应用场景包含 Windows Hello 语音识别用于登录。

生物识别技术可以根据一组可识别和可验证的数据对个人进行识别和认证，这些数据是唯一且特定于他们的。

基于生物特征信息的身份认证是将个人特征数据与该人生物特征"模板"进行比较以确定相似性的过程。首先将参考模型存储在数据库或安全便携式元件（如智能卡）中，然后将存储的数据与要验证的人员生物特征数据进行比较，以验证用户是否是他所声称的身份。在此模式下，问题是"你是 A 先生吗？"。

另一个类似的概念是生物识别。首先是收集某个人的生物特征数据，这些数据可能是一张面部照片、一个指纹图像、一段录音，然后将这些生物特征数据和预先存储的一些人的生物特征数据做匹配。在此模式下，问题是"你是谁？"。

基于生物特征信息的身份认证在智能手机上使用得比较多，也逐渐被推广到平板电脑、便携式计算机等形态的产品上。

注意在设计和实现生物认证解决方案时，需要重点考虑隐私问题。特别是生物特征数

---

① FIDO Alliance.FIDO U2F HID Protocol Specification[EB/OL].（2020-04-11）[2021-12-25].FIDO Alliance 网站.

据的隐私保护。隐私保护存在下列关键风险。

（1）任何数据收集最终都可能被黑客入侵。引人注目的数据可能是对黑客特别有吸引力的目标。随着生物特征识别的应用越来越普遍，生物特征识别数据可能会在更多的地方被使用，而这些地方可能没有采用相同级别的安全存储。

（2）与任何其他种类的数据相比，存储在生物特征数据库中的数据可能更容易受到攻击。用户可以更改密码，但是无法更改指纹或虹膜扫描。这意味着一旦生物特征数据遭到破坏，就可能不再受到控制。

（3）某些物理认证凭据可以被复制。例如，犯罪分子可以从远处拍摄耳朵的高分辨率照片，或者从留在咖啡馆的杯子上复制指纹。此类信息可能会被用于入侵设备或账户。

上述提到的三种认证的维度在需要高的认证强度的场景也可以结合使用，这就是多因素身份验证（Multi-Factor Authentication，MFA）。多因素身份验证（MFA）是用户或设备提供的与特定数字身份关联的两种或更多种不同类型的控制权证明，以便获得对关联的权限、特权和成员身份的访问的过程。双因素身份验证（Two-Factor Authentication，2FA）意味着成功进行身份验证仅需要两个证明，是 MFA 的子集。

在过去的几年中，最流行的网站和服务（包括由 Google、Microsoft、Facebook 和 Twitter 拥有的网站和服务）已经向其用户提供了 MFA 解决方案。现在，许多 Internet 网站和服务、应用程序都提供传统的登录名/密码解决方案及更安全的 MFA 选项。

Google 公司曾在 2018 年 7 月发布消息称，通过让其 85 000 多名员工在 2017 年早期采用物理的安全密钥替代传统的用户名和密码的登录方式，在应对针对其员工的钓鱼攻击方面取得了巨大的成功[22]。在大多数流行的操作系统中，默认情况下都支持 MFA 解决方案，而数百个第三方供应商还提供其他 MFA 解决方案。通用的开放式 MFA 标准（如 FIDO 联盟倡导的标准）已被广泛采用。

此外，随着身份认证场景的丰富和技术的不断演进，一些新的认证方式、技术和解决方案不断涌现，并得到推广和普及。其中值得注意的是基于行为的身份认证和无密码身份认证。

大多数用户熟悉登录计算机、访问电子邮件账户或打开自己供职的组织的共享服务器所需的不同形式的验证。但是在大多数情况下，用户的身份验证是一次性的，使这些系统在会话的其余时间内容易受到安全漏洞的攻击。基于行为生物特征识别技术的持续身份认证是一项新功能，该功能使用一个人的行为在整个会话中（不仅是在入口登录时）连续验证其身份。

行为生物特征识别是对人类活动模式（如击键、语音、步态、签名和认知）的分析，可用于高度准确地识别个人。行为生物特征识别技术的明显优势在于，它是一种被动的身份验证方法，用户不需要花费任何时间，也无须了解任何技术知识。此外，即使某人的身份验证凭据受到破坏（如密码泄露），该技术也可以继续为其提供保护。

以智能手机为例。当前正在开发的行为生物特征识别技术，主要用于分析步态（走路的方式）和打字风格（速度、键盘压力、手指位置等）。语音识别技术有时也被归类为行为生物特征认证的一种形式。与其他的生物特征认证的区别是，其他生物特征认证（如人脸、指纹）是依赖于身体的某部分，而行为生物特征认证则依赖于每个人的独特的交互方式。

在实现方式上，持续行为认证一般以滚动方式计算"身份认证分数"，该分数反映了用户声称自己是谁的可能性。在高风险的情况下（如在线金融交易），持续行为认证越来越受欢迎。在这些情况下，身份认证分数的计算会考虑用户在应用程序中的行为方式，他们的位置，以及他们输入的任何个人详细信息。持续行为认证通过将生物识别技术整合到算法中，从而可以更全面地了解用户，使基于地理定位的传统身份认证达到新的水平。

无密码身份认证作为一种新型的身份认证方式，在安全性和易用性上有突出的优势。手机软令牌，如微软验证器（Microsoft Authenticator）和谷歌验证器（Google Authenticator）是无密码身份认证的一种方式。微软验证器如图 1-25 所示。

其他无密码身份认证方式还包含基于邮箱的认证、基于短信（SMS）的认证。其基础理念是凭借某种已经被认证的身份来认证用户。例如，基于邮箱的认证，用户已经被证明是该邮箱的用户，可以阅读收件箱中的邮件。

广义上，基于生物特征的身份认证，如指纹认证后可以解锁手机，如果单独使用，也属于无密码身份认证的范畴。

微软公司发布的《不需要密码的保护》（*Password-less Protection*）白皮书[23]指出，不同认证方式在安全性和便利性上各有不同。无密码身份认证在安全性方面远高于密码认证，在便利性方面远高于"密码+双因子"认证。不同认证方式的对比如图 1-26 所示。

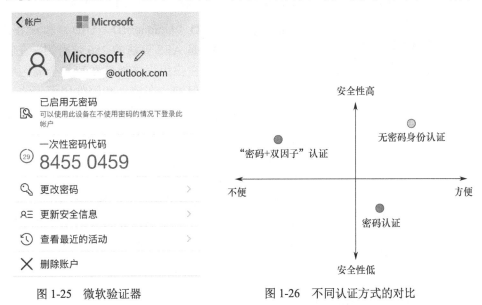

图 1-25　微软验证器　　　　　　图 1-26　不同认证方式的对比

1.3.2　服务身份认证

此处的服务泛指通过接口向外部提供服务的软件实体。对于服务而言，上述讨论过的用户身份认证的维度很难起到作用。因此一般通过两类措施，来实现服务的身份认证。其一是基于数字证书的身份认证，其二是通过数字签名，以保证服务于可信的发行商/开发者。两类措施的实现都涉及数字证书这一基础概念。

数字证书将一个实体（如个人、组织或系统）绑定到一对特定的公钥和私钥。可以将数字证书视为验证个人、系统或组织身份的电子凭证。

各种类型的数字证书可用于多种用途，如以下几种数字证书。

（1）用于签名电子邮件的安全多用途互联网邮件扩展（S/MIME）数字证书。

（2）用于验证网络连接的安全套接字层（Secure Sockets Layer，SSL）和互联网安全协议（Internet Protocol Security，IPSec）数字证书。

（3）用于登录个人计算机的智能卡数字证书。

多数的数字证书使用 X.509 标准。该标准由因特网工程任务组（Internet Engineering Task Force，IETF）制定。

1.3.3　设备身份认证

在软件版本升级、近端设备之间互联等场景中，需要认证对端设备的身份。设备的身份认证一般采用给设备颁发数字证书的方法实现。

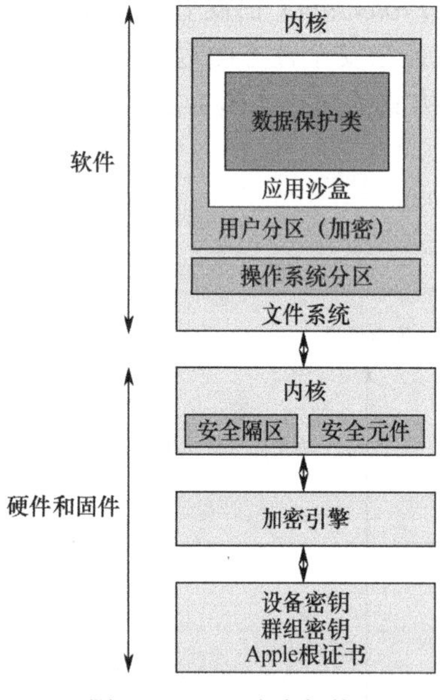

图 1-27　iOS 安全架构

在常规的设备证书之外，iPhone 采用了一种额外的实现架构。iOS 安全架构[21]如图 1-27 所示。

设备的唯一 ID（Unique ID，UID）和设备组 ID（Group ID，GID）是 AES 算法的 256 位密钥，在制造过程中被固化或编译在应用程序处理器和安全隔区中。这两个 ID 受硬件的保护，在软件和固件层面无法直接读取。这两个 ID 作为加密和解密密钥，加密或解密操作则由芯片中的专用 AES 引擎处理。

例如，GID 对于使用同一型号的处理器的同一类设备是通用的，而并非每个设备都有唯一值。对于 iOS 固件升级场景，苹果公司发布的固件镜像会采用 GID 密钥解密，并以这种方式来保证固件镜像的完整性，同时也确保固件镜像安装在特定版本的苹果设备上，以实现某种意义上的设备身份认证。

1.3.4　数据访问控制体系

访问控制（Access Control）是数据安全的基础，其基于身份认证、授权和访问策略，以决定是否允许访问各类数据和资源。简单地讲，访问控制就是保证正确的人或物使用正确的设备，在正确的位置、正确的时间、有正当的理由能访问到正确的资源。

从较高的抽象层次来看，访问控制是一种确保用户就是他们所说的真实身份的方法，并且可以确保他们具有对资源的适当访问权限。广义上，访问控制分为两种：物理访问控制和逻辑访问控制。物理访问控制限制了对建筑物、办公室和 IT 物理设施的访问。逻辑访问控制限制了对计算机网络、系统文件和数据的访问。本章节重点阐述逻辑访问控制。

访问控制包含身份认证和授权两个主要组件。身份认证是用于认证数据访问控制的主体是否是他所声称的身份的技术。仅凭借身份认证无法保证数据安全，因此还需要授权。也就是说，需要确定用户是否应该访问特定的数据或执行特定的操作。

在实现层面，资源的访问控制通常被用于服务器的管理员控制用户对文件资源和网络资源的访问。其基本目标是：防止对数据资源进行未授权的访问、允许被授权的主体对某些客体的访问、拒绝向非授权（非法用户或合法用户对系统资源的非法使用）的主体提供服务。

访问控制的目标通常从保护系统资源免受不当访问的角度来描述，而从业务视角，良好的访问控制措施还应不阻碍甚至应促进数据的合理和有效的共享。访问控制是实现系统机密性、完整性、可用性的基石，也是数据安全的重要措施之一。

访问控制体系包含如下基础概念。

（1）主体（Subject）：访问资源具体活动的发起者。该活动可以导致信息的流动或系统状态的更改。主体可能是某一用户，也可以是用户启动的进程、服务，用户拥有的设备等。

（2）客体（Object）：有时也称作对象，是指包含或接收信息的实体。对客体的访问可以抽象为对其包含的信息的访问。所有可以被访问和操作的信息、资源、对象都可以是客体。例如，客体可以是服务器上的文件或目录，数据库中的表或字段，甚至是各类硬件，如外设打印机、硬件服务器、移动通信的终端。

（3）操作（Operations）：由主体发起的活动过程。例如，用户往自动柜员机（ATM）插入银行卡，并输入密码时，用户身份的校验就是一个活动的过程。在用户身份校验完成后，用户还可以发起其他的操作，如存取款、转账等。

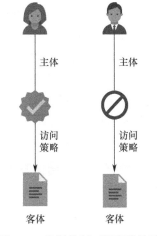

（4）访问策略（Attribution）：主体对客体的相关访问规则集合，即属性集合。访问策略体现了一种授权行为，也是客体对主体进行的某些操作行为（如读、写、执行或拒绝访问等）的默认。

图 1-28 形象地表示了主体、客体和访问策略这三个访问控制要素之间的关系。其中，主体是箭头的发起方，客体是箭头的指向方，箭头则代表了访问策略。主体可能是发起访问的人、进程或其他逻辑实体，客体可能是应用、数据、服务和设备等。访问策略既可确保合适的主体访问合适的客

图 1-28　访问控制三要素的关系

体，又可阻断未被授权的主体的访问。

1.4 数据安全体系总结

数据安全的核心目标是在包含存储、使用和传输的整个生命周期阶段中，保护需保护的数据的机密性、完整性和可用性。在设计和分析包含数据的系统时，坚持此目标非常重要。

实现数据安全的核心目标，需要结合数据的生命周期定义、数据的分类框架与实施、数据的访问控制等多种方法和技术，并且需要硬件信任根、密码学算法与密钥管理体系的支持。数据安全基础体系如图 1-29 所示。

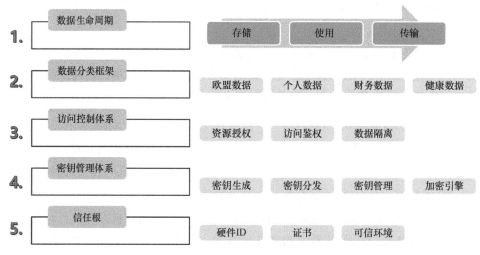

图 1-29　数据安全基础体系

不管是设计一个新的在线购物网站，还是开发一款运动健康应用程序，甚至是设计一款新型的物联网智能终端，都会涉及上述数据安全基础体系中的一种或多种方法和技术。

为了支持数据安全的核心目标，首先，需要以系统或产品的维度，梳理要保护的数据的生命周期，并分析有哪些存储、使用和传输的场景。其次，需要准确的数据的分类框架与实施策略，以识别出真正需要受到保护的数据。最后，基于对受保护的数据的识别，并基于其生命周期流程，构筑合适的访问控制机制。敏感数据的保护，一般要结合访问控制和加密两种保护机制，因此，需要考虑设计或使用已有的密钥管理体系。密钥的管理是一大难点，其生命周期流程往往需要信任根和可信环境的参与。

数据安全基础体系中的五个层面，互相支持和协同，以共同构筑完善的数据安全框架。

第 2 章
数据安全风险挑战与应对

本章分析并汇总不同时代、不同场景下，不同领域的数据安全的风险和挑战，并系统化地分析和归纳数据安全面对的主要威胁。在此基础上，基于对威胁的分析，综合利用网络安全框架（CSF）、风险管理框架（RMF）、威胁建模分析等体系和方法论，给出数据安全响应的原则、流程、方法。

2.1 数据安全的风险和挑战

回顾人类历史上经历的四次工业革命时代。第一次工业革命起始于 18 世纪 60 年代，其特征是蒸汽驱动的机械制造，以蒸汽机的发明及运用作为其典型标志。第二次工业革命起始于 19 世纪 60 年代后期，其特征是电力驱动的大规模生产，以第一条自动化流水线的发明作为其典型标志。第三次工业革命起始于 20 世纪四五十年代，其特征是原子能的应用、计算机的使用、互联网的发明及基于控制器的自动化，以互联网的发明作为其典型标志。

关于第四次工业革命的起始年代及其确切含义还有不少争论。不过，被广泛接受的观点是，德国政府于 2013 年的政府备忘录中首先提出"工业 4.0"的概念①。德国政府的该项高科技战略文件概述了将制造业几乎完全计算机化，而无须人工参与的计划。德国总理安格拉·默克尔（Angela Merkel）在 2015 年 1 月于达沃斯举行的世界经济论坛上大力推广这一概念，她称"工业 4.0"是在线世界与工业生产世界的融合。

通过回顾，可以很容易地发现，数据安全作为网络空间安全的重要组成部分，起源于第三次工业革命时代，并随着互联网的飞速发展和普及，在社会的生产和生活中变得越来越重要。在第四次工业革命时代，随着新场景、新业务、新生态的不断涌现，数据安全又将面临新的风险和挑战。

2.1.1 互联网时代的数据安全

20 世纪 50 年代，互联网诞生。在此之后，互联网的发展远远超出其发明者的预期。数字革命的兴起，将人更广泛地连接在一起——从离线到在线，从电话到智能手机，从本

---

① SENDLER U. Industrie 4.0[M]. Berlin, Heidelberg: Springer Berlin Heidelberg, 2013.

地到云，从私有到共享。伴随着技术的创新，新的生产和生活方式也逐渐产生。

伴随着数字革命到来的，是黑客的诞生。他们因为个人兴趣目的、盈利目的，甚至是政治目的，侵入系统、窃取或破坏数据、注入恶意软件、阻塞或破坏网络。自 20 世纪 90 年代以来，互联网的飞速发展给黑客提供了无穷无尽的"金矿"。

毫无疑问，在互联网的世界中，数据泄露是最大的数据安全风险。

2.1.2 万物融合时代的数据安全

18 世纪，蒸汽机的出现引发了第一次工业革命，使工业生产首次实现了机械化，并推动了城市化的发展，进而推动了社会变革。

在第二次工业革命中，电力和其他科学的进步使工业化的大规模生产成为可能。从 1950 年代开始的第三次工业革命见证了计算机和数字技术的出现，这引发了制造业自动化及银行、能源和通信等行业的深刻变革。计算机和数字技术迅速推广和普及到工业、农业等各个领域。

第四次工业革命融合了人工智能（AI）、机器人技术、物联网（IoT）、3D 打印、基因工程、量子计算和其他技术，是许多现代生活中司空见惯的现代化甚至智能化的产品和服务背后的支持者。

图 2-1 展示了四次工业革命中最关键的发明，这些发明显著地推动了社会的进步。

图 2-1 四次工业革命中最关键的发明

第四次工业革命的概念由世界经济论坛的创始人兼执行主席，《第四次工业革命》[1]一书的作者克劳斯·施瓦布（Klaus Schwab）提出。施瓦布在 2016 年的一篇文章"第四次工业革命：意味着什么，如何应对"中写道："像其之前的历次革命一样，第四次工业革命有潜力提高全球收入水平并改善世界各地人民的生活质量。"

他认为："技术创新也将带来供应奇迹，并在效率和生产率方面取得长期的收益。运输和通信成本将下降，物流和全球供应链将变得更加有效，贸易成本将降低，所有这些都将开创新的市场并推动经济增长。"

不过，第四次工业革命带来的并非都是好消息。施瓦布还表示，这场革命可能导致更大的不平等，还可能导致对劳动力市场的进一步破坏。此外，就业市场可能会越来越多地划分出"低技能/低薪"和"高技能/高薪"角色，这可能会加剧社会紧张局势。

---

[1] SCHWAB K. The Fourth Industrial Revolution[M]. Sydney, Australia: Currency, 2017.

施瓦布认为："变化是如此之深远，以至于从人类历史的角度来看，从来都没有如此大的希望或如此大的风险。"

推动第四次工业革命的十大关键技术如下。

（1）人工智能（AI）致力于构筑可以像人类一样"思考"的机器——从纷杂的数据中识别模式、获取信息、得出洞察结论并提供决策建议。AI 的应用场景越来越丰富，从发现大量非结构化数据的模式到提供手机上的自动化邮件回复等。

（2）区块链是一种安全、分散、透明的记录和共享数据的方式，无须依赖第三方作为中介。数字货币是最著名的区块链应用程序。但是，该技术可以以其他方式使用，包括使供应链可追溯、匿名保护敏感的医疗数据及打击选举欺诈等。

（3）新型计算技术使计算机变得更智能、更快速。云的出现使企业可以随时随地通过互联网访问安全地存储和访问其数据。目前正在开发的量子计算技术最终可以数百万倍的提高计算机的能力。这些量子计算机将具有增强 AI 的潜力，在几秒内创建高度复杂的数据模型，并可以在材料工程领域、医学领域发挥更大的影响力。

（4）虚拟现实（VR）提供了模拟真实世界的沉浸式数字体验（使用 VR 头戴式设备），而增强现实（AR）融合了数字世界和物理世界。例如，欧莱雅（L'Oréal）的化妆应用程序可让用户在购买前对化妆产品进行数字化试用，Google 翻译应用程序可让用户扫描并即时翻译路牌（见图 2-2）、菜单和其他文字。

图 2-2　路牌翻译（Google 翻译应用程序）

（5）生物技术利用细胞和生物分子过程来开发各种用途的新技术和产品，包括开发新的药物和材料，更有效的工业制造过程，以及更清洁、更有效的能源。

（6）机器人技术是指个人和商业用途的机器人的设计、制造和使用。尽管目前还没有在每个家庭中都看到机器人助手，但是技术的进步使机器人变得越来越复杂。它们被广泛地应用于工业制造、医疗健康及紧急救援等领域。

（7）3D 打印技术允许制造企业以与传统工艺相比更少的工具、更低的成本和更快的速度打印自己的零件。另外，企业还可以用 3D 打印技术定制设计以确保产品与设计完美契合。

（8）创新材料技术包括新型塑料、金属合金和生物材料，有望促进制造业、可再生能源、建筑和医疗保健等领域的发展。

（9）物联网逐渐渗入人们的生产与生活，甚至是各行各业。从监视用户身体状况的医疗可穿戴设备到快递包裹的跟踪设备——物品更多地被接入互联网并可以互相连接。企业可以从不间断连接的产品中收集客户数据，从而使他们能够更好地评估客户如何使用产品，从而可以相应地制定营销活动。还有许多工业和农业的应用，如农民将农业物联网传感器放入田地中以监控土壤属性并获知何时施肥等信息。

（10）新能源技术。在可再生能源技术成本下降和电池存储容量提高的推动下，能量的采集、存储和传输是另外一个不断增长的市场领域。

在推动第四次工业革命的十大关键技术中，人工智能、区块链、云计算、虚拟现实、机器人、物联网技术和数据安全直接相关，而其他一些技术也有或多或少的关联。

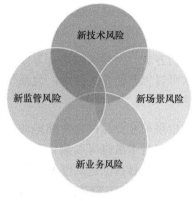

图 2-3　万物融合时代的新风险

而随着第四次工业革命在世界范围内如火如荼的发展，除上述提及的新技术风险外，新场景风险、新业务风险和新监管风险等数据安全的风险也值得关注。这些风险之间有着显著的相关性，如图 2-3 所示。

例如，量子计算技术的发展，可能会对现有的密钥基础设施和加密方案构成直接的风险，从而影响敏感数据的机密性，这些可以归结为新技术风险；利用人工智能技术增强电子邮件的自动回复功能，根据电子邮件的内容建议合适的答复，可能涉及机密数据的收集和处理，这些可以归结为新场景风险；使用可穿戴电子设备的海量数据，开展基于不同人群的健康研究（如不同年龄段的健康人群的平均心率和体重之间的关系），则属于新业务风险；随着各类法律法规进一步的完善和深化，业务模式是否能遵从越来越细致、越来越严格，甚至是带有不同的地域特征和价值考量的监管要求，这些可以归结为新监管风险。

此外，上述四类风险存在比较多的交叉，因此产生了新的融合风险。例如，使用 AI 的深度学习技术，开展基于基因序列大数据的遗传疾病和基因缺陷筛查，则会涉及以上多种数据和隐私维度的风险。

根据云安全联盟（CSA）大数据工作组的研究报告[①]，大数据的特点可以简称为"三个 V"：Velocity（速度）；Volume（容量）；Variety（类别）。这些特点放大了数据安全和隐私的问题。在此场景下，专为保护小规模静态（与流传输相反）数据而设计的传统安全机制通常存在缺陷。

CSA 列举了大数据安全的十大挑战[②]，如图 2-4 所示。

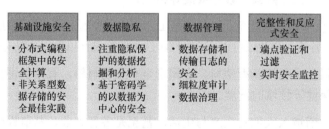

图 2-4　大数据安全的十大挑战

---

① Big Data Working Group. Big Data Taxonomy[J]. Cloud Security Alliance, 2014.
② RAJAN S, GINKEL W V, SUNDARESAN N. Expanded Top Ten Big Data Security and Privacy Challenges[J]. Cloud Security Alliance, 2013.

针对这些挑战，应对的方案和措施将在下文详细阐述。

当然，在传统企业环境中，IT 系统的数据安全风险仍然存在，而且随着各种新型办公场景，如雇员自带设备（BYOD）的出现，数据安全风险存在逐渐增长的趋势。

数据，尤其是企业中的敏感数据，由于其存在形式多、访问人员多、扩散快等特点，给数据安全的防护带来了诸多困难。在当今互联网和移动办公环境下，数据的存储介质、企业的开发测试需求和经营分析诉求、内部人员主动泄密、引入外包、第三方合作等因素，都为数据安全防护带来了风险和挑战。

数据风险无处不在，数据安全应贯彻数据整个生命周期的始终。企业数据的全生命周期包括数据的创建（归类、赋予权限等）、存储（访问控制、加密、权限管理、内容分发等）、传输（通道安全、加密、权限管理等）、使用（行为监控/执行、权限管理、逻辑控制、应用安全等）和销毁（信息碎片、安全删除、内容发现等）。企业数据的全生命周期中存在相应的安全风险，需要为此设计和实施相应的应对机制。

2.1.3　数据泄露事件频繁发生

随着数字化时代的来临，大量个人数据、财产数据、健康数据等敏感信息在互联网上存储和传输，保护数据安全的重要性不言而喻。然而，近年来，大规模数据泄露事件层出不穷，社会各界对数据安全和隐私保护的担忧不断加深。

美国普渡大学在 2019 年 10 月发表的一项研究[24]中指出，自 2008 年开始的 10 年间，10 起最严重的数据泄露事件合计影响大约 65 亿人，涉及的数据不一而足：有单一的个人数据，如电子邮件地址；也有非常敏感的隐私数据，如银行账号信息。数据泄露事件汇总统计如图 2-5 所示。

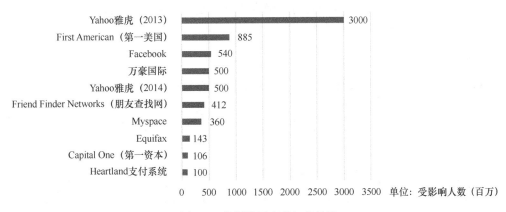

图 2-5　数据泄露事件汇总统计

基于泄露的数据量、数据的机密程度，以及对用户的损害或风险程度，总结 21 世纪最严重的几起数据泄露事件如下。

1．Yahoo（雅虎）

雅虎公司成立于 1994 年，在互联网信息提供商中曾经占据统治地位，市值最高峰超过 1000 亿美元。

2016 年 9 月，雅虎公司披露了其重大的账号数据泄露事件。由于其影响的广泛性，被称为历史上最大的互联网数据泄露事件。调查显示，起源于 2014 年的"可能由政府资助的"攻击中，泄露了多达 5 亿位用户的真实姓名、电子邮件地址、出生日期和电话号码。该公司表示，所涉及的"绝大多数"密码已使用健壮的 bcrypt 算法进行了哈希处理。

2016 年 12 月，该公司披露，另外一组黑客在 2013 年的网络攻击中，获取了可能高达 10 亿个账户。除姓名、出生日期、电子邮件地址外，密码、安全问题和答案也受到了影响。2017 年 10 月，雅虎公司修改了这一估计，称实际上所有 30 亿个用户账户可能都遭到了入侵。

这些数据泄露事件导致雅虎公司被隐私与法律合规的官司缠身，使雅虎公司的业务拓展甚至原有的业务维系都举步维艰。美国电信运营商 Verizon 最终以 44.8 亿美元的价格收购了雅虎公司的核心互联网业务。该收购协议要求两家公司分担违约责任。出售后，雅虎公司更名为 Altaba，Inc.。

2．万豪国际

2018 年 11 月，万豪国际宣布，黑客从其网站窃取了大约 5 亿客户的数据。该系列数据泄露事件实际上起始于 2014 年，当时仍是喜达屋酒店品牌的系统受到了攻击。攻击者在万豪国际于 2016 年收购喜达屋后仍驻留在系统中，直到 2018 年 9 月才被发现。

部分酒店客户的姓名和联系信息遭到泄露。攻击者甚至可能将联系信息、护照号码、喜达屋会员卡号、旅行信息和其他个人信息结合在一起使用，以方便其进行进一步的社会工程学攻击。万豪国际认为，尽管公司不确定攻击者是否能够解密信用卡号，但仍有超过 1 亿位客户的信用卡号和有效期被盗。

3．eBay

eBay 是在线拍卖领域的领先企业。其在 2014 年 5 月报告了一次网络攻击，称其 1.45 亿位用户的名字、地址、出生日期和加密密码都已经被泄露。该公司表示，黑客使用三名公司雇员的凭据进入公司网络，并具有 229 天的完整内部访问权限，在此期间，他们能够进入用户数据库。

该公司要求其客户更改密码，并表示财务信息（如信用卡号）是单独存储的，尚未受到损害。该公司因缺乏对用户的有效沟通，以及密码更新流程实施不力而受到舆论的批评。

4．Equifax

美国最大的征信机构之一——Equifax，在 2017 年 9 月 7 日表示，其下属某网站的应用程序漏洞导致数据泄露，1.43 亿位消费者的个人信息（包括社会安全号码、出生日期、地址，在某些情况下还包括驾照号码）被泄露。209 000 位消费者的信用卡数据也同时泄露。该漏洞是在 2017 年 7 月 29 日发现的,但该公司表示攻击和数据破坏可能从 5 月中旬就已开始。

5. HeartLand 支付系统

早在 2008 年,信用卡处理商哈特兰公司利用其公司的 Heartland 支付系统每月为 17.5 万个商户(大多数为中小型零售商)处理 1 亿笔支付卡交易。2008 年 3 月,黑客通过 SQL(结构化查询语言)注入的方式,在 Heartland 支付系统的数据系统上安装间谍软件,窃取了 1.34 亿张信用卡的信息。直到 2009 年 1 月,Visa 和万事达卡组织将其处理的账户中的可疑交易通知给哈特兰公司后,该公司才发现这起严重的数据泄露事件。

该事件直接导致的后果是,Heartland 支付系统被认为不符合第三方支付行业数据安全标准(PCI DSS),哈特兰公司的主营业务被暂停,直到 2009 年 5 月才被允许处理主要信用卡发行商的交易。该公司还支付了约 1.45 亿美元欺诈性付款的赔偿。

事后的刑事和民事责任调查发现,一名古巴裔美国人阿尔伯特·冈萨雷斯(Albert Gonzalez)策划了偷窃信用卡和借记卡账户的"国际化协作"。联邦大陪审团于 2009 年起诉冈萨雷斯和两名未具名的俄罗斯同谋。2010 年 3 月,冈萨雷斯被判 20 年徒刑。

SQL 注入的漏洞已广为人知,并且安全分析师也多次警告很多支付系统可能受到该漏洞的影响。但是,许多面向 Web 的应用程序持续存在的漏洞使 SQL 注入成为当时针对 Web 站点的最常见的攻击形式。

6. Target

2013 年 12 月,零售业巨头 Target(塔吉特,美国第八大零售商)宣布,黑客已通过第三方 HVAC 供应商访问了 Target 公司的 POS 支付卡读取器,并收集了约 4000 万个信用卡和借记卡号。该漏洞实际上始于感恩节之前,但直到几周后才被发现。

2014 年 1 月,该公司上调了这一估计值,并报告称其 7000 万位客户的个人身份信息(PII)已遭到泄露,其中包括客户的姓名、地址、电子邮件和电话号码。最终估计该漏洞可能影响多达 1.1 亿名客户。

Target 公司的首席信息官于 2014 年 3 月宣布辞职,其 CEO 于 5 月辞职。该公司估计该数据泄露事件的损失为 1.62 亿美元。

此后,该公司在安全性方面进行了重大改进。但是有权威安全专家宣称,"该公司还在使用昨天的安全范例",因为该公司在安全性方面的改进重点是使攻击者远离网络,而并没有针对事件响应的改善。

7. Uber

在 2016 年年底,Uber 公司获悉,两名黑客获得了 5700 万位 Uber 应用程序用户的姓名、电子邮件地址和手机号码。这两名黑客还获得了 600 000 位 Uber 驾驶员的驾照号码。这是一起非常严重的个人数据泄露事件。Uber 的数据泄露事件的影响范围非常大,而该公司并没有及时提出清晰的应急响应策略。

Uber 公司声称,没有其他数据(如信用卡或社会保险号)被盗。黑客能够访问 Uber

公司的 GitHub 账户，在那里他们找到了 Uber 公司的 AWS（Amazon Web Services，亚马逊公司提供的云服务）账户的用户名和密码凭据。这些凭据绝对不应该出现在 GitHub 这个公开访问的代码仓库上。

糟糕的是，大约一年后，Uber 公司才将这次数据泄露事件公开。更糟糕的是，他们向黑客支付了约 10 万美元以试图销毁数据，并声称这是"漏洞赏金"的费用，但却无法验证黑客是否这样做了。Uber 公司将该数据泄露事件归咎于其首席安全官，并将该首席安全官解雇。

这一数据泄露事件给 Uber 公司的声誉和金钱造成了巨大损失。在宣布数据泄露事件时，该公司正在商讨将部分股份出售给软银公司（SoftBank）。最初，Uber 公司的估值为 680 亿美元。交易于 12 月完成时，其估值已降至 480 亿美元。严重的数据泄露事件及糟糕的应对方式导致的商誉受损不一定是造成其损失的最主要原因，但商业分析师认为这是其中一个重要因素。

8. JPMorgan Chase

JPMorgan Chase（摩根大通集团）是美国最大的银行。2014 年夏天，该银行遭受了黑客攻击，并泄露了涉及美国一半以上的家庭（7600 万户）和 700 万家小型企业的数据。根据其提交给美国证券交易委员会（SEC）的文件，这些数据包括客户的姓名、地址、电话号码和电子邮件，甚至是有关用户的其他隐私信息。

该银行表示，没有任何客户的钱被盗，并且"没有证据表明在此攻击期间，这些受影响的客户的账户信息（账号、密码、客户 ID、出生日期或社会安全号码）受到了损害"。

尽管如此，据报道，黑客仍然能够在该银行 90 多个服务器上获得"root"特权，这意味着黑客可以采取行动，甚至包括转移资金和关闭账户。根据 SANS 研究院的数据，JPMorgan Chase 每年在安全方面花费 2.5 亿美元。

2015 年 11 月，美国政府对四名男子进行了起诉，指控他们实施了对 JPMorgan Chase 及其他金融机构的黑客入侵。黑客们面临 23 项指控，包括未经授权的计算机访问、身份盗窃、证券和电汇欺诈及洗钱，这些行为使他们窃取了大约 1 亿美元。

9. 索尼移动 PlayStation 网络

2011 年 4 月 20 日，7700 万个 PlayStation 网络账户遭到黑客攻击。该站点停机一个月，估计损失达 1.71 亿美元。在受影响的超过 7700 万个账户中，有 1200 万个未加密的信用卡号。黑客可以获取姓名、密码、电子邮件、家庭住址、购买历史记录、信用卡号，以及 PSN 登录名和密码等信息。索尼公司的这一事件为同样存储海量用户数据的大型跨国公司敲响了警钟。

2014 年，索尼公司同意就此违规行为在集体诉讼中初步达成 1500 万美元的和解。这被视为有史以来最严重的游戏社区数据泄露事件。

10. 安森保险公司

2015 年 3 月 13 日，安森保险公司（Anthem）向美国卫生与公众服务部公民权利办公室（HHS OCR）提交了一份违规报告，其中详细说明了 2015 年 1 月 29 日，他们发现网络攻击者通过明显的未被发现的高级持续性攻击（APT）获得了访问该公司 IT 系统的权限，并越权获取了数据。在提交了违规报告后，安森保险公司发现网络攻击者通过至少一名员工响应恶意钓鱼电子邮件的方式渗透了他们的系统。HHS OCR 的调查显示，在 2014 年 12 月 2 日至 2015 年 1 月 27 日期间，网络攻击者窃取了将近 7900 万人的个人健康信息，包括姓名、社会安全号码、医疗身份证号码、地址、出生日期、电子邮件地址和就业信息。

此次事件被称为"美国历史上规模最大的健康数据泄露事件"。2018 年 10 月，安森保险公司同意向 HHS OCR 支付 1600 万美元的和解金，并采取实质性纠正措施，以解决可能违反《健康保险携带和责任法案》（HIPAA）的隐私和安全问题。

事后的调查显示，安森保险公司未能实施适当的措施来监测能够访问其系统以获取密码并窃取人们的私人信息的黑客，也未能实现健壮的密码策略。

上述 10 起严重的数据泄露事故涉及金融、保险、健康、酒店、游戏等多个行业。这些和普通消费者的生活密切相关的大型企业的数据泄露，造成了广泛和严重的影响。

IBM 公司安全团队和波耐研究所（Ponemon Institute）在发布的《数据泄露成本增长，平均每次事故 400 万美元》[25]中指出，基于对 2018 年 7 月至 2019 年 4 月期间经历数据泄露的全球 500 多家公司的深入采访，考虑从法律、法规和技术活动到品牌资产损失，客户流失及员工生产力下降等数百种成本因素，每次数据泄露事件平均涉及 25 575 条数据记录，造成约 392 万美元的经济损失，折合每条数据记录的价值约 150 美元。其中，医疗保健行业的数据泄露，相比于其他行业，其经济损失更大。

并非只有大型机构或跨国企业才受到数据泄露的影响。Verizon 发布的《2019 年数据泄露调查报告》[11]（*2019 Data Breach Investigations Report*，DBIR）基于对 41 686 起安全事件（其中 2013 起已确认发生了数据泄露）的分析和调查发现，43% 的数据泄露涉及小型企业。2019 年数据泄露涉及组织比例如图 2-6 所示。

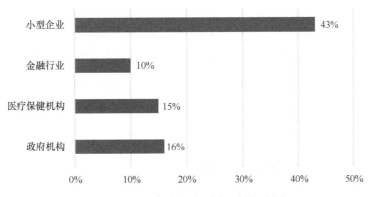

图 2-6　2019 年数据泄露涉及组织比例

《2019 年数据泄露调查报告》还指出了一些值得担忧的问题，其调查结论如图 2-7 所示。其中，56% 的数据泄露事件，用了一个月甚至更长的时间才被发现；71% 的数据泄露的背后有商业利益的驱动；25% 的黑客攻击涉及战略和竞争。在攻击手段上，29% 的攻击涉及使用窃取的登录凭据；32%采用钓鱼攻击手段。

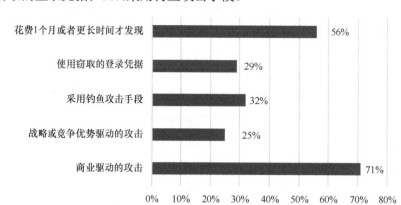

图 2-7　数据泄露事件调查结论

数据泄露事件影响的用户数量如此触目惊心，足以证明当前的数据安全形势极为严峻。

相对于法律要求更严苛、违法成本更高的欧美等发达国家，中国在数据安全和隐私保护领域仍然处于发展阶段。组织因为各类商业目的，越权收集和使用个人数据等现象屡见不鲜。而负责存储、处理和传输个人数据的企业，其数据泄露案例也屡次登上各类媒体的头条，并受到监管部门、行业和普通用户的广泛关注。

据 ZDNet 报道，2019 年第一季度，中国企业出现数起简历信息泄露事件，涉及 5.9 亿份简历[①]。简历泄露事件的主要原因是 MongoDB（一种文档型数据库）和 ElasticSearch 搜索服务器安全措施不到位。例如，采用数据库的默认密码甚至空密码；或者由于防火墙的配置错误，导致仅用于内网访问的数据库服务器暴露在公网上。

2020 年 3 月 24 日，新浪微博被爆出用户查询接口被恶意调用导致数据泄露，工业和信息化部网络安全管理局对新浪微博相关负责人进行了问询约谈，要求其进一步采取有效措施，消除数据安全隐患。在暗网中，黑客声称获取了 5 亿个微博用户的手机号码[26]。事后分析发现，黑客可能综合采用了社会工程学和"撞库"的手段（也就是从一个渠道获取了账号的口令等登录凭据，在另一个渠道尝试登录），通过查询接口的滥用达到其目的。

这些攻击的波及范围表明，即使是最大的、防护措施最完善的组织，在攻击面前也很脆弱，也很容易出错。而这意味着，对于各类组织来说，赢得用户对于数据安全和隐私保护的信任变得越来越困难。

2.1.4　对数据安全的关注日益增长

2018 年 10 月 15 日，Gartner 副总裁兼分析师 Peter Firstbrook 在奥兰多召开的 Gartner Symposium/ITxpo 峰会上，讲述了 2018 年和 2019 年的六大安全趋势[27]。他的演讲聚焦安全行业的趋势与演进，有助于企业实现网络安全的战略与策略。

---

① 保密科学技术编辑部. 2019年网络安全事件盘点之国内篇[J]. 保密科学技术, 2019, 12(12): 3-5.

其中，他提出的第一个趋势就是企业高管较以往更关注安全，安全人员需要掌握利用商业语言与高管沟通的能力。不管是监管层面、业务层面还是技术层面，安全和隐私保护的风险可能导致的经济损失已经到了高管和企业董事会不得不关注的程度。例如，GDPR的正式实施、各国的严格执法，显著增加了企业违规的成本，并导致一系列的不确定性。WannaCry 等各类勒索病毒的爆发，也对企业的 IT 基础设施，甚至生产线造成了大量的经济损失。

Gartner 研究报告认为，几乎所有大型商业机构都会要求在董事会上汇报网络安全、隐私保护的现状、风险和措施。这就要求安全人员不仅应具备技术角度的表达和呈现能力，也要增加商业角度的视角，以董事会成员能够理解的语言进行总结和汇报。数据安全的治理体系与框架、安全的风险与缓解措施也应该部分承接组织商业竞争力或商业风险的目标。

2019 年 Gartner 发布的调查报告显示：在企业与政府部门首席信息官（Chief Information Officer，CIO）追加的技术投资方面，数据分析（Data Analytics）与网络安全（Cyber Security）将云（Cloud）挤出了榜首位置[28]。在网络安全领域，95%的 CIO 认为"安全的威胁会越来越大"，4%的 CIO 认为"会持平"，只有 1%的 CIO 认为"会降低"。主要原因有两点：一是随着组织之间交流的增多和内外网概念的进一步模糊，越来越多的外部用户会访问组织的信息，安全管理更加具有挑战性；二是物联网的蓬勃发展。物联网设备因其计算能力所限，对安全性有一定的权衡。例如，存在这样的可能性：对一个联网摄像头进行攻击，然后以其为跳板，攻击整个网络。

Gartner 预测，大多数的企业战略中明确将数据作为企业的核心资产，并将数据分析作为必不可少的业务能力。2022 年年底，估计约 30%的首席数字官（Chief Digital Officer，CDO）与首席财务官（CFO）将正式对组织的数据资产价值进行评估，以改善数据的管理和收益；超过 30%的大型企业将使用其数据资产的财务风险评估来对 IT、分析、安全和隐私的投资选择进行优先级排序。

2.1.5 数据安全成为业界热点

RSA 大会是全球领先的信息安全论坛和展览会。每年春季，于美国旧金山召开的 RSA 年度大会都会吸引全球安全界、工商界，甚至是普通民众的广泛关注。在为期一周的大会中，全球顶尖的网络安全专业人员和商业领袖汇集在一起，共同讨论新兴趋势，并制定应对当前和未来威胁的最佳策略。

RSA 大会历年关键词排名可以体现出安全界的热点。图 2-8 汇总了 2009 年到 2018 年这十年之间的关键词词排名。该排名可以反映出"数据"这一关键词始终占据榜首。与"数据"关联的"信息"关键词也稳居前三名。

此外，值得指出的是，最近几年的关键词中出现了"网络空间"（Cyber），并且"威胁"（Threat）的出现频率总体增加，这反映了当前网络空间安全的一般趋势。

2009年	2010年	2011年	2012年	2013年	2014年	2015年	2016年	2017年	2018年
数据	数据	数据	数据	数据	数据	数据	数据	数据	数据
信息	信息	信息	信息	信息	信息	信息	信息	信息	时间
基础	基础	基础	组织	基础	基础	基础	时间	时间	信息
组织	组织	风险	风险	时间	组织	时间	组织	组织	组织
时间	风险	组织	攻击	组织	时间	组织	基础	风险	基础
风险	时间	访问	威胁	风险	攻击	风险	真实	基础	威胁
访问	访问	时间	应用	真实	风险	真实	风险	网络空间	风险
应用	应用	合规	包含	包含	真实	威胁	网络空间	威胁	网络空间
包含	包含	密钥	时间	密钥	包含	威胁	威胁	攻击	真实
合规	技术	攻击	访问	攻击	威胁	攻击	攻击	真实	攻击

图 2-8　RSA 大会关键词排名

数据安全不仅越发受到产业界的关注，而且在政治、法律、社会生活等各个领域都已成为热点。

2018 年度 RSA 大会以 "Now Matters"（现在很重要）为主题，与会各国企业围绕数字化时代网络安全发展趋势展开深入讨论，以共同探讨网络安全热点问题，关注网络安全法规进展，研判前沿技术进展。会议围绕数据安全探讨了以下两项议题。

一是个人隐私保护。围绕数据的滥用，如何从法规、监管及技术角度进行个人隐私保护是此次会议的重要议题之一，包括探讨人工智能数据运用的立法、身份机制的建立、机器学习与物联网中的隐私与安全等。

二是隐私保护法律法规的施行。欧盟《通用数据保护条例》（*General Data Protection Regulation*，GDPR）在 2018 年 5 月生效。作为史上最严格的用户数据安全和隐私保护方面的法规，任何涉及欧洲市场的企业都将面临 GDPR 的合规性问题。因此，会议专门组织了一场以 GDPR 为核心议题的研讨会，重点探讨 GDPR 带来的主要挑战、企业如何满足合规性要求和个人如何利用 GDPR 进行隐私保护、"安全"在 GDPR 合规中的地位等问题，议题包括企业采取主动防御措施的法律遵从、网络安全与国际贸易、数字化时代的员工监督、企业数据泄露等。

在 2019 年度的 RSA 大会上，关于数据安全的议题非常庞杂。

从消费者和行业的视角，隐私保护依然是热度非常高的话题。不管是 GDPR 的遵从，还是几起影响大量消费者的数据泄露事件，都引发了关于隐私保护法律监管遵从、隐私数据的使用限制、大型互联网企业和消费者之间的数据权属、数据泄露事件责任界定和处罚等问题的讨论。

从互联网用户的视角，超越数据安全性的维度，信息的真实性成为网络空间安全的热点话题。在互联网高度普及、信息传播速度极快的条件下，基于某些政治、军事或商业的目的而发布的假新闻，也有了炒作和传播的空间。特别是新兴技术的发展及滥用，如使用人工智能处理视频和图像以得到"深层伪造"的视频（俗称"换脸"），可能对政治、经济、文化甚至宗教等领域带来难以预期的影响。

从安全专业人士和安全厂商的视角，数据安全领域存在诸多挑战。攻击方式日益复杂，攻击者也在加大投资，攻击工具进一步智能化和自动化。随着攻防对抗的演进，安全产品和解决方案的复杂性也不断增加，企业的部署和有效的运行存在困难。此外，企业业务上云的趋势不可逆转，如何有效地将云提供商所提供的安全功能与企业已经部署的安全功能进行整合是一个关键问题。

在 2020 年度 RSA 大会上提交的 2400 多项候选议题中，关于数据安全和隐私保护的情况又有了些许令人欣喜的变化。在隐私合规框架实施、隐私合规自动化工具部署等因素的多重推动下，安全界的领袖和专家们对于产品、服务和组织中"隐私保护的可操作性"少了一些担忧，多了一些理解。也正是这种理解成为驱动部分数据安全技术（如同态加密）发展的力量。另外一个值得注意的变化是，之前很多企业对隐私保护的理解是"法律遵从"和"社会责任"，现在更多地关注其更积极的商业意义，也就是说洞察和保护用户的意图，从而提供差异化的和积极的用户体验。在此维度，"安全"和"隐私"在组织中以更积极的方式协同工作。不过，对 RSA 大会的 2020 年度会议候选议题的洞察也指出，当前正处在一个隐私对话频繁变化的世界中。部分议题强调了隐私保护的遵从和实施所面临的挑战和意想不到的后果，特别是区域、国家和全球隐私法规迅速爆炸的场景（有些甚至存在相互冲突），需要探索与隐私和数据安全有关的道德考量，以及"我们可以而且必须做得更多，做得更好"的总体观点。

2.1.6　敏感数据在哪里

Trustwave 公司在其 2014 年发布的《Trustwave 全球安全报告》[29]中指出，大多数企业没有完全成熟的方法来控制和追踪敏感数据。

对于数据安全问题，企业普遍认可其可能导致重大风险甚至是法律责任，但并没有通过追踪敏感数据来控制风险的成熟方法。基于对大量 IT 和安全专业人士的采访，63% 的企业没有完全成熟的方法来控制和追踪敏感数据。"这意味着很多企业不知道他们的敏感数据在什么位置，谁能够访问它，以及它是否会流动。"Trustwave 公司高级副总裁 Phil Smith 表示，"这种信息是构建安全战略的第一步。"

确实，数据对组织和用户来说都是至关重要的。系统设计者的首要任务之一是识别敏感数据并确定如何适当地保护它。对所有需要保护的数据进行清点是数据安全的关键步骤。通过维护所有用于存储和处理敏感数据的系统的最新清单，使组织能够针对其数据安全目标开展管理工作。按照敏感度对数据进行分类有助于数据管理团队确定将安全工作的重点放在哪里。

在清点数据前，需要首先考虑如下问题。

（1）组织是否拥有所有内部系统、计算机设备、软件和数据文件的最新清单？

（2）组织是否拥有应归类为敏感数据的所有数据的详细和最新的清单（未经授权或无意披露可能造成损害的商业数据和个人数据）？

（3）组织是否根据数据披露将给组织造成的风险等级对数据记录进行了分类？

（4）组织是否具有关于数据清单的书面政策，该政策是否概述了清单中应包括的内容，以及应如何及应由谁更新数据清单？

从业务的维度，应对组织拥有的数据来源做到全面的梳理。以下列出了常见的数据来源。

（1）组织的生产系统和业务系统。例如，财务分析、销售、生产制造、库存和仓库管理系统等。注意，使用云存储和云托管的系统也要包含在内。

（2）与组织的内部系统对接的第三方系统，如来自客户或供应商的数据源。

（3）来自移动设备或物联网（IoT）的数据源。例如，从摄像头、传感器或恒温器等设备获取的信息。

以电信运营商为例，敏感信息的存放位置主要包括支撑系统、业务平台和通信系统。支撑系统中主要存储了用户的个人信息，涉及用户隐私权的保护，其系统子项主要包含业务支撑系统、经营分析系统、客户服务系统、网管系统、客户支撑系统、信令监测系统、网络安全管控平台、客户关系管理系统、数据业务监测系统、政企客户业务综合运营平台、增值业务管理平台等。业务平台中主要包括 SMSC 短信中心、MMSC 彩信中心、行业网关、短信网关、WAP 网关、彩信网关、政企客户关系系统、垃圾短信监控平台、MISC/DSMP、视讯平台、电子商务平台、支付平台等。通信系统主要包含 MSC/VLR/MGW/Server、HLR、GPRS、VC、端局、关口局等。这些都是敏感数据存储流通处理的关键环节，企业应当从这些部分入手对敏感数据进行保护，以防止数据泄露等安全事故给企业利益和声誉带来损失。

2.1.7　数据安全问题的背后

IBM 公司董事长、首席执行官兼总裁罗睿兰（Ginni Rometty）曾指出："我们认为数据是这个时代的特征，是世界上新的自然资源。它是竞争优势的新基础，正在改变每个行业。如果所有这些都是真的，甚至是不可避免的，那么根据定义，网络犯罪将是对世界上每个职业、每个行业、每个公司的最大威胁。"[30]从这个含义上讲，对数据安全再重视也不为过。

就企业典型环境而言，数据安全面对的环境复杂，数据安全的风险非常高，特别是人、应用、网络、设备的日益复杂，对于数据构成了巨大的风险和挑战。复杂场景对数据安全的挑战，如图 2-9 所示。

调查显示，超过 60%的员工使用自己的计算机等设备处理工作，主要是考虑到创造性、便利性和用户体验。更深入的调查发现，50%的组织依赖于其员工自己处理所携带的个人设备；70%的员工从来没有从组织中得到如何应对自带设备风险的操作指导；65%的员工会自行下载特定的商业应用，来更方便地处理数据。

显而易见，不受信任的网络、设备、用户和应用，必然导致数据的风险。数据风险的主要来源如图 2-10 所示。

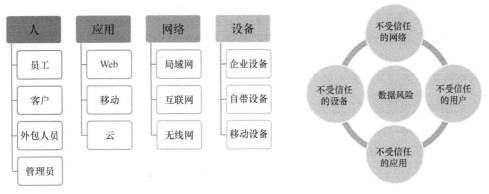

图 2-9 复杂场景对数据安全的挑战   图 2-10 数据风险的主要来源

有效地应对这些风险,需要结合本书 3.3 节"数据安全治理框架"中介绍的数据安全治理框架,基于"识别—保护—检测—响应—恢复"的全生命周期流程,构筑并实施统一的安全策略体系。

基于 Verizon 发布的《2019 年数据泄露调查报告》[11]、FireEye 公司发布的"M 趋势:前线报告"[31]等安全领域的年度报告和行业趋势分析,超过 80%的数据泄露事件或安全事件其根本原因仍然可以归结为基础的安全问题。最基础的安全配置、安全意识仍然需要予以重点考虑。

2.1.8 数据安全攻击面演进

随着物联网、云计算、人工智能等新技术被不断应用,传统意义上的网络边界持续瓦解,组织的受攻击面不断扩大,给组织的数据安全带来全新的挑战。与此同时,网络攻击也呈现出手段复杂、目的明确、源头多变的趋势。复杂的网络变迁、多样化的网络攻击在深度和广度上极大地扩展了原有的数据安全攻击面。攻击面随时间的演进如图 2-11 所示。

在 20 世纪 90 年代之前,网络相对少见,并且互联网可能更多地由研究人员和专业人士组建,普通公众较少有机会接触。在那个时期,安全性并不那么重要,有限的攻击手段以物理访问发起的攻击为主。但是,随着越来越多的敏感信息被放置在网络上,数据安全和网络安全的重要性越来越受到重视。

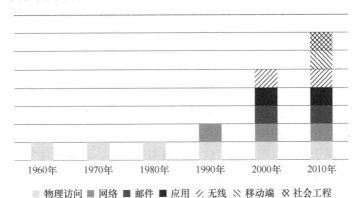

图 2-11 攻击面随时间的演进

在 20 世纪 70 年代到 80 年代，可以访问"互联网"的研究人员通过网络在彼此之间开着各种玩笑。这些笑话是无害的，但仍然暴露了 ARPANET（高级研究计划局网络，通称"阿帕网"）安全性方面的缺陷。此时的网络应用范围很小，许多用户彼此认识，因此，网络攻击造成的风险和威胁并没有那么严重。

在此期间，也发生过几起引人注目的安全事件。电影《战争游戏》（War Games）普及了"黑客"一词，但除在政界、法律界和安全专业人士的小范围内研讨外，很少采取严肃的网络安全方法来对待黑客风险。

在 20 世纪 80 年代后期，网络的使用开始迅速增长。随着大学、政府和军事设施之间搭建的网络联接，对安全的需求日益增长。第一个自动蠕虫病毒出现在 1988 年的 ARPANET 上。美国康奈尔大学的学生开发的"莫里斯蠕虫"（Morris Worm）可以利用 Unix 系统上 finger、rsh/rexec、sendmail 等服务的缺陷入侵另一台计算机，并利用漏洞进行自我复制，然后将自身发送给新的计算机。自我复制的"Morris Worm"暴露了联网计算机的漏洞。它使用大量资源，使受感染的计算机无法运行，导致病毒迅速在整个网络中传播。此时，网络中有影响力的领导者决定开发网络安全方法以应对网络威胁，并直接促使了最早的网络安全专业组织——计算机应急响应团队（Computer Emergency Response Team，CERT）的诞生。

基于此，可以认为，20 世纪 90 年代开始，"网络"正式开始作为新兴的攻击面。在之后的年代里，基于网络的攻击方式越来越多，自动化和人工的攻击事件越来越频繁，并越来越成为主流。

在 2000 年前后，出现过多起新型的使用电子邮件传播和利用即时消息协议漏洞发起的攻击。

梅利莎（Melissa）病毒是 David Smith 在 1999 年创建的。Melissa 病毒通过将自己发送给收件人通信录中的前 50 个人来传播到计算机，从而感染了许多计算机。Melissa 病毒破坏了政府和商业网络，造成总计约 8000 万美元的损失。

ILOVEYOU 病毒于 2000 年发布，怀疑是 Onel de Guzman 所创建，它通过电子邮件和 IRC 客户端感染计算机。ILOVEYOU 病毒在全世界范围广泛传播，造成的损失估计约为 10 亿美元。

Nimda 病毒于 2001 年发布，它通过电子邮件和网页传播，感染了数千台计算机。Nimda 病毒针对互联网服务器攻击，导致整个互联网性能急剧下降，甚至停止响应。

2000 年可以称为"电子邮件"作为新型攻击方式的起始时代。统计数据显示，2000 年时，全球范围已经有互联网用户 3.6 亿个。随着互联网的蓬勃兴起，各类新型的攻击方式也不断涌现，如基于操作系统和应用软件的漏洞的攻击、利用无线发起的攻击等。

其中值得提及的是 2003 年 8 月份出现的"冲击波"病毒（Blaster Worm）。该病毒利用了微软公司 DCOM RPC 服务中的一个已知漏洞，该漏洞在微软公司安全公告 MS03-026 中被详细介绍。当执行程序时，该病毒会尝试从受到威胁的主机中检索文件 msblast.exe 的副本。检索到此文件后，将执行该文件，并且受感染的系统开始扫描易受攻击的系统，以同样的方式进行破坏。此外，该病毒在受感染的计算机上安装了侦听 TCP 端口 4444 的远程命令行后门，从而使攻击者可以向受感染的系统发出远程命令。

2000 年前后，针对无线局域网，甚至是 GSM/GPRS 网络中的设备的攻击已经开始出现。针对广泛使用的 Wi-Fi 网络，出现了嗅探攻击、中间人攻击，以及针对有线等效保密（Wired Equivalent Privacy，WEP；无线网络早期使用的加密技术，现已基本被废弃）协议的脆弱性，破解 Wi-Fi 密码的攻击等多种攻击方式。

进入新的互联网时代，更多的新型攻击方式不断涌现。值得提及的是社会工程学攻击，以及对移动终端的攻击。

社会工程学攻击主要是指使用欺骗手段来访问信息系统。其传播媒介通常是电话、短信息、即时消息或电子邮件。攻击者通常假装自己是企业的董事或经理，向 IT 支持团队施加压力，要求他们提供服务器密码、复制敏感数据，或者执行一些其他的越权操作。与之前的多种基于技术脆弱点的攻击方式不同，社会工程学攻击将人为因素置于网络攻击的风险中。人为因素经常被认为是网络安全中最薄弱的环节。2020 年 2 月在旧金山召开的 RSA 大会的主题是 "Human Element"（人为因素），凸显了安全业界对于这一问题的一致性的考虑和担忧。

事实上，基于 Positive Technologies（正向技术公司，一家位于俄罗斯的安全公司）发布的 "网络安全威胁 2018：趋势和预测" [32]，网络攻击方式排名前两位的是恶意软件的使用和社会工程学攻击。社会工程学攻击占比达到 31%，并有明显的年度增长趋势。Verizon 发布的《2019 年数据泄露调查报告》[11]也显示，相比于 2018 年，2019 年社会工程学攻击有非常明显的上升。

另外一个攻击是对移动终端特别是智能终端的攻击。随着 4G 用户平均下载速率提高、手机流量资费下降，移动应用程序越来越丰富，给日常生活带来便利的同时，也出现了大量移动互联网恶意程序，对公众个人信息安全和财产安全造成了危害。中国泰尔实验室、中国互联网协会、电信终端产业协会联合发布的《智能终端产业个人信息保护白皮书（2018 年）》[33]指出，在 2017 年 10 月至 2018 年 10 月所检测的 2722 万余个智能终端应用中，存在资费损耗、妨害滋扰、隐私窃取等侵犯用户权益的应用 299 万个，其中窃取敏感信息的应用比例为 11.86%。2017 年，通过国家互联网应急中心自主捕获和厂商交换获得的移动互联网恶意程序数量达 253 万余个，同比增长 23.4%。

2.1.9　典型攻击场景和类型

综合业界各网络安全研究机构发布的报告，在攻击目标上，针对基础设施、Web 网站和服务、特定用户的攻击占比非常高：针对基础设施的攻击，占所有攻击事件的接近一半；针对 Web 网站和服务的攻击占比 26%；此外，针对特定用户、终端设备、物联网设备和金融终端（如 POS 机、ATM 机）的攻击，也占一定比例。攻击目标比例如图 2-12 所示。

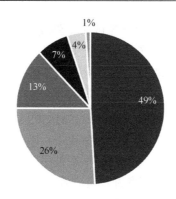

■ 基础设施　■ Web网站和服务　■ 特定用户　■ 终端设备　　■ IoT　■ 金融终端

图 2-12　攻击目标比例

从攻击者的身份维度，大致可分为如下几种类型。

（1）内部员工（对组织不满或无意）。

（2）黑客个体/组织。

（3）竞争对手。

（4）网络犯罪集团。

（5）恐怖分子。

（6）政府/情报。

以针对基础设施的攻击为例，典型的攻击方式如图 2-13 所示。

排在前列的攻击方式有钓鱼攻击、未打补丁的漏洞、拒绝服务攻击、SQL 注入、跨站脚本攻击等。

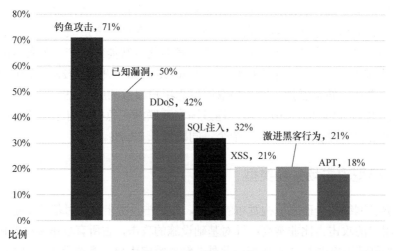

图 2-13　典型攻击方式

1. 钓鱼攻击

网络钓鱼是属于社会工程学攻击，攻击者伪装成受害者信任并与之交互的合法实体，以诱导受害者泄露一些机密信息。最常见的机密信息是身份验证凭据（账号、密码等），也可能包括财务信息等，这些信息可以被攻击者恶意利用。网络钓鱼本质上是一种信息收集的形式。

当受害者打开恶意的电子邮件、即时消息或文本消息时，如果被诱导点击恶意链接，就可能引发各类恶意动作，如恶意软件的安装、勒索软件的下载或泄露敏感信息。

钓鱼攻击常见，且可能会造成毁灭性后果。钓鱼攻击对于个人的影响包括声誉或财产方面的损失，对组织的影响更为严重，可能作为大规模攻击［如高级持续威胁（APT）事件］的前奏，被用于绕过安全边界，在封闭环境中分发恶意软件或获得对敏感数据的特权访问。

遭受钓鱼攻击的组织的声誉和消费者信任度可能会受到影响，甚至市场份额还会降低，最终财务遭受严重的损失。网络钓鱼攻击根据影响程度的不同，可能会升级为安全事件。

2. 未打补丁的漏洞

除网络钓鱼攻击外，未及时给系统打补丁，从而遭受已知漏洞的攻击的场景的占比也很高。据研究，遭受数据泄露的组织中，高达 50%以上的组织认为罪魁祸首是他们尚未修补的已知漏洞，甚至 34%的组织表示，他们在受到攻击之前就知道自己的系统存在漏洞。

对组织而言，通过安装软件更新，修补安全漏洞似乎是一件毫不费力的事情，但是事实并非如此。一方面，在应用安全更新或打补丁之前需要做充分的测试，以避免"破坏业务"；另一方面需要考虑停机时间、历史遗留系统，以及与现有软件和操作系统的兼容性问题，还需要"与黑客赛跑"。在漏洞被利用之前，组织应在其所有系统中及时应用更新或打补丁。

针对未打补丁的漏洞的场景，建设和完善有效的漏洞响应流程是有必要的。漏洞响应团队应及时联合 IT 人员、安全人员，根据漏洞的利用风险确定补丁的优先级，尽可能实现漏洞响应流程的自动化，并提高响应效率。

3. 拒绝服务攻击

拒绝服务（Denial of Service，DoS）攻击是一种恶意尝试，旨在影响目标系统（如网站或应用程序）对合法用户的可用性。通常而言，攻击者会生成大量数据包或访问请求，最终使目的系统不堪重负。分布式拒绝服务（Distributed DoS，DDoS）攻击是指攻击者使用多个被破坏或受控制的来源，生成对目标系统的攻击。

按照开放系统互连（OSI）模型的层级，DDoS 攻击一般发生在网络层、传输层和应用层。

广义上讲，DoS 和 DDoS 攻击可分为以下三种类型。

（1）基于流量的攻击：包括 UDP 泛洪、ICMP 泛洪和其他欺骗性数据包泛洪。攻击的目的是占满被攻击网站的带宽，从而使该网站无法对合法用户提供服务。衡量流量攻击强度的单位是每秒比特数（Bits Per Second，BPS）。

（2）基于协议的攻击：包括 SYN 泛洪、分片数据包攻击等。这种类型的攻击的目的是消耗网站服务器的资源，或者消耗防火墙和负载均衡设备等的通信设备的资源，从而使该网站无法对合法用户提供服务。衡量协议攻击强度的单位是每秒的数据包个数（Packets Per Second，PPS）。

（3）应用层攻击：包括低速和慢速攻击，GET/POST 泛洪，针对 Apache 服务器漏洞、Windows 或 Linux 操作系统漏洞的攻击等。这些攻击由看似合法的请求组成，其目标是使 Web 服务器崩溃，从而使其无法为合法用户提供服务。衡量应用层攻击强度的单位是每秒请求数（Requests Per Second，RPS）。

4．SQL 注入

SQL 是一种查询语言，旨在管理关系型数据库中存储的数据。SQL 可被用于读取、修改和删除数据，甚至部分数据库系统还支持使用 SQL 命令来运行操作系统命令。

SQL 注入攻击是注入攻击中的一种。攻击者通过将恶意代码插入 SQL 语句，并传递到数据库服务器解析和执行，以达成恶意的目的。成功的 SQL 注入攻击的前提是攻击者首先在前端的网页或 Web 应用程序中找到易受攻击的用户输入。SQL 注入漏洞是指后台执行的 SQL 查询中会使用此类攻击的攻击者可以操控内容的输入。该输入通常称为恶意负载，是攻击的关键。攻击者发送此内容后，将在数据库中执行恶意 SQL 命令。

在成功的 SQL 注入漏洞利用场景中可以从数据库中读取敏感数据、修改数据库数据（插入/删除/更新）、对数据库执行管理操作（如关闭数据库实例）。在某些情况下，还可以向服务器的操作系统发送命令。

除直接篡改用户的输入并拼接 SQL 查询语句的这种"传统"方式外，一些新型的 SQL 注入攻击也逐渐出现。例如，对于本地的浏览器 Cookie 的篡改，试图在 Web 应用程序处理 Cookie 信息时，将 SQL 注入服务器数据库。在网络协议中由客户端生成的参数（如 HTTP 头）也可能作为 SQL 注入攻击的载体。如果 Web 应用程序没有对这些输入进行清理，那么包含 SQL 注入的伪造头文件就可能将该代码注入数据库。

5．跨站脚本攻击

类似 SQL 注入攻击，跨站脚本（Cross-Site Scripting，XSS）攻击也是一种客户端代码注入攻击，但二者在实现机制上存在很大不同。跨站脚本攻击的攻击者的目的是通过在合法的网页或网络应用程序中加入恶意代码，以便在受害者的网络浏览器中执行恶意脚本。当受害者访问包含恶意代码的网页或网络应用程序时，实际的攻击就会发生。允许用户输入的网页，如留言板、论坛或网页评论区等，是跨站脚本攻击的常见载体。

在成功的漏洞利用场景，攻击者使用 XSS 将恶意脚本发送给对攻击无感知的最终用户。最终用户的浏览器无法知道该脚本不受信任，因此将正常执行该脚本。由于浏览器认为脚本来自受信任的来源，因此允许脚本访问浏览器中与该网站相关的缓存信息，如 Cookie、会话令牌或其他敏感信息。恶意 XSS 脚本甚至可以重写 HTML 页面的内容。

导致跨站脚本攻击的原因多种多样，其基本原理类似。如果 Web 应用程序在其生成的输出中使用来自用户的输入而不进行验证或编码，则最终用户的浏览器在解析此输出时，将解析其中嵌入的恶意代码，从而受到该漏洞的影响。恶意代码内容通常采用在 HTML 中嵌入 JavaScript 代码的形式，但也可能是 HTML、Flash、VBScript、ActiveX 等形式。

2.1.10　数据安全的主要威胁

根据 Positive Technologies 发布的《网络安全威胁 2018：趋势和预测》[32]，针对数据盗窃的攻击数量一直在增长。攻击者的兴趣集中在个人数据（30%），凭据（24%）和支付卡信息（14%）上。

该预测同时显示，2018 年发生的网络攻击中，"获取信息"（特别是敏感信息）、"利益驱动"是两类最直接的动机，占比分别为 42% 和 41%（见图 2-14）。同时，获取到的敏感信息也可以用于在财务方面获利，如窃取财产、勒索或更直接地在暗网上出售。因此，可以得出结论，80% 以上的网络攻击的目的在于数据。

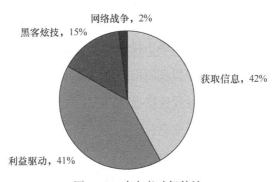

图 2-14　攻击者动机统计

洞察攻击目标行业，最容易受到攻击的行业依次为政府机构、医疗保健及金融行业等，如图 2-15 所示。这也从实际案例印证了在本书 1.2 节"数据分类的原则与实施"中探讨的基于数据监管要求、数据价值和泄露的敏感性、泄露的影响程度原则。

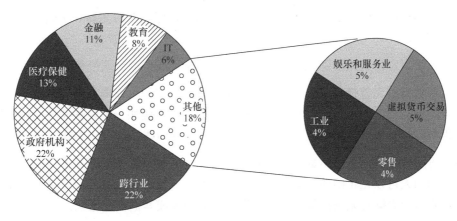

图 2-15　攻击者目标行业统计

数据安全领域有句名言："人人生来平等，但数据不是。"数据自从其生成开始，就有不同的价值、敏感程度，并应该基于此，来确定其合适的保护程度。

关于数据价值，有个不严谨但很形象的比喻："看它能卖多少钱。"基于 CBI 组织在 RSA 2017 年旧金山会议发布的研究报告[34]，暗网上，一套有效的信用卡信息价值 10 美元；一套完整的个人信息（姓名、住址、电话等）价值 20 美元；一套个人的健康数据（如病历）价值 60 美元。这些都形象地说明了，一般意义上的数据价值：健康数据＞全套个人数据 ＞ 部分金融数据。

其背后的原因是，数据的价值背后，还有其是否容易更改的属性。例如，在确认信用卡丢失或网上支付数据被泄露之后，信用卡号可以修改或失效，则其价值相应降低。个人的家庭住址、电话号码相对来讲很难修改或失效，其价值则较高。个人的病历、健康状态、生物特征（如指纹特征）一旦被泄露，则无法修改，所以其价值非常高。

从数据安全模型的维度，数据安全的主要威胁可以归结为对数据机密性、完整性和可用性的威胁。

对数据机密性的威胁是指未经授权的访问或披露。其可能的威胁主要来源如下。

（1）内部员工不基于工作需要和"最小授权"原则而访问机密数据。

（2）不良的访问控制，使得未经授权的用户可以访问受保护的数据。

（3）在不安全区域存储，可能导致数据泄露。

（4）未经授权，披露了解的机密信息。

（5）将机密信息传输给与业务无关的任何人。

对数据完整性的威胁是指对数据未经授权的篡改。完整性与信息的准确性有关，包括其真实性和可信赖性。

对数据完整性的威胁，包括所有对特定数据类型的完整性威胁。例如，以下几种常见的需要考虑完整性保护的数据。

（1）应用程序代码：必须准确无误，以确保应用程序功能的完整和正确。要求不含有恶意代码或后门。

（2）系统日志：必须准确且未更改，以确保能够正确检测到入侵和系统事件。

注意，数据的完整性不仅包含在存储层面。根据数据的生命周期不同阶段，在传输和使用阶段，也需要考虑相关的完整性。举个形象的例子，假如一笔转账通过网络发送，在传输过程中，因为数据包被修改，导致本来的 100 元的转账被篡改为 1000 元。

数据可用性与访问和使用数据的及时性和可靠性有关。它也包括数据可访问性。数据只有在正确的人可以在正确的时间访问时才有价值。对数据可用性的威胁主要体现在合法的用户需要访问数据时无法获取，并可能造成业务损失或其他负面影响。

常见的需要关注可用性的数据包括网站数据和文件，以及重要的数据库如财务数据

库、人事数据库等。此外，还存在针对非特定数据类型的可用性威胁，常见的示例包括
WannaCry 等勒索软件。

相对于数据安全和基础设施保护已经做得比较好的美国等发达国家，中国的数据安全更
加不容乐观。大量涉及个人数据、敏感数据的泄露事件，不断地触动着公众的敏感神经。

2018 年 8 月 28 日，疑似源自某著名酒店集团的大量用户数据被泄露在互联网上，并
被公开出售。[①]从卖家发布的内容看，数据包含该酒店集团旗下所属 10 余个品牌酒店的住
客信息，泄露的信息包括酒店入住登记的身份信息及酒店开房记录，如住客姓名、手机
号、邮箱、身份证号、登录账号和登录密码等。由于该酒店集团旗下所属酒店的市场占有
率非常高，有研究认为约 1.3 亿人的身份信息遭到泄露。

从泄露内容上判断，攻击者应该采取了"拖库"的手段，也就是直接下载数据库文
件，以获取有价值的信息。从泄露数据的数量、价值和敏感程度分析，基本的数据安全
防护机制，如密码的哈希保护、重要字段的单独加密等没有得到落实，是数据泄露的主
要原因。

2.2　数据安全应对机制

以上内容主要探讨了数据安全的风险和挑战。简而言之，数据范畴越来越多，数据量
级越来越大，数据传输的速度越来越快，数据的价值越来越高，这些都对数据的安全构成
了重大的挑战。

为了应对日益复杂的环境，特别是网络环境的开放性和复杂性、攻击者的日益专业化
和组织化，需要采用以数据为中心的安全治理框架，也就是本书 3.3 节"数据安全治理框
架"中将要提到的框架：按照"识别、保护、检测、响应、恢复"的方法论，针对敏感数
据和关键数据，基于其生命周期流程，实现完善的端到端的保护。

注意，数据安全响应的目标不应该是企业或组织的网络 100%不让攻击者进入，也
不是"御敌于国门之外"的简单的 0 或 1 的思路，而应聚焦于关键数据的保护机制、方
案和实施。

数据安全应对机制的第一步是数据安全的风险评估。

2.2.1　风险评估方法

数据安全领域的风险评估是指识别、评估和处理各类信息系统的使用会给组织的数据
或关键信息资产带来的风险。

风险的评估更像是商业概念。首先要考虑哪些数据资产会影响组织的盈利能力，或者
哪些数据资产的泄露会给组织带来巨大的经济损失。然后再查看这些数据资产面临哪些风
险和威胁。

---

① 王冠. 从华住信息泄露事件浅谈个人信息的保护[J]. 中国科技纵横.2019.

图 2-16　数据风险评估模型

数据安全的风险评估，可以基于数据风险评估模型的"识别、评估、缓解、预防"四部曲（见图 2-16）制订计划并开展工作。

在识别阶段，根据本书 1.2 节"数据分类的原则与实施"中描述的方式，完成组织的资产清单、数据的识别与分类。注意，此处的资产清单不应该仅包含静态的数据，创建、与传输的数据也应包含在内。

在评估阶段，针对每一种关键的数据资产，应识别其安全风险，并评估如何投入资源以缓解或消除风险。

在缓解阶段，针对每一种安全风险，设计和实施相应的安全控制措施。

在预防阶段，需要根据前述阶段发现的漏洞和脆弱点，实施业务、流程等方面的改进，以最大限度地降低威胁的影响。

评估阶段是本节描述的重点内容。

基本的数据安全风险评估涉及三个因素：数据资产的重要性、威胁的严重程度及系统对该威胁的脆弱性。利用这些因素，可以评估数据安全风险，即组织蒙受商业损失的可能性。风险评估很难量化，但可以直观地用下述公式来表示：

$$风险　=　资产 \times 威胁 \times 脆弱性$$

针对上述公式还有另一种直观的理解，任何数字乘以 0 的结果都是 0。如果威胁很大，系统也脆弱，但资产价值为 0，那么就不需要额外的保护。

从数据风险评估模型可以得出，安全事件发生的可能性与资产的脆弱性及威胁出现的频率相关，而安全事件造成的损失与资产的价值和资产的脆弱性相关。

更进一步的评估可以基于描述安全事件发生的可能性与安全事件的损失的风险值评估矩阵进行，如图 2-17 所示。

事故发生的可能性	安全事件的损失				
	极低	低	中	高	极高
极低	0	1	2	3	4
低	1	2	3	4	5
中	2	3	4	5	6
高	3	4	5	6	7
极高	4	5	6	7	8

图 2-17　风险值评估矩阵

在图 2-17 中，大于等于 6 分，意味着高风险；大于等于 3 分，意味着中风险；其他意味着低风险。组织应基于自己的风险管理过程要求，对于不同级别的风险予以不同程度的关注。

2.2.2　业务影响程度分析

ISO/IEC 27005—2018 国际标准[35]指出："风险等级应该基于发生的可能性及业务影响程度评估。"本节主要探讨业务影响程度的评估方式。

对业务影响程度的评估分为四个主要步骤：

（1）识别组织的关键业务活动；

（2）确定关键人员、技术和设施；

（3）确定业务的正常运营对组织的价值；

（4）估算中断对组织的负面价值。

第一个步骤是识别组织的关键业务活动。这些关键业务活动的目的是实现组织的目标。组织通常会执行各种任务，并参与不同类型的业务活动。对于大型复杂组织而言，尤其如此。其每个组成部分通常着重于一个或两个主要业务。

尽管所有这些组织的组成部分及相关的任务/业务可能很重要，并且在组织的整体成功中起着关键作用，但实际上，它们并不是同等重要的。组织任务和业务的重要性越大，确保风险得到充分管理的必要性就越大。

第二个步骤是确定关键人员、技术和设施，即指支撑组织的关键目标和关键业务活动的关键人员、技术和设施。

第三个步骤是确定业务的正常运营对组织的价值。例如，对一般的企业组织而言，订单系统、邮件系统、内部员工培训系统有不同的价值。

第四个步骤是估算该业务因受影响而导致中断，而对组织造成的负面价值。注意，此处的估算不应该仅包括直接的经济损失（如有），而应该考虑所有有形和无形的损失。

注意，广义的业务影响程度分析属于业务连续性管理和灾难恢复计划的范畴。本章节只探讨在风险评估中的应用。

2.2.3　数据流分析

在进行了完善的风险等级评估之后，组织对于自己拥有的关键数据、面对的数据安全风险已经有了定性甚至定量的分析，并开始着手应对这些风险。此时，要开展的第一步是数据流分析。

对于拥有医疗健康数据和银行卡数据的组织而言，HIPAA 法案和 PCI DSS 标准要求组织通过分析数据和流向，实现相应的加密、网络隔离和访问控制机制，从而达成对数据的存储、使用和传输场景的保护目标。

PCI DSS 标准[36]指出，组织应该满足"需求 1.1.2 当前的网络图，以用于识别持卡人数据环境与其他网络（包括任何无线网络）之间的所有连接"和"需求 1.1.3 显示跨系统和网络的所有持卡人数据流的当前的图"。因此，完善并能够及时更新的数据流分析，不仅有助于组织的数据安全保护，也是法律法规遵从的基础要求。

数据流分析分为以下几个步骤：

（1）根据组织的业务目标和关键业务活动，确定关键数据和数据流向；

（2）绘制信息系统图和数据流图；

（3）确定要保护的目标（系统、网络、数据），以达成组织的业务目标。

这些步骤之间并不是严格的前后依赖的关系。可以基于组织的实际情况，确定先后顺序。

1. 确定关键数据和数据流向

第一步是根据组织的业务目标和关键业务活动，确定关键数据。基于本书 1.2 节"数据分类的原则与实施"中的描述，基于监管要求、数据价值、数据关键性、数据泄露或被篡改的敏感性等维度，可以识别出需要受保护的关键数据。

识别关键数据之后，应该分析这些数据的所有流向，包含流入和流出组织的流向。在分析流向时需要考虑四个主要部分：

（1）关键数据从哪里进入本组织，或者在哪里生成；

（2）在组织内有哪些关键数据的传输和处理；

（3）关键数据从哪里流出本组织；

（4）有哪些潜在的泄露风险点。

在数据的完整生命周期中，数据的起始阶段很重要。了解所有敏感数据从哪里创建或采集，对于确定数据的安全防护应该从哪里开始非常必要。注意，在数据的范围选择方面，既要考虑新收集的数据，也要考虑组织中的已有数据；既要考虑以电子形式生成或传入的数据，也要考虑物理载体记录和收集的数据。

例如，某家医院的医疗数据可能有下述来源：

（1）患者在线填写的表格（Web 或电子邮件）；

（2）患者使用 App 反馈的信息；

（3）医生或护士主动录入的患者信息；

（4）通过医疗设备得到的检验单、化验报告、影像报告等；

（5）合作机构（其他医院、诊所、保险机构）传入的信息。

仅知道关键数据如何进入组织中显然是不够的。第二个步骤是要知道在组织内部关键数据的流向。在确定数据流向时，需要考虑所有涉及的硬件、软件、设备、系统。在典型场景下，数据库、服务器、工作站、移动设备、电子邮件系统、便携式计算机、加密系统等都是需要考虑的目标对象。

确定参与存储、传输和处理关键数据的系统之后，需要进一步明确该系统中的现有的数据保护机制有无数据泄露或被篡改的风险，以及是否有更合适采纳的保护机制等。

数据传出组织也是不可忽视的一方面。组织需要为关键数据的传出负责。在传出关键数据时，组织需要确保其以安全的方式传播或销毁。

数据传出时，需要考虑：

（1）传出是否为业务必需；

（2）对方采用哪些数据保护机制；

（3）传输的通道是否已加密；

（4）传输的双方的身份是否已认证。

数据依赖于第三方机构销毁（如硬盘报废、光盘销毁等），属于数据传输的一个子场景。需要予以分析。

在审视完数据从进入组织到流出组织的完整生命周期流程之后，需要针对流程中的每个环节及其所涉及的每个系统，识别其漏洞、威胁和风险。

需要分析的内容如下。

（1）系统、应用程序、流程或人员中存在哪些漏洞。

（2）每个漏洞会引发哪些内部、外部、环境和物理的威胁。

（3）每个威胁触发特定漏洞的可能性是多少（风险有多大）。

在考虑漏洞、威胁和风险时，需要注意以下类别。

（1）数字的，如在系统上设置弱密码。

（2）物理的，如攻击者连接网线或用数据线进入设备。

（3）内部的，如员工使用私人电子邮箱、下载恶意软件。

（4）外部的，如黑客通过破坏远程访问软件而进入企业内部网络。

（5）环境的，如火灾毁坏了保留数据备份的建筑物。

（6）疏忽的，如员工意外丢失了存储关键数据的便携式计算机。

（7）任性的，如员工滥用权限窥探名人、配偶/伴侣。

2．绘制信息系统图和数据流图

绘制信息系统图和数据流图的目标如下：

（1）描述信息系统的主要组成部分；

（2）描述数据在系统内的移动方式；

（3）描述用户交互点及授权边界。

信息系统图和数据流图应该是概念图而不是技术图——可以将多个系统抽象在一起，并且无须详细说明每个网络连接的实现机制。授权边界描述了信息系统的范围，即当前正在评估的重点部分。在授权边界之外，信息系统通常还依赖于其他信息系统，需要对这些信息系统进行独立评估，并将其风险计入当前系统中。

典型的信息系统图和数据流图如图 2-18 所示。该图描绘了系统的组成部分、系统交互和授权边界及数据的流向。

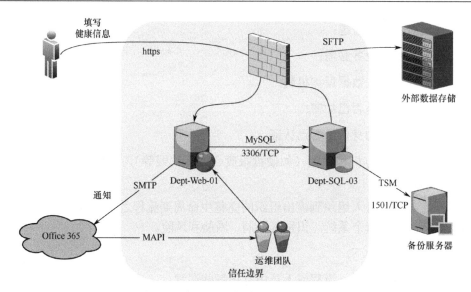

图 2-18　典型的信息系统图和数据流图

再来看一看不良的信息系统图和数据流图，如图 2-19 所示。

该图过多地关注了系统组件，包括了不必要的信息，并且没有解释数据如何在系统中移动、正在使用哪些协议或要评估的系统边界。

指示数据流向和协议的方向箭头在评估过程中很重要，因为它们可以突出显示评估期间信息系统的哪些部分需要仔细检查。例如，如图 2-19 所示的系统描述只能显示"数据从客服网络通过互联网传输到生产网络的数据库"。在这种情况下，如图 2-19 所示，将互联网协议描述为"FTP"，则评估者可以提出相关问题。

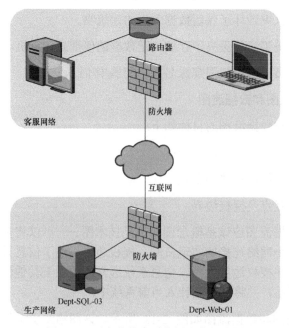

图 2-19　不良的信息系统图和数据流图

注意，信息系统图和数据流图并不是一成不变的，会随着业务和网络环境的变化而变化。因此，需要维持最新的信息系统图和数据流图，以准确反映当前的状态。实现上，保持最新状态的最佳方法是在变更控制过程中增加一个步骤，并在每次变更后询问：

（1）我需要更新信息系统图吗？

（2）我需要更新数据流图吗？

至少每六个月及对系统进行任何重大更改后，需要检查一次这两幅图。

2.2.4　控制措施的选择、实施与评估

NIST SP 800-37 [37]风险管理框架（Risk Management Framework，RMF）指出，风险管理应该集成到系统开发的生命周期之中，并应提供有约束力的流程，以便做出相应的风险管理决策。

风险管理框架如图 2-20 所示。

良好的准备工作是前提，特别是应根据安全性和隐私风险的上下文和优先级，从组织和系统级别的角度进行准备工作。

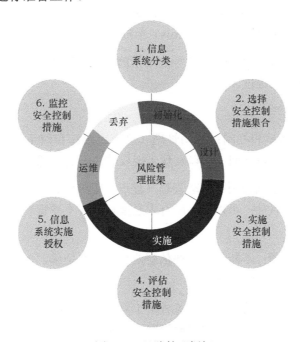

图 2-20　风险管理框架

第 1 步是信息系统分类，发生在起始阶段。根据对潜在损失影响的分析，对系统及系统中处理、存储和传输的数据进行分类。

第 2 步是选择系统的安全控制措施集合，并根据需要定制控制措施，以根据风险评估将风险降低到可接受的水平。该步骤一般发生在设计阶段。

第3～5步均属于实施阶段。

第3步是实施安全控制措施，并描述安全控制措施在系统中的使用方式及其运行环境。

第4步是评估安全控制措施，以确定控制措施是否正确实施，是否按预期运行，以及在满足安全性和隐私要求方面是否产生了预期的结果。

第5步是在对组织运营和资产、个人、其他组织的风险可接受的前提下，授权系统的实施。

在运行维护阶段，第6步需要持续监控系统和相关控制措施，包括评估控制措施有效性，记录系统和运行环境的变化，进行风险评估和影响分析，并且定期报告或利用事件触发的形式报告系统的安全性和隐私状态。

系统和数据的分类方式在前述章节已经提到，此处不再赘述。值得指出的是，第1步的关键输出是安全和隐私计划。系统的特征描述应该包含在安全和隐私计划中。安全和隐私计划的详细程度由组织确定，并与系统的安全分类及安全和隐私风险评估相匹配。在系统的生命周期中，安全和隐私计划需要随着系统特征的变化而更新。

在安全控制措施的选择上，ISO 27001 标准、NIST SP 800-53 标准[38]，以及"信息系统和技术控制目标"（Control Objectives for Information and Related Technologies，COBIT）第五版（COBIT[39]）、CIS 控制集（Controls）都提供了相关的指导和建议。

例如，CIS 控制集 V7.1 提供了 20 种控制措施，并将这些控制措施划分为基本级、基础级和组织级三个不同的维度。

基本级包括以下6项。

（1）硬件资产的清单和控制：主动管理（盘点、跟踪和纠正）网络上的所有硬件设备，以供仅授权的设备可以访问；可以发现未授权的和不受管理的设备，并阻止其访问。

（2）软件资产的清单和控制：主动管理（盘点、跟踪和纠正）网络上的所有软件，以供仅安装并执行授权的软件；可以找到所有未经授权的、不受管理的软件，并阻止其安装或执行。

（3）持续的漏洞管理：不断获取、评估新信息并采取措施，以识别漏洞；补救并最大限度地减少攻击者进行攻击的机会。

（4）管理员特权的受控使用：一套流程和工具，用于跟踪、控制、预防、纠正在计算机、网络、应用程序中使用、分发和配置管理员特权的动作。

（5）IT 资产的软件和硬件的安全配置：采纳严格的配置管理和变更控制流程，建立、实施和主动管理（跟踪、报告和更正）移动设备、便携式计算机、服务器和工作站的安全配置，以防止攻击者利用易受攻击的服务和设置进行攻击。

（6）审计日志的维护、监控和分析：收集、管理和分析事件审计日志，以有助于检测、识别攻击和在被攻击后进行恢复。

基础级包括以下 10 项。

（1）电子邮件和 Web 浏览器的保护：最小化攻击者通过电子邮件和 Web 交互控制人员行为的攻击面。

（2）恶意应用防护：在企业中的多个位置控制恶意代码的安装、传播和执行，同时实现自动化的防御；数据收集和补救措施的快速更新。

（3）网络端口、协议和服务的限制和控制：主动管理（跟踪、控制和补救）网络设备上端口、协议和服务的持续运行，以最大限度地减少攻击者可以利用的漏洞窗口。

（4）数据恢复能力：用于通过可靠、正确备份关键信息以及时恢复关键信息的过程和工具。

（5）网络设备（如防火墙、路由器和网关）的安全配置：使用严格的配置管理和变更控制流程来建立、实施和主动管理（跟踪、报告和纠正）网络基础设施设备的安全配置，以防止攻击者利用易受攻击的服务和设置。

（6）边界防御：检测、预防、纠正跨不同信任级别的网络传输的信息流，重点是破坏安全的数据。

（7）数据保护：用于防止数据泄露、减轻被泄露数据的影响并确保敏感信息的隐私和完整性的过程和工具。

（8）基于最小知情原则的访问控制：根据"最小知情原则"，用于跟踪、控制、预防、纠正对关键资产（如信息、资源和系统）的安全访问流程和工具。

（9）无线接入控制：用于跟踪、控制、预防、纠正无线局域网（Wireless Local Area Network，WLAN）、接入点和无线客户端系统安全使用的过程和工具。

（10）账户监控和控制：积极管理系统和应用程序账户的生命周期——创建、使用、休眠和删除——以最大限度地减少攻击者利用它们的机会。

组织级包括以下 4 项。

（1）实施安全意识教育和安全培训：对于组织中的所有职能角色（优先考虑对企业及其安全至关重要的角色），确定其支持企业安全防御所需的特定知识、技能和能力；制订并执行一项综合计划，以评估和发现差距，并通过政策、组织规划、培训和意识教育进行补救。

（2）应用软件安全：管理所有内部开发和从第三方获取的软件的安全生命周期，以防止、检测和纠正安全漏洞。

（3）应急响应和管理：通过开发和实施应急响应基础设施（如应急响应计划、角色定义、培训、沟通、管理监督）快速发现攻击，以有效地控制破坏、消除攻击者的存在，并恢复网络和系统的完整性，从而保护组织的信息及其声誉。

（4）渗透测试和红蓝对抗演习：通过模拟攻击者的目标和行动，测试组织防御的整体实力（技术、流程和人员）。

在安全控制措施的选择方面，常用的两种方法是，基于控制措施基线的选择方法和组织自定义的选择方法。如果组织、解决方案和产品没有特殊的安全和隐私保护要求，则可以参考部分已经形成的安全控制措施基线（如 NIST SP 800-53 标准）或隐私保护控制措施基线，并以此为基础制定组织的基线。

对于高度专业化的系统（如医疗设备），或者特定目的或范围的系统（如智能电表），组织无法参考预定义的安全控制措施基线，因此需要自己选择和定制安全控制措施，并形成自己的基线。在此场景下，对于组织来说，采取自下而上的方法、选择和应用合适的控制措施、形成集合可能更为合理，而不是基于一个广泛涵盖的控制措施基线，通过定制化过程删减。

不管是基于控制措施基线的选择方法，还是组织自定义的选择方法，组织都可以使用基于生命周期的系统工程流程标准（如 ISO/IEC 15288-2008[40]和 NIST SP 800-160[41]）。此流程会生成需求集，这些需求可用于指导控制措施基线的选择。同样，组织可以使用 NIST CSF 来开发特定于组织的安全性和隐私要求的网络安全框架配置文件，然后基于 NIST SP 800-53 标准选择控制措施。

在实施阶段，组织基于企业架构及相关的安全性和隐私架构，实施安全和隐私计划中所述的控制措施。组织在实施控制措施时可使用最佳实践，包含系统安全性和隐私工程的方法、概念和原则。风险评估可指导有关使用不同技术或策略实施控制措施时的成本、收益和风险权衡的决策。当组织无法直接控制系统组件中实施的控制措施时，如发售由客户维护的商用产品，则应该考虑集成使用经过批准的独立的第三方测试评估或验证的系统组件。可以考虑的第三方认证组件包括由 NIST FIPS 认证的密码算法组件，或者通过通用评估标准（Common Criteria，CC）认证的系统组件。这些测试、评估和认证考虑了特定配置和隔离场景下的产品；控制措施实施解决了如何在将产品集成到系统中的同时保留安全功能。

在控制措施的实施阶段，也可以选择进行初始控制评估。与安全开发生命周期[42]（Security Development Lifecycle，SDLC）的开发和实施阶段并行进行此类评估，有助于及早发现缺陷，并为启动纠正措施提供了一种经济有效的方法。这些在评估中发现的问题可以转交给相应责任人解决。初始控制评估的结果也可以在授权步骤中使用，以避免评估的延误或昂贵的重复。随后，在 SDLC 的其他阶段中，可以重用评估结果，以满足组织制定的重用要求。

在第 4 步，即评估安全控制措施阶段，目的是确定选择实施的控制措施是否正确实施，是否按预期运行，以及在满足系统和组织的安全性和隐私要求方面是否产生期望的结果。

一般而言，评估安全控制措施阶段包含以下任务：

（1）评估者选择；

（2）制订评估计划；

（3）控制措施评估执行；

（4）编写评估报告；

（5）补救措施分析；

（6）制订行动计划和里程碑。

下面重点探讨控制措施的评估执行。

控制措施的评估执行确定所选控制措施正确实施的程度，按预期运行，并在满足系统和组织的安全性和隐私要求方面产生期望的结果。系统所有者、控制措施提供者或组织依靠评估人员的技能和专业知识，使用评估计划中指定的评估程序评估已实施的控制措施，并就如何应对控制措施缺陷提供建议，以减少或消除识别出的漏洞或不可接受的风险。负责隐私的高级管理者（如首席安全官）充当隐私控制措施的评估者，负责在系统运行之前对隐私控制措施进行初步评估，并负责在之后以足以确保符合隐私要求的周期，定期评估控制措施。同时，为实现安全性和隐私保护两个目标而实施的控制措施可能需要在安全性和隐私权控制评估者之间完成一定程度的协作。评估者负责编写有关控制措施是否按预期运行，以及评估过程中是否发现控制措施中任何缺陷的事实报告。

在安全开发生命周期（SDLC）中应尽早进行控制措施评估，且该评估最好在开发阶段进行。这些类型的评估称为开发测试和评估，它们可以验证控制措施是否正确实施并验证其是否与已建立的信息安全和隐私架构一致。开发测试和评估活动包括设计和代码审查、回归测试和应用程序扫描。在 SDLC 早期发现的缺陷可以以更具成本效益的方式解决。漏洞和问题一样，越晚解决，其解决成本就越高。此外，在采购过程中选择供应商之前可能需要进行评估，而不是在已经签署协议、进入正式的合同执行或开发阶段之后再进行评估。在 SDLC 期间进行的控制措施评估的结果也可以在授权过程中使用（与组织建立的重用标准一致），以避免不必要的延误或昂贵的评估重复。组织可以最大限度地利用自动化来进行控制措施评估，以提高评估的速度、有效性和效率，并支持对组织系统的安全性和隐私状态进行持续监控。

在第 5 步，也就是信息系统实施授权阶段，其目的是要求高级管理人员确定对于组织运营和资产、个人、其他组织的安全和隐私风险（包括供应链风险）是否可以接受，从而提供组织责任。

一般而言，授权阶段包含如下任务：

（1）授权材料的准备和提交；

（2）风险分析和测算；

（3）风险响应；

（4）制定授权决策；

（5）编写授权报告。

在第 6 步，也就是监控安全控制措施阶段，其的目的是保持对信息系统和组织的安全和隐私状况的持续态势感知，以支持风险管理决策。

在此阶段，需要监控对信息系统和操作环境进行的变更，并根据持续监控策略，持续评估控制措施的有效性。持续监控活动的输出应该得到分析并做出相应的响应，且风险管理文档也应得到更新。此外,应建立向首席安全官或其他高级管理层定期汇报安全和隐私状况的流程。第 5 步的授权工作也需要根据持续监控活动的结果持续进行,以传达风险评估和决策的变化情况。

2.2.5 威胁建模概述

如上所述,风险管理是每个组织的核心关注点,也是高管们应认真对待的关键点。数据安全更是大型组织或机构的战略关注重点,特别是潜在的数据泄露风险、基础设施中断风险、监管违规风险、法律处罚风险等。风险有多种不同的形式,并且可以来自组织的内部或外部。

很多法律法规聚焦于风险管理及采取的控制措施以防止潜在威胁,如欧盟的《通用数据保护条例》(GDPR)。不合规的组织可能面临巨额罚款。在风险管理和控制措施的选择方面,威胁建模可以发挥关键作用,从而识别和应对所有潜在的威胁。

威胁建模与风险管理相结合,可以回答以下问题:谁将攻击系统,以及可能攻击的方式或来源。威胁建模提供有关组织面临的风险的宝贵洞察,然后概述必要的衡量和足够的控制措施,从而在威胁发生之前将其阻止。

威胁建模是一个结构化的过程,因此它遵循一组特定规则(或称方法论)。围绕威胁建模的概念产生出多种方法论,其中比较知名且被广泛采纳的方法论如下。

1. STRIDE

STRIDE 是由微软公司在 1999 年开发,并在 2005 年公布的一种威胁模型①。其基于攻击者的 6 种重点目标进行分类。STRIDE 的命名方式也是基于这 6 种重点目标的英文首字母。重点目标包括:

(1)身份欺骗(Spoofing),指仿冒某个自己并不具备的身份;

(2)篡改(Tampering),指修改某些自己不具备权限的信息;

(3)抵赖(Repudiation),指可以否认做过的操作;

(4)信息泄露(Information disclosure),指非法获取信息;

(5)拒绝服务(DoS),指阻止提供某种服务;

(6)特权提升(Elevation of privilege),指获得某种自己不具备的权限。

2. PASTA

PASTA[43]全称为"Process for Attack Simulation and Threat Analysis"(攻击模拟和威胁分析的流程)。PASTA 是一种以风险为导向的方法论,该方法论试图将业务目标和技术要求联系起来。PASTA 方法论是一个包含 7 个阶段的流程,以系统性地识别威胁对于业务或应用的影响。

---

① HOWARD M, LIPNER S. The Security Development Lifecycle[M]. Redmond: Microsoft Press, 2006.

（1）定义业务目标和安全要求；

（2）定义技术范围；

（3）将应用程序分解为用例和数据流图（DFD）；

（4）威胁分析；

（5）漏洞和脆弱性分析；

（6）分析可能的攻击模式；

（7）风险和业务影响分析。

3．VAST

VAST 全称是"可视化、敏捷、简单的威胁建模"，是第一个商业威胁建模工具 ThreatModeler（自动威胁建模平台）的基础。VAST 的原理是在基础架构和安全开发生命周期（SDLC）之间扩展威胁建模流程，并实现与敏捷软件开发方法的无缝集成。VAST 旨在为包括高管人员、开发人员和安全专业人员在内的各有关方面提供有价值且可操作的见解。

不管是上述的哪种模型，都有一些通用的基本概念和方法。下面从攻击者和防御者的视角分别阐述。

从攻击者的视角，有如下概念：漏洞、漏洞利用（Exploit）、攻击向量（Attack Vector）、威胁。

第一个概念是漏洞。这个概念涵盖的意思非常广泛。在威胁建模领域，一般采用下面的定义：任何关于人、流程、技术可受信任的假设被违反，导致对系统的利用。

典型的漏洞类型如下。

（1）软件实现漏洞：软件设计或编码中的错误导致的漏洞。例如，不正确的输入校验、假定用户的输入可信、没有过滤特殊字符，导致命令注入、拒绝服务等攻击。

（2）软件配置漏洞：安全配置或安全设置不恰当，可以被攻击者利用。最典型的漏洞如 OS 文件权限配置不合理，导致攻击者可以越权访问或执行命令。注意，安全配置和功能可能互相冲突。绝对的"安全"也可能导致软件无法提供必需的功能。

（3）软件功能滥用漏洞：一些软件的功能被滥用，造成对系统的破坏。例如，为了正常显示 HTML 邮件内容，很多邮件客户端软件都包含 HTML 内容的渲染引擎。此时，攻击者通过精心构造的邮件内容，可以对受害者进行多种类型的攻击，如 URL 点击欺骗等。

与漏洞相关联的第二个概念是漏洞利用。漏洞利用是指利用漏洞违反安全性目标，如机密性、完整性和可用性。用于漏洞利用的程序代码或其他命令通常也称为漏洞利用（Exploit）或攻击（Attack）。注意，"利用"一般是指已经成功违反安全性，而"攻击"代表尝试违反安全性，但不表示成功或失败。

第三个概念是攻击向量，有时也称"攻击路径"。攻击向量是漏洞利用的所有可能路径的一部分。典型的攻击向量包括恶意内容的来源、该恶意内容的潜在易受攻击的处理者及恶意内容本身3个组成部分。攻击向量的示例如下。

（1）漏洞网页浏览器（处理者）从网站（来源）下载的恶意网页内容（内容）。

（2）从电子邮件服务器（来源）下载到易受攻击的电子邮件客户端（处理者）的恶意电子邮件附件（内容）。

（3）具有外部可访问漏洞（内容），被外部客户端（来源）恶意使用的具有漏洞的网络服务（处理者）。

（4）通过电话，从人为攻击者（来源）执行的基于社会工程的对话（内容）中，获取易受攻击的用户（处理者）的用户名和密码。

（5）攻击者（来源）在企业认证系统（处理者）的 Web 界面中输入被盗的用户凭证（内容）。

（6）从社交媒体（内容）中获取有关用户的个人信息，攻击者（来源）将其输入密码重置网站，以利用弱密码重置过程（处理者）来重置密码。

攻击的特征差异很大。一些攻击涉及使用单个攻击向量和单个漏洞，而其他攻击涉及多个漏洞和多个攻击向量，甚至涉及单个漏洞和多个攻击向量。而且漏洞和攻击向量可能会在多个主机上传播，从而造成漏洞的蔓延。

下面是涉及单个漏洞的攻击的示例。

（1）恶意电子邮件附件（内容）从一个主机（来源）发送到组织的邮件服务器（处理者）。

（2）恶意电子邮件附件（内容）从组织的邮件服务器（来源）发送到反病毒服务器（处理者）。

（3）恶意电子邮件附件（内容）从组织的反病毒服务器（来源）发送到组织内部的邮件服务器（处理者）。

（4）恶意电子邮件附件（内容）从组织内部的邮件服务器（来源）发送到用户的邮件客户端软件（处理者）。

（5）恶意电子邮件附件（内容）被带有漏洞的邮件客户端软件（来源）展示（处理者）。

注意，虽然以上整个攻击过程有 5 条攻击向量，但是实际上只有一个漏洞，即最后一步涉及的邮件客户端软件漏洞。另外，在整个攻击过程中的每个攻击向量上都可以部署相关的防御手段以阻断攻击路径，从而缓解攻击造成的影响。值得注意的是，选择在哪条攻击向量上部署相关的防御手段，其成本和价值不同。

其他与攻击向量相关的概念包括攻击模型、威胁模型和攻击面。攻击模型包括可能发生的场景和针对该场景可以采用的单个路径（有时间顺序的一个或多个攻击向量）。攻击模型和应对此种攻击模型的安全控制措施共同构成"威胁模型"。分析攻击向量的另一种方法是直接针对特定系统分析所有攻击向量，这就是系统的"攻击面"。

第四个概念是威胁。NIST 特殊出版物（SP）800-30 中将"威胁"定义为"任何可能通过信息系统对组织运营和资产、个人、其他组织产生不利影响的情况或事件，包括未经授权的访问、破坏、披露、篡改和/或拒绝服务。"[44]。威胁可能是有意的或无意的。"威胁源"是威胁的原因，如敌对的网络或物理攻击、人为的疏忽或错误、组织控制的硬件或软件故障，或者组织无法控制的其他故障。

与威胁相关的概念包括威胁事件。同样，依照 NIST 特殊出版物（SP）800-30 的定义，威胁事件是指"由威胁源触发或引起的事件或情况，有可能造成不利影响"。

从防御者的视角，有风险（Risk）、安全控制措施、安全目标等概念。

"风险"通常被定义为：衡量实体受到潜在情况或事件威胁的程度，通常具备：（1）如果发生这种情况或事件，将会产生不利影响；（2）发生的可能性。"风险管理"被定义为："管理组织运营的信息安全风险的程序和支持过程……"风险评估会考虑可能的威胁和漏洞，并确定应使用哪些安全控制措施来缓解这些威胁和漏洞造成的损失，这意味着可将其风险降低到可接受的水平。

CNSSI 4009 将安全控制措施定义为："为信息系统规定的管理、操作和技术控制（保护措施或对策），以保护系统及其信息的机密性、完整性和可用性。"[①]尽管技术控制措施可以完全自动化，并且阻止攻击的明显选择，但管理和运营控制措施也起着重要作用。例如，必须对用户进行安全责任方面的培训，以使他们不太可能违反安全策略，从而受到网络钓鱼攻击的欺骗，以及避免进行降低组织安全的其他操作。最终，组织的安全性取决于人员、流程和技术的组合。

安全目标的定义为组织如何保护数据的机密性、完整性和/或可用性。注意，不同数据类型实例的安全目标不应具有同等重要的地位，并且在某些情况下，组织可能希望将其威胁建模工作集中在一个目标上。例如，常见威胁建模过程中重点考虑对敏感数据的机密性防护。但是，已经公开发布的信息可能仍需要完整性和可用性保护，但不需要机密性保护。

2.2.6　STRIDE 威胁模型

STRIDE[45]是微软公司提出的用于威胁建模的方法论，该方法论已经很好地融入了安全开发生命周期（SDLC）。要构建一个安全的软件系统，一个很重要的方面就是要考虑攻击者如何利用设计缺陷来危害系统，并在系统中建立必要的防御机制。在这方面，威胁建模起到了关键的作用。

STRIDE 威胁模型把威胁划分成 6 个维度，STRIDE 的名称就来源于这 6 个维度名称的首字母缩写。

① Committee on National Security Systems (CNSS). Committee on National Security Systems (CNSS) Glossary[J]. CNSSI, Fort 1322 Meade, MD, USA, Tech. Rep, 2015, 1323: 1324-1325.

（1）欺骗（Spoofing threats）：欺骗威胁是指仿冒其他的实体的身份的行为。常用的手段是利用身份认证机制的脆弱性，绕过身份验证。例如，使用窃取的其他用户的身份验证信息（用户名和密码）进行认证。

（2）篡改（Tampering threats）：数据篡改威胁是指恶意修改数据，破坏系统和数据的完整性。对于数据的篡改可能发生在内存、磁盘、网络或其他地方。例如，执行脚本篡改数据库中的数据，或者通过中间人进行攻击，篡改网络中传输的数据。

（3）抵赖（Repudiation threats）：抵赖威胁是指用户否认自己做过的事情。多数情况下，攻击者希望隐藏自己的身份和活动记录，以避免被识别和被阻止。最常见的抵赖威胁是篡改操作日志。

（4）信息泄露（Information disclosure threats）：信息泄露威胁是指信息可能被泄露给没有权限获取信息的人，导致影响信息的机密性。例如，存储客户信息的数据库采用默认密码或简单密码，或者易受 SQL 注入攻击的影响，则可能导致信息泄露。

（5）拒绝服务（Denial of service threats）：拒绝服务（DoS）威胁是指攻击者试图耗尽提供服务所需的资源，以影响服务的可用性。例如，通过发送大量数据包淹没正常请求，使 Web 服务器暂时不可用。

（6）提权（Elevation of privilege threats）：特权提升威胁或提权威胁，是指允许用户做未授权的事情。非特权用户获得特权访问权限可能会窃取信息或破坏整个系统。攻击者可能通过仿冒用户拿到特权或篡改系统来提升特权。

STRIDE 威胁模型几乎可以涵盖目前绝大部分安全问题，并且有着详细的流程和方法。

使用 STRIDE 方法来进行威胁建模，确保目标系统具有相应的安全属性，如表 2-1 所示。STRIDE 与安全属性的对应关系如下：欺骗对应认证，篡改对应完整性，抵赖对应不可抵赖性，信息泄露对应机密性，拒绝服务对应可用性，提权对应授权。

表 2-1　STRIDE 威胁模型

威　胁	定　义	对应的安全属性
欺骗（Spoofing threats）	仿冒他人身份	认证
篡改（Tampering threats）	修改数据或代码	完整性
抵赖（Repudiation threats）	否认做过的事	不可抵赖性
信息泄露（Information disclosure threats）	机密信息泄露	机密性
拒绝服务（Denial of service threats）	拒绝服务	可用性
提权（Elevation of privilege threats）	未经授权获得许可	授权

STRIDE 建模步骤如下。

第 1 步，定义系统的业务场景，包括目标软件系统提供哪些业务功能，哪些功能与安全强相关，需要做威胁建模等。比如，一个假设的社交网络应用，可能分为用户注册、用户登录、消息发布、消息评论等多种功能。

第 2 步，收集外部依赖关系列表。每个应用程序都依赖于它所运行的操作系统、使用的数据库等，这些依赖关系需要被定义。

第 3 步，定义安全假设。在分析阶段，对于威胁的决策往往以隐式的假设为前提。因此，要记录所有的假设，以全面了解整个系统。

第 4 步，创建外部安全性说明。因为每个外部依赖项都会对安全产生影响，所以需要列出所有外部依赖项所引入的限制和影响，以作为安全性说明。外部安全性说明的一个例子是系统打开哪些端口以进行数据库访问或 HTTP 通信。

第 5 步，绘制一个或多个被分析的应用程序的数据流图（Data Flow Diagram，DFD）。将被分析的软件系统分解为相关的（逻辑或结构）组件，并对这些组件中的每一个部分都进行相应的威胁分析。这个过程可以重复进行，并逐步精细化，直到达到剩余威胁可以接受的水平。

数据流图一般基于具体的场景绘制。如图 2-21 所示是一个数据流图的范例。该图为涵盖设备区、网关区和服务区的一个物联网分析网络的数据流图，指出了信任边界（图中虚线）和数据存储（图中用双横线表示）。

微软公司提供了专门的 STRIDE 威胁建模工具，其中就包含了绘制数据流图的功能。当然，Visio、Diagrams 等软件也提供类似的功能。

STRIDE 威胁建模包含圆形、双横线、带箭头的线条、方形 4 个核心组件。

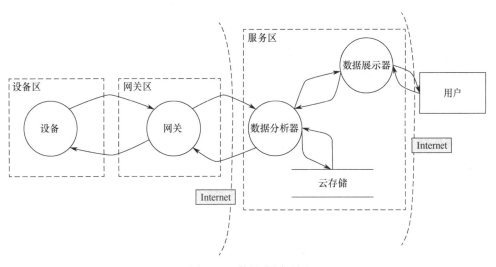

图 2-21　数据流图示例

（1）圆形：表示进程、服务等，如应用进程、Web 服务、浏览器插件、虚拟机等。

（2）双横线：表示数据存储，如数据库、缓存、配置文件、注册表等。

（3）带箭头的线条：表示数据流，也即数据在各个组件之间的流动。如果两个组件之间的数据流动是双向的，那么在数据流图中就应该在这两个组件之间画出两条数据流。

（4）方形：外部实体，即与系统交互但不在系统控制之下的元素，如用户、浏览器、其他系统。

数据流图除这 4 个核心组件外，图上还有虚线线段，表示信任边界，即可信任元素和不可信任元素之间的边界。在同一个信任边界之内，进程、数据存储和两个元素之间的通信（数据流）都被假定是可信的。

第 6 步，确定威胁类型，即本节提到的 STRIDE 威胁模型的分类法。

第 7 步，根据威胁类型，确定实际的威胁。绘制完数据流图后，对数据流中的每个元素可能面临的威胁逐个进行分析，但无须对每个元素的 STRIDE 所有威胁都进行分析。表 2-2 给出了每类元素可能面临的威胁。

表 2-2 STRIDE 每类元素可能面临的威胁

元　素	S	T	R	I	D	E
进程、服务（圆形）	√	√	√	√	√	√
数据存储（双横线）		√	√*	√	√	
数据流（带箭头的线条）		√		√	√	
外部实体（方形）	√		√			

只有进程才可能面临 STRIDE 的所有威胁，需要逐个分析。外部实体只可能面临"欺骗（S）"和"抵赖（R）"两种威胁。数据流仅需要分析"篡改（T）""信息泄露（I）""拒绝服务（D）"三种威胁。注意，数据存储的"抵赖（R）"威胁可能没有，只有当分析的数据存储用作审计时，才要分析"抵赖（R）"威胁（见表 2-2 中的星号处）。

第 8 步，确定风险。对于每种威胁，都必须确定适当的安全风险级别，该级别可用于定义解决的优先级。风险级别的确定，可以使用本书 2.2.1 节"风险评估方法"中描述的风险评估方法。

第 9 步，这也是最后的一步，缓解措施或消减方案的制定。通过引入适当的对策和防御措施，降低或消除已经识别的威胁带来的风险。之所以称为"消减方案"，是因为实际做 STRIDE 威胁分析时发现的每个威胁，由于各种原因不一定能够消除或需要消除，而需要投入多大成本去解决威胁时所依据的就是威胁的评级。

通过上述步骤，可以在开发过程中提前识别数据资产及其面临的威胁类型和威胁描述，并制定相应的消减措施。

2.2.7 以数据为中心的威胁建模

威胁建模是风险评估的一种形式，可以对特定逻辑实体的攻击和防御方面进行建模，如数据、应用程序、主机、系统或环境。

对所有逻辑实体的全方位保护，既不必要，也不可能。用于安全性的资源总是有限的，因此有必要确定如何有效地使用那些有限的资源。

威胁建模需要着重考虑风险应对的全面性及风险的动态性。攻击者可能会新增，攻击方式和攻击动机也可能会不断变化，新的漏洞也会不断地被发现。因此，威胁建模不是一次性的工作，也不能一劳永逸地解决安全风险。另外，安全控制措施不断地得到改进和增强，新型安全控制措施也不断发布，这些都可以用于威胁建模的分析和评估。作为应对这种不断变化的一部分，组织应不断重新评估并发展其防御措施。这包括采用持续监控实践、安全自动化技术和威胁情报源，以接近实时地检测新漏洞和攻击尝试，从而可以快速缓解风险。

基于组织的业务运营和对产品开发流程的分析可以发现，仅遵循通用的"安全性最佳实践"不足以保护高价值数据。最佳实践旨在减轻常见威胁和漏洞。就其本质而言，此类最佳实践是与业务无关的，尤其是适用于通用类型的产品（Web 浏览器、Web 服务器和桌面操作系统等），它们没有考虑每个系统的独特性。同样，大多数最佳实践都是为了防止主机或系统受到损害，并没有考虑特定数据的安全需求。因此，在特定情况下，对最佳实践的追求反而可能忽略有效降低数据安全风险所必需的安全控制措施。

以数据为中心的威胁建模的重点是保护系统内特定类型的数据。这种系统威胁建模方法使组织基于每个场景考虑安全需求，而不仅是依靠"最佳实践"的一般性建议。保护数据并不应该非常困难，但传统上，安全专家、系统管理员和其他安全负责人都将重点放在保护系统而不是放在保护数据上。

系统安全和数据安全之间的区别可以参考 NIST 发布的相关白皮书。系统安全方法以基于 FIPS 199 的系统分级开始，然后从 NIST SP 800-53 中选择相应的安全控制措施。相反，数据安全方法的第一步开始于诸如 NIST SP 800-60 的参考架构，然后对数据类型进行分类。

NIST SP 800-154 "以数据为中心的系统威胁建模指导"[①]指出，以数据为中心的系统威胁建模，首先要考虑数据的安全目标，而不是系统的安全。也就是说，优先关注由攻击引起的数据机密性、完整性和可用性风险。数据的安全目标与风险管理、评估、缓解措施和安全控制措施相关。例如，如果风险评估结果表明数据机密性的风险过高，那么可能需要增加安全控制措施，或者需要对现有安全控制措施进行更改，以将机密性风险降低到可接受的水平。对于数据完整性和可用性风险也可进行类似操作。

以数据为中心的系统威胁建模针对有价值数据的攻击和防御两方面构建标准化的模型，有助于促进安全性分析、决策和变更计划。以数据为中心的系统威胁建模并非试图定义一种新的威胁建模方法论，而是要定义以数据为中心的系统威胁建模的实施框架和步骤。

以数据为中心的系统威胁建模包括以下 4 个主要步骤：

（1）识别并表征目标系统和数据；

（2）识别并选择要包含在模型中的攻击向量；

（3）表征缓解攻击向量的安全控制措施；

（4）分析威胁模型。

---

① SOUPPAYA M, SCARFONE K. Guide to data-centric system threat modeling[R]. National Institute of Standards and Technology, 2016.

第 1 步，识别并表征目标系统和数据。此处的系统和数据仅指要分析的特定主机系统，以及识别为高价值的特定数据集。

定义系统和数据后，就需要对其进行特征化，以了解系统的操作和数据的使用情况。数据至少应包括以下特征。

（1）系统中数据的授权位置，包含表 2-3 中的部分或全部位置。

表2-3　数据的授权位置

位　　置	描　　述
存储	系统边界内，数据可能处于静止状态的所有位置
传输	数据通过网络在系统组件之间及跨系统边界传输的所有方式
执行环境	例如，运行时在本地内存中保存的数据，由虚拟 CPU 处理的数据等
输入	例如，使用键盘输入的数据
输出	例如，打印到物理连接的打印机上的数据，以及便携式计算机屏幕上显示的数据等

（2）对数据在授权位置之间的系统内的移动方式的基本了解。例如，文件可能在创建时被保存在内存中，并根据用户需要写到存储器中。根据系统的复杂性，要了解数据的移动方式，这可能需要首先了解系统的功能和过程、用户使用情况、工作流、信任假设及与系统相关的人员、过程和技术的其他方面的特性，如连接协议、传输模式等。

（3）数据的安全目标（如机密性、完整性、可用性）。在许多情况下，某些目标比另一些目标更重要；在其他情况下，组织可能希望专注于特定威胁模型的单一目标。

（4）被授权以可能影响安全目标的方式访问数据的人员和流程。例如，如果组织已将机密性选择为特定威胁模型的唯一目标，则授权人员和流程应包括被允许读取数据的所有用户、管理员、应用程序、服务等。

考虑一个简单的应用场景。HR 维护一份月度的加班工资发放表，该表列明了一些员工的姓名、部门、手机号、加班时长、基本工资和加班工资等个人数据。按照上述方法，首先是数据授权位置的分析，其结果见表 2-4。

表2-4　数据授权位置样例表

位　　置	描　　述
存储	本地磁盘存储、可移动设备存储
传输	通过 Wi-Fi 发送到打印机
执行环境	PC 或便携式计算机的内存和处理器
输入	可能由 HR 通过便携式计算机键盘输入
输出	计算机显示器显示、打印机

需要了解与这份表格相关的工作流和相关角色，以及数据保护的目标。在这个高度简化的示例中，显然数据的机密性是考虑的重点，需要根据机密性来考虑授权模型。为简化起见，定义该 HR 是唯一有权访问数据的人。

第 2 步，识别并选择要包含在模型中的攻击向量，也就是说，对数据的授权位置，以及可能负面影响一个或多个已识别的安全目标的路径。一旦确定了攻击向量，就可能有必要仅选择攻击向量的子集包含在威胁模型中。最好将所有攻击向量都包括在内，但通常这样做所耗费的资源太多。需要考虑的可能标准包括使用攻击向量的相对可能性，以及成功攻击的最可能的影响。

还是以上述的加班工资发放表为例。通过对数据的授权位置的分析，可以汇总绝大部分可能的攻击向量（见表 2-5）。

表 2-5　加班工资发放场景攻击向量表

序号	位　置	可能的攻击向量
1	磁盘存储	（1a）攻击者物理接触便携式计算机，通过取证的手段获取文件； （1b）攻击者物理接触便携式计算机，通过利用未公开的漏洞获取文件； （1c）攻击者窃取用户口令后登录； （1d）攻击者通过浏览器会话劫持并获取数据； （1e）用户不小心发送文件（被钓鱼、恶意用户等）； （1f）攻击者通过文件共享窃取数据
2	可移动设备存储	（2a）攻击者物理接触 U 盘，复制数据； （2b）攻击者窃取用户口令后登录并访问挂载的 U 盘； （2c）用户不小心发送文件（被钓鱼、恶意用户等）
3	无线打印	（3a）攻击者通过不安全的 Wi-Fi 网络（如未加密或 WEP 等弱加密），窃取网络传输内容，并得到数据； （3b）攻击者到打印机上拿走打印纸或查阅打印纸
4	执行环境	（4a）攻击者可以控制用户的设备
5	输入	（5a）攻击者可以看到用户在键盘上输入的内容； （5b）攻击者使用按键记录器（Keylogger）等恶意软件，获取用户输入的内容
6	输出	（6a）攻击者偷看便携式计算机的屏幕； （6b）攻击者使用恶意软件，进行屏幕截图并发送

显然，上述不同的攻击向量，其攻击难度、成本不同，且可能性也不同，因此攻击成功之后获取的数据的难易程度也不同。

经过分析，可以选择下面的攻击向量的子集：

（1c）攻击者窃取用户口令后登录；

（2b）攻击者窃取用户口令后登录并访问挂载的 U 盘；

（4a）攻击者可以控制用户的设备。

第 3 步，表征缓解攻击向量的安全控制措施，即对于在第 2 步中选择的每个攻击向量，识别并记录其安全控制措施的需求（现有安全控制措施的补充、现有安全控制措施的重新配置等），这将有助于减轻与攻击相关的风险。注意，不一定要枚举每个适用的安全控制措施，因为很多安全控制措施可能已经具备。接下来，对于每个选定的安全控制措施的需求，估计其将如何有效地利用每个适用攻击向量。估计每个安全控制措施需求的一种有效性方法是估计负面影响。需要考虑的因素可能包括成本（如采购和实施成本、年度运营和维护的成本，可以是估算，当然能够有精确数字更好）及功能、可用性和性能的降低。对于尚未实施的安全控制措施，要准确地确定这些因素可能特别困难，因此可能有必要使用特定于组织的简单的"低/中/高"多维度安全控制措施打分表来对其进行非常粗略的估算。安全控制措施打分表见表2-6。

表2-6 安全控制措施打分表

序号	控制措施	评　估
1	使用复杂密码	应对攻击向量（1c）和（2b）的安全控制措施。 ● 有效性：低 ● 获取和使用成本：低 ● 年度运营和维护成本：低 ● 功能性影响：低 ● 可用性影响：低 ● 性能影响：低
2	多因素认证	应对攻击向量（1c）和（2b）的安全控制措施。 ● 有效性：高 ● 获取和使用成本：中 ● 年度运营和维护成本：中 ● 功能性影响：低 ● 可用性影响：中 ● 性能影响：低
3	使用防病毒软件、客户端防火墙等	应对攻击向量（1c）、（1d）、（2b）、（2c）、（4a）的安全控制措施。 ● 有效性：中 ● 获取和使用成本：中 ● 年度运营和维护成本：中 ● 功能性影响：中 ● 可用性影响：中 ● 性能影响：中
4	安全意识教育	应对攻击向量（1e）、（2c）、（3b）的安全控制措施。 ● 有效性：低 ● 获取和使用成本：低 ● 年度运营和维护成本：低 ● 功能性影响：低 ● 可用性影响：低 ● 性能影响：低
5	及时为操作系统和应用软件打补丁	应对攻击向量（1c）、（1d）、（2b）、（2c）、（4a）的安全控制措施。 ● 有效性：低 ● 获取和使用成本：中 ● 年度运营和维护成本：中 ● 功能性影响：中 ● 可用性影响：低 ● 性能影响：中

第4步，分析威胁模型，即分析先前步骤中记录的所有特征，这些特征共同构成威胁

模型，以帮助针对所选攻击向量评估每个安全控制措施的有效性和效率。除购置、实施和管理、维护方面的财务成本外，安全控制措施还可能对功能、可用性和性能产生负面影响。安全控制措施的任何评估都应考虑所有重要的相关因素。

威胁模型分析中最具挑战性的部分是确定如何考虑所有这些特征。在缓解安全控制措施之间比较单个特征（如年度管理/维护成本）非常简单。虽然将攻击向量的整个特征集与另一攻击向量的整个特征集进行比较不是直接的，但是这种比较对于在控制对组织运营的负面影响的前提下，确定如何以最经济有效的方式对所有攻击向量降低风险至关重要。每个组织都需要确定如何比较每个攻击向量/安全控制措施组合的特征，以作为比较攻击向量特征和安全控制特征的基础。

使能这些比较的一种方法是为每个特征分配分数和权重。例如，威胁后果的叙述性描述可以转换为对应高、中、低的数值，甚至可以将复杂的特征（如成本）映射到简单的比例尺。

除为每个特征的可能值或可能范围分配分数外，组织还需要考虑每个特征的相对权重。例如，认为抵御攻击的有效性特征比其他特征更重要，则可以通过将其分数加 2 倍或 3 倍来传达这一点。同样，可以为所有其他特征分配一个因子，以调整最终的分数。然后，对所有分数进行累加，并为每个攻击向量/安全控制措施组合都设置一个相对评分。

除上述方法外，还可以遵循的另一种评分方法是，为某些标准设置阈值或规则，并消除不满足这些条件的任何攻击向量/安全控制措施组合。一个简单的例子是消除在三年内所有成本在 100 000 美元或以上的组合。一个更复杂的示例是，消除所有在三年内成本在 50 000 美元以上，并且对可用性有很大影响，而对攻击的影响则为中或低的组合。

还是以上述加班工资发放表为例。组织经过权衡，决定为这些特征设置以下分数：

（1）安全控制有效性=0；

（2）安全控制有效性低=1；

（3）安全控制有效性中=2；

（4）安全控制有效性高=3；

（5）高的负面影响=1；

（6）中的负面影响=2；

（7）低的负面影响=3。

计算每个安全控制措施的负面影响评分的总和。安全控制措施负面评分表如表 2-7 所示。

表 2-7　安全控制措施负面评分表

序号	控制措施	获取和实施成本	年度运营维护成本	功能性影响	可用性影响	性能影响	总分
1	使用复杂密码	1	1	1	1	1	5
2	多因素认证	2	2	1	2	1	8
3	使用防病毒软件等	2	2	2	2	2	10
4	安全意识教育	1	1	1	1	1	5
5	及时打补丁	2	2	2	1	2	9

得到的总分可以再乘以有效性评估的得分，以评估安全控制措施对相应的攻击向量的针对性，请参见表2-8的阴影部分。

表2-8　安全控制措施针对性评分表

序号	控制措施	控制措施有效性			负面影响	有效性乘以负面影响		
		（1c）	（2b）	（4a）		（1c）	（2b）	（4a）
1	使用复杂密码	1	1	0	5	5	5	0
2	多因素认证	3	3	0	8	24	24	0
3	使用防病毒软件等	2	2	2	10	20	20	20
4	安全意识教育	0	0	0	5	0	0	0
5	及时打补丁	1	1	1	9	9	9	9

现在，所有信息已准备就绪，可用于决策。

上述示例说明了以数据为中心的威胁建模的全流程。以数据为中心的威胁建模的体系和方法论仍然在演进和发展过程中。突出表现在上面的方法论中的更多的是定性而不是定量，很大程度上也依赖于威胁建模或风险评估实施者的经验和判断。在以数据为中心的威胁建模领域中，自动化的工具尚未出现，针对大型和复杂系统建模的有效性也尚待实践研究和分析。另外，威胁建模并没有绝对的"对错"之分。适合自己的组织，能够识别出关键的威胁和风险，并针对性地采取相应的安全控制措施，才是最合适和最有效的威胁建模。

2.2.8　异常和事件检测

异常和事件检测的目的是及时发现异常活动，并了解事件的潜在影响。首先，异常是指任何偏离标准、正常或预期的东西，因此与"识别""保护"这两个环节有上下文的衔接关系。如果没有对资源的识别，并施加相应的保护机制以保护其免受潜在威胁，就不存在相应的基准，来确定某个活动是正常还是标准动作或是意外。

例如，假设组织中的某个数据库服务器发起连接到一个境外的 IP 地址，是属于正常的吗？该服务器物理位置在哪里，谁在使用它，设备本身有没有端点防护？可以看出，如果没有对此服务器的识别和发现、安全控制，就无法预期其活动是否异常。

了解安全事件的潜在影响的前提是具备充分和正确的信息。这就是资产情报起作用的地方。设备在哪里？是否同时发生其他行为（人员物理访问、IP 访问）？当前异常是否超出安全策略的范围？事件发生前不久设备上发生了什么？通过网络传输或本地保存的敏感数据，是否会有风险？重点是了解资产情报，也就是对设备、数据、用户、应用程序和行为的深入了解，才能满足 NIST CSF 框架对"检测"的要求。

这种资产情报必须是持续运行的、坚不可摧的，并且最好具备自我修复能力。前文已经指出，如果没有持续不断的资产情报，将无法确定活动是否异常。更进一步，如果没有360度的硬件和软件视图，那么将无从了解安全事件的影响。

从数据安全的维度来讲，在异常和事件检测阶段，主要需要关注数据流基线。其关键点在于，依据对组织网络架构、物理环境、设备资产、组织数据和消费者/客户数据的识别和定义，给出数据的合理位置、合理流向，并定义数据流基线。与基线相违背的活动可能会导致对数据机密性、完整性和可用性的破坏。数据流基线的定义需要考虑所有的合理场景，并需要在数据的价值和数据的保护之间取得平衡。

以威胁视角的风险分析和异常检测，如恶意代码与软件漏洞，未经授权的设备、人员、连接和软件的检测，也是保护组织数据安全的重要组成部分。此部分的大多数措施在传统的组织安全架构和安全响应活动中已有涵盖。

2.2.9　持续监控

信息系统和资产需要基于特定的时间间隔进行监控，以识别网络安全事件并验证保护措施的有效性。

监控的范围应该至少涵盖如下内容：

（1）软件、固件和信息的完整性；

（2）设备有没有安装未授权的软件；

（3）设备的补丁状态；

（4）是否已部署安全监控的应用或代理。

典型的持续监控的顶层架构如图 2-22 所示。

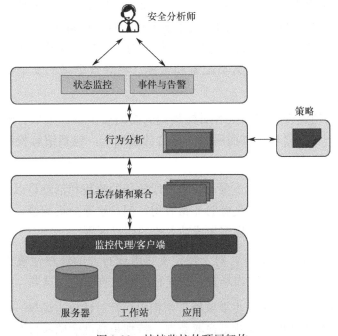

图 2-22　持续监控的顶层架构

第一层（最底层）是通过监控的代理或客户端，从组织的资产中收集与安全相关的信息和事件，包含用户操作、状态或配置变更、网络连接等。

第二层是由一个中心化的日志存储库和日志分析引擎，进行日志的存储和聚合。

第三层是通过日志分析引擎得到关于用户或其他实体的行为分析。也就是说，基于已经明确的组织策略，关联分析用户的活动，确定其行为。

第四层是根据行为分析的结论，生成相应的事件和告警。第四层还包含安全看板，即事件、日志等安全相关信息的汇总和呈现。

最终，安全分析师或安全运营人员基于和安全看板的交互，以及对安全事件告警的判断，做出相应的决策，实施相应的安全活动。

持续监控的目标是基于安全相关数据的收集和关联，提供关于业务数据和信息系统的安全态势感知，评估现有的安全控制措施的有效性，并协助安全负责人做基于风险的决策。

持续监控是对系统和已实施的安全控制措施的监控，并不直接感知和触碰业务数据，并独立于业务的数据流，所以一般不提倡"以数据为中心的持续监控"的说法。当然，在进行基于持续监控和事件报告的风险识别和决策时，仍然推荐首先进行基于以数据为中心的攻击目标判断和攻击影响判断，然后再有针对性地制订响应和恢复计划。

2.2.10　响应计划与实施

相比于 IPDRR 框架中的前三项——识别、保护、检测，响应和恢复这两个部分是组织经常忽略的。根据 IBM 公司赞助，波耐研究所（Ponemon Institute）实施的"网络韧性组织"2018 年年度调查[46]，77%的组织承认没有合适的安全事件响应计划。调查同时指出："适当的事件响应计划、人员配备和预算，将导致更强的安全状态和更好的整体网络韧性。"

事实上，响应功能使利益相关者对检测到的网络安全事件采取行动。此功能建立在组织在识别、保护和检测功能方面所做的努力的基础上，包括缓解检测到的威胁及其他关键步骤。

从结果上看，响应功能更为重要。响应阶段执行的流程和活动可以很容易地决定或破坏网络安全事件的结果。及时发现威胁非常有用，但是快速分析问题、控制损害并执行响应计划可能意味着大规模入侵或黑客未成功入侵的明显区别。

此外，在当前的威胁形势下，对于特定受害者或行业的针对性攻击正变得越来越普遍。考虑现实世界中的针对性攻击场景，快速和准确的响应更为重要。

本书 2.1.10 节"数据安全的主要威胁"中指出，针对性攻击场景一般是由有组织的黑客团队发起的，其最主要的目标就是窃取数据，特别是高度敏感和极有价值的数据资产。其数据类型有可能是组织的知识产权或客户数据。

针对性攻击的潜在损害可能非常严重，其中包括：

（1）数据或知识产权损失；

（2）破坏关键业务运营；

（3）客户数据丢失；

（4）声誉和金钱影响，包括客户信任度和诉讼损失。

当组织可能成为针对性攻击的目标时，安全负责人必须考虑如何指导响应工作的计划和实施，以防止上述破坏。通过遵循有力的响应计划并控制破坏，安全负责人及利益相关者可以有效地降低组织所遭受的影响。

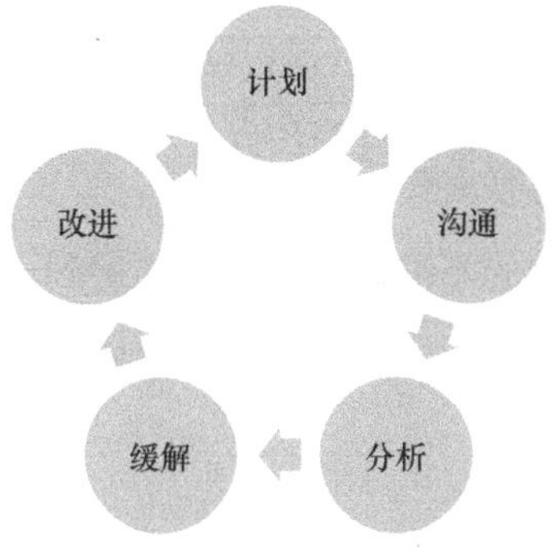

按时间序列，响应功能包含下列主要步骤，如图 2-23 所示。

第一个步骤是制订响应计划（图 2-23 中简称"计划"）。响应计划可以让安全团队了解他们在应对异常网络活动方面的角色和职责，同时保护组织最关键的信息资产和系统。

第二个步骤是沟通。组织的安全负责人（通常是首席安全官）及其团队需要与内部和外部利益相关者协调响应活动，并在必要时寻求执法部门的支持。在此过程中，需要根据响应计划和角色职责，报告初始威胁事件及相关的事件，并与利益相关方协调一致。

图 2-23　响应功能

第三个步骤是分析。在此步骤，主要基于事件的信息，分析事件的影响，判断当前的响应是否充分，而且在必要时需要包含取证工作。

第四个步骤是缓解。基于分析步骤的结论，实施相应的安全活动，以控制事件、防止事件蔓延并减轻潜在损害。此外，任何以前未发现的新漏洞都应该记录在案，并作为组织风险管理的一部分。

第五个步骤是改进，这是最后一个步骤。首席安全官和其他利益相关者需要研究从应对威胁中学到的经验教训，并将这些发现纳入未来的应对策略。

2.2.11　恢复计划与危机处置

数据安全事故，突出表现为大量个人数据泄露和企业关键信息资产泄露两类，会引发媒体、消费者和法律监管层面的危机。

因此，除响应计划外，还需要制订针对数据安全事故的恢复计划。良好的数据恢复计划，至少包含下列几个方面。

1. 致力于消除所有威胁

应对因为各类漏洞导致的数据泄露，第一步并不是立即响应单次的攻击，而是采取预防措施，确保识别导致漏洞的根本原因，并修复或缓解。这样可以提前停止损害，而不是被类似的漏洞或事故频繁困扰。

虽然不准确但是可以形象地比喻为，企业发生的数据泄露就像在宴席上，一个人的白衬衫上被旁边的小朋友洒了咖啡。大部分人的处理策略是移开咖啡杯，以减小咖啡再次溅到衬衫上的可能性，并在确保场合合适的前提下，擦洗自己的衬衫。这些直观的应对措施可以不严谨地映射到数据恢复计划中的"漏洞缓解"和"环境隔离"上。

2. 强调内部沟通的重要性

企业在制订数据恢复计划时，需要识别所有的内部利益相关方，并安排充分的沟通。

如果出现个人数据的重大泄露事件，企业的首席安全官、隐私保护官、IT 部门经理等角色都会受到媒体关注。但其他部门，特别是公关部门、营销部门和客户服务部门，也是处理公众反应、对接媒体沟通、提供客户支持的部门，也同等重要。

事实上，沟通不畅会导致各关键角色对于事故本身和影响的不准确描述，会伤害到已经在聚光灯下的企业形象。企业必须确保从上到下的所有员工都了解和掌握最新情况，以避免不必要的猜测、质疑。

3. 恢复外部的信任

显而易见，数据泄露事件将导致企业的直接损失，更会对企业的声誉和可信度造成损害。许多客户会质疑企业数据保护的能力，担心他们的信息在未来被再次泄露。或者一些人可能会担心企业试图掩盖真实的数据泄露事件，并尽量弱化对损害和被窃取数据的价值描述，以维持企业形象。

因此，在出现问题后，企业在与公众沟通时，应该尽可能地透明和坦诚，以有助于塑造企业积极解决问题、可信赖的形象。一定程度上，可以引导公众重点关注改进计划，以恢复客户的信任，使客户相信企业在未来可以避免类似的攻击。

4. 执行和优化恢复计划

在不断变化的安全环境中，持续改善企业的数据恢复计划是很重要的，因为攻击者总是在改进他们的方法。

无论是企业最近受到了攻击，还是行业中的类似企业出现了数据泄露事件，都要分析导致这些事件发生的原因，以优化数据泄露恢复计划。这样就可以确保企业能够应对今天的严重威胁，而不是昨天的常见攻击。

第 3 章

数据安全架构与设计

数据是组织的关键资源。伴随着业务云化、资产数字化的趋势，数据的重要性和价值将更为凸显。数据丢失、泄露或被盗，对业务的影响可能是毁灭性的。根据 IBM 公司安全团队和波耐研究所联合进行的研究[25]，每次数据泄露事件的处理成本为 392 万美元，而泄露敏感数据的平均成本为每条记录 150 美元。Verizon《2012 年数据泄露调查报告》[47]总结了一年内发生的 855 起安全事件，其记录条数超过 1.74 亿条。而 7 年后的《2019 年数据泄露调查报告》[11]总结了 41 686 起安全事件，其中 2013 起被证实有数据泄露，总的记录条数已经无法汇总统计。

常见的数据泄露事件通常与安全控制措施不足、授予内部用户过多的特权及对网络和外围安全的过度依赖有关。通常，组织仍依赖传统的基于网络的安全控制，并且未能真正采用深度安全方法来保护其环境。随着组织进一步采用诸如云计算等方案，并且支持各种形式的远程访问和移动设备的需求，传统的仅基于网络的保护 IT 基础架构的方法可能会失败。当今的安全威胁是多方面的，而且往往是持久存在的，而传统的网络外围安全控制措施无法有效地控制它们。

组织需要实施以数据为中心的更有效的分层安全控制架构，需要采取整体方法来保护包含敏感应用程序和数据的系统，使其免受外部和内部威胁。

建立和设计数据安全架构需要参考业内的最佳实践与管理方法。建立良好的组织级的数据安全管理架构，既需要参照标准，也需要解读和细化标准，以满足不同类型的组织的要求。

3.1 数据安全架构的设计与实施

"安全架构"是一个极其宽泛的概念。事实上，关于"架构"本身，也有描述其不同维度特征的定义方式。

ISO/IEC 42010—2007 对"架构"的定义是："……系统的基本组织，体现在其组件、组件之间的关系、组件与环境的关系及支配其设计和演进的原则上。"[48]就目的而言，"架构是一种使人们能够以一致性、系统性和结构化的方式有效地处理大型、复杂项目的实践"。

ANSI/IEEE 1471—2000 标准对（软件密集型系统的）架构的定义为："系统的基本组织，体现在其组件中，它们之间的相互关系及与环境的关系，以及控制其设计和进化的原理。"[49]

参考 NIST SP 800—160 [41]的定义，安全架构是指"系统架构中一组物理和逻辑上与安全性相关的表示（视图），用于传达有关如何将系统划分到安全域中的信息，并基于数据和信息受到充分保护的目的，利用安全相关元素，在安全域内和安全域之间执行安全策略。注意：安全架构反映了安全域、安全域内安全相关元素的位置、安全相关元素之间的互联和信任关系及安全相关元素之间的行为和交互。与系统架构类似，安全架构可以以不同的抽象级别和不同的范围来表示"。

数据安全架构依赖于整体的安全架构。为了定义和描述安全架构，不妨采用项目管理的方法论，按照项目的立项、设计、实施和交付的不同阶段，采用相应的开发和交付方式。将架构设计当作一个要交付的项目，通过"立项、设计、实施、交付"这 4 个阶段完成。架构开发框架示意图如图 3-1 所示。

安全架构框架全景视图如图 3-2 所示。在这 4 个阶段中，可以参考不同的安全架构框架，以系统地开展安全架构的分析与设计。

图 3-1　架构开发框架示意图　　　　图 3-2　安全架构框架全景视图

第一个阶段是立项阶段。想用安全架构解决什么问题？安全架构的目标是什么？使用者是谁，以什么方式使用？怎么样才算成功？这些问题对于安全架构的成功至关重要。

在立项阶段，参考开放组（The Open Group）定义的开放组体系结构框架（The Open Group Architecture Framework，TOGAF），特别是在 TOGAF 的初始阶段描述时，可以尝试回答上述问题。依据基于 TOGAF 的输出，可以更好地与管理层对接业务目标并将安全架构映射到业务架构，从而准确确定这个安全架构项目的价值。

以数据安全为核心的安全架构，在立项阶段也需要参考合适且适用的业务框架、安全框架、监管框架和审计框架。业务框架是指组织的产品或解决方案需要符合的框架。例如，如果涉及的是云计算的服务，则需要涵盖软件即服务（Software as a Service，SaaS）、平台即服务（Platform as a Service，PaaS）、基础设施即服务（Infrastructure as a Service，IaaS）的云计算分层框架。安全框架是指适用于组织的安全管理规范，如 ISO 27002《信息安全控制实践准则》[13]。监管框架众多，如 PCI DSS、SOX 法案等，在本书 5.4 节"数据安全合规总体需求"中将会提及。在各类审计框架中，比较系统的是"COBIT 5：信息及相关技术控制目标"。COBIT 5 框架给出了 IT 审计与治理的通用流程。在完成框架的选择之后，需要依据各参考架构，来确定安全架构的设计和实施方法。

第二个阶段是设计阶段。在该阶段中，可以综合运用舍伍德应用业务安全架构（Sherwood Applied Business Security Architecture，SABSA）模型和开放企业安全架构（O-ESA）模型，将安全架构与业务架构更好地融合。SABSA 模型给出了一个企业安全架构的总体框架。它有一个整体性的方法，从业务目标一直映射到源代码。作为一个伞式模型，它可以在初级阶段用于决定哪些组件是必要的或不需要的。必要的组件按照其分层，绘制在架构层级模型。SABSA 模型中的这种架构层级模型，有着简单和直观的优势。通过这种方式，安全架构的顶层架构图就创建出来了。

架构的驱动力应该来源于业务，安全架构也是如此。SABSA 模型还提供了对安全架构中各层实际填充组件的支持，尤其是在顶层，也就是业务驱动与逻辑安全服务相联系的业务驱动层。SABSA 模型的强大之处在于，其提供业务属性模型作为管理安全需求的模型。"安全是为了帮助实现业务目标"常常被当作一句空话或套话，但是 SABSA 模型体现出安全与业务目标和利益相关者相关，因此安全规划更容易得到业务承诺。

在完成安全架构，并且与业务对齐之后，进入第三个阶段，即实施阶段。安全架构中的底层涉及功能性和技术安全控制措施。这里说的是"真正的"安全，如访问控制、系统加固、安全扫描、安全意识等。在实施阶段，真正有特色的模型是 O-ESA 模型。它放大了策略驱动的架构，阐述了运营安全将越来越数字化的愿景，运营风险决策将更加动态化，因此，有必要实现安全策略的自动化。相比于其他安全控制措施，O-ESA 模型对访问控制和安全监控给予了很大的关注。与 SABSA 模型不同的是，安全策略是一项需要定义的措施，而 O-ESA 模型假定安全策略已经存在。

第四个阶段是交付阶段。在此阶段，使用开放安全架构（Open Security Architecture，OSA）模型，可以更直观地向利益相关者呈现安全架构的内容。在安全架构完成之后，为了确保组织内的所有角色都能够充分使用该架构，充分的沟通是关键。OSA 模型提供了可视化的丰富经验和案例可供参考，以协助利益相关者充分理解安全架构的内容。

3.1.1　安全架构立项与需求分析

开放组体系结构框架（The Open Group Architecture Framework，TOGAF）是用于企业架构的框架，它提供了一种设计、规划、实施和管理企业信息技术架构的方法。TOGAF 是一种高级设计方法，它通常以 4 个级别建模：业务、应用程序、数据和技术。它高度依赖于模块化、标准化，以及已经存在的、经过验证的技术和产品。

TOGAF 由开放组（The Open Group）从 1995 年开始开发，其基础是美国国防部的信息管理技术架构框架（TAFIM）。截至 2016 年年底，开放组声称 TOGAF 已被全球 50 强公司中的 80%和财富 500 强公司中的 60%所采纳。

TOGAF 是一组可用于开发各种不同架构的工具。它涵盖：

（1）用一组构件描述一种定义信息系统的方法；

（2）展示构件如何组装在一起；

（3）一组工具；

（4）提供常用词汇；

（5）推荐标准的列表；

（6）可用于实施构件的兼容产品列表。

TOGAF 开发周期非常适合任何开始创建安全性架构的组织。TOGAF 开发循环结构如图 3-3 所示。TOGAF 与其他框架类似，最顶层是业务视图，然后是技术视图和信息视图。

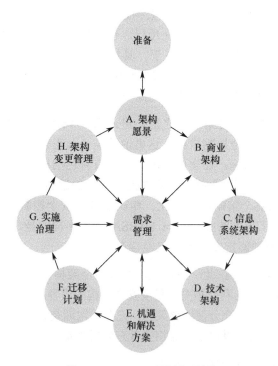

图 3-3　TOGAF 开发循环结构

在实施下述几类业务时，TOGAF 可以作为有益的参考：

（1）定义架构、目标和愿景；

（2）完成差距分析；

（3）监控整个流程。

组织根据自己的愿景、目标，选择合适的业务方向。例如，提供云服务的组织，在设计自己的产品、解决方案时，需要遵循 NIST SP 500—292 中提出的概念参考模型[50]，确定所在组织的业务架构。业务架构设计需要考虑已经形成国际标准、国家标准或行业事实标准的模型，以使供应商、客户、利益相关方取得同样的共识基础。

如图 3-4 所示，NIST 云计算概念参考模型中包含以下 5 个重要的参与方。

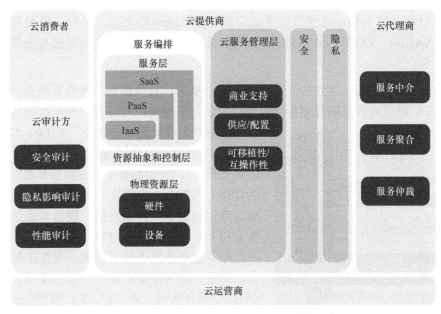

图 3-4 NIST 云计算概念参考模型

（1）云消费者（Cloud Consumer）：与云提供商保持业务关系并使用云提供商的服务的个人或组织。

（2）云提供商（Cloud Provider）：负责向相关方提供云服务的个人、组织或实体。

（3）云运营商（Cloud Carrier）：提供从云提供商到云消费者的云服务连接和传输的中介。

（4）云审计方（Cloud Auditor）：可以对云服务、信息系统操作、云实施的性能和安全性进行独立评估的一方。

（5）云代理商（Cloud Broker）：管理云服务的使用、性能和交付，并协调云提供商与云消费者之间关系的实体。

不同的参与方拥有不同的业务架构，自然也对应不同的信息系统架构和技术架构，从而影响安全架构的需求和设计。

3.1.2 安全架构设计与交付

在组织中设计和交付安全架构存在多个层面的挑战。传统上，安全架构由一些预防、检测和纠正的控制措施组成。这些控制措施的实施旨在保护组织的 IT 基础结构和应用。当然，也有在安全架构中添加包括安全策略和安全过程的管理控制措施的最佳实践。许多具有传统思维定式的安全专业人员将安全架构视为安全策略、控制措施、工具和监控的集合。世界已经改变，安全与以往已经不同，如今的风险和威胁已经不像以前那么简单。诸如物联网之类的新兴技术和新兴业务极大地改变了组织的运作方式、重点和目标。对于所有安全专业人员而言，了解业务目标并通过实施适当的控制措施来支持这些业务目标非常重要。这些控制措施需要与业务风险相关联，并可以使利益相关者容易理解。SABSA、COBIT 和 TOGAF 等企业框架可以帮助实现安全需求与业务需求保持一致的目标。

SABSA 模型是基于企业的业务驱动的安全框架，它提供基于风险和机会的判断和识别。SABSA 模型纯粹是确保业务一致性的方法，不提供任何特定的安全控制措施，而是

图 3-5 SABSA 模型分层

依靠其他安全控制措施的框架，如 ISO 27001 标准或 COBIT 框架。SABSA 模型有 6 层（5 个水平层和 1 个垂直层）。每层都有不同的目的和视图，涵盖了运营能力的整个生命周期。从最高层开始，到最底层，分别是上下文体系结构、概念体系结构、逻辑体系结构、物理体系结构、组件体系结构。第六层，即安全服务管理体系结构，覆盖在其他五层之上，并进一步进行垂直分析，以生成 5×6 单元的 SABSA 服务管理矩阵。SABSA 模型分层如图 3-5 所示。

ISACA 的 COBIT 5 框架是"一个全面的框架，可帮助企业实现其对企业 IT 治理和管理的目标"[39]。该框架包括工具集和流程，可弥合技术问题、业务风险和流程要求之间的鸿沟。COBIT 5 框架产品体系如图 3-6 所示。COBIT 5 框架的目标是"通过在实现收益与优化风险水平和资源使用之间保持平衡来使 IT 创造最佳价值"。COBIT 5 框架使 IT 与业务保持一致，同时提供围绕它的治理。

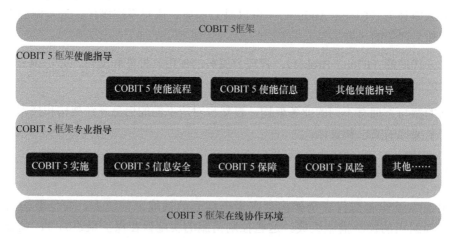

图 3-6 COBIT 5 框架产品体系

COBIT 5 框架使能器涵盖独立或共同影响某实体有效性的因子。

COBIT 5 框架基于以下五项原则，如图 3-7 所示。

（1）满足利益相关方诉求。

（2）端到端的覆盖组织目标。

（3）应用一个集成框架。

（4）启用全面性的方法。

（5）区分治理和管理。

将这些原则应用于任何体系结构都可确保业务支持一致性和流程优化。

通过结合使用 SABSA 框架和 COBIT 原则、使能器和流程，可以为 COBIT 5 框架产品体系中的每个类别都定义自上而下的架构。例如，在开发计算机网络架构时，可以使用这些原理和过程定义从业务上下文层直到组件层的自顶向下方法。

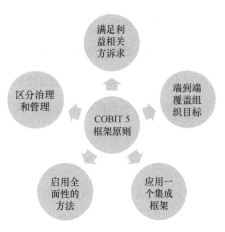

图 3-7　COBIT 5 框架五项原则

通过将 SABSA、COBIT 和 TOGAF 一起使用，可以定义一种满足业务需求和利益相关方要求的安全架构。定义架构和目标后，可以使用 TOGAF 框架创建项目和步骤，并监视安全架构的实现，使其达到应有的状态。

在设计安全架构时，最常见的问题包含"从哪里入手？"，基于对上述框架的了解，答案很简单。安全架构的设计应该是一个自上而下的过程。组织的安全架构视图如图 3-8 所示。

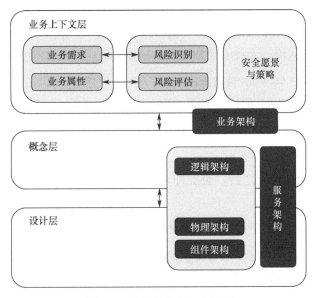

图 3-8　组织的安全架构视图

首先考虑业务上下文层。以敏捷开发的观点来看，启动企业安全架构开发程序的初始步骤如下。

（1）确定业务愿景、目标和策略。

（2）确定实现这些目标所需的业务属性。

（3）确定与可能导致企业无法实现目标相关的所有风险。

（4）确定管理风险所需的控制措施。

（5）定义一个程序来设计和实现这些控制措施。

在设计和实现控制措施时，涉及以下 4 层架构的定义和映射。

（1）定义业务风险相关的概念架构。

（2）定义物理架构并映射概念架构。

（3）定义组件架构并映射物理架构。

（4）定义运营架构。

业务风险相关的概念架构主要包括治理策略和领域架构、运营风险管理架构、信息架构、证书管理架构、访问控制架构、事件响应架构、应用安全架构、Web 服务架构、通信安全架构等。

物理架构并映射概念架构主要包括平台安全、硬件安全、网络安全、操作系统安全、目录安全、文件安全及数据库安全。概念架构也涵盖相关安全实践和安全流程。

组件架构并映射物理架构主要包括如下内容。

（1）安全标准，如 ISO 国际标准、美国国家标准与技术研究院（NIST）的行业标准。

（2）安全产品和工具，如防病毒（Anti-Virus，AV）、虚拟专用网络（Virtual Private Network，VPN）、防火墙、无线安全和漏洞扫描器。

（3）Web 服务安全，如 HTTP/HTTPS、应用程序接口（Application Programming Interface，API）安全和 Web 应用防火墙（Web Application Firewall，WAF）。

运营架构主要包括实施指南、责任部门、配置/补丁管理、监控、日志、渗透测试、访问管理、变更管理、取证等。

在确定并评估所有风险之后，企业即可开始设计架构组件，如策略、用户意识、网络、应用程序和服务器。

上面的论述比较枯燥。下面以一个具体的示例来阐述。

假设有一家小型银行卡结算服务提供商，想要在未来的 5 年内，向 200 万用户提供服务（业务愿景和目标）。其涉及的业务属性如下。

（1）监管：所服务国家和地区的金融监管需求，以及通用的行业标准，如 PCI DSS。

（2）隐私：用户的隐私必须得到保护。

（3）准确性：用户和企业的信息必须准确，以防止欺诈。

（4）可用性：服务必须 7×24 在线且可用。

业务风险可能包含如下内容。

（1）不满足监管要求（关联"监管"业务属性）。

（2）没有角色的职责分离（关联"隐私"业务属性）。

（3）应用程序存在漏洞（关联"隐私"和"准确性"业务属性）。

（4）没有灾难恢复计划（关联"可用性"业务属性）。

可能的控制措施包含如下内容。

（1）实现 PCI DSS 要求的安全控制措施。

（2）基于 COBIT DSS05 流程构建相关领域的职责定义。

（3）基于 COBIT DSS05 流程构建漏洞管理流程和应用防火墙。

（4）基于 COBIT DSS05 流程构建公钥基础设施（PKI）和加密控制措施。

（5）基于 COBIT DSS04 流程构建灾难恢复计划。

通过上述控制措施，所有的安全控制措施都和业务属性直接关联，其意义明确，也更容易与利益相关方达成一致，并组织实施。

当然，像任何其他框架一样，企业安全架构的生命周期也需要得到适当的管理，重要的是不断更新业务属性和风险，并定义和实施对应的控制措施。如前文指出，可以使用 TOGAF 框架来管理安全架构的生命周期。也就是说，通过创建架构视图和目标，完成差距分析、定义项目及实施和监控项目，直到完成并重新开始，最终形成闭环。

3.1.3　安全架构可视化呈现

在完成安全架构的设计后，应该采用直观的呈现方式，向利益相关方阐述安全架构。其中，OSA（开放安全架构）定义的一系列架构呈现方式可以作为参考。

2007 年，一个非常庞大的安全架构师社区开始构建，并描述广义企业安全架构的基础和安全模式。这就是 OSA 组织的起源。OSA 组织在不同的抽象层提供可理解、可重用的部件，在最高层级提供了总体景观、参与角色定义、术语定义和分类方式，在下一层级提供了安全模式（Security Pattern），在最低层级提供了威胁建模和控制措施集合（基于 NIST）。

OSA 组织认为，安全架构是应用于不同级别的设计的集合。在抽象的级别上，OSA 划分为服务层安全模式、应用层安全模式、基础设施层安全模式、（集中化）安全服务、治理等级别。这些模式的集合构成了 OSA 安全架构总体景观，如图 3-9 所示。

在参与角色的定义上，OSA 参考 ITIL（信息技术基础设施库），定义了组织的多种角色，如 IT 安全管理者（或 CISO、CSO）、IT 运维管理者、信息资产拥有者等，他们有不同的工作职责，并且以不同的方式参与安全架构。

图 3-9　OSA 安全架构总体景观

　　OSA 选择了高度可视化的方法，并将安全设计模式方法与模块化架构相结合，创建了一个安全架构的参考库。参考库包含安全控制措施、风险和模式的列表。参考库中诸如"服务器""桌面""移动设备""DMZ"等组件是在几乎所有企业架构中都能找到的典型组件。在安全架构设计中重用这些组件，可以提升效率，并使安全架构师更关注特定业务和架构部分的表达。

　　OSA 提供了非常多的基于应用场景的安全架构模式，比较著名的有云计算场景模式、公有 Web 服务器模式等。下面以一个比较直观的隐私移动设备模式为例进行讲解，如图 3-10 所示。

　　许多司法管辖区的隐私法律法规要求，组织必须披露包括敏感或机密数据在内的移动设备的任何损失。属于法律或法规规定的隐私数据包括客户记录（如姓名和地址、财务记录、医疗信息）或任何其他个人身份信息（PII）。

　　保护这些信息的实用安全控制措施是在移动设备上使用加密技术（SC-13），并结合强大的身份验证（IA-02），以确保信息在丢失或被盗时无法恢复。当然，敏感数据的传输所需要的机密性防护也需要予以考虑。组织的数据保护官需要定期做"隐私影响分析"并给出报告。

　　通过安全架构图，可以直观地了解业务模型、参与方和关键的安全控制措施。

　　OSA 提供从云计算到无线热点，再到工业控制系统的多种模式。一种常见的应用方式是将其作为类似场景的参考或检查列表。此外，OSA 还提供丰富的可视化支持，如模式的模板、丰富的图标库。安全架构师可以基于这些可视化支持绘制组织特定的安全架构，并将安全控制措施放置在合适的层级和位置。利用这种方式绘制的安全架构足够可视化和直观，可以与非本领域的利益相关方对齐风险和预算、安全策略，并争取实施这些安全控制措施的资源。

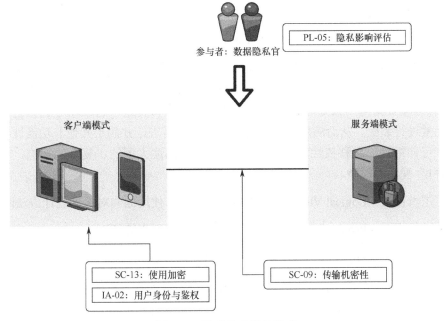

图 3-10　隐私移动设备模式

OSA 的安全控制措施集合和已有的安全标准（如 ISO 和 COBIT）逐一映射。因此，在需要向内部和外部审计者举证时，可以使用相同的语言。

相比于其他标准，如 NIST 800—53 及 ISO 27001，虽然也是描述技术、组织和流程控制的最佳实践，但都没有利用可视化来呈现设计模式的强大功能。OSA 组织尝试通过将最佳实践标准与可视化（设计）模式相结合来提高其最佳实践标准的表达能力。OSA 相当于企业总体安全架构解决方案的 Lego（乐高积木）构建部件，提供了一组标准组件及其交互关系，这些组件封装了常见的安全控制措施，以应对常见的安全问题。

3.1.4　不同视角的安全架构

在现代社会中，各类系统的复杂度大大超出以往。特别是各类软件系统、Web 系统和云服务系统的涌现和快速演进，给从多维度和多视角描述复杂系统带来了很大的挑战。不同的角色对复杂系统的关注重点也不同。例如，开发者关注软件的组件划分及调用关系，而运维人员主要关注运行期的部署和维护方式。

自 20 世纪 90 年代初以来，人们已经进行了许多努力来规定描述和分析系统架构的方法。Mary Shaw 和 David Garlan 于 1996 年出版的《软件架构：对新兴学科的展望》（*Software Architecture: Perspectives on an Emerging Discipline*）[1]中提出了软件架构的基本

---

① SHAW M, GARLAN D. Software Architecture: Perspectives on an Emerging Discipline[M]. Hoboken：Prentice-Hall, Inc., 1996.

元素：软件组件、连接器和约束，并试图将有用的系统设计抽象化，将软件开发人员的符号和工具整合在一起，并研究用于系统组织的模式。

综合 Dewayne Perry、Alex Wolf 和 Barry Boehm 等人的观点，"软件架构"的概念可以用一个精确的公式表达：

$$软件架构 = \{元素，形式，关系/约束\}$$

在 Kruchten 于 1995 年发表的论文《架构的 4+1 视图模型》[51]中，提出了使用多个并发的视图来组织软件架构的描述，一个视图仅用来描述一个特定的所关注方面的集合。该论文指出："软件架构用来处理软件高层次结构的设计和实施。它以精心选择的形式将若干结构元素进行装配，从而满足系统主要功能和性能需求，并满足其他非功能性需求，如可靠性、可伸缩性、可移植性和可用性。"为准确地描述大型的、复杂的架构，该论文中提出"4+1"视图的模型。

（1）逻辑视图（Logical View）：设计的对象模型（使用面向对象的设计方法时）。

（2）进程视图（Process View）：捕捉设计的并发和同步特征。

（3）物理视图（Physical View）：描述了软件到硬件的映射，反映了分布式特性。

（4）开发视图（Development View）：描述了在开发环境中软件的静态组织结构。

架构的描述，即所做的各种决定，可以围绕这 4 个视图来组织，然后由一些用例（use cases）或场景（scenarios）来说明，从而形成第 5 个视图（场景视图），如图 3-11 所示。

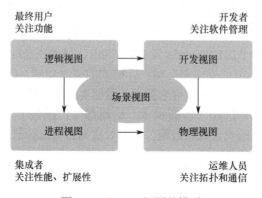

图 3-11 "4+1" 视图的模型

在模型的每个视图中，均可以独立地应用前述公式，即定义一个所使用的元素集合（组件、容器、连接符）、分析工作形式和模式，以及捕获关系及约束，将架构与相应的需求连接起来，即 5 种视图对应 5 种逻辑架构的呈现形式。

首先是逻辑架构。逻辑架构重点关注功能性需求，即系统应该对用户提供的功能或服务。以问题域的视角，可以首先将系统分解为一系列关键抽象，分解并不仅是为了功能分析，而且还用来识别遍布系统各个部分的通用机制和设计元素；然后通过抽象、封装和继承的原则，识别出关键组件，分析组件间的关系及其他设计约束。通常所说的

"三层架构"，也就是表示层、业务逻辑层和数据访问层及其组件的抽象，是逻辑架构的典型示例。

其次是进程架构，由逻辑架构推导得出。其主要目的是考虑非功能性的需求，如性能和可用性。此外，它还可以解决并发性、分布性、系统完整性、容错性的问题，以及逻辑视图的主要抽象如何与进程配合，即在哪个控制线程上，逻辑对象的操作被实际执行。

针对要解决的问题，进程架构可以以不同的层次抽象并且描述。注意此处的"进程"并非仅指操作系统中的"进程"（Process），而是泛指可以进行策略控制进程架构的层次（开始、恢复、重新配置及关闭）。进程应允许就处理负载的分布式增强或可用性的提高而不断地被重复。

最顶层的进程架构可以视为运行在一组通过 WAN 或 LAN 连接的硬件资源上，通过相对独立的进程执行和进程间的通信，来实现一些特定功能的逻辑集合。该逻辑集合可以在多个物理资源部署、并存或扩展。

再次是开发架构。开发架构关注软件开发环境下实际模块的组织。软件被打包成小的程序块（程序库或子系统），它们可以由一位或几位开发人员开发。子系统可以组织成分层结构，每层都为上一层提供良好定义的接口。

系统的开发架构用模块和子系统图来表达，显示了"输出"和"输入"关系。完整的开发架构只有当所有软件元素被识别后才能加以描述。但是，可以列出控制开发架构的规则：分块、分组和可见性。

在大部分情况下，开发架构考虑的内部需求与以下几项因素有关：开发难度、软件管理、重用性和通用性及由工具集、编程语言所带来的限制。开发架构是各种活动的基础，如需求分配、团队工作的分配（或团队机构）、成本评估和计划、项目进度的监控、软件重用性、移植性和安全性。它是建立产品线的基础。

最后是物理架构。物理架构处理软件至硬件的映射，主要关注系统非功能性的需求，如可用性、可靠性（容错性），性能（吞吐量）和可伸缩性。软件在计算机网络或处理节点上运行，被识别的各种元素（网络、过程、任务和对象），需要被映射至不同的节点。架构师可能希望使用不同的物理配置，一些用于开发和测试，另一些则用于不同地点和不同客户的部署。因此，软件至节点的映射需要高度的灵活性及对源代码产生最小的影响。

大型系统的物理视图会变得非常混乱，因此可以采用多种形式，有或者没有来自进程视图的映射均可。

上述 4 种架构视图更偏向静态的视觉描述。在实际中，4 种架构视图的元素会通过协同工作完成一组重要的场景功能。场景一般采用使用对象场景图和对象交互图来表示。

场景视图和其他 4 种架构视图都有交互，是其他视图的补充和阐释，因此定义了"+1"的名称，并且，场景视图还可以作为驱动因素来识别和刷新架构设计过程中的架构元素。在架构设计结束之后，场景视图既提供了额外的参考，又可以作为测试的出发点。

各种架构视图并不是完全是正交的或独立的。视图的元素根据某种设计规则和启发式方法与其他视图中的元素相关联。

图 3-11 所示 "4+1" 视图模型中的 4 种架构视图之间有带箭头的连接，代表了这些视图间的转换关系。重要的转换关系描述如下。

（1）从逻辑视图到进程视图：需要识别每个组件/对象的自主性、依赖性、分布性及持久化要求，从而将逻辑架构中的组件映射到进程视图中的进程（或者线程）。

（2）从逻辑视图到开发视图：事实上，逻辑视图和开发视图非常接近，但具有不同的关注点。开发视图中的子系统的定义需要考虑很多额外的约束，如开发团队的组织架构、子系统的代码规模、可重用性和通用性的程度及严格的分层依据（可视性问题）、发布策略和配置管理。

（3）从进程视图到物理视图：将进程和进程组以不同的部署配置，映射至可用的物理硬件。

并不是所有的软件架构都需要 "4+1" 视图模型。无用的视图可以从架构描述中省略，比如只有一个处理器，则可以省略物理视图；而如果仅有一个进程或程序，则可以省略进程视图。对于非常小型的系统，甚至可能逻辑视图与开发视图非常相似，而不需要分开描述。场景视图则对所有的情况均适用。

设计良好的系统架构，可以采用类似敏捷迭代的 "原型、测试、估计、分析、优化" 的方法，以细化和输出最终的架构，并减少与架构相关的风险。

针对具体的业务系统，推荐基于场景驱动（Scenario-driven）的方法，也就是说，系统大多数关键的功能以场景（Use Cases）的形式被捕获。

基于场景驱动的架构设计在整个生命周期中的关键任务见表 3-1。

表 3-1 基于场景驱动的架构设计在整个生命周期中的关键任务

阶 段	任 务
迭代 0	基于重要性、风险和依赖关系的迭代场景选择
	基于对场景的描述，识别主要的抽象
	将所发现的架构元素分布到 4 个视图：逻辑视图、进程视图、开发视图和物理视图
	架构的实施、测试和度量
	总结经验教训
迭代 1～N	重新评估风险
	扩展选择场景的范围
	更新 4 个视图
	根据对 4 个视图的更新，修订场景视图
	测试。如果可能的话，在实际的目标环境和负载下进行测试
	评审架构，以发现简洁性、通用性、可重用性方面的问题
	更新设计准则
	总结经验教训

理想的情况是在经过 2～3 次迭代之后，架构基本稳定，组件、子系统和交互关系变得清晰，5 个视图也已经完成。此时，可以进入软件设计阶段。

总地来说，"4+1" 视图模型使得不同的角色或利益相关人可以以自己的视角来看待整个软件架构。运维人员首先接触物理视图，然后转向进程视图；最终用户、业务分析专家从逻辑视图入手；项目经理、软件配置人员则通过开发视图来看待 "4+1" 视图模型。

3.2　组织的数据安全架构模型

基于本书 3.1.2 节 "安全架构设计与交付" 中提到的安全架构设计与交付的方法，可以将组织中的数据保护抽象为如图 3-12 所示的组织数据保护模型。

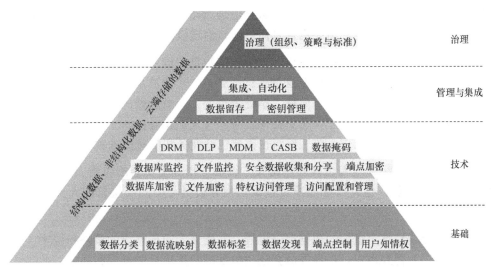

图 3-12　组织数据保护模型

组织中的数据抽象为结构化数据、非结构化数据和云端存储的数据三大类。它们的保护措施不完全一致。

组织数据保护模型定义为治理、管理与集成、技术、基础 4 层，下面自上而下逐一描述。

第一层（最顶层）是组织统一的数据治理框架。数据治理框架包含组织的定义、策略的统一和标准的构建。

第二层是与数据保护的管理与集成、自动化相关的策略。其中重点包含数据留存和密钥管理两部分。

第三层是技术层，包含支撑数据保护管理策略的关键技术。

第四层是数据保护基础，包含数据分类、数据流映射、数据标签、数据发现，以及端点控制和用户知情权的保障等。

3.2.1 数据安全治理框架概述

现代企业收集和使用越来越多的数据。为了使企业的业务能够成功，数据必须是准确的，而且必须通过策略和监控来治理数据的使用。

实施数据安全治理框架的第一步是定义总体的数据治理策略，以支撑数据安全和数据合规的目的；第二步是根据数据治理策略，建设相应的数据治理组织，如数据治理管理团队和工作组，以支撑策略的达成；第三步是制定、执行和维护数据治理标准、数据安全标准，并确保业务团队遵守标准。

合适的数据安全治理框架不仅有助于数据安全与合规目标的达成，还有助于提升数据质量、减少与数据失真相关的成本，以协助组织更好地达成业务目标。

第一步，组织内需要有明确和统一的数据治理策略。该策略可以由利益相关方和项目参与者组成的团队负责制定，需要包含总体目标、治理模式和数据治理所涵盖的范围。

第二步，基于数据治理策略，建设适合组织的数据治理团队组织。对于大型企业，可以参考开源治理等行业实践，选择 3 层的架构模型：一个由高层管理人员组成的小组，通常称为数据治理指导委员会（以下简称"指导委员会"），负责做出高层决策；一个中层管理小组，可称作数据治理办公室，负责提供业务和管理的指导；一个称为数据治理工作组的小组，负责大部分行政工作，该工作组也需要包括业务和信息技术领域的专家。

指导委员会由高级管理人员和利益相关方组成。指导委员会的负责人应该是向 CEO 汇报的高层管理人员，他有权批准项目预算。指导委员会中的高层管理人员对各自的业务线负责。

指导委员会指导整个组织的数据治理过程，并确保为数据制定的策略和程序（如数据质量策略和程序）得到遵守。指导委员会还负责批准数据项目的章程和战略，批准资金，并提名项目。此外，指导委员会还负责提供业务战略的指导，并解决冲突。

数据治理办公室负责实施数据治理。数据治理办公室中的角色包括数据治理负责人、信息技术代表和协调员等。数据治理办公室负责人的职位通常是比副总裁低一级，并需要全职。它与所有业务部门和 IT 部门合作，使数据治理和战略在整个组织中得到统一。数据治理办公室还负责执行策略，建立、监控和报告数据质量和数据治理指标，并与业务部门负责人和 IT 资源合作。

数据治理工作组成员为各业务部门的经理或以上级人员，负责业务和信息技术之间的连接，推动特定领域的数据管理和数据质量，需要对业务和 IT 问题有专业知识。该小组中的角色可以包括数据质量负责人、数据管理员和数据架构师。

第三步是在组织架构建设完成之后，根据组织的数据治理策略，制定相应的数据治理和数据安全标准、流程和最佳实践，并驱动实施。

确保组织中的每个人都遵守数据治理策略和标准是很重要的，特别是在涉及数据质量时。如果不遵守策略和标准，可能会有损数据质量。

可以通过使数据治理策略和标准易于理解和形成易于获取的文档来促进人们遵守它们。一个不容易获得的策略将很少被阅读。数据治理策略和标准应该包含具有实际价值的指标，以显示遵守策略和标准是如何对业务产生重大影响的。

数据治理策略和标准应该定期更新，随着公司战略和目标的变化、外部监管要求的变化而及时更新。

总之，为了有效地处理数据并在整个组织中确保数据的质量和安全性，数据治理是非常必要的。明确统一的策略，选择合适的数据治理团队成员，并确保持续遵守数据治理策略和标准，是组织建立有效和成功的数据治理框架的基础。

3.2.2　数据治理策略与标准

COBIT[39]是一个国际上公认的 IT 治理的管理框架，用于帮助组织建立全面的信息技术安全与信息技术管理和控制体系框架。IT 治理可确保组织的 IT 投资支持业务目标、管理风险并满足法规遵循。COBIT 国际最佳实践在商业风险、控制需要和技术问题之间架起了桥梁，可满足管理的多方面需要，包括数据治理。

数据治理是由企业的数据治理委员会发起并推行的，是关于如何进行整个企业内部数据的商业应用和技术管理的一系列政策和流程。数据治理是一套持续改善管理机制，通常包括组织架构、政策制度、技术工具、数据标准、作业流程、监督及考核等。数据治理委员的职责是促进并支持这些治理活动。它会收集项目成功标准并向数据利益相关方汇报，以交互、信息访问、记录保留、培训等形式持续"关怀"利益相关方。

从广义上讲，数据治理建立在其他学科（如管理、会计和 IT）中的治理概念上，可以将其视为一组实践和准则，定义组织内与数据相关的职责和责任，并致力于提高组织内的数据质量、增强数据驱动的洞察力。这些准则通过生成和使用数据来支持组织的业务模型。

简而言之，数据治理就是将数据作为战略资产进行管理，涵盖为确保数据的内容、结构、使用和安全性而采取的控制措施。为了提供有效的数据治理，需要知道什么数据存在、数据质量是否良好、数据是否可用、谁在访问它、谁在使用它、它们在做什么用途，以及用例是否安全、合规和受监管。

根据 DGI 数据治理框架，数据治理应实现如下管理目标。

（1）满足数据利益相关方的需求，创建标准化、可重复的治理过程。

（2）确保治理过程透明化，减少运营冲突。

（3）制订更好的决策，通过协同工作减少成本、提高效率。

（4）就数据相关问题的一般处理方式对管理层与员工进行培训。

到目前为止，除了资产类型，数据治理非常类似于 IT 治理。数据治理所涉及的目标对象包括 IT 治理所需的所有个人，以及其他一些高层管理人员，包括但不限于董事会、财务、运营、营销、销售、HR、供应商、CIO、IT 管理。随着数据的形式和种类变得更加多样，数据安全既要关注数据及大数据治理，也要保护个人信息隐私。

数据治理遵从 IT 治理框架 COBIT，为企业定义一系列启用流程。这就要求将由"业务流程、信息、数据、应用程序和技术层"组成的公共架构组合在一起，以便有效地实施企业数据治理的策略，以支持组织的战略方向。

数据治理离不开 IT 治理，只有建立组织级的 IT 治理框架，才能有效地管理好数据治理。通过 IT 治理的组织级框架，建立企业的数据治理框架，企业领导必须制定基于价值的数据治理计划，以确保董事会和股东可以方便、安全、快速、可靠地利用数据进行决策支持和业务运行。

数据治理需要将策略转化为具体的实践和准则。真正进行数据治理的地方是战略与日常运营之间。数据治理应该是一座桥梁，它转变战略愿景，承认数据对于组织的重要性，并将其整理为支持运营的实践和准则，以确保将产品和服务交付给客户。

通过充当组织设计中的桥梁，数据治理支持策略的执行并支持创新，同时提供必要的保障措施，来保证组织拥有和/或处理的信息的安全性和机密性。遗憾的是，在许多组织中，通常先有数据，后有数据治理，这种情况导致不足以支持战略，并被运营部门视为不必要的麻烦。

如果组织想要实施自己的数据治理框架，则需要执行下面的操作。

（1）设定数据治理的目标。

创建数据治理框架最重要的步骤是定义其目标。毕竟，如果不考虑业务目标，就很难知道哪些数据是有价值的。要分别考虑可以产生长期和短期结果的目标。值得注意的是，有些场景需要目标和风险的权衡。

有了具体和明确的长期和短期目标，接着应该确定和衡量目标成功的关键指标。关键指标有助于衡量团队的进度，以实现目标。

（2）设立数据治理的责任团队。

设定目标后，组织将需要实现目标。最有效的方法是通过一个完整的团队来实施数据治理。该团队一般命名为数据治理办公室。当然，对于大型组织而言，可能是由高层管理人员负责的数据治理委员会。该团队应包括管理层、数据管理员和联络人，以及参与获取或保护数据的任何其他组织利益相关方。委员会可以下辖虚拟或实体的"数据治理办公室"，并负责进行重要的管理决策。

（3）确定数据治理模型。

这一步是为组织创建数据治理模型。此模型应描述谁可以查看和分发不同类型的数据的组织架构。这样可以确保敏感数据放在最受信任的员工手中，并且不会在未经授权的情况下被共享。

数据治理模型还应该描述组织的数据收集规则，概述保护数据安全的标准及用于获取数据的渠道。这将使数据收集保持一致性，从而带来更可靠、更明确的收益。

（4）创建分发流程。

创建数据治理框架的最后一步是确定如何分发每种类型的数据。如前所述，某些数据是敏感的，不应在整个组织中共享。因此，组织需要一个可靠的流程来对数据进行分类并突出显示可以与谁共享。流程中还应该定义可用于分发的渠道，这将促进更顺畅和更一致的沟通。

以上步骤可以为组织的业务提供数据治理的基本框架。当然，这仅仅是开始，数据治理还需要考虑以下最佳实践。

（1）数据治理不是数据管理。

重要的是，数据治理不同于数据管理。数据管理是组织执行数据治理框架所采取的行动。数据治理承担对数据管理操作权限的决策功能。

例如，某个企业使用 CRM 来存储客户数据，这就是数据管理的一种形式。数据治理应该概述员工如何使用 CRM 中的信息。如果该信息丢失或处理不当，则数据治理应说明下一步采取的纠正措施。

（2）鼓励团队独立组织。

数据治理办公室应由知道如何最好地管理用户数据的员工组成。这些人有能力确定最理想的组织信息的流程。组织的负责人可以参与决策，但是在设计数据治理框架时，必须尊重数据治理办公室的专家的意见。充分的授权使数据治理专家能够优化流程并将其个性化，以满足业务需求。

（3）将数据治理集成到每个部门。

数据治理框架创建完成后，应将其集成到组织的每个部门。这将确保一致的数据收集流，并将为组织的营销、销售、客户服务和产品开发团队提供有助于实现目标。

例如，数据治理办公室应将用户行为和产品使用情况告知产品管理团队。此类信息应易于获得，并影响设计产品更新的方式。通过数据治理，可以将用户见解简化为理想的功能点，从而提高整个组织的生产率。

（4）创建风险里程碑。

创建数据治理框架时，考虑潜在的风险很重要。用户数据非常重要，随着时间的流逝，它的安全性可能会因在整个组织中共享而受到损害。风险里程碑突出显示了在组织内共享或移动数据时可能发生的风险。这可以帮助组织避免可能给用户关系带来的负面的挫折和高昂的代价。

（5）不断完善组织的数据治理框架。

数据治理框架应该是数据收集和分发的一致性流程。但是，随着业务的增长和发展，调整策略以适应组织的变化就显得非常重要。如果不进行调整，则可能会忽略用户数据或意外泄露敏感信息。

3.2.3 安全数据收集策略

针对最终用户的数据收集肯定对业务有利，并能加速业务的增长，但是收集、存储和传输敏感数据和非敏感数据的行为也将带来很多风险。一方面，要尽量采用多种安全的数据收集策略；另一方面，应最小化用户数据的收集。

对绝大多数商业组织而言，收集和存储用户的个人信息可以带来巨大的持续价值。不管是收集电子邮件列表，还是使用存储的信用卡数据快速结账，组织和组织的用户都可以从数据收集中受益。

数据收集是一把双刃剑，除能带来业务价值外，还会带来严重的安全风险。

在收集和积累用户数据时要牢记一个很好的口头禅：数据有毒。因此，只应该收集绝对需要的东西——仅在尊重用户数据隐私的同时，收集对企业有利或对用户有利的信息。

不应该收集无法预先判断目的的个人数据，也不应该收集与《中华人民共和国个人信息保护法》、欧盟 GDPR、PCI DSS 行业标准及 CCPA（美国加利福尼亚州消费者隐私法案）等法规相冲突的个人数据。

在开展业务时，应考虑最大限度地利用现有数据源来解决业务问题，而不是新增数据收集来源。只有在短期内将有显著受益，且合规风险可控的情况下，才考虑新增数据收集的来源。

数据是一种责任。

如果用户数据存在于组织所管理的系统中，则即使采用再完善的保护措施，也可能被盗。当数据被攻击者（如网络罪犯）窃取时，敏感数据泄露可能导致一系列严重问题，如罚款、诉讼，直至完全终止业务运营。

从违反相关法律法规导致的经济处罚到品牌形象受损，收集数据所带来的损失可能是巨大的，因此确保数据的入口（从哪里进入组织）至关重要。

这意味着，组织应确保正确配置网关入口和 Web 服务器，并根据所收集的数据类型，选择适用的保护方案。

为了更安全地保护收集的数据，常见的数据保护方案包括令牌化、加密和匿名化（去标识化）。需要根据不同的数据类型和场景，灵活地选择数据保护方案。

需要对已收集的敏感数据或个人数据进行妥善管理。收集数据后，需要始终知道数据所在的位置、存储的地点和方式。特别是：

（1）数据保存位置；

（2）谁有权访问它；

（3）如何保护它。

有效管理已收集的数据，不仅可以使数据处于更好的保护状态，而且还为达到相关法规（如 CCPA、PCI DSS 等）的合规性要求做好了准备。

为了控制所有数据收集的位置、地点和方式，应该：

（1）建立策略、流程和安全实践，以确保最小化对敏感数据的访问。

（2）审核数据存储以控制访问和更改。

（3）考虑供应商与合作伙伴对系统和数据库的访问。

（4）确保数据存储库未公开。

企业需要始终考虑监管义务，也就是说，确保已收集的数据符合隐私政策和任何相关的合规性义务。

收集特定类型数据（如持卡人数据）将有很大风险，并对组织的流程、技术和人员管理有非常高的要求。如果组织不能这样做，那么明智的做法是避免收集。

同样重要的是，不要在测试和开发环境中使用生产系统中的数据，因为在设计和开发环境中不会使用与生产环境相同的安全控制措施。

此外，需要确保对已收集的敏感数据的访问具有必要的安全配置和适当的访问控制保护措施，如基于角色的访问控制（RBAC）、多因素身份认证等。

未使用的数据需要得到特别的关注。

如果组织识别到确实需要依据法规来安全删除某些数据，也就意味着保留了受监管要求的数据。此时，也需要分析是否采集了其他类似数据，从而带来风险。

解决这一难题的最重要技巧之一是：避免出现"先收集上来再说，哪天会有用的"的想法和实践。也就是说，严管数据进入组织的入口。

敏感数据进入组织的入口很关键，出口也同样重要。

在数据的安全删除阶段，确定存储的数据不再有业务价值，在超出其用途范围时安全地对其进行处理。在此阶段通常会评估和更新数据备份和数据留存策略。

总之，如果不将敏感数据保留在商业组织的系统中，则合规范围就会减小——这使得端到端的合规性变得更快、更轻松。

3.2.4　数据留存策略

数据留存定义了持久数据和记录管理的策略，以满足法律和业务数据归档要求。

数据留存策略需要权衡法律和隐私问题、经济因素及"最小知情原则"，以确定留存时间、归档规则、数据格式及允许的存储、访问和加密方式。

在电信领域，数据留存通常是指政府和商业组织存储的电话呼叫详细记录（CDR）和互联网的流量与交易数据（互联网协议详细记录，Internet Protocol Detail Record，IPDR）。在留存政府数据的情况下，存储的数据通常是拨打和接收的电话、发送和接收的电子邮件及访问的网站。同时，位置数据也会被收集。

政府数据留存的主要目标是流量分析和大规模监视。通过分析留存的数据，政府可以确定个人的地理位置、个人的同伙及诸如政治反对派之类的团体。相关活动是否合法，取决于不同国家的宪法和法律。在大部分司法辖区中，政府要访问此类的数据，通常需要司法授权。

对于商业数据留存，留存的数据通常包含交易记录和访问的网站记录。数据留存还涵盖通过其他方式（如通过自动车牌识别系统）收集并由政府和商业组织保存数据。

数据留存策略是组织内公认的协议，用于保留信息以供运营使用，同时确保遵守与之相关的法律法规。数据留存策略的目标是保留重要信息以备将来使用或参考，以方便搜索和访问的方式组织信息，以及处置不再需要的信息。

数据留存策略一般包含归档哪些数据、保留多长时间、在保留期结束时数据发生什么变化（归档或销毁），以及与保留有关的其他因素。

有效的数据留存策略一般包含永久删除保留的数据；通过首先对存储时的数据进行加密，然后在指定的保留期限结束后删除加密密钥，来实现数据的安全删除。安全删除需要考虑有效删除存储在在线和离线位置的所有相关的数据对象及其副本。

在实践中，数据留存作为公权和私有财产权、隐私权的典型冲突场景，在犯罪调查、组织的商业利益、个人隐私权之间"走钢丝"，维持着脆弱的平衡。组织在设计数据留存策略时，应该特别注意不同的司法管辖区的不同甚至是完全冲突的要求。下文以欧盟相关法律为例进行说明。

欧盟于 2006 年 3 月 15 日通过了数据留存指令（以下简称指令），该指令涉及"保留与提供因公共电子通信服务或公共通信网络有关的产生或处理的数据，并修订了第 2002/58/EC 号指令及第 2006/24/EC 号指令"。它要求欧盟成员国确保通信提供商在 6 个月至 2 年的时间内保留指令中规定的必要数据，以便：

（1）追踪并识别通信来源；

（2）跟踪并识别通信目的地；

（3）确定通信的日期、时间和持续时间；

（4）确定通信类型；

（5）识别通信设备；

（6）标识移动通信设备的位置。

指令要求在特定情况下向主管国家主管部门提供数据，"以调查、侦察和起诉每个成员国在其本国法律中所定义的严重犯罪"。

该指令涵盖固定电话、移动电话、Internet 访问、电子邮件和 VoIP。要求成员国在 18 个月内（不迟于 2007 年 9 月）将其转化为国家法律，对 Internet 访问、电子邮件和 VoIP 的要求可以再推迟 18 个月。此后，欧盟所有成员国均已通知欧洲委员会已经将该指令转换成其本国法律。然而，德国和比利时仅立法涵盖该指令的部分内容。

欧洲委员会于 2011 年 4 月发表了一份评估该指令的报告。得出的结论是，数据留存是确保刑事司法和公共保护的宝贵工具，但它仅实现了有限的目的。服务提供商对合规成本表示了严重的关注，民间社会组织对此表示严重关切，声称强制性数据留存是对基本隐私权和个人数据保护权的不可接受的侵犯。欧洲委员会现在正在审查立法。

针对该报告，2011 年 5 月 31 日，欧盟数据保护监督员（EDPS）对欧洲数据留存指令表示了担忧，并强调该指令"不符合隐私权和数据保护基本权利的要求"。

2014 年 4 月 8 日，欧盟法院宣布第 2006/24/EC 号指令因违反基本权利而无效[52]。据报道，理事会法律服务部门在非公开会议上表示，欧盟法院裁决第 59 段"建议不再保留一般性和一揽子数据"。

美国的情况更为复杂。在联邦层面，立法机构曾提出一些法案，要求互联网服务提供商（ISP）留存用户上网记录，但从未正式写入法律。在企业层面，一些大型的商业公司，如亚马逊公司，可能长期留存用户的交易记录。Google 公司也会留存用户的搜索记录和其他数据。这些策略并不违反适用的联邦和州隐私法律，但是正在引发消费者越来越多的质疑。在欧洲，相应的数据隐私保护权威机构也开始对此予以调查和罚款。

2019 年年初，在针对 Google 公司进行调查之后，法国国家信息与自由委员会（Commission Nationale de l'Informatique et des Libertés，CNIL）宣布互联网巨头违反了 GDPR[53]，即未获得数据主体使用其信息进行定向广告的适当同意，并且未满足 GDPR 关于处理目的的透明度要求和数据留存期。Google 公司随后提起上诉。

法国最高行政法院于 2020 年 6 月驳回 Google 公司的上诉，并确认，Google 公司向数据当事人提供了不完整的信息，尤其是有关数据留存期限和各种处理操作目的的信息。法院还裁决，鉴于违规的性质，对用户的影响，这些违规行为的持续性、持续时间，以及 Google 公司的财务状况，5000 万欧元的罚款在合理范围内。

为了回应法院的判决，Google 公司表示将对信息的管理机制进行适当的更改，以符合 GDPR 要求的同意机制，该机制要求获得肯定同意（选择加入），而不是默认（默许）的暗示同意。

3.3　数据安全治理框架

美国国家标准与技术研究院（NIST）发布的《改善关键基础设施网络安全的框架》[54][通常称为 NIST 网络安全框架（Cybersecurity Framework，CSF）]为组织提供了一种评估和提高其预防、检测和响应网络事件的能力的结构。NIST 网络安全框架于 2018 年 4 月发布了 1.1 版，该版本已在各个行业中迅速地被采用。

作为一种自愿性框架，CSF 包含组织用于管理网络安全风险的标准、指南和最佳实践。许多组织正在采用此框架来帮助管理其网络安全风险。根据 Gartner 的调查，在 2015 年，约有 30% 的美国组织使用 CSF。最新的 2019 年 SANS OT／ICS 网络安全调查显示，NIST CSF 是当今使用的网络安全框架的事实标准。在全球的政府机构和各个行业，网络安全框架也越来越多地被采纳。

网络安全框架包含框架核心、框架实施层和框架配置文件 3 个主要组件。

（1）框架核心使用易于理解的语言，描述组织所需的网络安全活动和输出。该框架核心定义的标准化的活动和输出，可以用于组织内跨职能部门的协调和沟通。

（2）框架实施层提供组织如何系统化地识别和缓解网络安全风险的视角。不同的层，或者说是等级，代表不同的严格程度或组织的网络安全风险管理实践的成熟度。

（3）框架配置文件指导组织根据框架核心定义的活动和最佳实践，确定组织的网络安全目标，并确定各项活动的优先级，调整风险偏好并配置资源，以达到预期结果。

NIST 网络安全框架包括识别（Identify）、保护（Protect）、检测（Detect）、响应（Response）和恢复（Recovery）五大关键功能，如图 3-13 所示，按照这五大关键功能的首字母缩写，也被称作 IPDRR 能力框架。

图 3-13　NIST 网络安全框架五大关键功能

五大关键功能是框架中包含的顶层抽象级别，涵盖了网络安全计划的各项关键活动。五大关键功能近似于时序关系流程中的各个环节，易于理解，是全面的网络安全计划的重要支柱。以这种顶层的视角，可以使组织准确地表达其对网络安全风险的管理模式，并支持组织的风险管理决策。

IPDRR 框架以"事前、事中、事后"的全流程视角，将网络安全框架从以防护为核心、试图"御敌于边界之外"的被动响应的模型，转向以组织的核心业务和核心数据的安全为目标，采纳更为主动的模型，最终构筑能适应变化的敏捷的安全能力。

在组织的信息安全和数据安全维度方面，网络安全治理框架各功能的作用如图 3-14 所示，从目的而言，每个功能的目标各有侧重。

（1）识别：了解组织的资产，分析可能面临的风险，衡量可能的攻击面。

（2）保护：预防和减少损害。措施包含打补丁、隔离、加固、管理面访问控制、漏洞缓解和修复。

（3）检测：发现体系中的"坏"因素。措施包含发现安全事件、触发异常现象、寻找入侵、安全状态分析等。

（4）响应：准确地识别和清除"坏"因素。措施包含采取针对性的行动、清除入侵点、评估攻击损害、调查取证。

（5）恢复：恢复到"好"的状态，包括恢复数据和服务、总结和反思等。

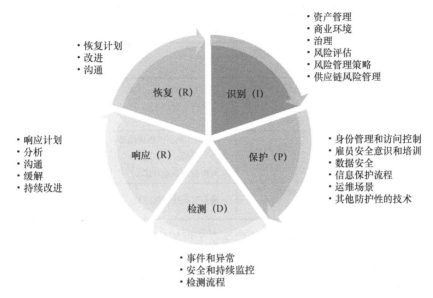

图 3-14　网络安全治理框架各功能的作用

在规划和制定每个功能的任务清单时，需要充分理解该功能的目标。从时间线上划分，前两者发生在"事件"发生之前，侧重于识别和保护的动作，体现一种结构化、系统化的思维；后三者发生在"事件"发生之后，侧重于对事件的准确检测、响应和恢复，体现一种反应式及情境思维。

准确应用网络安全框架，需要梳理和识别组织的所有资产。可以将组织资产分为 5 种类型，分别如下。

（1）人：组织的成员，以及可能访问其他组织资产的所有主体。

（2）数据：设备、网络、应用中存在的存储、传输中和处理中的信息。

（3）应用程序（常简称应用）：应用软件，需要关注软件的交互方及软件的工作流。

（4）网络：设备和应用使用的网络连接，以及传输的网络流量。

（5）设备：各类工作站、服务器、手机、平板电脑、物联网设备、存储设备、网络设备等。

基于 NIST 的五大功能和上述的 5 种类型，可以得到安全防御矩阵表（见表 3-2）。表中的列为 NIST 的五大功能，行为组织资产的 5 种分类，单元格中是该维度的保护措施。

本节侧重讨论 NIST 网络安全框架在数据安全领域的运用，也就是数据的识别、保护、检测、响应和恢复。

表 3-2　安全防御矩阵表

组织资产	NIST 的五大功能				
	识　别	保　护	检　测	响　应	恢　复
人	钓鱼演习	意识宣传	内部威胁分析；基于行为的检测	不涉及	不涉及
数据	数据分类和标签	数据加密、访问控制、DLP	暗网	数字版权管理（DRM）	备份恢复
应用程序	系统管理和配置管理	应用安全机制（静态应用安全测试 SAST、动态应用安全测试 DAST 等）	不涉及	不涉及	不涉及
网络	基于目标的协议和流量分类	防火墙、入侵防御系统（IPS）	DDoS（分布式拒绝服务攻击）缓解；入侵检测系统（IDS）	DDoS 缓解	不涉及
设备	设备资产的识别与分类	端点防护、杀毒软件、主机 IPS	端点可视化管理平台、端点威胁监测和响应	不涉及	

应用于数据安全领域时，基于 NIST 网络安全框架的数据安全治理框架如图 3-15 所示。

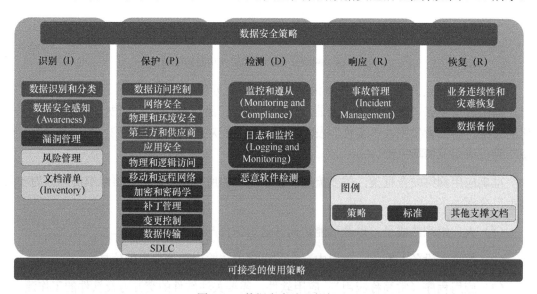

图 3-15　数据安全治理框架

接下来，分别介绍数据安全治理模型框架各个部分，并介绍各个部分在数据安全整体解决方案的作用。

3.3.1　识别

前文提到，识别阶段的主要目标是了解组织的资产及可能面临的风险。在组织资产，特别是数字资产梳理的维度，就需要用到本书 1.2 节"数据分类的原则与实施"中阐述的数据识别和分类，以及数据安全感知。

在识别出所有组织的关键资产后，还需要结合组织的业务和流程，分析可能面临的风险，衡量可能的攻击面。

此步骤可能交付下列领域的分析结果：

（1）资产管理；

（2）商业环境；

（3）治理；

（4）风险评估；

（5）风险管理策略；

（6）供应链风险管理。

"识别"为组织继续采取与安全相关的措施奠定了基础。识别存在的内容，与这些环境相关的风险及这些风险在何种情况下与业务目标相关联，对于成功使用框架至关重要。

以组织的整体视角，在"识别"阶段，仅关注 IT 网络的保护及相关的资产的保护是不够的，还需扩展到产品交付的上下游，端到端地审视资产分布、可能的风险。例如，上游的供应链、下游的客户、本身的雇员，都需要在识别阶段予以考虑。资产识别范畴如图 3-16 所示。

举例来说，在雇员自带设备（Bring Your Own Device，BYOD）的场景中，资产属于雇员，但用于处理组织的业务数据，因此需要明确资产类别和处理业务数据的风险，并制定防护机制。

成功实施识别功能使组织对企业内所有资产和环境都有很强的掌握力。定义用于保护这些资产当前和期望的控制状态，并制订从当前到期望的安全状态

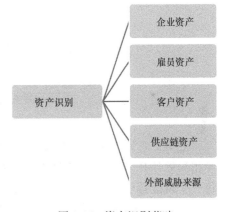

图 3-16　资产识别范畴

的计划，可以清楚地将组织的网络安全状态明确地传达给技术和业务方面的利益相关方。

在风险和脆弱性评估环节，值得着重指出的是漏洞管理和供应链风险管理。IT 系统、产品和服务中存在的已知和未知的漏洞，具有关键的脆弱性。此外，供应链的风险管理常常被忽视，却对交付整体的解决方案、产品和服务至关重要。

3.3.2　保护

NIST 网络安全框架的整体目的是"通过组织信息、支持风险管理决策、解决威胁，并通过回顾与反思，以表达对网络安全风险的管理，协助组织做出决策"。

"保护"功能非常重要，因为其目的是"开发和实施适当的保障措施，以确保关键基础设施服务的交付"。保护功能是指限制潜在的网络安全事件影响的能力。根据 NIST，

"保护"功能涵盖的范围示例包括身份管理和访问控制、雇员安全意识和培训、数据安全、信息保护流程、运维场景和其他防护性的技术。

相比于"识别"功能主要集中在基线化和监控上，"保护"则更加"积极主动"。"保护"功能涵盖访问控制、意识和培训等类别，应用于数据安全领域，主要应用加密和访问控制两种机制。访问控制的示例为对资产和环境访问的双因子或多因素身份验证实践，以及相应的访问控制。此外，数据泄露防护（DLP）解决方案也是"保护"功能中，在企业IT环境和云计算场景中，数据防护的一种主要实现措施。

采纳分层防御架构，有助于达成数据防护的目的。分层保护机制示例如图 3-17 所示，图中描述了每层的保护机制。

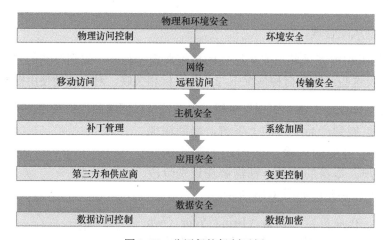

图 3-17　分层保护机制示例

此外，在涉及产品开发生命周期的场景下，安全开发生命周期（SDLC）从安全的角度指导软件开发过程的管理模式。SDLC 在需求、设计、编码、测试、维护等软件开发的每一个阶段都引入安全，从源头降低安全风险，提升安全性，降低安全漏洞的修复成本。SDLC 也是保护阶段的重要组成部分。

总之，随着数据泄露的场景越来越普遍，采用适当的协议和策略来降低违规风险变得尤为重要。CSF 框架的保护功能可以作为指南，以协助实现数据保护的目标。

3.3.3　检测

"检测"功能是指设计和实施适当的活动，以在网络安全事件发生时予以准确识别。

"检测"功能可以及时发现网络安全事件。此功能内的结果类别示例包括事件和异常、安全和持续监控、检测流程。

（1）事件和异常：尽快检测到异常活动，并且事件的影响能为团队中及团队外的每个人所理解。

（2）安全和持续监控：以指定的时间间隔监控信息系统和环境，以便识别组织内的网络事件。

（3）检测流程：实施检测流程并进行测试，以确保及时广泛地了解网络事件。

检测功能是建立强大的网络程序的关键步骤——检测到网络事件的速度越快，应对就越快。

完成全面检测功能的步骤的示例如下。

（1）事件和异常：使团队具备从多个端点收集和分析数据以检测事件的能力。

（2）安全性和持续监控：使团队能够 7×24 小时全天候监控资产。

（3）检测流程：尝试尽快了解违规行为，并根据需要遵循披露要求；应该能够尽快检测到对数据的不恰当访问。

检测异常或事件对企业而言可能是生死攸关的事情，因此，网络安全框架的检测功能对于安全性和业务成功至关重要。遵循这些最佳实践并实施这些解决方案，可以减轻网络安全风险。

3.3.4　响应

NIST CSF 框架将响应功能定义为"开发并实施适当的活动，以对检测到的网络安全事件采取行动"。

"响应"功能是指遏制潜在的网络安全事件的影响。此功能涵盖响应计划、分析、沟通、缓解和持续改进五个类别，以协助组织在遭受攻击时，能够立即采取正确的措施。

制订事件响应计划，是采纳响应功能的第一步。事件响应计划不是技术控制措施，而是对人和流程的要求与控制措施。而在实际的安全事件发生后，则需要分析和缓解这两类技术控制措施的实施。沟通和持续改进这两类非技术的控制措施可以提升响应的效率和有效性。

"分析"类别的目标定义为"确保适当的响应，并支持恢复活动"。该类别的子类别包括调查检测系统的警报、了解事件的影响、根据响应计划的事件分类，以及事件处理过程中的取证分析。"检测"功能中的访问记录和网络流记录在事件理解和取证分析中起着至关重要的作用，因为它可以显示数据的存取、传输的记录，以及网络系统的连接和使用记录。

"缓解"类别的目标定义为"为防止事件扩大、缓解事件影响和消除事件而开展的活动"。该类别的子类别包括事件遏制和事件缓解，以及对新发现的漏洞采取行动，并确认这些漏洞是否实际得到缓解或是否为可接受的风险。

3.3.5　恢复

NIST CSF 框架对"恢复"功能的定义是"制定和实施适当的活动，以维护韧性计划，并恢复由于网络安全事件而受损的任何功能或服务"。它支持及时恢复正常运行，以减小网络安全事件的影响。在"响应"功能的事件处理过程中汲取的经验教训，应纳入安全运营中。

"恢复"功能的示例包括恢复计划、改进和沟通，详细说明如下。

（1）恢复计划：测试、执行和维护恢复过程，以便尽早减轻事件的影响。

（2）改进：在事件发生后，确定需要改进的地方，并改进恢复计划和流程。

（3）沟通：制订和执行全面的、涵盖组织内部和外部的协调与沟通计划。

"恢复"功能不仅对业务和安全团队很重要，而且对用户和市场也很重要。快速恢复的能力可使企业在内部和外部处于更好的位置。如果确实发生违规行为，制订恢复计划将有助于确保企业保持正确的节奏，以实现安全的目标。

3.3.6 数据安全治理框架总结

基于 IPDRR 模型的数据安全治理框架提供了一个全新的视角，使传统的基于防火墙的边界防护，向以数据为中心的全流程防护转变。该框架承认现代组织机构的环境的复杂性（人、应用、数据、设备、网络），并针对威胁的生命周期制定完整的预防、控制和恢复措施，避免了传统的边界防护策略在被入侵之后缺乏有效的应对措施的问题。

在组织中，不管是人员、流程还是技术等层面，实施基于 NIST 网络安全框架的数据安全治理框架都可能是一个挑战。但是，准确地识别组织目前的状态，并基于数据安全治理框架实施关键的管理和控制措施，一定是值得的。数据安全治理框架的实施，不仅有利于组织的网络安全和数据安全，而且有助于增强持续合规性，并支持技术和业务等利益相关方之间的沟通。

3.4 安全架构优秀案例

组织需要安全架构。通过安全架构的规范指导，可以建设和完善组织的 IT 系统与数据资产、流程，通过技术手段和流程来控制、降低业务流程中的风险，并提升组织效率。

为了匹配不同的组织目标、业务布局，甚至是组织架构、业务流程，不同的组织的安全架构多种多样。

早期提出的有纵深防御架构（也称分层防御架构），其特征是构筑类比于古典军事理论中的多道防线来保护目标，现有的安全架构和安全原则仍然以此作为参考。以数据为中心的安全架构聚焦于防护数据的安全，而不是将重点放在网络边界的安全和主机的安全，也在逐步产生积极的影响。本节的讲解将针对具体的领域和场景，以及如下安全参考架构：CSA 企业架构（聚焦于企业整体的安全治理框架）、NIST 云计算安全架构（聚焦于云计算的安全）、零信任安全架构（聚焦于资源访问者身份的识别和持续认证）。

3.4.1 纵深防御架构

现代社会的新闻中充斥着大量的对网络攻击和用户数据泄露的报道，而且其中不乏对 IT 业界知名大公司的报道。

面对恶意的、复杂的、有组织的和新型的网络攻击，使用单点的安全解决方案，如防火墙、反病毒软件、数据泄露防护（DLP）等来应对并不现实。因此，以组织或网络的视角，构建统一的安全架构非常有必要。

在网络、产品和解决方案的设计中，最常使用"分层安全（Layered Security）"或"纵深防御（Defense in Depth）"的原则。这些设计采用多种工具、不同的技术，来阻止或缓解攻击，并提供全面的风险和安全管理。

以组织内的 IT 网络的视角，安全架构一般分为 5～6 层。

（1）物理安全层：采取门禁/ID 卡等手段，保障机房、办公室、物理设施的安全性，以避免攻击者通过获取物理访问，从信任网络内部发起攻击。

（2）边界安全层：伴随着移动办公、物联网的普及，此处所指的边界变得更为复杂，已不再像传统的基于防火墙隔离的内外网边界，但是大部分边界和网络安全的防御目标和防护措施仍然有效。入侵检测系统（Intrusion Detection System，IDS）、入侵防御系统（Intrusion Prevention System，IPS）、蜜罐系统、数据泄露防护（DLP）和传统的网络隔离方案［如防火墙、隔离区或称非军事化区（Demilitarized Zone，DMZ）］仍然可以起到重要作用。

（3）网络安全层：该层涵盖的安全措施包含 Web 代理内容过滤、企业无线安全、企业远程访问、VoIP 保护、网络访问控制［（Network Access Control，NAC），指通过策略和协议的配置，在端点试图接入网络时，确保安全访问。802.1X 是 NAC 的一种基础形式］。

（4）端点安全层：每个连接到网络的设备都会引入潜在的安全威胁入口点。便携式计算机、USB 驱动器、平板电脑和智能手机均具有存储和访问敏感数据的能力。一般的应对措施包含及时打补丁、防病毒和多因素身份验证，以确保端点的安全。相应的安全措施包含主机 IPS/IDS、端点防火墙、端点防病毒软件、端点策略、补丁管理等。

（5）应用程序安全层：确保所开发和部署的应用程序满足 OWASP 应用安全规范的要求。使用第三方服务或软件时，也需要在其与系统集成之前彻底审查其安全性。相应的安全措施包含 App 的静态和动态测试、代码检视、数据库扫描和监控、Web 应用防火墙（Web Application Firewall，WAF）等。

（6）数据安全层：安全架构的核心。该层涵盖数据分类、数据生命周期保护（存储、使用、传输）、数据完整性监控、数据或驱动器加密、数据销毁等关键技术。从广义上讲，身份和访问管理（Identity and Access Management，IAM）和公钥基础设施（PKI）也属于数据安全层的范畴。

这种分层的安全架构常常被形象地比喻为分层防御、纵深防御或洋葱式防御。洋葱式防御示意图如图 3-18 所示。

分层的纵深防御安全架构是对系统和网络架构的静态描述。以动态的视角，还需要在 IT 中的部署和运维场景，加强主动反应（预防）、被动反应（检测、响应）两个维度的支撑。动态纵深防御架构如图 3-19 所示。

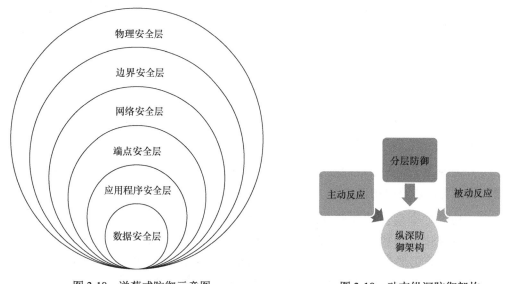

图 3-18　洋葱式防御示意图　　　　　图 3-19　动态纵深防御架构

主动反应（预防）维度包括 IT 安全治理、安全策略和遵从、安全架构和设计、网络威胁情报、威胁建模、风险管理、安全意识培训、渗透测试等内容。被动反应（检测、响应）维度，包括安全运营中心（Security Operations Center，SOC）、安全看板、安全信息和事件管理（Security Information and Event Management，SIEM）、持续行为监控和资产状态感知等内容。

3.4.2　以数据为中心的安全架构

如前所述，传统的网络安全架构通过构筑逐层的防御来最终保证数据的安全。在现代的复杂网络环境中，人员可能不可靠，网络边界可能不清晰，应用可能不被信任，系统可能有漏洞或后门，这些都可能损害到最终的保护目标——数据的安全性。

IBM 公司的安全研究人员 Tyrone Grandison 等于 2007 年在论文《提升关于安全管理的讨论：以数据为中心的范式》[55]中提出"以数据为中心的安全模型"（Data Centric Security Model，DCSM）的概念，并进行了清晰的阐述。论文提出，以数据为中心的安全模型的重点是，根据对数据的业务分析，衍生出该数据的合适安全等级，并根据该安全等级，适配属性和访问控制策略，控制实现业务流程的应用对其的使用。

在安全领域，防御的重点已经从传统的基于网络的防御转移到基于主机的防御。更进一步地扩展，基于主机的安全显而易见地将扩展到主机上受保护的数据，这就是以数据为中心的安全模型（DCSM）。以数据为中心的安全模型如图 3-20 所示，可以看出，数据是所有活动和流程的中心。

在"以数据为中心的安全模型"概念提出后，一系列专家和学者对其做了更广泛和深入的阐述。综合多篇论文的观点，以数据为中心的安全模型中的常见流程如下。

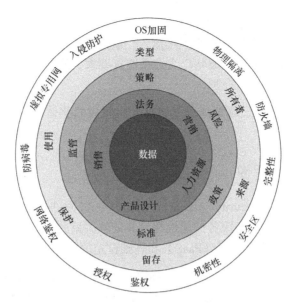

图 3-20　以数据为中心的安全模型

（1）发现：知道哪些数据包含敏感数据，存储在哪里。

（2）管理：定义访问策略的能力，该策略将确定特定用户或位置是否可以访问或更改某些数据。

（3）保护：防止数据丢失或未经授权使用数据，并防止敏感数据发送到未经授权的用户或位置。

（4）监控：持续监控数据使用情况，以识别其与正常行为的有意义的偏差，这些偏差表明可能存在恶意意图。

"发现、管理、保护、监控"是对以数据为中心的安全模型的业务描述。而从技术角度来看，以数据为中心的安全性依赖以下各项内容的实现。

（1）自我描述和保护的数据。

（2）考虑业务环境的策略和控制。

（3）数据在移入及移出应用程序和存储系统时受到保护，在业务环境不断变化时仍受到保护。

（4）能够适配不同的数据管理技术和已实施的防御层保护的统一策略。

综上所述，以数据为中心的安全强调数据本身的安全性，而不是网络、服务器或应用程序的安全性。随着企业越来越依赖数据来开展业务，并且大数据成为主流，以数据为中心的安全模型正在迅速发展。以数据为中心的安全模型还允许组织通过将安全服务直接与其隐式保护的数据相关联，从而克服 IT 安全技术与业务策略目标的脱节。

2014 年，Gartner 咨询公司（高德纳咨询公司，是一家全球知名的 IT 研究与顾问咨询公司）在《Gartner 说大数据需要以数据为中心的安全》（*Gartner Says Big Data Needs a Data-Centric Security Focus*）[56]一文中指出，大数据和云存储环境正在改变数据的存储、访问和处理方式，首席信息安全官（Chief Information Security Officer，CISO）需要开发一种以数据为中心的安全方法。在实施维度，CISO 需要与受信任的团队成员合作，以开发和管理企业数据安全策略。该策略定义数据留存要求、利益相关方责任、业务需求、风险偏好、数据流程需求和安全控制。

"以数据为中心的安全"逐渐演变为数据安全领域的整体趋势，并将产生越来越大的影响。

3.4.3 CSA 企业架构

云安全联盟（Cloud Security Alliance，CSA）在其发布的《云计算关键领域安全指南》中提出了基于 3 种基本云服务的层次性及其依赖关系的云计算安全参考模型，分别是软件即服务（SaaS）、平台即服务（PaaS）和基础设施即服务（IaaS）。

可信云计划参考架构（The Trusted Cloud Initiative Reference Architecture，TCI 参考架构）既是一种方法论，也是一套工具，是安全架构师、企业架构师和风险管理者可用的一套解决方案。这套解决方案满足了风险管理者必须评估内部 IT 安全和云提供商控制的运行状态的一系列需求。这些控制以安全功能表示，旨在创建一个满足业务安全需求的通用路线图。图 3-21 展示了 TCI 参考架构的模型。

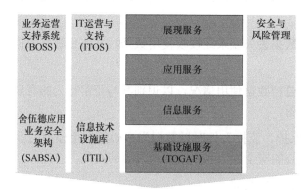

图 3-21 TCI 参考架构的模型

TCI 参考架构必须遵循业务要求。可信云计划提及的要求来自 SOX 法案和 GLBA 法案等法律法规、ISO 27002 等标准框架，以及支付卡行业数据安全标准和 IT 审计框架，如 COBIT。云交付模型，如软件即服务（SaaS）、平台即服务（PaaS）和基础设施即服务（IaaS）首先需要符合合规性要求。

舍伍德应用业务安全架构（Sherwood Applied Business Security Architecture，SABSA）从业务角度定义了安全功能。信息技术设施库（Information Technology Infrastructure Library，ITIL）定义了管理企业 IT 服务部门所需的功能，从而定义了安全管理这些服务所需的安全功能。耶利哥论坛定义了技术安全功能，这些技术安全功能源于传统的数据中心技术环境的现实，转变为跨多个数据中心、跨越互联网的解决方案，一些由业务部门拥有，另一些纯粹用作外包服务。开放组体系结构框架（TOGAF）提供了用于规划、设计和管理信息架构的企业架构框架和方法，从而提供了将安全架构师的工作与组织的企业架构集成的通用框架。下面详细介绍这 4 个部分。

首先是业务运营支撑服务（Business Operations Support Services，BOSS）域。这是对安全计划至关重要的企业支持的功能，如人力资源、合规性和法律。它也是监控企业及其系统运营是否有任何滥用或欺诈迹象的地方。BOSS 的设计基于最佳实践和参考框架，成功地协调业务并将跨组织的信息安全实践转变为业务推动者。安全架构不仅只关注技术能力，而且需要业务动态协同，将被动性实践转变为主动区域，最终可以使业务指挥中心能够提供有关信息资产和业务周围健康状况的相关信息流程。该域还概述了除技术解决方案之外必须考虑的方面，如法律指导、合规和审计活动、人力资源及侧重于防欺诈的监控能力。

其次是 IT 运营与支持（Information Technology Operation & Support，ITOS）域。ITOS 概述了 IT 组织为支持其业务需求而将拥有的所有必要服务。当用户发现 IT 问题时，该 IT 组织第一时间予以支持。该域提供行业标准和最佳实践（CMMI、ISO/IEC 27002、COBIT 和 ITIL v3）的一致性，使组织能够支持其业务需求。

再次是安全和风险管理域。它包括保护计算机系统和数据的密码和防火墙。它使用模拟黑客和工具来测试系统中的弱点。这些也是大多数人对网络安全的理解。安全和风险管理域提供组织信息安全计划的核心组件，以保护资产并检测、评估和监控运营活动中固有的风险。其功能包括身份和访问管理，治理、风险和合规（Governance，Risk and Compliance，GRC），策略和标准，威胁和漏洞管理，以及基础架构和数据保护。

最后是相对较复杂的分层服务参考框架。该框架适合以 TOGAF 架构描述。在 IT 解决方案的技术堆栈中，计算机和网络是最底层的，然后是在它们上运行的数据、处理数据的应用程序及与用户的交互。基于这种多层架构构建了 4 个技术解决方案子域：展现服务、应用服务、信息服务和基础设施服务。CSA 分层服务参考框架并没有深入该架构工作的所有细节，而是深入分析解决方案中每个层的安全问题和所需服务的细节。

CSA 分层服务参考框架最顶层（第一层）的展现服务子域是指与最终用户交互的服务。例如，用户访问网上银行时看到的页面，或者用户使用酒店自动预订系统时的语音交互。展现服务的安全需求基于不同的用户类型，和系统提供的服务类型有很大的区别。例如，在线购物网站和社交媒体网站可能有不同的安全风险。基于用户使用的终端类型，安全需求也会有不同。例如，手机中存储的数据，可能存在手机丢失时泄密的风险；而图书馆的共享联网计算机，可能导致用户可以访问前一个用户的机密数据。

该层和其他域的关系是，展现服务子域利用安全和风险管理域对最终用户进行身份验证和授权，以保护端点设备上的数据和向应用服务域传输的数据，并保护端点设备本身免遭篡改、盗窃和恶意软件的影响。ITOS 域提供服务以部署和更改端点，并管理最终用户遇到的问题和事件。BOSS 域为最终用户使用的 IT 解决方案提供端点、HR 和合规性策略的安全监视。

CSA 分层服务参考框架的第二层是应用程序服务子域，或称应用服务。应用程序服务是用户界面背后的规则和业务逻辑，用于处理数据并为用户执行事务。例如，在网上银行的转账业务中，交易会从用户的账户中扣除付款金额和可能的手续费，并将相应的金额发送到收款人账户。除 IT 解决方案的应用服务外，应用服务子域还代表开发者在创建应用时的开发过程。例如，银行的开发人员正在开发网上转账的应用程序接口（API）。使用源代码分析器扫描 API 的实现代码，发现输入的数据可能存在注入或越界的风险，并立即做出修复。

该层和其他域的关系是，应用程序服务子域依靠安全与风险管理域来加密，在应用程序之间发送的消息，并对应用程序进行身份验证和授权以进行相互通信。应用程序服务子域的开发过程依赖安全与风险管理域的威胁和漏洞管理服务来评估正在开发的解决方案的安全性。应用程序服务子域通常从展现服务子域接收输入，并在信息服务子域中处理数据。应用程序服务子域还需要基础设施服务子域中的服务器和网络服务。ITOS 域用于管理对应用程序服务的更改。BOSS 域提供了安全监控服务，使管理员可以监视应用程序活动中是否存在任何统计意义上的异常。

CSA 分层服务参考框架的第三层是信息服务子域。该层提供数据到有意义的信息的转换，以方便组织基于信息，做风险的洞察、战略的制定和日常的管理。信息服务子域提供数据的提取、转换、清理和通用数据模型的加载，以用于分析或运营的目的。信息服务子域包含数据的提取、转换和加载，数据挖掘，平衡计分卡及其他功能。

信息服务子域提供如下功能。

（1）运营数据存储。提供围绕信息资产的 360 度透视图（应用程序和基础设施漏洞、不完全的补丁、渗透测试结果、审计结果及每项资产的控制措施）。

（2）数据仓库。所有历史交易将用于开发数据仓库或数据集市，以衡量通过风险管理获得的成果。该仓库还可以用于识别整个组织内的行为模式、趋势和系统性差距。

例如，管理员创建用户账户时，用户的 ID 和密码存储在用户目录中。用户登录系统时，记录登录用户和登录时间的日志存储在安全监视数据库中。

该层和其他域的关系是，信息服务子域为应用程序服务子域和展示服务子域提供上下文支持。ITOS 域控制应用程序更改和部署过程。BOSS 域控制信息服务应用的安全监视。BOSS 域还会监视应用程序正在执行的活动中是否存在异常行为。

CSA 分层参考框架的第四层是基础设施服务子域。该层由虚拟机、应用程序和数据库组成，为上层提供支撑。通常，IaaS 服务将集中部署，并且将运行标准机器映像，并预先配置所有必需的服务，以支持轻松集成及可靠的连接和访问。

作为基础设施服务，云服务的最终用户基本上看不见它们。例如，用户的尽职调查可能会要求确保云基础设施的物理安全性，以匹配其使用云服务的风险特征，但忽略如何实施物理访问控制的操作细节。

例如，云并不是纯粹的虚拟概念，而是依赖于物理地部署在某个地方。这些数据中心的物理安全依赖于围墙、摄像机、安全警卫和门禁等。云数据中心通过连接多个互联网服务提供商的线路、备用发电机及冗余备份设施，来确保基础架构的可用性。

该层和其他域的关系是，基础设施服务子域提供了许多核心组件和功能，这些组件和功能支持分层框架中其他部分提供的功能。如果基础设施层没有良好的物理安全性，则安全和风险管理域提供的更高级别的管理在很大程度上是没有意义的。类似地，ITOS 域的服务交付和支持取决于基础设施服务子域提供的性能和可靠性保障。

3.4.4　NIST 云计算安全架构

NIST 云计算工作组设计了一种云计算安全参考架构，补充"SP 500—292：NIST 云计算参考架构"的安全模型，并识别构建了一个成功且安全的云计算生态系统所需要的安全组件的核心集合。NIST 云计算安全参考架构提供了对云服务各参与方的安全相互依赖关系的洞察，以及如何识别和处理安全需求，获得满足相应安全级别的云服务。

NIST 云计算参考架构中的每个组件，都应该实施合适的安全组件，以增强安全性，特别是 NIST SP 800—53"联邦信息系统和组织的安全与隐私控制措施"[38]定义的安全与隐私控制措施。

图 3-22 呈现的 NIST 云计算安全参考架构正式模型以分层的表示形式，描述了云计算各参与方的安全架构组件。当不同的参与方执行相似或相同的功能时，架构的组件和子组件可能跨越多个参与方。

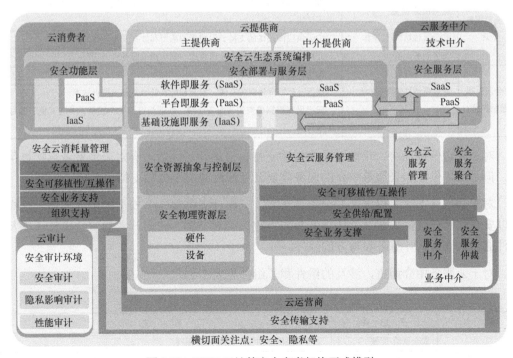

图 3-22　NIST 云计算安全参考架构正式模型

例如，图 3-22 中的"安全供给/配置"是安全架构的一个子组件，指示云提供商和技术中介都可以将其作为"安全云服务管理"的一部分进行实施。此外，技术中介可以为其用户提供"安全服务聚合"。在图 3-22 中，"安全供给/配置"子组件扩展并叠加于"安全服务聚合"架构组件，表示与安全服务聚合相关的技术配置和供给。还需要注意的是，在需要补充云提供商和/或技术中介提供的服务时，云消费者可以将"安全配置"作为"安全云消耗量管理"的一部分来实施。

对于云消费者而言，涉及的组件和子组件见表 3-3。

表 3-3　云消费者涉及的组件及子组件

组　件	子　组　件	描　述
安全云 消耗量管理	安全配置	保证云资源的安全配置依赖的能力、工具与策略，以及合规遵从要求
	安全可移植性/互操作	可确保数据和应用程序安全地移动到多个云生态系统
	安全业务支持	包含业务运营所需要的服务，如和其他参与方的安全对接、认证和鉴权
	组织支持	涵盖了组织为支持整体云安全消费管理而提供的策略、过程和流程
安全云生态 系统编排	—	计算资源的安排、协调和管理中的安全
安全功能层	—	根据云服务模型，由云消费者在相应层级（如 SaaS）实现安全功能

对于云提供商而言，涉及的组件和子组件见表 3-4。

表 3-4　云提供商涉及的组件及子组件

组　件	子　组　件	描　述
安全云服务 管理	安全供给/配置	确保对云资源进行安全的配置和供给，尤其着重于遵守适用的安全标准、规范和法规
	安全可移植性/互操作	由云供应商提供的支持云消费者的应用和数据安全迁移的组件
	安全业务支持	支持云消费者对接的安全流程的一系列相关服务
安全云生态 系统编排	安全物理资源层	物理计算资源的安全
	安全资源抽象与控制层	确保基础物理资源的有效、安全和可靠使用，如虚拟机技术
	安全部署与服务层	云提供商根据提供的云服务层级，部署相应的安全组件，并与其他云参与方集成聚合

对于云运营商而言，仅涉及安全传输支持。云运营商一般不会对云消费者直接提供服务，但是云提供商和云服务中介的服务需要云运营商的安全传输支持。

对于云审计而言，仅涉及安全审计环境。云审计者需要一个安全的审计环境，这样才能以安全和受信任的方式从云计算各参与方收集客观证据。云审计者的安全审计环境及其组件通常独立于云计算各参与方的组件。

对于云服务中介而言，涉及的组件和子组件见表 3-5。

表 3-5　云服务中介涉及的组件及子组件

组　件	子　组　件	描　述
安全云服务管理	安全供给/配置	与云提供商的安全供给/配置相同
	安全可移植性/互操作	由云代理提供的支持云消费者的应用和数据安全迁移的组件
	安全业务支持	支撑云服务中介向云消费者提供业务服务的安全组件

（续表）

组　件	子　组　件	描　述
安全云生态系统编排	安全服务层	确保云服务层的安全性，以及与其他云参与方的安全组件的内在关联
安全服务聚合	安全供给/配置	通过数据聚合，将多个隔离的云服务融合到一个或多个新服务中，以确保数据在云消费者和多个云提供商之间的安全移动
	安全可移植性/互操作	由云服务中介提供的支持云消费者的应用和数据安全迁移的组件
安全服务中介	安全供给/配置	允许云服务中介改进某些特定功能并为云消费者提供增值服务，同时确保云消费者的安全策略
安全服务仲裁	安全供给/配置	与安全服务聚合组件类似，区别在于所聚合的服务不是固定的。服务仲裁意味着云服务中介可以以一定的标准灵活地从多个云提供商中选择服务

3.4.5　零信任安全架构

在本书 1.1.4 节"数据安全总体目标"阐述了纵深防御架构和"以数据为中心的安全"。零信任安全架构是对上述两种架构的补充和增强。具体而言，零信任安全架构将网络防御从广泛的网络边界转移到资源或数据。

"零信任"的理念一直存在于网络安全和信息安全业界。2004 年，耶利哥论坛提出基于网络位置限制隐式信任的思想，并提出了"去边界化"[57] 的概念。后来，John Kindervag 在 Forrester 公司工作时，发明了"零信任"一词[58]。这项工作包括关键概念和零信任网络架构模型，该模型改进了在耶利哥论坛上讨论的概念。

零信任架构（Zero Trust Architecture，ZTA）策略是指不再基于系统的物理或网络位置（局域网或因特网）授予系统的隐式信任的策略。当需要资源时才授予对数据资源的访问权，并在建立连接之前执行对用户或设备的身份认证。

随着远程办公、跨组织协作、云转型等场景的普及，"企业内网"这个概念进一步地模糊化。因此，基于网络分段和网络隔离的防御有其局限性，ZTA 的重点是保护资源不受非授权的访问。

零信任架构是一种端到端的网络和数据安全方法，包括身份、凭证、访问管理、操作、终端、宿主环境和互联基础设施。零信任是一种侧重于数据保护的架构方法，初始的重点是将资源访问限制在那些"需要知道"的人身上。传统上，组织的网络专注于边界防御，内网的授权用户可以广泛地访问资源。因此，网络内未经授权的横向移动一直是组织面临的最大挑战之一。

在本质上，零信任架构提供对信息系统和服务的精细化访问决策。也就是说，授权和批准的主体（用户/计算机）可以访问数据，但不包括所有其他主体，即攻击者。进一步，"数据"可以推广到"资源"，零信任架构的范围相应扩展到对打印机、计算资源、物联网执行器的访问。

典型的资源访问控制架构如图 3-23 所示。主体（用户或计算机）请求访问资源，由访问控制体系的策略决策点（Policy Decision Point，PDP）和相应的策略执行点（Policy

Enforcement Point，PEP）授予访问权限。访问控制体系需要完成身份认证、授权和鉴权，并且隐式信任区域需要尽可能缩小。

图 3-23 典型的资源访问控制架构

以机场的访问控制案例为例，所有乘客出示身份证或护照等身份凭据，以及用有效机票作为认证凭据，通过机场安检点（PDP/PEP）进入候机区。乘客可以在候机区内闲逛，所有乘客都有一个共同的信任级别。在这个模型中，隐式信任区域是公共的候机区。但是，登机则需要再次身份认证，凭借特定航班的有效机票才能上飞机。而要进入机场工作区，则需要额外的身份认证手段，如门禁卡。根据所请求访问的"资源"不同，需要的访问控制方式也不同。

基于访问控制的设计理念，在 PDP/PEP 之后，将默认信任对资源的访问。为了使 PDP/PEP 尽可能细致，隐式信任区必须尽可能小。零信任架构提供了技术和能力，以允许 PDP/PEP 更接近资源。其思想是对网络中从参与者（或应用程序）到数据的每个业务流都进行身份验证和授权。

零信任架构的设计和部署遵循以下基本原则。

（1）所有数据源和服务都被视为资源。网络可以由几种不同类别的设备组成。此外，还存在个人拥有的设备访问企业资源的场景。网络可能还包含物联网设备，这些设备将数据发送到聚合器/集中存储，以及将指令发送到执行器的系统等。

（2）无论是在局域网还是在广域网中，所有通信都是安全的。网络位置并不意味着信任。来自位于企业自有网络基础设施的系统的访问请求（如在边界内），必须满足与来自其他网络的访问请求有相同的安全要求。换言之，不应对位于企业自有网络基础设施的设备自动授予任何信任，所有通信都应以安全的方式进行（加密和认证）。

（3）对单个企业资源的访问权限是基于各个连接授予的。在授予访问权限之前，将评估对请求者的信任度。一次身份认证成功也仅表明对资源的此次访问具备权限，而非后续访问都具备该权限。

（4）对资源的访问由策略决定，该策略可以衡量用户身份和请求系统的可观察状态，也可能包括其他行为属性。用户身份包括使用的网络账户和企业分配给该账户的任何相关属性。请求系统的状态包括设备特征，如已安装的软件版本、网络位置、以前观察到的行为、已安装的凭证等。行为属性包括自动化的用户分析、设备分析、度量到的与已观察到的使用模式的偏差。资源访问策略应基于最小特权原则制定，可以根据资源/数据的敏感性改变。

（5）企业应确保所有系统尽可能地处于最安全的状态。零信任架构依赖于企业的持续诊断和缓解系统，以监测整体的系统状态，并根据需要应用补丁修复程序。需要将发现的失陷、易受攻击和/或非企业所有的系统，与那些为企业所有或与企业相关的，被认为处于安全状态的系统区别对待。严重情况下的措施包含拒绝非安全状态的系统与企业资源的所有连接。

（6）在允许访问之前，用户身份验证是动态的并且是严格强制实施的。这是一个不断访问、扫描和评估威胁、调整、持续验证的循环。实施零信任架构的企业需要使用多因素身份验证（MFA）来认证用户的身份，以访问某些（或所有）企业资源。根据策略（如基于时间的、请求的新资源、资源修改等）的定义和实施，在用户交互过程中进行持续监视和重新验证，以努力实现安全性、可用性、使用性和成本效率之间的平衡。

图 3-24 所示的概念框架的理想模型显示了零信任架构的组件及其相互作用的基本关系。策略执行点（PEP）组件负责启用、监视并停止主体和企业资源之间的连接。根据不同的部署场景，PEP 可能分为两个不同的组件：客户端（如用户便携式计算机上的代理）和资源端（如在资源之前控制访问的网关组件）。

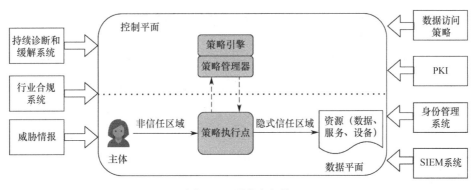

图 3-24　零信任架构

策略决策点（PDP）被分解为两个逻辑组件：策略引擎和策略管理器，分别实现相应的功能。

（1）策略引擎（Policy Engine，PE）：该组件负责最终决定是否授予指定访问主体对资源（客体）的访问权限。策略引擎使用企业安全策略及来自外部源（如威胁情报服务）的输入作为"信任算法"的输入，以决定批准或拒绝对该资源的访问。策略引擎组件与策略管理器组件配对使用。策略引擎做出（并记录）决策，策略管理器执行决策（批准或拒绝）。

（2）策略管理器（Policy Administrator，PA）：该组件负责建立客户端与资源之间的连接（是逻辑职责，而非物理连接）。它将生成客户端用于访问企业资源的任何身份验证令牌或凭证。它与策略引擎紧密相关，并依赖策略引擎决定最终允许或拒绝连接。实现时可以将策略引擎和策略管理器作为单个服务。PA 在创建连接时与 PEP 通信。这种通信是通过控制平面完成的。

除企业中实现 ZTA 策略的核心组件外，还有几个数据源提供输入和策略规则，以供策略引擎在做出访问决策时使用。这些数据源包括本地数据源和外部（非企业控制或创建的）数据源。

（1）持续诊断和缓解（CDM）系统：该系统收集关于企业系统当前状态的信息，并对配置和软件组件应用已有更新。CDM 系统向策略引擎提供关于发出访问请求的系统的信息，如系统是否正在运行适当的打过补丁的操作系统和应用程序，或者系统是否存在任何已知的漏洞。

（2）行业合规系统：该系统确保企业遵守适用的监管制度（如 FISMA、HIPAA、PCI DSS 等）。这些制度涵盖企业为确保合规性而制定的所有策略规则。

（3）威胁情报系统：该系统提供来自外部的信息，以帮助策略引擎做出访问决策。威胁情报是从多个外部源获取数据并提供关于新发现的攻击或漏洞的信息的多个服务。漏洞还包括 DNS 黑名单、发现的恶意软件、隐蔽的命令和控制（C&C）系统。

（4）数据访问策略：由企业创建的一组数据访问的属性、规则和策略。这组规则可以在策略引擎中编码，也可以由策略引擎动态生成。这些策略是授予对资源的访问权限的起点，它们为企业中的参与者和应用程序提供了基本的访问权限。这些访问权限应基于用户角色和组织的任务需求设定。

（5）企业公钥基础设施（PKI）系统：该系统负责生成由企业颁发给资源、参与者和应用程序的证书，并将其记录在案。该系统可能与 CA 生态系统对接或集成。

（6）身份管理系统：该系统负责创建、存储和管理企业用户账户和身份记录。该系统包含必要的用户信息（如姓名、电子邮件地址、证书等）和其他企业特征（如角色、访问属性或分配）。该系统通常利用其他系统（如 PKI）来处理与用户账户相关联的工件。

（7）安全信息和事件管理（SIEM）系统：该系统提供聚合系统日志、网络流量、资源授权和其他事件的企业系统，这些事件提供对企业信息系统安全态势的反馈数据，而这些数据又可被用于优化策略，并用于警告可能对企业系统进行的主动攻击。

3.5　安全设计原则与案例

1974 年，J. H. Saltzer 和 M. D. Schroeder 在其论文《计算机系统中的信息保护》（*the Protection of Information in Computer Systems*）[59]中提出保护计算机存储的信息不被未经授权的使用或修改的机制。

该论文指出随着计算机的发展，应用程序越来越多，其使用范围也越来越广泛，且涉及大量信息的存储。而计算机的使用模型涉及大量资源的复用。为了保障信息的安全，需要定义和实现计算机系统的资源权限控制模型和与之相关的软件架构。

为了系统地排除软件设计和实施中的缺陷，避免用户绕过访问限制获取未经授权的信息，文中总结了信息保护机制的安全设计八条原则，分别是经济适用原则、失败默认安全原则、完全仲裁原则、开放设计原则、权限分离原则、最小特权原则、最小公共化原则及心理可承受原则，如图 3-25 所示。

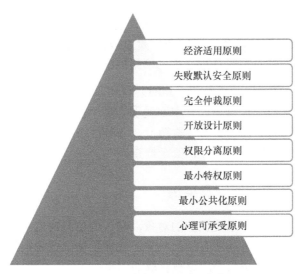

图 3-25　安全设计八条原则

3.5.1　经济适用原则及案例

经济适用原则是指，系统的设计应该以满足要求为目标，尽可能保持设计的简单和精巧，而不引入额外的复杂性。这条原则不仅适用于软件设计，也同样适用于安全。

评估系统安全性的一个因素是该原则的复杂性。如果设计和实现的安全机制很简单，则错误的可能性就会减少。此时，检查和测试的过程变得不那么复杂，因为需要测试的组件和用例会更少。如果设计或实现的安全机制非常复杂，那么其中存在安全漏洞的可能性就会增加。因为复杂的机制通常会对它们运行的系统和环境做出假设，而如果这些假设不正确，那么系统的运行行为便会产生意想不到的结果，进而导致安全问题的发生。

此外，复杂系统中的细微问题通常很难识别，从而带来潜在的隐患。例如，如果系统的登录功能存在不同的入口和实现代码，查找登录失败的处理逻辑就会是一项挑战。为此，需要以经济适用原则作为目标，对系统进行简化，如抽象和重用软件组件，通过代码共享减少系统中的代码量。简化系统的另一种策略是删除不需要的代码和功能，以避免引入额外的攻击面。

虽然经济适用原则浅显、易于理解，却仍存在着很多因为不遵从该原则而导致的负面案例。

（1）2017 年 2 月，著名的网络服务商 Cloudflare 爆出"云出血"漏洞，导致用户信息在互联网上泄露长达数月。经过分析，该漏洞是由一个 HTML 的编程错误导致的。具体原因是一位程序员将判断符号书写错误，导致内存泄露。因此，Cloudflare 网站用户的个人信息大面积受到威胁，其中包括优步（Uber）、密码管理软件 1Password、运动手环公司 Fitbit 等多家企业在内的用户隐私信息均在网上泄露。此问题的发生是由于系统过于复杂导致出现安全的可能性增加。

（2）2017 年 10 月，越来越普及的 Wi-Fi 在标准协议上爆出了逻辑缺陷，导致几乎所有支持 WPA/WPA2（Wi-Fi Protected Access，Wi-Fi 保护接入）加密的无线设备都面临入侵威胁，引发了广泛关注。被发现的 WPA2 协议漏洞主要针对 Wi-Fi 客户端（如手机、平板电脑、便携式计算机等）设备，通过密钥重装攻击，诱发上述客户端进行密钥重装操作，以完成相互认证，进而实现 WPA2 加密网络的破解。

（3）2017 年 11 月下旬，英特尔（Intel）公司承认了在近两年出售的英特尔处理器（包括最新的第 8 代核心处理器系列）中都发现了多个严重的安全漏洞，且这些安全漏洞主要集中在 Intel 芯片的"管理引擎"功能上。该芯片级漏洞将允许黑客加载和运行未经授权的程序，破坏系统或冒充系统进行安全检查。

3.5.2　失败默认安全原则及案例

失败默认安全原则是指对于受保护的对象，默认的访问决定应该被设置为拒绝而不是允许。这个原则指出系统信息的所有访问状态应该被默认设置为拒绝访问，并通过设置特定的允许条件让正确的用户访问到应该被获取的信息。

在系统设计时，如果专注于在哪种情况下用户的访问应该被拒绝，那么此种设计的安全性对于一个系统来说是不足的，往往会留下许多潜在的逻辑漏洞。因此，应该采用一种保守的策略——专注于在什么条件下用户可以访问，而不是什么条件下用户不可以访问。

失败默认安全原则要求，如果主体未能执行它所设定的任何任务，那么应该撤销它所做的更改，并将系统恢复到稳定一致的状态。这样即使失败了，系统也是安全的。

这种设计原则不仅增强了安全性，而且其有效性在实际应用中也有价值。如果设计的允许条件不合理，那么正常的用户在被拒绝接入时，问题会快速准确地得到反馈，从而可以做出改进。如果设计的是拒绝访问的条件，那么其中的逻辑问题或安全漏洞往往很难得到及时的发现，因为正常用户使用时不会被触发。

在消费电子产品或网络产品中，有很多失败默认安全原则的实施案例。

（1）在现今的电子产品（如手机、便携式计算机及平板电脑）中，登录口令的设计就是失败安全默认原则的一种体现。用户只有在输入了正确的密码后才会被允许正常访问，而在默认情况下，用户的接入会被拒绝。失败默认安全原则——设备口令登录如图 3-26 所示。

图 3-26　失败默认安全原则——设备口令登录

（2）黑/白名单是失败默认安全原则的另一个典型的应用体现。黑名单与白名单是一组相互对应的概念，其应用范围非常广泛。很多 IT 系统都应用了黑/白名单规则，如防火墙、杀毒软件、电子邮件系统、应用软件等。具体来说，黑名单启用后，被列入黑名单的用户（或 IP 地址、IP 包、邮件、病毒等）的请求则不能通过。如果设立了白名单，则在白名单中的用户（或 IP 地址、IP 包、邮件等）会不受访问控制规则或某些限制规则的影响。黑/白名单根据其实现方式，并不完全符合失败默认安全原则的要求。如果黑名单之外的主体是"默认通过"，则违反了"默认拒绝"的要求。白名单机制更为合理，但是不能给白名单中的主体以额外的特权。合理使用时，白名单机制可以抵御未知的恶意软件的攻击，这种抵御可通过端点上仅能运行白名单中的进程或软件来实现。

3.5.3　完全仲裁原则及案例

完全仲裁原则，如图 3-27 所示。完全仲裁原则的原理为对于受保护的对象，其每次访问都必须检查权限。这一原则被视为系统的安全保护制度的基础，它强制系统对每次信息访问都进行安全检查。除常规的访问操作外，尤其是在系统初始化、关闭及重启之后都要对数据的访问权限进行再一次的确认。这一原则要求，如果使用缓存机制来加速访问，那么对于访问者来源或访问者权限的变更，系统需要及时地发现并做出相应的调整。

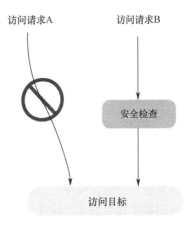

图 3-27　完全仲裁原则

每当一个请求源尝试读取对象时，操作系统应该首先分析该操作，并确定该请求源是否可以读取对象。如果拥有正确的权限，则系统会为该请求源的读取提供资源。如果该请求源再次尝试读取对象，则系统应再次检查其是否仍然可以读取该对象。但是，大多数系统都不会进行第二次检查。它们往往会缓存第一次检查的结果，并将第二次访问基于上一次缓存的结果进行授权，这种方法通常会留有一些潜在的安全隐患。

完全仲裁原则有一些失败案例。

（1）当 UNIX 进程尝试读取文件时，操作系统会首先确定是否允许该进程读取文件。如果权限检查正确，则该进程会得到一个表示"允许访问"的文件描述符。每当该进程想要读取文件时，它都会将文件描述符提供给内核，然后内核便允许其访问。如果文件的所有者在向进程发出了"允许访问"文件描述符后，试图不再允许该进程继续读取目标文件时，由于内核只检查文件描述符，因此该诉求无法实现，该进程依旧能读取目标文件。此设计违反了完全仲裁的原则，没有进行第二次访问时的安全检查，只使用了缓存的值，导致无法对该进程后续的访问操作进行限制。

（2）在 2018 年 1 月，安全研究人员 Dhiraj Mishra 称，三星手机浏览器存在一个高危漏洞，该漏洞编号为 CNNVD-201712-721（CVE-2017-17692）。该漏洞允许攻击者在受害者访问恶意网站后窃取密码或 Cookie 会话等重要信息，随后三星公司方面承认了漏洞的存在。Cookie 会话的作用与案例（1）中的表示"允许访问"的文件描述符一致，都是为了简化认证操作而发送给用户的一个访问凭证，然而，当该访问凭证被窃取时，由于违反了完全仲裁原则，信息的安全性便无法得到保证。

3.5.4 开放设计原则及案例

开放设计原则的理念是机制的安全性不应依赖于其设计或实现的保密性。安全机制本身不应该是秘密，其具体设计的内容应该是可以公开的。正如香农所说——设计本身不应该是秘密[60]。开放设计原则的具体内容如下。

（1）系统的安全性不应该依赖于潜在攻击者的无知，而是取决于拥有特定的、受到保护的密钥或密码。

（2）系统的安全设计应该允许审阅者进行检查，而不必担心检查本身可能会损害安全机制。

（3）将安全机制公开可以使得任何持怀疑态度的用户相信。

（4）大多数的系统是需要被广泛分发的，对于这些系统而言，保持其设计的机密性是不现实的。

密码学领域的很多案例为开放设计原则提供了典范。正面的案例是关于一种基于格的数字签名方案和其密码分析。1997 年，密码学界三位顶级密码学研究者 Goldreich、Goldwasser 和 Halevi 在密码学顶级会议 CRYPTO 上发表论文《来自格还原问题的公钥密码系统》（*Public-key Cryptosystems from Lattice Reduction Problems*）[61]，提出了一个基于格的数字签名方案，这个方案在密码学历史上被称为 GGH 方案（以这三位作者的名字首字母命名）。2001 年，密码学顶级研究者 Hoffstein、Howgrave-Graham、Pipher、Silverman 和 Whyte 提出了 GGH 方案的一个具体实例：NTRUSign 签名方案[62]。2002 年，IEEE P1363.1 第 8 版本标准中正式收录了 NTRUSign 签名方案，并作为数字签名算法的标准。Oded Regev 于 2006 年，在密码学顶级会议 EUROCRYPT 上发表了论文《并行管道学习：GGH 和 NTRU 签名的密码分析》（*Learning a Parallelepiped: Cryptanalysis of GGH and NTRU Signatures*）[63]。在该论文中，Oded Regev 提出了一种攻击 GGH 框架的算法，在已知 400 个消息/签名对的情况下，可以在高安全常数设定下，在几分钟内破解 GGH 框架及该框架下的 NTRU Sign 签名方案，而且破解的结果是直接得到签名的私钥。密码学研究者将其设计的密码学算法进行公开，其理念便是遵循了开放设计原则，即安全机制本身不应该是保密的。正是这一理念使得 GGH 方案的安全性问题能够更早地被发现，为学术界及工业界提供了足够的应对时间，避免了更严重的损失。

开放设计原则著名的反面案例来用 DVD（Digital Video Disc）播放保护内容加扰系统（Content Scrambling System，CSS）。CSS 是一种加密措施，它可以保护 DVD 中的内容不被未经授权的复制。CSS 的设计包含 DVD 播放器密钥及 DVD 的三种密钥。DVD 中包含一个认证密钥、一个磁盘密钥和一个标题密钥。标题密钥使用磁盘密钥加密。DVD 上的一个块包含磁盘密钥的若干副本，每个副本由不同的播放器密钥加密。当 DVD 被插入 DVD 播放器时，将首先读取认证密钥。然后，使用 DVD 播放器密钥解密磁盘密钥。当找到一个具有正确哈希值的解密密钥时，则使用该密钥来解密标题密钥，并使用标题密钥来解密 DVD 中的内容。认证密钥和磁盘密钥保存在 DVD 上，而不在内容文件中，所以无论如何复制或分发文件，仍然需要 DVD 才能播放其内容。该设计可以有效防止盗版。不过，从 CSS 系统的算法描述可以看出，该系统依赖于算法的保密性及播放器密钥的机密性。然而，1999 年，挪威的一个研究小组获得了一个基于软件的 DVD 播放程序，该程序有一个未加密的 DVD 播放器密钥。该小组还从该软件中推导出一种与 CSS 算法完全兼容的算法，这使得他们能够破译任何 DVD 上的文件。由此可知，CSS 系统的安全设计存在局限性，其依赖于设计方案的保密和密钥信息在设备上的隐藏。而对于大规模分发的系统而言，这两者均难以得到完全的保证。

3.5.5 权限分离原则及案例

权限分离原则是一种对实体访问的限制性原则。在权限分离时，重要和敏感的权限不能基于单一条件授予单一用户。要考虑使单一用户不能独立完成某些特定工作，或者无法独立完成申请和审批的整体流程。

现实生活中有很多权限分离原则的直观表示，如企业的出纳和会计不能是一个人，只有经过两个人的同时批准才能完成对外付款；保存高价值物品的银行保管箱，需要同时使用两把钥匙才能打开。

权限分离原则的优势主要概括为以下三点。

（1）访问凭据（如密钥）可以在物理上或逻辑上分开，由不同的程序、组织或个人对它们负责。

（2）单一的事故、欺骗或违反信任不足以危害受保护的信息。

（3）在计算机系统中，如果对资源的访问受多种条件约束，则可以使用密钥分离实现权限分离。

越来越多的企业开始关注权限分离和双重控制，这是通过审计的必要条件，以表明部署了内部控制措施来抵御恶意或未经授权的员工的破坏。很多不同的法规要求企业实行权限分离和双重控制。

权限分离原则的一个案例是，在基于 Berkeley 的 UNIX 操作系统版本上，除非同时满足两个条件，否则不允许用户将自己的账户变为根账户。第一个条件是用户知道根账户的密码；第二个条件是用户在 GID 为 0 的特权用户组中。

另一个更普遍和直观的案例是，网上银行的转账操作，小额转账可以凭取款密码完成，而大额转账必须使用取款密码加额外的身份认证手段，如人脸识别才能完成。

3.5.6 最小特权原则及案例

最小特权原则指出，一个主体（用户、账户、进程、系统、IoT 设备等）只应获得其完成任务所需要的特权。主体应该只被赋予完成任务所需的特权。此处的特权指的是绕过某些安全限制的权限或授权。

如果一个主体不需要某项特权，那么该主体就不应该拥有该项特权。应该基于主体的功能而非其身份做特权的分配。形象的比喻是"CEO 不需要资产管理员的特权"。如果某项具体的任务需要增加主体的特权，那么这些额外的特权应该在任务完成后立即被放弃或被收回。最小特权原则可以类比于军事领域的"最少知情"权。

最小特权原则依赖于细粒度的特权定义和访问控制。例如，如果一个主体需要对一个对象进行查询，但不需要改变该对象中已经包含的信息，那么就应该赋予该主体查询权而不是写入权。在实践中，大多数系统并没有精确应用这一原则所需权限的粒度，在这样的系统中，安全问题造成的后果往往更严重。

最小特权原则和权限分离原则之间有内在的联系，但也有不同。权限分离原则关注的是一个特权的实施需要多个主体的共同参与。

设计良好的符合最小特权原则的系统，可以有助于以下几个方面。

（1）缩小攻击面：限制人员、进程和应用程序的权限意味着被攻击的入口和攻击时可利用的路径的减少。

（2）减少恶意软件的感染和传播：恶意软件提权安装或执行进程时，可能因不具备相应的特权而被阻止。

（3）提高系统性能：根据最小特权原则，增加进程行为的可控性，减少应用程序或系统之间的兼容问题，从而有助于降低停机风险。

（4）合规更容易：通过限制可以执行的潜在活动，最小特权原则有助于创建一个有利于审计的环境。许多法规（包括 HIPAA、PCI DSS、FISMA 和 SOX）都要求组织应用最小特权原则，以确保有效的数据管理和系统安全。

最小特权原则的一个案例是基于角色设计的访问控制。基于角色设计的安全机制应该识别和描述用户或进程的各种角色，并应该给每个角色分配最小的、完成其任务所必需的特权。访问控制机制只允许每个角色拥有其被授权的特权。分配给每个角色的最小特权集描述了每个角色可以访问的资源。这样一来，未经授权的角色就无法访问受保护的资源。例如，访问数据库的用户只有检索数据的权限，他们无权修改数据。

POSIX（Unix）系统中，root 用户拥有几乎所有权限，它的操作被默认允许，授权机制不明确，这是最小特权原则的典型失败案例。现代的 POSIX 系统实现，通过权能（Capabilities）、sudo 等机制，缓解了以 root 用户权限执行潜在应用的风险。例如，Web 服务器需要绑定小于 1024 的网络端口号，如 HTTP 协议的 80 端口。按照传统的实现机制，Web 服务器需要使用 root 用户权限启动，这就带来了很大的攻击面。而通过使用最小特权机制，可以使用普通用户启动 Web 服务进程。

3.5.7 最小公共化原则及案例

简单而言，最小公共化原则是指用于访问资源的机制不应该被共享。它可以从三个方面进行理解。

（1）最大限度地减少多个用户共享使用的机制数量。

（2）每个共享机制（尤其是涉及共享变量的机制）都代表了用户之间潜在的信息传递路径，必须非常谨慎地设计，以确保这些共享机制不会危及安全性。

（3）为所有用户提供服务的任何机制都必须经过认证。

最小公共化原则是实现安全设计、保护数据安全的一条基本准则。它在各类操作系统和软件平台中有广泛的应用，其中 Docker 就是一个优秀的案例。Docker 系统架构如图 3-28 所示。Docker 是一个用于构建、部署和管理容器化应用程序的开源平台。开发者可以将应用程序打包到一个称为容器的可移植的标准化单元中。这些容器具有运行软件所需的所有功能，包括库、系统工具、代码和运行时环境。使用 Docker 可以将应用程序快速部署和扩展到云、服务器等各种环境中。Docker 的实现机制是通过隔离不同应用程序对系统资源的访问达到最小公共化的目的，每个应用程序仅能访问有限的系统资源。

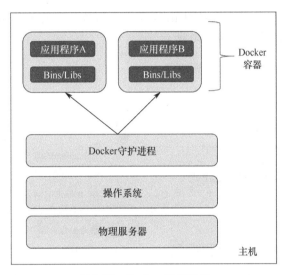

图 3-28　Docker 系统架构

3.5.8　心理可承受原则及案例

心理可承受原则是人机交互设计的基本原则之一，作为安全设计的原则并非特别直观。实际上，心理可承受原则在安全设计的原则中处于非常重要的位置。因为，安全设计的措施离不开人的参与和交互，即使是自动化的安全处理过程，其规则也是由人来制定的。

心理可承受原则承认系统和信息安全领域中"人的因素"的重要性。心理可承受原则指出，安全机制不应该使资源的访问比不存在安全机制时更加困难。如果必须在易用性和安全性之间取得平衡，也需要最小化安全需求对易用性的影响。

心理可承受原则要求，配置和执行应用程序应该尽可能地简单和直观。如果与安全相关的软件的配置过于复杂，则系统管理员可能会在不注意的情况下关闭与安全相关的设置。同样，与安全相关的用户程序也必须易于使用，并且必须输出清晰、有用、可理解的信息。如果登录的密码错误，则应该说明拒绝登录的原因，而不是给出内部的错误代码。如果与安全相关的软件的配置的参数不正确，错误信息应该指导如何配置正确的参数。

简而言之，心理可承受原则主要包括如下内容。

（1）设计安全机制时，人的因素需要纳入考虑范围。

（2）如果让用户基于他不理解的内容做判断，他就很可能犯错误。

（3）如果人机交互的结果和用户的预期相匹配，那么用户出错的可能性就会降低。

在这个原则中，一个偏负面的案例当属早期的 Windows 安装证书警告对话框，如图 3-29 所示，该对话框中充斥着用户难以理解的术语，从而导致用户费解。

从图 3-29 可知，Windows 系统试图让用户基于自己不理解和不熟悉的内容做判断，其警告和风险提示也给用户带来了比较大的压力。

事实上，在 Windows 系统包含的 IE 浏览器新版本中，对于类似的证书错误给出了更加易于操作和友好的提示，如图 3-30 所示。

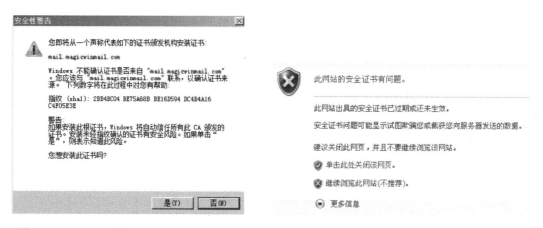

图 3-29　Windows 安装证书警告对话框（1）　　　　图 3-30　Windows 安装证书警告对话框（2）

通过场景化而并非技术化的描述，并增加给用户的建议，来协助用户判断，符合心理可承受原则。

3.6　数据安全的信任基础

现代的计算设备中均包含多种多样的硬件、固件和软件部件，根据抽象的观点，可以将其分为很多层。当前，很多安全和保护机制存在于软件中，并且无条件地信任其底层构筑是安全可靠的。这些组件的任何一个漏洞，都可能影响依赖于它及上层组件的安全机制的可信度。因此，将安全机制构筑在信任根（Root of Trust，RoT）的基础上，并通过逐层构筑信任，从而实现更强的安全保证。

信任根是执行特定关键安全功能的具备高可靠性的硬件、固件或软件部件。信任根是信任基础，也是其他部件派生安全功能的依赖，必须通过设计确保安全。多数的信任根都是基于硬件实现的，在软件层面无法篡改，因此在一定程度上可以防御恶意软件。信任根为建立系统的安全性和信任关系提供了坚实的基础。

良好的密码学与密钥管理的工程实践，需要以硬件作为信任基础，并逐层构筑安全架构，最终保障数据安全。

常见的两种不同类型的硬件安全设备，分别适用于不同的应用场景。

（1）硬件安全模块（Hardware Security Module，HSM）：一个独立的硬件设备，通常部署在网络中，为云服务、网络服务和数据库存储、PKI（公钥基础设施）等提供密码学和密钥管理的服务。

（2）可信平台模块（Trusted Platform Module，TPM）：一个独立的芯片，可以嵌入个人计算机或服务器、网络设备、移动终端设备中，并为密码学和密钥管理提供服务。

在云计算场景下，云服务提供商大多支持基于硬件安全模块（HSM）提供密钥管理及与加密解密相关的安全服务。

在现代的各类智能设备（如便携式计算机、台式计算机、智能手机、物联网设备）中，经常会嵌入硬件安全芯片［如可信平台模块（TPM）］，或者使用基于 CPU 的逻辑安全隔区［如可信执行环境（Trusted Execution Environment，TEE）等］，作为硬件的信任基础。

3.6.1　HSM 的原理与应用场景

硬件安全模块 （HSM）是一种独立的硬件加密设备，一般部署在数据中心或机房中，也有部分插卡形式的 HSM，通过 SCSI、USB 端口等连接到服务器。

HSM 使用物理安全措施、逻辑安全控制和强大的加密功能来保护传输中、使用中和静止时的敏感数据。

作为一种专用加密设备，HSM 用于在密钥的生命周期中管理和保护密钥，并提供加密和解密的功能，以实现身份验证、数字签名、敏感数据保护等业务。为支撑密钥的创建和保护，一些 HSM 还提供真随机数发生器、可信时间源等功能。

硬件安全模块创建了一个受信任的环境，用于执行各种加密操作，包括密钥交换、密钥管理和加密。在这种情况下，"受信任"意味着没有恶意软件和病毒，并且受到保护，免受攻击或未经授权的访问。

作为安全性要求极高的设备，HSM 在设计时考虑了很多相关因素。

（1）建立在经过认证、良好测试的专用硬件之上。

（2）运行以安全性为重点的操作系统。

（3）整个设计可主动保护和隐藏密码信息。

（4）通过内部规则严格控制的仲裁接口，限制对网络的访问。

如果不使用硬件安全模块，普通操作和加密操作都会在相同的计算环境中进行，攻击者可能访问普通业务逻辑数据及诸如密钥和证书之类的敏感信息。在极端情况下，攻击者可以安装任意证书、扩展未经授权的访问、更改代码、解密敏感数据等。

加密是 HSM 的核心功能，且是使敏感数据无法被非授权访问的过程。安全解密和消息身份验证也是 HSM 功能的一部分。随机数用于创建加密密钥，对于加密过程至关重要。只要拥有加密密钥，解密敏感信息就非常容易。因此，在安全环境中存储加密密钥至关重要。

硬件安全模块生成并存储在各种设备之间使用的加密密钥。它使用硬件真随机数发生器（TRNG）来创建熵并生成高质量的随机密钥。大型组织可以同时运行多个 HSM，而不只是一个。无论部署一个还是多个，任何基于外部法规监管要求和内部安全策略的、主流的、集中式密钥管理系统都可以提高安全性和合规性。

HSM 作为保护 IT 基础设施和应用程序的关键功能，通常需要经过国际公认的标准认证，如 FIPS 140 或通用标准（CC）。标准认证也可以确保用户产品和加密算法的设计和实现的合理性。FIPS 140 的安全性可以达到的最高认证级别是安全性级别 4。金融行业的用户通常会根据支付卡行业安全标准委员会的金融支付应用程序中对 HSM 的定义来验证 HSM 的安全性。

HSM 可以具有防篡改或抗篡改功能。例如，硬件安全模块可以显示可见的日志记录和警报迹象，或者如果记录被篡改，则可能变得无法操作。一些 HSM 可以在检测到篡改后删除密钥。硬件安全模块通常受到防篡改或响应篡改的封装保护，并且包含一个或多个密码处理器芯片或芯片组合以防止总线探测和总线篡改。

HSM 通常可以集群化以实现高可用性，因为它们通常是关键任务基础设施（如在线银行应用程序或公钥基础设施）的一部分。一些硬件安全模块可实现业务连续性并符合数据中心环境的高可用性要求。例如，它们可以具有可现场更换的组件或双电源功能，以确保即使发生灾难时仍然可用。

从应用场景上，使用密钥的任何应用程序都可以使用硬件安全模块。如果密钥的泄露会引起严重的负面影响，则采用 HSM 的价值才能最大化。

HSM 的关键应用场景如下。

（1）对于证书颁发机构（CA），HSM 提供加密密钥生成和安全密钥存储，特别是对于主密钥或最敏感的根密钥。

（2）在 PKI 环境中，注册机构（RA）和证书颁发机构可以使用 HSM 生成、管理和存储非对称密钥对。

（3）对于存储在相对不太安全的位置（如数据库）中的敏感数据的完整性进行验证，并加密敏感数据以进行存储。

（4）对磁带或磁盘等存储设备的密钥及数据库的透明数据加密密钥进行管理。

（5）为敏感信息（包括加密密钥）提供物理和逻辑保护，以防止未经授权的使用、泄露和潜在攻击。

（6）一些 HSM 系统提供 SSL 连接的硬件加密加速，从而显著降低 CPU 负载。现在，大多数 HSM 都支持椭圆曲线密码学（ECC）。尽管 ECC 的密钥长度较短，但它提供了更高强度的加密。

（7）对于性能至关重要且必须使用 HTTPS（基于 SSL/TLS 协议）的应用程序，通过 SSL 加速 HSM，可以将 RSA 操作从主机 CPU 重定向到 HSM 设备。

（8）银行硬件安全模块或卡支付系统硬件安全模块是在支付卡行业中应用的专用 HSM。这些 HSM 既支持典型的硬件安全模块功能，又支持进行合规性处理和行业标准交易的专用功能。

（9）HSM 可用于数字货币钱包的加密。

3.6.2　TPM 的原理与应用场景

可信平台模块（TPM）既可以指 TPM 国际标准（也称 ISO/IEC 11889），也可以指符合 TPM 标准的安全芯片，需要根据上下文确定其含义。ISO/IEC 11889 定义了安全密码处理器（一种专用微控制器），旨在通过集成的密码密钥来保护硬件和软件。

TPM 标准由可信计算工作组（Trusted Computing Group，TCG）创建并维护，并于 2009 年由国际标准化组织（ISO）和国际电工委员会（IEC）标准化为 ISO/IEC 11889。TPM 1.2 版本的最新修订版于 2011 年 3 月 3 日发布。涵盖其关键组成部分的 TPM 2.0 版本于 2016 年 9 月 29 日发布，并于 2018 年 1 月 8 日修订。

TPM 安全芯片，是指符合 TPM 标准的安全芯片，一般集成于主流的便携式计算机、平板电脑和其他各类终端设备中。

可信平台模块安全芯片提供如下功能。

（1）专用硬件加密加速器和真随机数生成器（TRNG）：这两个部件对于加密功能的性能功耗，以及产生加密功能所需的熵级别是必需的。

（2）安全生成密钥的设施。

（3）远程证明：创建硬件和软件配置的几乎不可伪造的哈希摘要，从而使第三方可以验证软件是否被篡改。

（4）绑定：使用 TPM 绑定密钥（存储密钥派生的唯一 RSA 密钥）加密数据。

（5）密封：类似于绑定，但它可以指定要解密（未密封）的数据的 TPM 状态。

（6）其他可信计算功能。

计算机程序可以使用 TPM 来对硬件设备进行身份验证，因为每个 TPM 芯片在生产时都会烧入唯一且保密的认可密钥（Endorsement Key，EK）。与纯软件密钥解决方案相比，将安全性嵌入硬件级别可为系统提供更多的保护。

TPM 的应用场景包含保证平台的完整性、磁盘加密和密码保护。

针对平台的完整性保护场景，"完整性"表示"符合预期"，并且"平台"可以是任何计算机设备，无论其操作系统如何。这是为了确保引导过程从受信任的硬件和软件组合开始，并一直持续到操作系统完全引导、应用程序启动和运行。

使用 TPM 保证上述完整性的责任在于固件和操作系统。例如，统一可扩展固件接口（UEFI）可以使用 TPM 形成信任根：TPM 包含多个平台配置寄存器（PCR），以用于安全存储和报告安全性相关指标。这些指标可用于检测对先前配置的更改并决定如何进行检测。例如，Linux 统一密钥设置（LUKS）和 Windows BitLocker 磁盘加密工具都支持以 TPM 作为信任根。

TPM 用于平台完整性的另一个示例是可信执行技术（Trusted Execution Technology，TXT），它创建了信任链，可以远程证明计算机正在使用指定的硬件和软件。

针对磁盘加密场景，全盘加密应用程序（如 dm-crypt 和 BitLocker）可以利用 TPM 保护加密存储设备的密钥，并为包括固件和引导扇区在内的受信任的引导路径提供完整性验证。

针对密码保护场景，操作系统通常要求进行身份验证（涉及密码或其他方式）以保护密钥、数据或系统。如果仅在软件中实施身份验证机制，则密码的验证容易受到字典攻击。TPM 是在专用硬件模块中实现的，内置了字典攻击防范机制，可以有效防止猜测或自动字典攻击，同时仍允许用户进行足够且合理的尝试次数。

3.6.3 TEE 的原理与应用场景

随着互联网的飞速发展，以及移动设备的迅速普及，移动设备的使用也逐渐扩展到线上和线下，涉及工作和生活等多个方面。移动生态系统的开放性导致数据窃取、身份盗用的风险迅速增加。众所周知，移动生态系统中，移动应用程序的数量呈指数级增长，而移动应用程序的质量良莠不齐，甚至部分恶意应用可能在没有授权的情况下将敏感数据发送给不受信任的第三方。而现代的移动设备上的丰富连接，如 Wi-Fi、蓝牙、NFC，在为用户带来丰富体验和便利功能的同时，也为网络攻击和用户数据的外传打开了大门。

此外，移动设备在人们的生产和生活中发挥着越来越大的作用，不仅可以存储一般的个人数据，如通讯录和短信，还可以存储个人金融和支付数据、社交媒体数据等。移动设备还经常被用作在线身份验证工具或作为其他身份验证因素，以访问高度敏感的域和资源。由于用户无意或恶意的行为，恶意软件可能会入侵移动设备。此外，诸如越狱、刷机和不信任应用程序的加载之类的操作也会导致设备被损坏，或者影响数据的安全性。用户经常关闭移动设备的安全更新，也使移动设备容易成为被攻击的目标。

移动操作系统（OS）的多样性和操作系统平台安全功能的各种机制，使应用程序提供商对应用程序安全性的管理变得更加复杂。传统的基于软件的保护技术很难抵御当前的安全漏洞、木马、病毒和恶意软件。基于芯片的解决方案［如安全元件（Security Element，SE）］也可以为敏感代码和数据提供出色的保护，但是，除增加额外的成本外，安全性也有场景上的局限，如内容保护和消费类设备的企业应用程序可能需要更大、更快速的安全存储空间，或者需要更多的对外围设备的安全访问。可信执行环境（TEE）可作为这些场景的备选方案。

TEE 的原型和概念于 2004 年由德州仪器（Texas Instruments）等企业提出，当时称之为"通用信任环境"。在 2006 年，ARM 公司开发了 Trust Zone 技术。

随后，TEE 逐渐走向行业标准化。2006 年，开放移动终端平台组织（Open Mobile Terminal Platform，OMTP）发布了针对可信执行环境的一套标准，并在 2008 年做出修订。

自 2010 年以来，全球平台（Global Platform）国际标准组织一直代表行业负责推动 TEE 标准化。Global Platform 发布了许多与 TEE 相关的规范，并提供 TEE 功能和安全认证计划，向应用和软件开发人员及硬件制造商提供认证，以确保 TEE 产品符合 Global Platform 规范。

TEE 较早的商业案例出现在 2011 年。Netflix 公司通过安全的数字版权管理并保护智能手机和平板电脑上的高清优质内容。内容所有者（如电影制片厂）需要在硬件安全的支持下，才允许服务提供商在 Android 移动设备上显示高清内容。只有 TEE 才能满足此业务案例的所有要求，尤其针对以下要求。

（1）极高的计算能力（实时下载、解密和显示流式内容）。

（2）独立于硬件的内容解密和处理。

（3）与硬件无关的内容显示（通过对外设输出的安全访问）。

（4）硬件保护的敏感数据（如解密密钥和许可证文件）的安全存储。

（5）数据和应用的隔离（数据不能被其他应用程序复制或拦截）。

（6）标准化的 API（应用程序可移植性）。

TEE 随后被广泛应用于金融、支付、多媒体、雇员自带设备甚至是物联网（IoT）应用等多种场景。

Global Platform TEE 最初的目标是构建手机等移动设备上的可信环境，以支持数字版权管理、安全支付等应用。随后，其他消费类电子设备也逐渐出现对类似功能的诉求，如智能电视、智能音箱甚至是无人机。

TEE 安全性的基本原则是 TEE 与移动设备的操作环境之间的硬件隔离。如图 3-31 所示的 TEE 三层架构中，显示了富操作系统应用环境（也称富执行环境或 REE）和 TEE 的关系。Global Platform 规范要求通过基于硬件的系统将 TEE 与 REE 分开，但是并不要求 TEE 采用硬件的独立芯片，因此，基于硬件的安全性不会影响硬件成本和效益。

TEE 可以运行多个应用程序，这些应用程序称为受信任的应用程序或可信应用（Trusted Application，TA）。REE 中的应用程序通过 TEE 客户端 API 向 TA 发送命令和请求，该 API 通过硬件系统连接到 TEE 通信代理（见图 3-31 中的水平箭头）。TEE 通信代理通过 TEE 内部 API 将这些命令和请求转发到 TA。

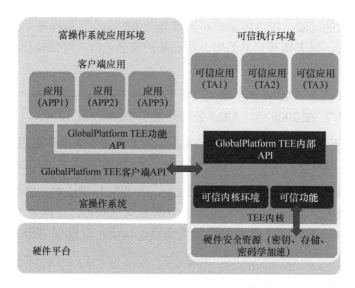

图 3-31　TEE 三层架构

TEE 中的受信任操作系统可以通过受信任的驱动程序连接到硬件安全资源，如触摸屏、键盘、摄像头、安全存储、其他外围设备（参见图 3-31 中的垂直箭头）。外围设备服务将可用于 TA。可以使用两种类型的外围设备。

（1）仅 TEE 可以访问的外围设备（如安全存储和生物识别传感器）。

（2）与富执行环境共享的外围设备（如屏幕和键盘）。

共享外围设备和 TA 的连接不需要经过富执行环境，往返于共享外围设备的所有通信对 TEE 都是安全和保密的。

Global Platform 规范要求通过硬件平台保护将 TEE 实施与 REE 分离。TEE 提供者可以在 REE 和 TEE 系统（如 Trust Zone）上使用相同的处理器和内存，并在设备的主硬件平台或主处理器上运行 TEE 实例。当然，TEE 提供者也可以使用单独的处理器和单独的资源。

应用的开发者需要存储、传输和处理敏感数据或个人数据时，需要充分考虑基于风险的评估，以确定安全需求。例如，一个天气预报的应用程序可能不涉及个人数据，但是移动支付应用程序则会涉及支付凭证和身份验证信息之类的敏感信息。达到安全需求的一种选择是使用操作系统提供的数据加密和访问控制、文件隔离功能。但在很多场景下，这种安全保障并不足够。此时，TEE 成为一种基于硬件保护的安全受信任环境解决方案。安全元件（SE）是另一个达到安全需求的备选选择，它能够安全地托管应用程序及其相关的机密数据（如密钥）。安全元件的一个示例是支付卡中的芯片，其中存储了 EMV 应用程序和数据。采用安全元件可以使部分安全评估和认证更容易。但是其缺点是，安全元件芯片的存储空间有限，运算速度慢，对于需要图形显示和快速用户交互的应用程序并不适用。

TEE 的应用场景也存在多种不足。显而易见，类似支付卡上的芯片，TEE 嵌入在设备中，这意味着必须在设备出厂之前将 TEE 集成到设备中。而且，与通常支付卡交付给客户之前已经嵌入完成并且加载完应用和数据不同，嵌入式 TEE 的设备通常是消费者拥有的设备，可能需要在其上远程安装应用程序和数据。因此，加载数据的过程具有复杂的安全性要求。例如，远程证明该设备是真品，并可以实现安全的数据传输和 TA 的远程管理。为实现这一目标，TEE 产业生态的上下游必须协同合作，如 TEE 提供商必须直接与芯片组制造商和设备制造商合作。

大多数 Android 智能手机和平板电脑采用的主芯片都支持 TEE 环境。但是，安全的TEE 操作系统的集成由设备制造商完成，不同的企业有自己的实现方式，如华为海思的iTrustee、高通的 QSEE、ARM 平台上的 Trustonic。尽管 GlobalPlatform 规范定义了 TEE实施的预期功能，但并非所有制造商都完全采用。在很多非 Android 设备上，这些功能不对第三方开放，如 iPhone 提供了类似的安全隔区。这种做法在一定程度上不利于 TEE 安全执行环境的标准化与普及。

3.6.4　数据安全的信任基础总结

本节介绍了用于安全目的的硬件和软件实现，即硬件安全模块（HSM）、可信平台模块（Trusted Platform Module，TPM）和可信执行环境（TEE）。其实现和适用场景各不相同。

TPM 是一种芯片，旨在通过内嵌的机密（密钥）来提供硬件的信任根，以物理方式尝试将其打开，或者从其焊接到的计算机母板中将其移除，因此，访问其机密等操作存在极大困难并可能会被立即发现。TPM 并非旨在提供常规的安全计算能力。它提供一些基本的慢速的计算功能：它可以生成随机密钥，使用其持有的密钥对少量数据进行加密，从而可以度量系统组件的完整性并支持安全启动。

可以在 TEE 中实现 TPM 的许多功能，但是在 TEE 中创建"完整"TPM 实现是没有意义的：TPM 的关键用例之一是安全启动，而 TEE 更多的是提供运行期的处理环境。与TPM 不同，TEE 没有硬件的信任根。TPM 的功能也需要满足可信计算组（Trusted Computing Group，TCG；负责 TPM 的标准）的要求，该要求比 TEE 的标准要求更严格。

HSM 是专门用于提供加密操作的外部物理设备，通常在接收明文时，使用持有的密钥对其进行加密，然后返回密文（加密的文本），从而使操作系统无须接触加密密钥。与TPM 一样，HSM 也设计了旨在检测和阻止物理篡改的功能，这使秘密数据的存储更安全。与 TEE 相比，HSM 通常提供更高级别的保护，但它们是主 CPU 和主板之外的独立硬件，一般通过 PCI 总线甚至网络连接的方式访问。

所有 TEE 实例和某些 HSM（取决于型号）都可以提供对于通用计算任务的处理能力或针对特定用途进行编程（如 PKCS＃11 模块）。对 HSM 进行编程的工作通常非常困难且需要非常有经验。与 TEE 相比，HSM 的成本很高（通常至少数万元），而 TEE 的成本属于正常价格的芯片组范围内。

对 HSM、TPM 和 TEE 概括如下。

（1）TEE 提供一般的处理环境，它们内置在芯片组中。

（2）TPM 提供了信任的物理根，支持对其他组件的度量和引导，处理能力有限；它们是许多计算机中内置的廉价芯片。

（3）HSM 提供了一个安全的环境来存储机密信息和数据；它们是昂贵的外部设备，通常需要专门知识才能正确使用它们。

表 3-6 展示了硬件可信设备（HSM、TPM 和 TEE）的对比。

表 3-6　硬件可信设备的对比

设 备 类 型	处 理 能 力	复 杂 度	成 本
HSM	中	极高	高
TPM	差	中	低
TEE	中	高	无（内嵌）

有一个形象的比喻可以方便理解三者的差异。如果一个物体你可能拿不动，或者拿的时候不小心就可能砸到脚，那是 HSM；如果在主板上能看到一块芯片，那可能是 TPM；如果肉眼看不到，那可能是 TEE。

3.7　加密与访问控制关键技术

数据安全技术包罗万象，从技术分类角度，数据安全技术可分为加密技术、访问控制技术、监控技术等；而从数据类型的分层角度，数据安全技术可分为磁盘级别安全技术、文件级别安全技术、字段级别安全技术等。

以加密技术为例。基于不同的级别和不同的环境，各类加密技术的全景如图 3-32 所示。

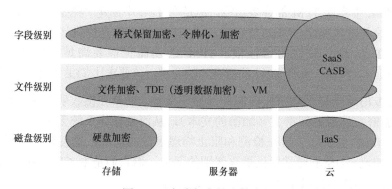

图 3-32　各类加密技术的全景

下文将选择加密与访问控制关键技术予以详细介绍。

3.7.1　端点加密技术

端点面临的威胁多种多样，不同类型的端点，面对的威胁种类和优先级也有不同。

对于便携式计算机、平板电脑、智能终端等常见的可移动的端点设备而言，可以将威胁分为三种类型：

（1）恶意软件威胁；

（2）物理窃取威胁；

（3）"恶意女仆"（Evil Maid）威胁。

三种威胁类型的区别如表 3-7 所示。

表 3-7　端点设备威胁的区别

威　　胁	类　　型	用 户 知 情	主　要　影　响
恶意软件	逻辑	一般不知情	数据的机密性、数据的完整性
物理窃取	物理	知情	数据的机密性、数据的可用性
恶意女仆	物理	不知情	数据的机密性、系统的完整性

恶意软件一般不需要攻击者物理接触目标机器，因此属于逻辑攻击。传统的恶意软件更多的是影响数据的机密性。例如，病毒软件、间谍软件或木马，尝试窃取用户的登录口令或其他敏感数据。新型的恶意软件如勒索软件，本质上是通过加密等方式使数据不可用以达到勒索的目的，其目的是影响数据的完整性。

物理窃取场景属于物理攻击，攻击者物理接触并接管目标机器的物理访问权。事后，用户对物理窃取一般知情。但是，多数场景下，被窃取的设备不会返还给用户。如果没有合适的加密和备份措施，数据的机密性和可用性都会受到影响。

恶意女仆场景属于物理攻击，攻击者物理接触并临时接管目标机器的物理访问权。一个形象的比喻是，用户将便携式计算机遗忘在酒店的房间。这时有特定目的的酒店服务员（"恶意女仆"的字面意思）进入房间，登录该便携式计算机，窃取数据或安装恶意软件等，之后恢复现场。用户对"恶意女仆"攻击可能不知情。且在多数场景下，被攻击和利用的设备还在用户手中。如果没有合适的访问控制和加密措施，数据的机密性和系统的完整性都会受到影响。

端点加密解决方案主要目的是防御"恶意女仆"攻击，对于窃取场景也有一定的价值。该攻击可能是安装键盘记录程序或篡改启动文件，或者窃取存储在便携式计算机、服务器、平板电脑和其他端点上的文件。从目的角度，端点加密解决方案主要考虑敏感数据的存储加密，以及将敏感数据传输到另外一个端点时的加密。

组织的员工在外置存储硬盘、云存储服务、网络驱动器、浏览器、电子邮件及其他媒体上存储和共享大量有价值的数据，所有这类数据容易受到安全漏洞的破坏。这类数据可能包括敏感信息，如财务数据、客户名称和地址及商业计划。

因此，组织出于多种原因，需要加密其数据。例如，制药或软件开发等高科技行业的企业需要保护其研究成果免受竞争对手的窃取；医疗保健和金融服务等受监管行业的组织需要对患者和消费者数据进行加密，以符合政府法规；支付卡行业数据安全标准（PCI DSS）要求零售商加密消费者信用卡数据，以防止未经授权的使用。

端点加密是分层数据安全策略的重要组成部分。企业在使用端点加密技术时通常还会结合多层保护，包括防火墙、入侵防护、反恶意软件和数据丢失防护。通常，加密是保护数据的最后一层，以防数据落入错误的人手中。

从实现原理上，加密是对数据进行编码或加扰的过程，因此除非用户具有正确的解密密钥，否则数据将不可读也不可用。

两种常用的密码系统是 RSA 密码系统和高级加密标准（AES）密码系统。RSA 密码系统，也称 RSA 密码体制，是 1977 年由罗恩·李维斯特（Ron Rivest）、阿迪·萨莫尔（Adi Shamir）和伦纳德·阿德曼（Leonard Adleman）联合提出的一种公钥密码体制。RSA 由他们三个人姓氏首字母拼写组成。RSA 的安全基础是大整数分解素数因子的困难性。RSA 既可用于加密，又可用于数字签名，能够抵抗绝大多数密码攻击。

在端点加密场景，RSA 通常用于将数据从一个端点传输到另一端点时的加密。它使用非对称加密，这意味着它使用一个密钥对数据进行加密，并在收件人的端点使用另一个密钥对数据进行解密。

AES-256 是对称加密标准，经常用于加密存储设备（如硬盘驱动器或 USB 存储器）上的数据。需要高级加密等级的政府机构和受监管的行业组织经常使用 AES-256。该标准代替了较旧的容易受到暴力破解攻击的数据加密标准（DES）。

端点加密有以下两种基本的加密方法。

（1）整个驱动器加密：该加密方法导致便携式计算机、服务器或其他设备无法使用，只有持有正确 PIN 的人才能使用。微软 Windows 系统中的 BitLocker 是此类加密的典型实现。

（2）文件、文件夹和可移动媒体加密：该加密方法仅锁定特定的文件或文件夹。

整个驱动器加密通过加密除主引导记录之外的整个驱动器来保护便携式计算机和台式计算机上的操作系统和数据。主引导记录未加密，因此计算机可以引导并找到加密驱动程序以解锁系统。当带有加密驱动器的计算机丢失时，任何人都不太可能访问其中的数据。整个驱动器加密是自动的，因此驱动器上存储的所有内容都会自动加密。

在用户需要使用加密驱动器中的数据之前，需要将数据解密。有两种不同的实现方案。第一种是先启动操作系统，并在用户成功登录之后解密加密驱动器中的数据。第二种是在操作系统的引导之前，要求用户输入登录凭据，如 PIN 或密码。第二种方案显著减小了攻击面，安全性更高，可以应对后台进程暴力破解登录密码的攻击场景。因此，现代的驱动器加密方案多为第二种。

特定文件加密是对本地驱动器、网络共享或可移动媒体设备上的选定内容进行加密。加密软件部署的代理根据组织的策略对文件进行加密。基于文件的加密支持结构化和非结构化数据，因此可以将其应用于数据库、文档和图像。

基于文件的加密使数据保持加密状态，直到授权用户打开它为止。这与整个驱动器加密不同，整个驱动器加密在对用户进行身份验证并在系统启动后，对所有数据进行解密。因此，即使文件离开组织后，基于文件的端点加密仍继续保护数据。例如，当加密文件作为电子邮件附件发送时，必须对收件人进行身份验证才能解密该文件。没有适当的加密/解密软件的收件人可以使用随电子邮件发送的链接，该链接可以对收件人进行身份验证并解密文件。

基于文件的加密依赖于组织的加密策略来配置要加密的内容类型和需要加密的场景。配置完成后，端点加密方案可以自动执行策略并加密内容。

现代的端点加密方案，特别是由设备厂商推出的原生端点加密方案，已经从纯软件实现的加密方案演进到软件和硬件结合的加密方案。该类方案一般会利用硬件芯片（如TPM 技术）的支持。

全面的端点加密方案可使 IT 部门集中管理所有加密的端点，甚至包括不同供应商提供的加密。例如，可以从单个控制台监视和审核加密端点，以及管理加密策略和密钥。IT 人员应该统一管理设备上的原生端点加密方案，如 OS X 上的 Apple FileVault（文件保险箱）和 Windows 上的 Microsoft BitLocker，最好也能够同时支持第三方提供的端点加密方案。多个供应商的端点加密方案的统一管理有助于减少管理开销和成本，并提升管理效率。

此外，统一的端点加密方案可更好地了解所有端点的状态，并审核每个端点上加密的使用情况。如果便携式计算机或 USB 存储器丢失或被盗，组织可以使用统一的端点加密方案来证明其合规性。

端点加密方案可能包含各种管理功能。

（1）中央仪表板，提供状态报告功能。

（2）支持混合加密环境。

（3）密钥管理功能，包括创建、分发、销毁和存储密钥。

（4）集中的加密策略创建和管理。

（5）自动将软件代理部署到端点，以实施加密策略。

（6）识别缺少加密软件的任何设备。

（7）锁定无法自动检入的端点的能力。

在组织做端点加密方案的选型时，可以综合考虑上述管理功能，并评估其与现有安全产品及解决方案的集成能力。

加密是组织的安全基础设施中的重要措施之一。防火墙、入侵防御和基于角色的访问控制等安全措施均有助于保护组织内的数据。端点的数据加密允许即使在离开组织后也可以保护数据，是防止数据被盗和泄露的关键防御措施。

在选择端点加密方案时，还可以关注该解决方案是否通过相应的国际支持的权威认证。加密软件相关的标准主要是美国国家标准与技术研究院（NIST）联邦信息处理标准（FIPS）140-2 和信息技术安全评估通用标准（CC）。

3.7.2 文件加密技术

本书 3.7.1 节"端点加密技术"中描述了针对端点的加密技术。端点加密主要为了防止设备遗失或被窃对存储数据的影响。端点加密技术并不解决通过邮件或文件共享等方式主动发送文件的问题，也无法解决用户临时离开已经登录的设备后，被数据恶意窃取的问题。此外，端点加密聚焦于消费者或用户持有的设备，对于服务器场景，特别是文件服务器类型也不适用。

因此，还需要更细颗粒度的文件加密技术，在不同的场景结合使用或单独使用，以达到更好保护机密数据的目的。

文件加密方案的呈现方式各不相同。有的显示为一个加密的驱动器，用户只需要将需要加密的文件拖放到该驱动器中即可。有的是对通用文件类型的加密方案，如压缩工具类软件，支持在压缩时设置密码、加密文件。有的则支持对特定文档的加密。例如，微软 Office 系列办公软件支持设置口令，以加密当前打开的单个文档。基于颇好保密性（Pretty Good Privacy，PGP）的电子邮件加密方案及 True Crypt 加密软件也实现不同的文件加密技术。

单独的文件/文件夹加密取决于用户的意识和最佳实践，以确保所有适当的信息都被加密。

在基于使用场景选择合适的文件加密方案的前提下，文件加密技术可以在网络传输信息时提供保护，以防止数据泄露。例如，假设收件人可以解密单个文件，则可以对单个文件进行加密，然后将其作为电子邮件附件发送。

在多用户场景下，文件的加密方案会很复杂。原因是，要么允许每个用户使用不同的密钥，要么使用一个共享的密钥。同时，还需要处理多用户访问带来的文件锁定问题。

应用层的加密机制各有不同。例如，微软 Office 系列办公软件支持对于单个文档设置加密密码，以对文档加密。该加密机制对于文档的存储和传输都有保护作用。

邮件加密有不同的方式。一种方式是仅对邮件的附件加密，另一种方式是加密整个邮件。前者的实现方法简单，任何对单个文件加密的解决方案都可以实现。例如，使用 7-Zip 压缩软件压缩一个文档、设置解压密码，然后通过电子邮件发送。后者的实现方法略微复杂。显然，一个最基本的要求是，邮件的收件人需要知道如何打开该邮件。实际上，邮件正文加密方案只有两种主流的解决方案：S/MIME 和 PGP。

1. S/MIME

S/MIME（Secure/Multipurpose Internet Mail Extensions），即安全多用途互联网邮件扩展协议，是一种专用于公钥加密和 MIME 数据签名的标准协议。S/MIME 最早在 1995 年被提出，并在 1998 年通过 IETF 形成互联网的统一标准。S/MIME 第二版标准包含两份互相关联的征求意见稿（Request For Comments，RFC，由 IETF 颁布）标准文档：RFC 2311

定义了消息；RFC 2312 定义了证书处理的规范。RFC 标准保证了不同供应商之间的消息加密解决方案的互操作性。

在 1999 年，又提出了 S/MIME 的增强标准：RFC 2632 是对 RFC2311 的增强；RFC 2633 是对 RFC2312 的增强；RFC 2634 通过向 S/MIME 添加额外的服务，如安全收据、三重包装和安全标签，扩展了整体功能。

S/MIME 基于非对称加密，以保护电子邮件的机密性。在完整性维度，S/MIME 解决方案还支持对电子邮件进行数字签名，以验证邮件的合法发件人。这样，网络钓鱼攻击，特别是通过电子邮件形式发起的钓鱼攻击得到了有效防御。S/MIME 的加密方案受很多邮件软件的内置支持，不过显而易见，该方案需要收件人持有受信任的证书。证书的分发是一个更复杂的问题。

2. PGP

PGP 邮件加密解决方案一般需要额外安装软件，还需要很多免费开源的解决方案或商业解决方案的支持。

S/MIME 和 PGP 都提供只签名不加密的选项。签名可以使收件人确信邮件来自某个发件人，内容也没有经过篡改。但是签名本身并不提供机密性保护。如果有人可以获取该邮件，则可以读取该邮件的内容。

加密技术的缺点在文件加密技术中表现得极为明显。虽然在理想情况下，加密可以阻止攻击者对于目标数据的访问，但是在特定场景下，也可能阻止合法访问者对于目标数据的访问。也就是说，文件加密解决方案强依赖于密钥管理的安全性和可用性。文件加密密钥一定会被存放在系统中的某个位置，而黑客特别擅长找出这个位置。另外，密钥管理系统对于备份和恢复的支持，以及其本身的保护机制、高可用性机制等，都是需要系统管理员考虑的问题。

3.7.3 数据库加密技术

数据库加密技术是当前产业界的热点。根据 MarketWatch 的一项预测，全球数据库加密的市场空间将以约 29.8% 的复合增长率，从 2018 年的 5.72 亿美元增长到 2026 年的 46.2 亿美元[65]。

在一定意义上，数据库加密是存储状态加密的一个分类。存储状态加密是最容易解决的场景，但同时也是涵盖范围广泛、技术方案复杂的场景。存储状态包含数据在硬盘驱动器、闪存、数据库、可移动设备，甚至是备份设备中的存储。因其具有静态特性和所存储数据的价值，使其成为对数据窃取有吸引力的目标。

在设计存储状态加密方案时，应该假设攻击者可以访问静态的数据存储。

静态数据存储的两大类型为结构化数据存储和非结构化数据存储。本节主要讨论结构化数据存储，也就是指数据库加密。

数据库加密应该对数据提供机密性、认证、数据完整性、防抵赖的保护，在理想情况下并不影响用户的易用性。

根据数据库运行模式区分，数据库加密分为存储时加密和传输时加密两种。

根据数据库加密类型区分，数据库加密可以分为密钥管理、透明加密、文件系统加密、列级加密、应用级别加密等不同类型。

根据目标的行业或应用场景区分，数据库加密包括医疗健康、政府机构、IT 和电信、银行和金融服务、零售、航空航天等行业。

下面介绍不同的数据库加密类型。

典型的现代数据库中，应用程序通过数据库引擎访问数据库，实现对数据的操作。数据库引擎本身通过操作系统的文件系统机制，存储一个或多个文件到硬盘等存储硬件中。

数据库加密可以分为四个不同的层级。

（1）应用层加密，如图 3-33 所示，是指数据被生成数据或修改数据的应用程序加密，然后再写入数据库。数据库引擎和数据库存储无法感知数据是否加过密。应用层加密的优势在于可以根据用户角色和权限为每个用户定义加密方式。

（2）数据库层加密，如图 3-34 所示，是指整个数据库（根据实现机制，也可能是部分数据库）是加密的。数据库引擎负责管理数据加密的密钥，主要应对的威胁是攻击者获取数据库文件的访问权限，以及复制数据库到其他位置并读取其内容。

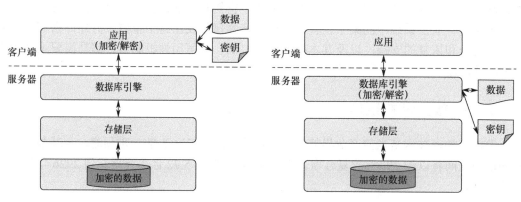

图 3-33　应用层加密　　　　　　　　图 3-34　数据库层加密

（3）文件系统层加密，如图 3-35 所示，是指文件系统层加密使用文件系统访问代理的机制，允许用户加密目录和单个文件。该代理会中断对磁盘的读/写调用，并使用策略来查看是否需要解密或加密数据。像全盘加密一样，文件系统层加密可以对数据库及文件夹中存储的任何其他数据进行加密，但是其控制的粒度更细化。

（4）存储层加密，也称全盘加密（Full Disk Encryption，FDE），如图 3-36 所示。存储层加密技术自动将硬盘驱动器上的数据转换为没有密钥就无法解密的形式。硬盘驱动器上存储的数据库与任何其他数据一起被加密。

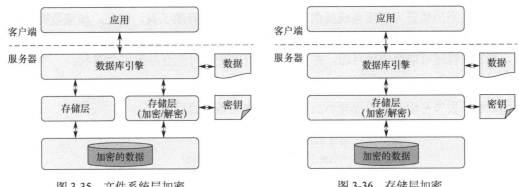

图 3-35　文件系统层加密　　　　　　图 3-36　存储层加密

上述四个层级的加密方式各有其适用场景，且并非互斥的关系，甚至在某些要求比较高的场合，这些加密方式可以共同使用。

其他典型的数据库加密技术如下。

（1）列级加密（Column level encryption）：数据库中指定的数据列被加密。每一列都具有单独的唯一加密密钥，可以提高数据的灵活性和安全性。

（2）字段级加密（Field-level encryption）：加密特定数据字段中的数据。数据库的创建者可以标记敏感字段，以便加密用户在这些字段中输入的数据。这些字段可能包括社会保险号（SSN）、信用卡号和银行账号。

（3）哈希：将字符串转换为较短的固定长度的键或类似原始字符串的值。哈希通常在密码系统中使用。用户最初创建密码时，将其存储为哈希。当用户重新登录时，会将他们使用的密码与唯一哈希进行比较，以确定密码是否正确。

透明数据加密（Transparent Data Encryption，TDE）是在技术和市场推广中经常使用的一个术语。"透明"一般是指加密对于使用数据库的应用程序是透明的，但对于通过窃取数据库中存储的文件来窃取信息的方式，可以用加密的方式有效防御。在多数场景下，透明数据加密是文件系统层加密的一种形式。它通过加密整个数据库，有效地保护静态数据。这时，数据库的备份也被加密，以防止备份介质被盗或被破坏时数据丢失。

典型的透明数据加密体系结构如图 3-37 所示。每个数据库实例都有自己的数据库加密密钥（DEK）。DEK 一般会以加密后的密文形式和数据库实例存储在一起，甚至存储在该数据库实例中，而 DEK 的加密密钥（DMK）可能在不同的数据库实例之间共享。如果是两层密钥体系架构，DMK 可能直接由设备硬件加解密引擎（如 Trust Zone）或外置硬件加密机提供保护。如果是三层密钥体系架构，还会有 SMK，可以用于派生 DMK 或参与保护 DMK。此时，SMK 受硬件保护。

数据库加密有一些固有的缺点。

（1）数据库加密可能会导致性能下降，尤其是在使用列级加密时。因此，组织可能不愿意使用数据库加密或将其应用于静态的所有数据。

许多关系型数据库管理系统提供内置的加密和密钥管理工具。因此,如果数据中心仅使用一个供应商的数据库,则数据库加密更容易进行。如果需要管理多个供应商的数据库,则密钥管理可能会出现问题,并且密钥管理的失误可能会导致安全漏洞。

(2)导致数据丢失。如果使用强密码算法对数据加密,并且丢失了密钥,则无法恢复数据。意外丢失密钥或密钥管理不当可能会造成灾难性的后果。

图 3-37 典型的透明数据加密体系结构

3.7.4 格式保留加密技术

加密是数据保护的一种关键手段。但是在实际应用中,对信用卡号、身份证号等个人数据或敏感数据加密时,通常会改变这些数据的长度和类型。

例如,信用卡号 1234 5678 1234 5670,使用 AES-128-ECB 模式加密之后,变成长度为 16 字节的数组 0xd7b9e6744633c9a0689defbb7513e998,也可以用 BASE64 编码表示为字符串 17nmdEYzyaBone+7dRPpmA==。不管是哪种形式,原有处理信用卡号的代码可能对此无法兼容,需要做大量的修改。此外,如果信用卡号存储在数据库中,则数据库中该字段的格式可能需要调整。这些调整将带来额外的成本和复杂的兼容性。

为了解决此类问题,格式保留加密(Format Preserving Encryption,FPE)技术应运而生,其要求密文与明文具有相同的"格式"。格式的含义根据具体场景各不相同,普遍包含字符集(数字、字母)和长度的需求。

格式保留加密的特点如下。

(1)加密前后数据格式相同。

(2)数据长度不变。例如,加密前数据的长度是 N,加密后长度仍然是 N。

(3)数据类型不变。例如,加密前是数字类型,加密后仍然是数字类型。

(4)加密过程可逆。加密后的数据可以解密,且可以还原出原始数据。

图 3-38 给出了格式保留加密的示意。

FPE 最初的提出是为了解决数据库系统或应用系统中敏感信息的加密问题。本书 3.7.3 节"数据库加密技术"中描述的数据库加密技术仍然存在一些场景上的不足。例如,存储层加密和文件系统层加密的效率低，执行时间长。FPE 可以提供一种与数据库无关的应用层加密机制，不会加重服务器的处理负荷，并且还可以兼容现有的数据库系统结构，系统改造成本小，是合适的数据库加密方法之一。

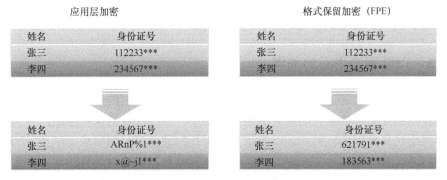

图 3-38　格式保留加密的示意

FPE 适合于格式固定的数据加密，可用于如下场景。

（1）生产环境的数据库应用系统的安全性增强：金融、社保、电子政务等大型系统的数据存储多基于数据库系统。如果数据库中存储的大量用户敏感信息（如银行卡号、社保卡号、用户名等）被窃取，将造成致命的破坏。引入 FPE 技术可提高数据库的安全性。

（2）测试环境的数据遮蔽：数据从生产环境向测试环境（或开发环境）导入时可能产生数据安全问题，因为测试环境、开发环境可能没有严格的访问控制和加密策略。数据遮蔽可以将真实的用户数据通过 FPE 加密，输出与原数据格式、关联等相同的数据，以用于功能测试、性能测试和模拟测试等。测试数据库中的敏感数据（如身份证号、电话号码、信用卡号码等）看起来是真实数据，实际上是遮蔽后的数据，从而消除了敏感数据的泄露隐患。

FPE 保持密文和明文具有相同格式，因此特别适用于数据脱敏场景。基于 FPE 实现数据脱敏可以作为对传统的基于掩码的数据遮蔽方案的一种增强和补充。使用 FPE 进行数据脱敏时，如果不考虑解密，则可以为 FPE 生成随机且无须保存的密钥，以实现更好的安全性。

（3）格式兼容的加密领域：除对敏感个人信息的加密外，FPE 还非常适合于遵循既有协议格式的数据加密。例如，2010 年，论文《规则语言的有效格式遵从加密》（*Efficient Format-Compliant Encryption of Regular Languages*）[①]指出类似 FPE 的基于分块加密的方法可以应用到 JPEG 2000 图像格式数据的加密中。

FPE 加密要求输入格式和输出格式相同，导致输入域和输出域的范围有限性，因此在加密强度上存在固有的缺陷，需要结合具体用例分析。2016 年，NIST 发布了特别出版物

---

① STÜTZ T, UHL A. Efficient Format-Compliant Encryption of Regular Languages: Block-Based Cycle-Walking[C]//IFIP International Conference on Communications and Multimedia Security. Springer, Berlin, Heidelberg, 2010: 81-92.

（SP）800-38G《块密码操作模式的建议：格式保留加密的方法》[66]。NIST 最初考虑了三种操作模式：FF1、FF2 和 FF3。这三种操作模式均使用 AES 分组密码算法。但是，FF2一直没有得到正式批准。FF3 也遭到了密码分析攻击，并导致 NIST 在 2019 年将 FF3 算法更新为 FF3-1，以应对输入域和输出域的范围有限性带来的漏洞。因此，在相应的应用场景中，采纳的 FPE 算法需要考虑更新的敏捷性。

3.7.5　以数据为中心的加密

在当今时代，随着云计算、大数据、移动互联网、物联网的广泛普及，各类组织中的数据的量级急剧膨胀，数据流动的速度也一直增加。传统的数据保护措施，特别是基于网络隔离和网络访问控制的机制，难以满足日益增长的数据保护的要求。早在 2004 年，一个名为耶利哥论坛（Jericho Forum）的组织就开创性地预测网络边界的消亡。人、物和数据都很容易跨过组织的边界，因此网络边界防御的意义会逐渐减弱。

近年来，企业 Wi-Fi、访客接入模式、自带设备办公等场景的普及，进一步证实这个观点。特别是受自 2020 年年初开始的疫情的影响，几乎所有组织都开启了在家办公模式。员工通过家庭的互联网，使用家庭计算机、平板电脑或移动终端等其他设备接入公司的系统。因此，将数据安全与组织拥有的设备或网络绑定在一起的 IT 网络安全架构遇到了前所未有的挑战。

除此之外，数据本身的性质也在迅速演变。今天，组织处理的半结构化和非结构化数据要比以前多得多，数据也变得比以往更加分散。数据不仅分散于不同的系统中，还会在云端存放、传输和使用。

应对这些挑战，急需以数据为中心的安全模型。以数据为中心的安全模型基于数据而不是应用程序，是组织的关键资产的理念。该理念提倡数据应该自我描述、自我保护，数据的安全和访问控制应该是数据层的责任。

以数据为中心的安全模型，包含数据的发现、管理、保护和监控等关键措施。

（1）发现：识别有哪些数据，哪些数据是敏感信息，存储在哪里。

（2）管理：定义数据的访问策略，以便基于某些条件（如用户账号，甚至用户所在位置）决定某些数据是否可以访问、编辑。

（3）保护：抵御数据泄露、破坏或未授权使用数据的能力。

（4）监控：对数据使用情况进行持续监控，以确定可能的异常行为或恶意企图。

在上述四项关键措施中，数据的保护尤为重要。在数据的保护措施中，数据的加密是常见的手段。以数据为中心的加密，聚焦于如下几方面的实现。

（1）自我描述和自我防御的数据，以缩小潜在的攻击面。

（2）结合业务环境访问控制策略的细粒度安全逻辑与保护机制。

（3）数据流动于不同的业务系统、应用程序之间时，仍然能受到保护。

（4）能够兼容不同类型的数据管理系统的实施策略。

以数据为中心的加密，将视角从数据的安全与访问控制转换到加密数据的密钥的安全与访问控制，因此依赖于细粒度的访问控制策略，并且要求密钥的访问控制决策点尽量靠近数据使用的端点，从而在传输过程中充分保持数据的机密性。

以数据为中心的加密是一种完善的体系。细粒度的访问控制和端到端加密是以数据为中心的数据保护的核心原则。有时，以数据为中心的加密特指端到端加密（End to End Encryption，E2EE）技术。端到端加密是指在发送者的系统或设备上加密，在接收者的系统或设备上解密。因此，无论是传输过程中的互联网服务提供商、应用服务提供商还是黑客，都无法读取或篡改数据。

一些新兴的以数据为中心的加密技术正在兴起。例如，对数据进行时间标记并保证元数据的完整性，使数据可追溯、可实时检索，这样就避免了人为复制和篡改的可能性，减少了攻击面；甚至可以将关键数据放入区块链，利用账本的完整性保护和共识算法等安全机制，确保数据的使用、变更可追溯、可审计。这也是数据自身向使用者证明自己没有被篡改或被伪造的场景，符合以数据为中心的加密的定义。

3.7.6　访问控制技术

访问控制可分为自主访问控制、强制访问控制和基于角色的访问控制（RBAC），以及后来出现的基于属性的访问控制。

自主访问控制（Discretionary Access Control，DAC）是一种基于身份的访问控制策略，它由对象的所有者组和/或主体确定的访问策略授予或限制对于对象的访问。之所以称为"自主"，是因为主体（所有者）可以将经过认证的对象或信息访问转移给其他主体。换句话说，所有者决定对象的访问权限。在实践中，自主访问控制通常是通过访问控制矩阵（Access Control Matrix，ACM）和访问控制列表（Access Control List，ACL）来实现的。

自主访问控制的机制比较灵活，被大量采用，如 Windows、UNIX 等。它是目前计算机系统中实现最多的访问控制机制。

强制访问控制（Mandatory Access Control，MAC）是由中心化的权威实体定义，对系统内的主体和客体统一执行的访问控制策略。它由系统按照既定的规则，如主体和客体的安全属性，控制主体对客体的权限及操作。主体无权改变访问控制的规则，不能将其权力传递给其他主体，也无权改变与主体或客体相关的安全属性。

在系统中，主体通常是一个进程或线程。客体可以是文件、目录、TCP/UDP 端口、共享内存段、I/O 设备等。主体和客体都有一组安全属性。每当一个主体试图访问一个客体时，由系统内核执行的授权规则会检查这些安全属性，并决定是否可以进行访问。数据库管理系统也可以采用强制访问控制。在这种情况下，客体是数据库系统中的表、视图、存储过程等。

多级安全（Multi-Level Security，MLS）是强制访问控制的一种。其借鉴了军事上的概念，将文档的安全级别分为四级：绝密级（Top Secret）、秘密级（Secret）、机密级（Confidential）和未分类级（Unclassified）。所有系统中的主体和客体都被分配了安全标签，以标识其安全级别。基于 MLS 的常用安全模型有 Bell-LaPadula 安全模型和 Biba 安全模型，分别侧重于保证数据的机密性和完整性。

传统的强制访问控制机制，特别是基于层级的 MLS 和基于分类的多类别安全（Multi-Category Security，MCS）方式，其配置缺乏灵活性，常用于军事系统或专用系统，对于通用型系统，在使用上存在效率不高、控制困难等难点。

基于角色的访问控制（Role-Based Access Control，RBAC）是通过对角色的访问所进行的控制。角色就是一个或一群用户在组织内可执行的操作的集合。每个角色与一组用户和有关的动作相互关联，角色中所属的用户可以有权执行这些操作。由于权限与角色相关联，用户只有成为适当角色的成员才能得到其角色的权限。角色由系统管理员定义，权限也由系统管理员来执行，并且是强加给用户的，权限不能自主转让，所以基于角色的访问控制是非自主型访问控制。

基于角色的访问控制具有便于授权管理，降低管理开销，便于根据工作需要分级、职责分离，便于赋予最小特权，便于客体分类及文件分级管理等优势，多用于大型的组织和企业中，能够提高企业安全策略的灵活性。基于角色的访问控制与传统访问控制的结构区别如图 3-39 所示。

以上三种访问控制并非互相排斥，可以综合应用。当产生冲突时则需要权威实体协调。访问控制的关系如图 3-40 所示。

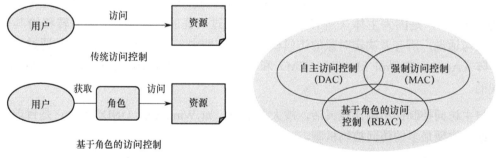

图 3-39　基于角色的访问控制与传统访问　　　　图 3-40　访问控制的关系
　　　　　　　控制的结构区别

基于属性的访问控制（Attribute-Based Access Control，ABAC）的概念已经存在了很多年。传统上，访问控制基于用户的身份（角色或所属的组），判断是否允许用户的资源访问请求。鉴于需要将功能直接与用户或其角色或组相关联，这种访问控制通常很难管理。另外，身份、组和角色的请求者限定符在实际的访问控制策略的表达中通常不足。一种替代方法是基于用户的任意属性和对象的任意属性，以及可能被全局识别并与当前策略更相关的环境条件来授予或拒绝用户请求。这种方法通常称为基于属性的访问控制。

ABAC 作为一种逻辑访问控制模型，通过根据实体（主体和客体）、操作和与请求相关的环境的属性评估规则来控制对对象的访问。基于属性的访问控制如图 3-41 所示。当发生一次访问请求时，属性和访问控制规则由"基于属性的访问控制策略"模块评估，以提供访问控制的决策。在 ABAC 的基础形式中，"基于属性的访问控制策略"模块包含策略决策点（PDP）和策略执行点（PEP）。

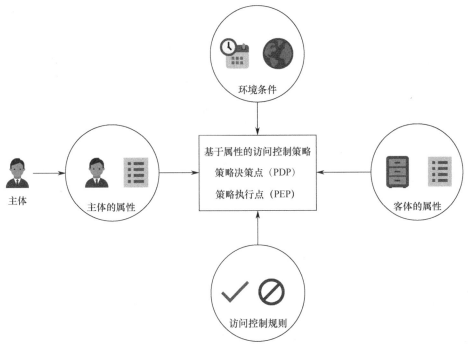

图 3-41　基于属性的访问控制

从广义上讲，ABAC 能够执行自主访问控制（DAC）和强制访问控制（MAC）概念。额外地，ABAC 可以进行更精确的访问控制，从而可以将更多数量的离散输入添加到访问控制中，因此提供了这些变量的更大可能组合，从而反映了表示策略的更大和更确定的可能规则集。

可以在 ABAC 中实现的访问控制仅受计算语言和可用属性的丰富性限制。属性的灵活性使最大范围的主体可以访问最大范围的客体，而无须指定每个主体和每个客体之间的单独关系。例如，受雇者在受雇时被分配了一组主体属性（如南希·史密斯是心脏病科的执业护士）。在创建对象的同时，将为其分配对象属性（如带有"心脏病科患者医疗记录"客体属性的文件夹）。

客体可能直接从创建者那里接收其属性，也可能是自动扫描工具的结果。客体的管理员或所有者使用主体和客体的属性来创建访问控制规则，以控制允许的功能集（如心脏病科的所有护士从业人员都可以查看心脏病科患者的医疗记录）。在 ABAC 访问控制模式下，访问控制可以在请求之间通过简单地更改属性值而进行更改，而无须更改定义基础规则集的主体/客体关系。这就提供了更动态的访问控制管理功能，并限制了客体保护的长期维护要求。

此外，ABAC 访问控制使客体所有者或管理员无须事先了解特定主体就可以应用访问控制，事实上可能有无数个主体需要访问。随着新主体加入组织，规则和客体无须修改。只要为客体分配访问所需客体所必需的属性（如向心脏病科的所有护士，分配了这些属性），就无须修改现有规则或客体属性。这种好处通常被称为容纳外部（未预期的）用户，并且是使用 ABAC 访问控制的主要好处之一。

在企业中部署 ABAC 时，其有效性和安全性依赖于主体和客体属性的准确性、访问控制的自动化，以及与现有 IT 系统的有效集成。

除基本的策略，以及属性和访问控制机制要求外，希望部署 ABAC 访问控制系统的组织机构还必须支持管理功能，以用于企业策略开发和分发、企业标识和主体属性、主体属性共享、企业对象属性、身份验证及访问控制机制部署和分配。这些功能的开发和部署需要仔细考虑许多因素，这些因素会影响企业 ABAC 解决方案的设计、安全性和互操作性。这些因素可以围绕以下一系列活动进行总结。

（1）建立实施 ABAC 的业务案例。

（2）了解操作要求和整体企业架构。

（3）建立或完善业务流程以支持 ABAC。

（4）开发和获取一套可互操作的功能。

（5）高效运营。

NIST SP 800-162《基于属性的访问控制（ABAC）定义和注意事项指南》[*Guide to Attribute Based Access Control (ABAC) Definition and Considerations*][67]可以帮助规划人员、架构师、管理人员和实施人员选择、引入和部署合适的 ABAC 系统。

3.7.7　文件监控技术

在当前的网络空间中，网络空间威胁形式不断增多，创新的攻击方法不断涌现，这给每个组织都带来了实实在在的且越来越大的威胁。在新闻中可以看到，网络安全攻击经常对许多著名组织的声誉造成重大损害。

仅采用加密和访问控制的手段并不足以避免这些损害，因此需要在安全运营工作中，识别和发现潜在的威胁和安全事件，并有针对性地响应。

处理可疑或实际的网络安全事件的主要方法之一是记录与网络安全相关的事件，对其进行连续监控，并彻底调查可疑的网络安全漏洞，以修复所有问题。

有很多类型的事件可以归纳为网络安全事件，从严重的网络安全攻击和有组织网络犯罪，到黑客行为和恶意软件攻击，再到内部滥用系统和软件故障。

网络安全领域的监控和日志密切相关，是指对于网络安全事件的记录和监控，以用于迅速和有效地定位潜在的威胁和漏洞利用活动，以防止出现网络安全事故。

以典型的网络攻击为例，网络攻击一般分为三个步骤，如图 3-42 所示。

（1）侦查：首先识别目标，然后分析目标是否包含漏洞。

（2）攻击目标：利用相关的漏洞，并绕过或破坏其他防御机制。

（3）达到目的：可能是破坏系统、篡改数据或泄露敏感数据。

图 3-42　网络攻击步骤

而对于上述的每个步骤，安全监控（包括日志）都可以作为有效的缓解措施。自然，其他的缓解措施也有必要，如应急响应、状态感知和威胁情报等。

准确及时的监控，有助于完成以下功能。

（1）在早期识别潜在的漏洞利用指标。

（2）有效地调查漏洞利用的场景。

（3）采取合适的手段，减轻漏洞利用的影响。

（4）满足相应的法律法规要求。

典型的系统监控架构如图 3-43 所示。

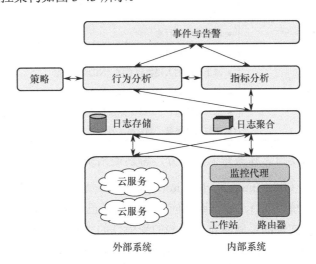

图 3-43　典型的系统监控架构

监控代理/客户端用于从不同的设备和信息来源收集日志，这些日志可能包含内部系统的日志（如操作系统、防火墙和 IDS）、外部的日志（如云服务的日志、各类服务提供商的日志）。

收集到所需的日志之后，系统会将其传递到日志存储和日志聚合的平台。这些平台可以进行初步的汇总、关联和分析。部分平台还支持基于指标（Indicator）的分析。

单一指标或多个指标的关联结果，可能对应类似的行为。行为分析平台基于预定义的策略，分析单一指标或多个指标的关联结果，以生成表征某类现象的事件。大部分安全监控系统支持对重要的网络攻击、漏洞利用、数据破坏事件同时生成相应的告警。

在早期的组织中，上述的活动一般由组织的 IT 部门或信息安全部门负责。在现代的大型组织中，一般由独立的安全运营中心（Security Operations Center，SOC）负责处理监控和告警。

在从组织的各类 IT 系统中收集信息，以识别潜在或者已经发生的网络安全事件时，表 3-8 所述的四类日志尤为必要。

表 3-8　日志类型

日 志 类 型	描述与示例
系统日志	• 系统活动日志（如管理员活动） • 端点日志 • 授权和认证日志 • 物理安全日志
网络应用日志	• 防火墙、VPN 和 NetFlow 日志 • HTTP 代理日志 • DNS/DHCP/FTP 日志
服务器与中间件日志	• Web 服务器日志 • 数据库服务器日志 • 邮件服务器日志
网络安全日志	• 恶意软件检测工具日志 • 基于网络的入侵检测系统（NIDS）日志 • 基于网络的入侵防御系统（NIPS）日志 • 数据泄露防护（DLP）系统日志 • 其他安全系统（如蜜罐、沙盒）日志

本节主要讲述系统日志和系统监控部分，特别是系统监控中的文件和数据库监控。

文件完整性监控（File Integrity Monitoring，FIM）是指一种 IT 安全技术和流程，用于测试和检查操作系统（OS）、数据库和应用程序是否已被篡改或损坏。FIM 作为一种变更审计机制，通过将文件的最新版本与已知的受信任的"基准"进行比较，来验证这些文件。如果 FIM 检测到文件已被更改、更新或受到破坏，则 FIM 可以生成警报以确保进一步调查，并在必要时对文件进行修复。FIM 既包括被动式审核（取证场景），也包括基于规则的主动式监控。

FIM 解决方案扫描、分析并报告 IT 环境中重要文件的更改。基于此，FIM 可提供文件、数据和应用程序安全性的关键层，同时还有助于加速事件响应。

FIM 适用下列四个主要场景。

（1）检测非法活动。如果网络攻击者侵入 IT 环境，则需要知道他们是否试图更改对操作系统或应用程序至关重要的任何文件。即使日志文件和其他检测系统被破坏，FIM 仍可以检测到 IT 生态系统重要部分的更改。使用 FIM 可以监视和保护文件、应用程序、操作系统和数据的安全性。

（2）查明意外更改。通常，文件更改是管理员或其他员工无意间进行的。有时，这些更改的影响可能很小并且可以被忽略，但有时可能会导致漏洞或后门，或者导致业务运营故障或连续性问题。FIM 可识别对文件的修改，从而简化了取证工作，也可以将对应的文件修改回滚或采取其他补救措施。

（3）验证更新状态并监视系统运行状况。使用 FIM 解决方案提供的补丁校验功能，可以在多个位置和计算机上扫描已安装的版本，以检查文件是否已被更新到最新版本。

（4）符合法规要求。部分法规要求（如 GLBA、SOX、HIPAA 和 PCI DSS）组织具备审核变更，以及监视和报告某些类型的活动的能力。

监控涉及的国际标准和行业标准一般都和日志的要求结合出现，如 ISO 27002 的 12.1 节 "日志和监控"，PCI DSS V3.1 的条款 10："跟踪和监控对于网络资源和卡持有者数据的所有访问" 和条款 11："周期性的测试安全系统和流程"。在美国，基于《联邦信息安全管理法案》[68]（FISMA），NIST 800-137《联邦信息系统和组织的信息安全持续监控》[69]中提出了 "信息安全持续监控"（Information Security Continuous Monitoring，ISCM）的概念和操作要求。

之所以存在文件完整性监控，是因为组织的 IT 环境频繁发生更改：硬件资产发生变化、软件程序更改、配置状态更改。有些修改是在升级或维护周期内进行的正常操作，而有些则需要引起关注。

组织通常通过投资于资产发现和安全配置管理来对这种动态的变化做出响应。这些控制措施使组织可以跟踪并监控 IT 系统的配置。即使这样，仍然面临着重要的挑战：协调对重要文件的更改。FIM 是应对此场景的有效手段。

完成文件完整性监控需要五个步骤，分别如下。

（1）设置策略。此步骤涉及确定组织需要监视哪些系统上的哪些文件。

（2）为文件建立基准。在组织可以主动监视文件的更改之前，需要一个参考点，可以以此参考点作为基础来检测更改。因此，组织应记录在 FIM 策略中涵盖的文件的基准或已知的良好状态。该基准应考虑版本、创建日期、修改日期和其他可帮助 IT 专业人员确保文件合法的数据。

（3）监视更改。有了详细的基准，组织可以继续监视所有指定文件的更改。通过识别并自动添加预期的更改，可以最大限度地减少误报。

（4）发送警报。如果文件完整性监控解决方案检测到未经授权的更改，则负责该流程的人员应向可以解决此问题的相关人员发送警报。

（5）报告结果。有时组织会使用 FIM 工具来确保 PCI DSS 的合规性。在这种情况下，组织可能需要生成审计报告，以证实其文件完整性监控评估程序的部署。

通过上述步骤，可以建立文件完整性监控的闭环流程。

3.7.8　数据库监控技术

根据 Imperva 公司的调查，数据库中保存了各类组织中近 60%的最敏感数据[70]。但是，大多数企业在防火墙和其他形式的外围安全措施上的投入更大，而这些措施还不足以防止漏洞的出现。Verizon 的《2018 年数据泄露调查报告》（DBIR）显示[71]，在其所研究的 2216 起数据泄露事件中，涉及最多的资产是数据库服务器。

以下两种数据库安全防护措施被广泛采用。

一种是数据活动监控工具（DAM）。利用该工具可以及时发现针对数据库的可疑活动。

另一种是数据混淆技术，如加密和数据掩码。数据混淆技术可以使被窃取的数据失去价值。

本节主要探讨数据活动监控工具及其技术。数据活动监控工具并不孤立，在多数场景下，它需要同边界安全工具（如防火墙）、身份和访问管理（IAM）平台、数据泄露防护（DLP）工具，以及日志管理工具、安全信息和事件管理（SIEM）等工具或平台集成，以提供最终的数据安全解决方案。

Gartner Reseach 的 Mogull R. 指出 [72]，数据库活动监控（Database Activity Monitoring，DAM）"是指……能够识别和报告欺诈性、非法或其他不良行为的功能，而对用户操作和生产力的影响却最小"。数据活动监控工具已从基本的账户活动分析演变为强大的"以数据为中心"的安全措施，如数据发现和分类、用户权限管理、特权用户监控、数据保护和防止丢失等。

DAM 解决方案至少应该具备下述几项关键特性。

（1）独立监视和审核所有数据库活动，包括管理员活动和 SELECT 查询事务。DAM 工具可以记录所有 SQL 事务：数据操纵语言（DML），数据定义语言（DDL），数据控制语言（DCL），有时还包括事务控制语言（TCL）。在理想情况下，无须依赖本地数据库日志就可以做到这一点，从而将性能影响降低到最低（小于 2%，具体值取决于数据收集方法）。

（2）将审核日志安全地存储到目标审计数据库外部的中央服务器。

（3）监视、汇总和关联来自多个异构数据库管理系统（DataBase Management System，DBMS）的活动。DAM 工具可以与多个 DBMS（如 Oracle 数据库 Microsoft SQL Server 和 IBM DB2）一起使用，并且可以标准化来自不同 DBMS 的事务，尽管 SQL 风格之间存在差异。

（4）确保服务账户仅从定义的源 IP 访问数据库，并且仅运行一组授权查询。对源 IP 和授权查询的限制分别用于在与意外系统建立连接时或服务账户泄露时得到及时的提醒。

（5）通过监视和记录数据库管理员的活动来保障职责分离。

（6）为基于规则或基于启发式的策略违规生成警报。例如，可以创建一条规则，以在特权用户每次执行 SELECT 查询（如从信用卡列中返回 5 个以上的结果）时生成警报。触发器将提醒该应用程序已通过 SQL 注入或受到其他攻击的可能性。

一些 DAM 工具还可以完成以下功能。

（1）发现本地、云中和旧数据库中数据的位置、数量和上下文，并提供可视性。

（2）根据发现的数据中的个人信息数据类型（如信用卡号、电子邮件地址、病历等）和安全风险等级对发现的数据进行分类。

（3）提供针对 PCI DSS、SOX 和其他常规合规性要求的预定义策略。

（4）提供与外部变更管理工具的闭环集成，以跟踪在 SQL 中实现的已批准的数据库变更。利用其他工具可以跟踪管理员的活动，并提供变更管理报告以在需要时进行审计。

DAM 的主要优势之一是它能够监视在多个操作系统（Windows、Unix 等）的多个数据库管理系统（DBMS）上运行的多个数据库。DAM 工具将来自多个收集器的信息聚合到中央服务器。在某些情况下，中央服务器/管理控制台还会收集信息，而在其他情况下，它仅充当收集器以发送数据的存储库。

DAM 解决方案的核心是收集器，这些收集器监视数据库流量，并将其存储在本地或将其发送到中央服务器，具体取决于过滤规则和配置。这些收集器至少能够监视 SQL 通信。这是 DAM 的定义特征之一，也是它与日志管理、安全信息和事件管理及其他提供一定级别的数据库监视的工具的主要区别。收集技术主要分为三类：网络监控、远程监控和本地代理。

1. 网络监控

此技术（其结构见图 3-44）监视 SQL 的网络流量，解析 SQL 并将其存储在收集器的内部数据库中。大多数工具都可以做到双向监控，也就是说，对入站和出站的 SQL 网络流量都可以监控。网络监控的优点在于被监控的数据库上的开销为零，可以独立于平台进行监控，不需要修改数据库，并且可以一次监视多个异构数据库管理系统。其缺点是它不了解数据库的内部状态，并且会错过并非以 SQL 形式访问网络的数据库活动，如登录本地和远程控制台连接。基于第二个缺点，因此仅在与其他可以捕获本地活动的监控技术结合使用时才建议使用网络监控。如果将 SSL 设备放置在数据库的前面，并将 DAM 收集器放置在 VPN 设备和数据库之间（通信未加密），并且通过 SSL 或 IPSec 对数据库的连接进行加密，则仍可以使用网络监控。

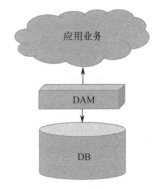

图 3-44　网络监控结构

2. 远程监控

数据库远程监控结构如图 3-45 所示，使用此技术可以为 DAM 收集器授予对目标数据库的管理访问权限，并打开本机数据库审计功能。DAM 收集器从外部监控 DBMS，并收集通过本机设计或其他内部数据库功能（输出活动数据）记录的活动。因此，受监控系统的开销就是本机日志记录/审计的开销。在某些情况下，这是可以接受的——特别是 Microsoft SQL Server 提供很少或没有开销的数据库远程监控。在其他情况下，特别是第 10 版之前的 Oracle 的开销是巨大的，出于性能原因开销可能是不可接受的。数据库远程监控的优点包括监控所有数据库活动（包括本地活动）的性能，等同于本机日志记录/监控的性能的能力，以及监控所有数据库活动（包括内部活动）的能力，而无论客户端连接方法如何。其主要缺点取决于数据库平台（尤其是 Oracle 的较旧版本）的潜在性能问题。该技术还需要在数据库上打开管理账户，并且可能需要更改配置。

3．本地代理

数据库本地代理监控结构如图 3-46 所示，此技术需要在数据库服务器上安装软件代理以进行收集活动。由于对 DBMS 和主机平台的支持要求不同，因此各个代理程序所使用的性能和技术也存在很大差异。一些早期的代理依靠本地嗅探网络环回接口进行监控，这会丢失某些类型的客户端连接。当前的代理可以通过平台内核的挂钩（Hook）来审核活动，而无须修改 DBMS，并且对性能的影响最小，或者还可利用共享内存监控。领先的代理通常对性能的影响不超过 3%，这似乎是数据库管理员可以接受的范围。本地代理的优点包括无须打开本机审计即可收集所有活动，监控内部数据库活动（如存储过程）的能力，以及较低的开销。本地代理的缺点包括有限的平台支持（必须为每个平台编写新的代理程序），以及在每个受监控的服务器上安装代理程序的要求。

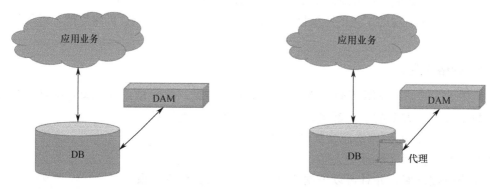

图 3-45　数据库远程监控结构　　　　图 3-46　数据库本地代理监控结构

总之，鉴于当今不断发展的安全威胁，以及敏感数据的数量和使用呈指数级增长，部署以数据为中心的安全措施至关重要。这些措施侧重保护数据在网络、服务器、应用程序或端点之间移动时的安全。这些措施分为两种形式：本机数据库审计工具和数据库活动监控。组织适合采用哪种形式，或者多种形式的结合，都需要根据具体场景、数据的类型、实际的威胁和合规性需求等综合考虑。

3.8　数据安全业务场景

数据多种多样，数据安全的业务场景也非常多样。并非仅有用户的数据需要得到完善的安全防护，在消费者使用的客户端上，保证版权所有者的数据不被非法复制，保障其机密性等，都是数字版权管理（Digital Rights Management，DRM）的适用场景。同时，组织的员工自带个人设备处理工作时，保证组织的数据不被泄露也是数据安全的典型场景之一，同时也是 MDM 业务的重点场景。下文将选择几个相关业务，描述其技术及适用场景。

3.8.1　DRM 技术与适用场景

DRM 技术是一种使用密钥对数字文件加密的技术。密钥用于锁定或解锁内容。通常，用户必须获取一个包含密钥的授权文件来访问目标文件。在多数场景下，授权文件还包含对如何使用目标文件的限制。

使用 DRM 技术，数字版权人可以以一种受控和受保护的文件格式，在互联网上分发歌曲、视频或其他数字多媒体文件。

在 1997 年春季出版的《伯克利科技法律杂志》（*The Berkeley Technology Law Journal*）第 12 期中，马克·史蒂菲克（Mark Stefik）发表了论文《改变可能性：可信赖的系统和数字产权如何挑战我们重新考虑数字出版》[73]。该论文指出："随着可信系统技术和使用权利语言的发展，用这种语言对与受版权保护的材料相关的权利进行编码，作者和发行者可以对他们的工作拥有更多而非更少的控制权。"这个是关于 DRM 技术的最早期描述之一。

事实上，DRM 技术的应用，是与互联网时代数字资产的复制和传播的便利性密切相关的。在实体书籍的时代，即使考虑复印机的发明和普及，作为普通读者，复印一整本书所需要的时间和金钱也是很可观的。所以实体书籍对版权保护技术的诉求并不强烈。而在互联网时代，复制一份数字格式的文件并传播，其成本几乎可以忽略不计。虽然纸质书籍和数字格式的书籍，其版权保护的法律要求实际上是完全一致的，但是仅凭借法律并不能足够有效地预防复制。保护数字作品的技术手段是必需的。

提到数字作品保护的技术手段，一种最直观的考虑是"为什么不用加密技术？"加密技术固然需要，但是仅凭借加密不能完全解决问题。首先，加密并不能阻止文件的复制。其次，即使是加密的文件，也可以从一个数字设备轻松地移动到另一个数字设备，更不用说通过邮件、网络下载甚至是 P2P 网络的传播。因此，加密和数字版权管理的区别就很明显了：数字版权管理的控制点在于内容的访问和使用，而不一定是加密文件复制这个动作本身；即使把加密后的文件复制成百上千份并且传播，如果没有访问文件的密钥，则这些副本仍然是没有任何价值的。

数字版权管理（DRM）要面对的场景多种多样，简单地使用加密技术无法满足要求。以下用两种保护文件的方式来说明。第一种方式是将加密后的文件提供给用户，并且提供打开加密文件的口令。此时，用户可以将这个文件和口令传递给任何人。第二种稍微复杂的方式是不将访问文件的口令提供给用户，而是将访问文件的密钥隐藏在某个授权文件（License）中，和加密后的文件一同提供给用户。此时，甚至可以做到用户对于文件是否加密无感知。显然，这种方式也存在明显的问题。聪明的用户可以将两个文件同时分发给未被授权的其他用户，从而损害版权人的利益。

第三种方式出现了——将授权文件绑定到用户的特定硬件设备上。这样，用户只有在特定设备上才可以打开受保护的文件。事实上，这也是早期最为流行的 DRM 技术解决方案。这种方式的缺点也同样明显：一是一般硬件设备的生命周期最多也就三五年，因此会受更换硬件的影响；二是用户对文件的可访问性受到了非常明显的限制。

比较理想的解决方案是，将数字文件关联到"人"而不是"某个设备"。这样，就像用户将一本书从家里带到办公室一样，用户可以将自己购买的数字文件在自己的不同设备之间移动。

早在 2003 年之前，微软公司就在其产品微软阅读器（Microsoft Reader）中支持用户将其微软账户同特定的微软阅读器关联，以保护用户购买的电子书不被非法复制。

本章节之前的讨论主要集中在文件打开时的保护措施，但是 DRM 技术涵盖的范围远不止于此。在打开文件之后，还需要更多的控制措施。比如，控制用户是否可以打印该文件，控制用户是否可以将文件的内容复制粘贴到剪贴板，或者文件本身是否会在一定时间之后过期。

通过一个常用的文档阅读类软件 Acrobat Reader 作为文档的数字版权管理样例，可以形象地说明文档的数字版权管理机制，如图 3-47 所示。

在文档的"安全性"属性窗口，可以看出创建者控制文件的各种保护方式，如是否允许复制文件内容，是否允许打印等。Acrobat Reader 支持的 DRM 技术方案会出现在"安全性方法"中，如 Adobe DRM。

Acrobat Reader 和微软阅读器都实现了 DRM 技术的部分功能，但并非全部。从抽象的维度，DRM 技术将版权人的诉求系统化地分类为功能上的限制（播放、打印、复制等）、使用上的约束（次数约束、过期时间约束、基于地理位置的约束等）及用户义务遵从（付费、使用方式跟踪等）三个类型。DRM 技术功能分类如图 3-48 所示。DRM 系统的设计与实施也基于这三个类型展开。

图 3-47　文档的数字版权管理样例

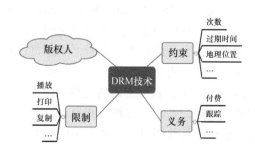

图 3-48　DRM 技术功能分类

3.8.2　MDM 技术与适用场景

随着远程办公、在家办公和移动办公等场景的逐渐兴起和普及，消费者希望能够更便利地处理工作邮件、访问内部通信录、使用内部社交平台或协作工具（如 Sharepoint）、使用内部网站和应用等。但是与此同时，也希望自己的私人数据（如照片、音乐、视频和私人应用程序）不受组织的管控。特别是自带个人设备处理工作内容的场景，将工作数据和私人数据有效地区隔开，成为一种普遍的诉求。

移动设备管理（Mobile Device Management，MDM）技术是上述移动办公场景的主流应用技术，其目的是仅允许授权的应用程序，以安全和可控的方式访问和处理组织的资产和数据。

从技术角度，MDM 技术可以将组织的数据隔离和保护起来，以减少对于此类数据的攻击面。部分 MDM 技术还可以提供限制应用程序执行、寻找设备、擦除企业数据、在丢失的设备上擦除所有数据等功能。

MDM 技术的工作原理可以用图 3-49 形象地表示。

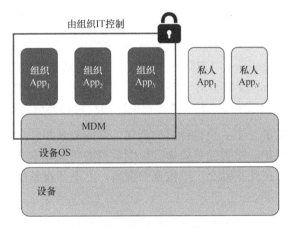

图 3-49　MDM 技术的工作原理

设备 OS 为 MDM 技术提供支持。MDM 技术可以在设备 OS 之上虚拟出一块"独立"的空间，组织的应用程序运行在该空间中，和消费者的私人 App 区隔开。

值得注意的是，Gartner 曾经在其文章《限制消费者智能手机和平板电脑商业风险的四种架构方法》[74]中指出："对这些设备的管理有所帮助，但企业还应考虑其他技术和应用实践，以减少数据曝光和泄露。"也就是说，单纯凭借 MDM 技术解决方案，并不能有效地保护设备上的数据和资产。其主要原因在于，现代的智能手机给组织资产引入了 OS 层的多种攻击面，存在比较高的风险，如蓝牙传输、打印、剪贴板、Wi-Fi、VPN 等。

对于此，Gartner 提供的建议如下。

（1）优先考虑来自独立软件供应商和内部开发团队的自我保护应用程序。

（2）不要认为设备管理策略会保护企业利益和访问控制。

因此，应用程序层面的数据泄露防护和管理是有必要的。所有需要访问敏感数据的应用程序都应该部署类似的机制。

MDM 技术聚焦于对于设备的控制和安全性。一种流行的观点是，MDM 技术解决方案已经被功能更加完善和丰富的企业移动性管理（Enterprise Mobility Management，EMM）技术解决方案取代。EMM 技术泛指用于保护雇员移动设备上访问和使用的组织数据的技术和服务的集合。根据 Forrester 研究院（Forrester Research）发表的观点，"EMM 使企业能够支持员工的选择和自主权，以使用移动设备进行工作，同时保护企业免受此活动带来的威胁"。

一般而言，EMM 技术除具备 MDM 技术的关键能力外，还包含移动应用管理（Mobile Application Management，MAM）技术能力和移动身份管理（Mobile Identity Management，MIM）技术能力。MAM 技术使组织的 IT 部门可以管控应用，而不再受限于设备。IT 部门可以对指定的应用设定安全策略，限制应用之间的组织数据的分享，或者选择性地删除应用程序和其数据，而不必擦除整个设备的内容。MIM 技术包含用户和设备证书、应用代码签名、认证和单点登录（Single Sign On，SSO）等技术。MIM 技术的主要目的是确保只有受信任的设备和用户才可以访问组织的数据或应用。通常，MIM 技术也提供应用和设备的使用情况的度量和汇总统计的功能。

随着多种设备类型和平台的涌现，EMM 技术的很多软件供应商又以统一端点管理（Unified Endpoint Management，UEM）技术解决方案重新包装其产品和服务。UEM 技术在 EMM 技术的基础上，增加了对于多种类型的设备的管理，如对于 iOS、Android、Windows、Mac OS 的统一支持。UEM 技术也提供用户访问其应用和文件的统一入口。

现代移动终端设备的一个主要设计目的是使信息的处理和分享更加迅速和便捷。而对于组织的资产和数据保护，重要的是要做到组织数据的可控和安全。MDM 技术提供了对用户终端设备的管理。在此基础上，以数据的视角，而不是设备的视角，审视解决方案和工具的有效性，更为必要。

此外还需要关注的是，MDM 技术及其他设备管理解决方案都需要符合适用的隐私法律法规的要求。一般而言，在用户不知情的情况下开启设备的拍照或录音等敏感操作，或者将用户的短信、照片等全部上传到组织的服务器上，可能会导致违反相应的隐私法律。

3.8.3 DLP 技术与适用场景

从动态的目标而言，数据安全针对的是组织中的重要和敏感数据，致力于寻找数据（Discover）、保护数据（Protect）、监控数据（Monitor），并按照这三个阶段循环，如图 3-50 所示。

在寻找数据阶段，应从数据的类型出发，寻找系统中包含敏感数据或个人数据的存储库（也可能是文件或其他类型的存储库）。在找到系统中的被保护数据之后，要识别出涉及这些数据的业务工作流和其对应的数据流。之后，需要识别出这些

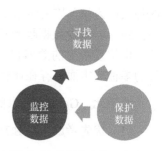

图 3-50　数据安全的三个阶段

数据的所有者，以及这些数据是否涉及对外传递。

在保护数据阶段，应该根据寻找数据阶段得到的数据的类型、存储方式和使用方式，制定合适的保护机制，如加密机制和访问控制机制。例如，对于云平台中不再需要的敏感数据，应做删除处理；对于位于非信任网络中的敏感数据，应该移动到受信任网络，或者做加密处理。此外，应根据数据的访问要求，结合权限最小化原则，制定合适的访问权限控制。

在监控数据阶段，应该使用自动化的手段，监控人和系统对于数据的访问，特别是对数据的带内/带外（Inbound/Outbound）传输的监控。可以使用数据扫描工具以满足法律遵从要求。对于异常的数据传递，可以告警、阻止和记录日志。

数据丢失防护或数据泄露防护（Data Loss Prevention 或 Data Leak Prevention，DLP）技术是指通过监控（Monitoring）、侦测（Detecting）和阻断（Blocking）等方式发现和防止数据被不当泄露的技术和产品。DLP 技术和产品符合上述所提到的"寻找数据、保护数据、监控数据"三个阶段的特征，并主要聚焦于监控数据阶段的实现。

被保护的敏感数据可分为三类：使用中的数据（Data in Use）、传输中的数据（Data in Motion）和静态数据（Data at Rest）。

在设计和部署 DLP 技术和产品时，首先需要对敏感数据进行分类和确认，并确定识别敏感数据的方法。常用的技术主要有两大类。

（1）数据特征（Signature）：根据敏感数据的构成规则或内容特征定义敏感数据的识别规则。最常见的形态是正则表达式，用于识别身份证号、银行账户、电话号码、电子邮件等各种固定格式或组成的敏感数据片段。

（2）数据/文件指纹（Fingerprint）：通过分析数据或文件的框架格式、关键字构成或内容特点等各方面信息，提炼出数据或文件的独特性质。不同厂商的 DLP 技术和产品使用的数据/文件指纹技术不尽相同，主要用于整体识别复杂的数据和文件，某些厂商的技术在数据或文件发生一定变化后仍然能够准确识别。

DLP 系统构成如图 3-51 所示，DLP 产品的核心是检查引擎。检查引擎使用配置或积累的数据特征和数据/文件指纹对传入或抓取的数据进行分析和识别，并根据企业设定的处理策略处理相应的敏感数据事件。常见的处理方式包括拒绝（阻断）数据传播、向对应用户或管理人员发出告警或提醒、对敏感数据进行加密或替换/删除相关敏感数据等。

在企业的实际使用中，DLP 技术和产品主要有两种部署方式。

（1）独立部署：利用独立的硬件设备或以软件形式安装在独立的服务器上，以主动扫描目标（主机、文件服务器等）或被动监听网络流量，当发现敏感数据有不当使用时进行阻断或告警等处理。

（2）集成部署：与其他产品或设备［如 Web 安全网关、邮件服务器、IPS/IDS、统一威胁管理系统（Unified Threat Management，UTM）等］集成，通过被集成的产品/设备获取数据，当发现敏感数据有不当使用时进行阻断或告警等处理。

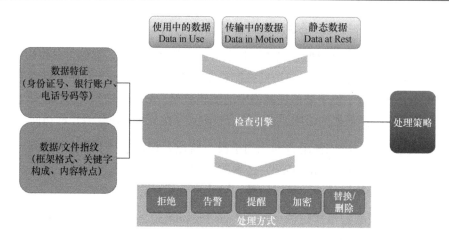

图 3-51　DLP 系统构成

3.8.4　CASB 介绍及与 DLP 的集成

在近 20 年的时间里，各类组织的数据安全依赖于"围墙花园"模型。而在现今社会，组织经常面对如下的场景：员工自带设备（BYOD）的流行，员工的流动性增强和未经批准的员工访问 Office 365 等云服务。因此，在组织可访问的多种云服务之间设置统一的安全策略，并保护组织资产和个人数据非常必要。

而设置统一的安全策略的前提是，组织的 IT 部门对于组织当前使用的云服务，特别是未经批准的 SaaS 服务、影子 IT（IT 部门不管控甚至不知情的 IT 项目）的可见性。基于 2019 年 McAfee 的《McAfee 云采纳和风险报告》[75]，大多数 IT 专业人士估计自己的组织使用了大约 30 种云服务，而实际上使用的云服务数目最多可达到 1935 种。

云访问安全代理（Cloud Access Security Broker，CASB）指一种云托管的软件或本地的软件或硬件，部署于云服务使用者和云服务提供商之间，允许组织将其安全策略的范围从现有的本地基础设施扩展到云服务，并为特定于云的上下文创建新的策略。在此基础上，CASB 还提供组织安全策略的可视性。

CASB 允许组织在使用云服务的同时保护组织敏感数据，因此逐渐成为企业级安全的不可或缺的组成部分。根据 Gartner 咨询公司的报告，2018 年年底，仅有 20%的大型组织使用 CASB，而到 2022 年年底，这个数据可能达到 60%以上。

CASB 作为策略实施中心，整合多种类型的安全策略的实施并将其应用于组织在云中使用的所有内容，而无论使用哪种设备（包括不受管理的智能手机、物联网设备或个人便携式计算机）。

CASB 通过细粒度的数据保护机制和策略，允许其员工在使用可以节省时间、提升工作效率的云服务的同时，保护企业的数据资产安全。

通常，CASB 解决方案提供下述基本功能，如图 3-52 所示。

（1）可见性：组织中可能有许多员工访问众多不同云环境中的多个应用程序。当云使用不在 IT 的视野范围内时，组织的数据不再受组织的治理、风险或合规性政策约束。为了保护用户、机密数据和知识产权，CASB 解决方案提供对云应用程序使用情况的全面可见，包括设备和位置信息等用户信息。云发现分析为其使用的每个云服务提供了风险评估，从而使组织的安全人员可以决定是继续允许访问还是阻止应用程序。此信息还可用于帮助实现更精细的控制措施，如根据个人的设备、位置和工作职能授予其对应用程序和数据的不同级别的访问权限。

图 3-52　CASB 解决方案
提供的基本功能

（2）合规性：无论组织数据的存储位置是在组织内的数据中心还是在云中，都需要遵从相应的隐私保护和数据安全的法律和法规。CASB 解决方案可以通过满足各种合规性法律（如 HIPAA）及法规或标准要求（如 ISO 27001、PCI DSS 等）来维护云中的合规性。CASB 解决方案可以识别合规性方面风险最高的领域，并可以指导安全团队应该如何解决。

（3）数据安全：云的采用使远距离有效协作成为可能。尽管数据的无缝移动可以带来很多好处，但对于需要保护敏感和机密信息的组织来说，也可能会付出巨大的代价。传统的本地 DLP 解决方案旨在保护数据，但其能力通常不会扩展到云服务，并且缺乏云上下文。CASB 解决方案与现代的 DLP 解决方案的结合使 IT 部门能够查看敏感内容何时上传到云，何时从云中下载，以及云到云之间传播。通过部署 DLP、协作控制、访问控制、信息权限管理（IRM）、加密和令牌化等安全功能，可以最大限度地减小企业数据泄露风险。

（4）威胁防护：无论是出于疏忽还是出于恶意，拥有被盗凭据的员工和第三方都可能从云服务中泄露或窃取敏感数据。借助基于机器学习的用户和实体行为分析（UEBA）技术，CASB 解决方案可以汇总用户的常规使用模式的全景视图，以识别或查明用户的异常行为。当有人试图窃取数据或不正当获取访问权限时，CASB 解决方案可以检测并缓解威胁。为了防御来自云服务的威胁，CASB 解决方案可以使用自适应访问控制、静态和动态恶意软件分析及威胁情报等功能来阻止恶意软件。

此外，CASB 解决方案可提供的功能还包括：

（1）云威胁分析；

（2）配置审计；

（3）恶意软件检测；

（4）数据加密和密钥管理；

（5）SSO 和 IAM 的集成。

CASB 解决方案的主要目的是提供对于数据和威胁的可见性和可控性，以满足组织的数据安全需求。典型的 CASB 解决方案工作模式如图 3-53 所示。

图 3-53　CASB 解决方案工作模式

（1）发现：CASB 解决方案提供自动发现功能，以生成所有第三方云服务的清单，以及谁在使用它们。

（2）分类：在"发现"阶段得到所有云服务使用的清单后，CASB 解决方案可以基于应用的类型、应用访问哪些数据，以及数据的使用和分享方式等识别其风险等级。

（3）修复：在识别每个应用的相关风险之后，CASB 解决方案可以使用这些信息，设置并生成组织的数据策略和用户访问策略，以满足安全需求。

CASB 解决方案除提供恶意软件防护和数据加密机制外，还提供额外的保护层。

3.9 本章总结

本章聚焦组织、产品和解决方案的数据安全架构，阐述了安全架构的需求分析、设计和展现形式。本章基于典型的组织的数据安全架构，介绍了组织的数据保护模型和其关键的组成部分，并给出了安全架构的一些典型样例。

在系统和子系统、模块的安全设计维度，本章重点阐述了八条安全设计原则和正反两个维度的案例。

数据安全架构由一系列的关键技术作为支撑。为此，本章介绍了文件加密、访问控制和系统监控等一系列基础的关键技术，以及数据泄露防护（DLP）等应用层关键技术。

数据安全的核心目标是保护数据的机密性、完整性和可用性，其实现的关键是加密和访问控制。而良好的加密依赖于现代密码学和密钥管理的最佳实践。

第 4 章

数据安全的基石：
密码学与加密技术

保护信息的机密性也许是人类自诞生以来就不断追寻的一个主题。早在公元前，罗马帝国的恺撒大帝（盖乌斯·尤利乌斯·恺撒，Gaius Julius Caesar，公元前 100 年 7 月 12 日—公元前 44 年 3 月 15 日，史称"恺撒大帝"）就已经使用某种形式的加密方法，使军事通信难以被拦截和破解。英文中的"密码学"（Cryptography）这一术语，本意是用于描述秘密通信的艺术。该词汇来源于希腊语，含义是"秘密的写作"。

密码学自诞生开始，就随着技术的发展而不断地发展，其重要性也在日益增长。历史表明，无论是在近代和现代，良好的加密通信技术都可以帮助战争取得胜利。

根据已经解密的档案和资料，"计算机科学之父"艾伦·图灵在第二次世界大战期间破译了德国的 Enigma 密码机，帮助同盟国获得了显著的优势。

在现代的信息社会，通信进一步数字化、远程化。如何在享受数字化通信的迅速和便捷效果的同时，还能保护隐私和数据安全，是通信业务发展中绕不开的话题。更进一步地，随着电子商务的蓬勃发展，数字化交易系统的安全性和可信性变得更加重要。除非可以保证电子商务的安全性，否则全球化贸易将受到严重的威胁。

本书 1.1.4 节"数据安全总体目标"中指出，数据安全的三个核心要素为：机密性、完整性和可用性。在越来越多的数字化场景中，这三个核心要素都不同程度地依赖于密码学提供的基础服务，而密码学又依赖于密钥管理的工程化实践。

参考 NIST SP 800-130 标准[76]的定义，密码学是指使用数学技术提供安全服务，其数据安全目标包括机密性、数据完整性、实体身份认证和数据源身份认证及防重放等。密码学技术在数据安全中的作用见表 4-1。在延伸意义上，密码学是指与将纯文本转换为密文并将加密的密文恢复为纯文本的原理、方式和方法有关的技术或科学。

表 4-1　密码学技术在数据安全中的作用

数据安全目标	应对的典型威胁	相关的密码学技术
机密性 (Confidentiality)	窃听 非法窃取资料 敏感信息泄露	对称加密和非对称加密 数字信封

（续表）

数据安全目标	应对的典型威胁	相关的密码学技术
完整性 (Integrity)	篡改 重放攻击 破坏	哈希函数和消息认证码 数据加密 数字签名
可鉴别性 (Authentication)	冒名	口令和共享加密 数字证书和数字签名
不可否认性 (Non-repudiation)	否认已收到资料 否认已传送资料	数字签名 证据存储
授权与访问控制（Authorization & Access Control）	非法存取资料 越权访问	属性证书 访问控制

网络安全和数据安全的众多特性和功能也以密码学为基石。典型的安全场景映射表见表 4-2。

表 4-2　典型的安全场景映射表

安全场景	安全特性	密码学提供的服务
HTTP 连接	传输层安全协议（TLS）	对称加密算法、哈希算法、非对称加密算法、DH 密钥协商、伪随机数生成器
IP 连接	IPSec	对称加密算法、数字签名、报文认证码、DH 密钥协商、伪随机数生成器
笔记本电脑数据保护	全盘加密（FDE）	对称加密算法、哈希算法
数据库	数据库加密（DBE）	对称加密算法、哈希算法、非对称加密算法

当然，密码学也不是空中楼阁，在实际的部署场景中，其本身实现的安全性也需要安全维度的支持，其安全性突出表现在以下两个方面。

（1）对密钥、口令等机密数据的访问需要身份认证和鉴权。这依赖于本书 1.3 节"身份认证与数据访问控制"所讨论的认证机制。

（2）对机密数据的访问，需要支持审计，含监控、日志和分析功能。

实现特定的安全服务时，所需要的一套密码学方案（scheme）通常称为密码系统。密码方案包含四个基本组成部分。

（1）明文信息——要发送的原始消息。

（2）密码系统或密码算法——由数学加密和解密算法组成。

（3）密文——在将原始消息发送给收件人之前对原始消息应用加密算法的结果。

（4）密钥——算法在加密和解密过程中使用的比特数组。

密码系统的术语"cipher"（密码）起源于阿拉伯语的"sifr"，其本意是"空"或"零"。加密过程是指通过使用密码算法，以及选定的密钥，将明文的信息加密为密文信息。密文信息通常表现为难以理解或读懂的形式。密文信息可以通过通信通道传输给指定的收件人。

加密技术是信息安全领域最常用的安全保密手段之一。加密技术利用技术手段，把重要的数据变为密文（加密）后进行传送，到达目的地后再用相同或不同的手段还原（解密）。加密技术是数据安全最基础的安全措施之一。

加密有以下两个特点。

一个特点是只有特定的接收者才可以解密，其他人无法看到明文。加密传输示意图如图 4-1 所示。

另一个特点是提供谁是发送者的证明。

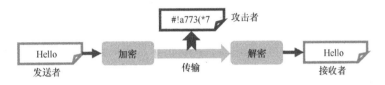

图 4-1　加密传输示意图

加密技术包括两个最主要的元素：算法和密钥。而根据不同的密钥类型，可以将密码学的算法分为如下三类：密钥加密、公钥加密和哈希函数。每类算法在密码学领域都有自己的作用。

4.1　密码学的起源与演化

古典密码有着悠久的历史。从古代一直到计算机出现以前，古典密码学主要有两大基本方法。

1. 转置密码

明文的字母保持相同，但打乱顺序。例如，"hello world" 转置为 "eholl owrdl"。

2. 替换密码

系统地将明文的字符替换为另一种字符。例如，用拉丁字母表中的前一个字母替换后一个字母，如恺撒密码。

4.1.1　恺撒密码

恺撒密码[77]（Caesar Shift，Simple Shift）也称恺撒加密、恺撒变换、变换加密，是一种最简单且最广为人知的加密技术。这种加密方法是以罗马共和时期恺撒的名字命名的。据记载，恺撒曾用此方法与其将军们进行联系。

恺撒密码是一种置换密码的技术，明文中的所有字母都在字母表上向后（或向前）按照 0 到 25 的一个固定数字进行偏移后被替换成密文。这个数字可以理解为某种形式的"加密密钥"。

恺撒密码的公式如下。

加密公式：密文 = (明文 + 位移数) mod 26

解密公式：明文 = (密文 − 位移数) mod 26

因此，假设位移数为 13，此时算法名称记为 ROT13，得到的明文和密文字母的对应关系见表 4-3。

表 4-3　明文和密文字母对应关系表

明文字母	a	b	c	d	e	f	G	h	i	j	k	l	m	n	o	p	q	r	s	t	u	v	w	x	y	z
密文字母	n	o	p	q	r	s	T	u	v	w	x	y	z	a	b	c	d	e	f	g	h	i	j	k	l	m

假设明文为"hello"时查找表 4-3，得到对应的密文为"uryyb"。

显而易见，恺撒密码是一种非常不安全的密码。即使不考虑明文字母分布概率引发的攻击方式，单就只有 26 个可能的密钥而言，攻击者只需足够的耐心即可枚举。

4.1.2　简单替换密码

简单替换密码是恺撒密码的演进。该方案按照预先定义的排列方式，将一个字母替换为另一个字母。

最简单的方案如：按照顺序的 abcd…xyz 和逆序的 zyx…dcba 这两种不同的顺序，见表 4-4。

表 4-4　明文和密文字母逆序关系表

明文字母	a	b	c	d	e	f	g	h	i	j	k	l	m	n	o	p	q	r	s	t	u	v	w	x	y	z
密文字母	z	y	x	w	v	u	t	s	r	q	p	o	n	m	l	k	j	i	h	g	f	e	d	c	b	a

这样，假设明文"hello"时查找表 4-4，得到对应的密文为"svool"。

此时，排列方式就是这种方案的密钥。

因为英文有 26 个字母，所以理论上的排列方式多达 26!（26 的阶乘）。这个数字约等于 4×10^{26}，所以密钥的样本空间足够大。即便使用现代的计算机解密，如果使用穷举排列的方式破解密钥也很困难。

简单替换密码的设计存在固有的缺陷，通过选择明文攻击，或者通过概率攻击，可以很容易解密。

上述几种替换密码本质上都是单字母密码。其特点是，对于给定的密钥，整个加密过程中每个固定字母对应的密码字母都是固定的。例如，如果将"A"加密为"D"，则对于该明文中出现的任何场景，"A"将始终被加密为"D"。这些密码方案极其容易受密码分析的影响。

多字母密码是另外一种替换密码。多字母密码在加密过程中，明文字母对应的密码字母在不同位置可能会有所不同。接下来的两个实例[Playfair 密码（Playfair Cipher）和维吉尼亚密码（Vigenère Cipher）]都使用了多字母密码。

Playfair 密码将明文中的双字母组合后作为一个单元对待，并将这些单元转换为密文的双字母组合。加密后的字符出现的频率在一定程度上被均匀化，以对抗基于字母出现概率的密码分析。

Playfair 密码的核心是一个 5×5 的字母变换矩阵。英语中有 26 个字母，但是英语中字母 J 很少使用，所以约定：凡是 J 出现的地方，均以字母 I 代替。这样，明文和密文的字母都共有 25 个。

假设密钥是"cipher"，将剩下的英文字母按照顺序书写成 5×5 的矩阵，其 Playfair 密码表见表 4-5。

表 4-5　Playfair 密码表

c	i	p	h	e
r	a	b	d	f
g	k	l	m	n
o	q	s	t	u
v	w	x	y	z

加密规则是按成对字母加密。如果单词中出现相同字母，则加分隔符（如字母"x"）。如果单词长度不是偶数，则在最后加一个后缀字母（一般是"z"）。

以"ballon"单词为例。出现了两个"l"，因此，中间加分隔符。

ballon→ba lx lo on

计算的方法略微复杂。如果明文的两个字母在同一行，则使用各自右侧的字母代替。

Playfair 密码同行查找示例如图 4-2 所示，字母对"ba"使用"db"替换。

如果明文的两个字母在同一列，则分别使用字母下一行的字母代替（见图 4-3）。字母对"lx"在同一列，则由各自下方的字母替代。字母"x"在最后一行，因此绕回第一行的对应字母。

c	i	p	h	e
r	a	b	d	f
g	k	l	m	n
o	q	s	t	u
v	w	x	y	z

图 4-2　Playfair 密码同行查找示例

c	i	p	h	e
r	a	b	d	f
g	k	l	m	n
o	q	s	t	u
v	w	x	y	z

图 4-3　Playfair 密码同列查找示例

如果明文的两个字母既不在同一行，又不在同一列，则以这两个字母作为两个顶角，画出一个矩形，再使用矩形另两个顶角的字母代替，如图 4-4 所示。字母对"lo"可以绘出图中的矩形，则另两个顶角的字母是"gs"。

c	i	p	h	e
r	a	b	d	f
g	k	l	m	n
o	q	s	t	u
v	w	x	y	z

图 4-4　Playfair 密码矩形查找示例

所以，以 "cipher" 为密钥，单词 "ballon" 表示为 "ba lx lo on" → "db sp gs ug" → "dbspgsug"。

消息的接收者只要知道密钥，就可以构建出相同的 5×5 矩阵，然后用相同的方式解密。

对 Playfair 密码的分析较为困难。因为分析的目标不再是 26 个英文字母，而是 25×25=625 个可能的字母对。但是，假定攻击者有足够的时间，且具备一定的密文样本量，解密也并非不可能。

维吉尼亚密码（Vigenère Cipher）由恺撒密码扩展而来，引入了密钥的概念。密钥可以是一个单词的形式。根据密钥来决定明文的字母的偏移量，再确定对应的替换字母，以此来对抗字频统计。

假设明文为 "attack from north"。首先将密钥重复，直到明文的长度，然后按照密钥的逐个字母计算其对应的偏移量（假设字母 "a" 对应偏移量为 1，字母 "z" 对应偏移量为 26），维吉尼亚密码表见表 4-6。

表 4-6　维吉尼亚密码表

明文字母	a	t	t	a	c	k	f	r	o	m	n	o	r	t	h
密钥	c	i	p	h	e	r	c	i	p	h	e	r	c	i	p
偏移量	3	9	16	8	5	18	3	9	16	8	5	18	3	9	16
密文字母	d	c	j	i	h	c	i	a	e	u	s	g	u	c	x

利用维吉尼亚密码表可知，字母 "a" 偏移 3，得到字母 "d"；字母 "t" 偏移 9，得到字母 "c"。依次类推。最终得到的密文为 "dcjihciaeusgucx"。

解密时，使用相同的密钥可以构造类似的表格，从而使逐个字母得到密文对应的明文。

使用公式表示如下。

加密公式：密文 ＝ （明文 ＋ 密钥） mod 26 － 1

解密公式：明文 ＝ ［26 ＋ （密文 － 密钥）］ mod 26 ＋ 1

相比恺撒密码，维吉尼亚密码的安全性要高得多，其方法是通过降低密文分析的效率而使加密变得更安全。历史上曾经用维吉尼亚密码的方法保存部分敏感的军事信息。

维吉尼亚密码有两种变体。

（1）密钥的长度和明文的长度相同，此时称为维尔南（Vernam）密码。Vernam 密码提供比维吉尼亚密码更好的安全性。

（2）在特定条件下，维吉尼亚密码表现出 "一次一密" 的特征，具备 "完美安全" 的特征。

上述特定条件为：

① 密钥的长度需要和明文的长度相同；

② 密钥中的每一个字符都需要利用真随机数在字符表中选择；

③ 密钥只使用一次。

其他比较常用的密码还有转置密码（Transposition Cipher），这是密码的另一种类型，其中明文中的字母顺序被重新组织以构成密文。明文中的单个字母不会逐一被替换。

实例是"简单列转置"密码，其中明文以一定字母宽度（密钥的值）水平书写，然后再垂直读取密文，有时也称栅栏密码（The Rail-Fence Cipher）或栅栏转置（Columnar Transposition）。

以明文"THE LONGEST DAY MUST HAVE AN END"为例。假设选择的密钥为 6。按照水平方式得到转置密码表，见表 4-7。

表 4-7　转置密码表

T	H	E	L	O	N
G	E	S	T	D	A
Y	M	U	S	T	H
A	V	E	A	N	E
N	D				

按照垂直方式得到的密文如下：

TGYANHEMVDESUELTSAODTNNAHE

其他值得提及的密码还包括希尔密码（Hill Cipher）。

希尔密码是由莱斯特·希尔（Lester S. Hill）在 1929 年发明的，是一种基于线性代数的多义替换密码。希尔使用矩阵和矩阵乘法来混合明文。

为了反驳关于他的系统过于复杂，不适合日常使用的指控，希尔为他的系统建造了一台密码机，该机器使用了一系列齿轮和链条。然而，这台机器从未真正售出。

希尔的主要贡献是利用数学来设计和分析密码系统。需要注意的是，分析这种密码需要数学的一个分支，即数论。许多初等数论教科书都涉及希尔密码背后的理论。

希尔密码运用基本矩阵论原理，采用矩阵乘法来替换密码。每个字母当作一个 26 进制数字：A=0，B=1，C=2，……。一串字母当成 n 维向量，与一个 $n \times n$ 的密钥矩阵相乘，再将得出的结果与 26 取模。希尔密码的优点是完全隐藏了字符的频率信息，其弱点是容易被已知明文攻击击破。

假设采用的密钥为"DSECURITY"。转换为 3×3 的矩阵：

$$\begin{bmatrix} 3 & 18 & 4 \\ 2 & 20 & 17 \\ 8 & 19 & 24 \end{bmatrix}$$

明文的消息为"ATTACK AT DAWN"，需要将每 3 个字母转换后组成一个一维矩阵。

例如，按照上面约定的表示方式，前 3 个字母"ATT"转化为 3×1 的矩阵：

$$\begin{bmatrix} 0 \\ 19 \\ 19 \end{bmatrix}$$

将该矩阵与密钥矩阵相乘：

$$\begin{bmatrix} 3 & 18 & 4 \\ 2 & 20 & 17 \\ 8 & 19 & 24 \end{bmatrix}\begin{bmatrix} 0 \\ 19 \\ 19 \end{bmatrix} = \begin{bmatrix} 418 \\ 703 \\ 817 \end{bmatrix} (\mathrm{mod}\ 26) = \begin{bmatrix} 2 \\ 1 \\ 11 \end{bmatrix}$$

得到对应的密文为"CBL"。

而解密时，将密文乘以对应的逆矩阵（Inverse Matrix）即可。注意，此处的逆矩阵的计算涉及较为复杂的数学知识，如模乘逆（Modular multiplicative inverse）、矩阵的行列式和伴随矩阵等，此处不再详细阐述。

4.2 现代密码学的诞生

古典密码学主要以语言学作为基础，无论是发明还是破译都依赖于人类的智慧、技巧与创造力。到了现代，由于计算机的飞速发展，计算能力成几何倍数的增长，古典密码学已经不再适用，其破解成本在计算机面前显得微不足道。拥有强大计算能力的计算机淘汰了古典密码学，与此同时又催生了现代密码学。

柯克霍夫原则[78]（Kerckhoffs's principle，也称柯克霍夫假说、公理、或定律）是现代密码学的基本原则之一。它是由荷兰密码学家 Auguste Kerckhoffs 在 19 世纪末制定的。该原则可以表述为：即使公开密码系统的所有设计和算法，仅密钥保密，加密系统也应该是安全的。

1949 年克劳德·香农发表论文《保密系统的通信理论》（*Communication Theory of Secrecy Systems*）[60]，这是密码学的第一次质的飞跃，标志着现代密码学的真正开始。克劳德·香农将柯克霍夫原则重新表述为"敌人了解系统"，这句表述被称为"香农箴言"。

1976 年，Diffie 和 Hellman 发表文章《密码学的新方向》（*New Directions in Cryptography*）[79]，标志着公钥密码体制的诞生，可被认作是密码学的第二次质的飞跃。

Ron Rivest、Adi Shamir 和 Len Adleman 这三位密码学专家于 1977 年描述了第一个广泛使用的公钥算法[80]，并按照各人名字的首字母，将其命名为 RSA 加密算法。该算法基于两个大素数及其乘积的数学处理。它的强度被认为与因式分解大素数的难度有关。利用现代数字计算机的当前和可预见的速度，在生成 RSA 密钥时选择足够长的素数，应该可以使该算法实现无限期的安全。然而，这种观点尚未在数学上得到证实，并且快速因子分解算法或完全不同的破坏 RSA 加密的方式都是可能的。而且，如果开发出实用的量子计算机，大素数的因式分解将不再是一个棘手的问题。

尽管如此，RSA 公钥密码体系代表了密码学发展的新阶段。

此外，现代的加密算法不再关注字符或单词，而是基于字节或比特（bit）的加密。

比特位运算中，异或（XOR）运算（见表 4-8）在加密算法中得到了广泛的应用。

表 4-8　异或运算

$\oplus$	0	1
0	0	1
1	1	0

例如，$0011 \oplus 0101 = 0110$。

异或运算的特殊性如下：

$x \oplus x = 000...$（异或自身结果为 0）

$x \oplus 000... = x$（异或 0 结果为自身。没有效果）

$x \oplus 111... = \bar{x}$（异或 1 结果为所有比特的反转）

$x \oplus y = y \oplus x$（异或是对称的）

$(x \oplus y) \oplus z = x \oplus (y \oplus z)$（异或是可关联的）

由异或的可关联性可以推断出，x 和 y 异或两次，得到的仍然是 x（$y=z$ 场景）。由于这个特性，发展出了一种简单的加密模式：一次性密码（One Time Pad，OTP）。

经典密码学乃至近代密码学的各类密码算法，其安全性依赖于"智慧"和"创造"，因此可能难以发现其安全缺陷，但很难证明其是安全的。将来的某一天，该密码算法可能会被完全攻破。为了跳出"设计方案、攻破方案"的怪圈，现代密码学基于更严格和更科学的基础。根据密码学专家 J. Katz 在《现代密码学介绍》（*Introduction to Modern Cryptography*）[81]一书中的观点，现代密码学的三个主要原则如下。

原则一，形成精确的定义：设计密码学原语或协议的第一步是形式化、精确和严格地对安全进行定义。

原则二，精确假设的依赖：当密码学构造方案的安全性依赖于某个广泛相信但未被证明的假设时（如质因数分解很困难），这种假设必须精确地陈述，而且假设的条件要尽可能地少。

原则三，严格的安全证明：密码学构造方案应当有严格的安全证明。也就是说，基于原则一的安全定义，和原则二所陈述的假设（如果需要假设的前提条件），能够从数学角度证明方案的安全性。

基于这三个原则，现代密码学从艺术转换到科学，逐渐走向标准化、正规化。

原则一：形成精确的定义。

现代密码学的一个关键的贡献是：形式化的安全定义是设计、使用或研究任何密码学原语或协议的基本先决条件。

（1）对设计的重要性：简而言之，如果没有定义清晰的目标，就无法知道目标是否（或何时）达成。拥有清晰准确的定义，可以明确密码算法设计的努力方向，更好地评价构造方案的质量，从而改进构造方案。实际上，在设计过程开始之前就应该对需求进行形式化，而不是在设计完成之后再提出定义。在设计完成之后再提出定义的方法可能会在设计者的耐心耗尽时（而不是在达到目标时）结束设计，或者可能"过设计"，也就是说，在牺牲效率的情况下，实现了超出需求的密码学结构。

（2）对使用的重要性：假定想在某些更大的系统中选用构造方案。如何知道应该使用哪种构造方案？如果有多种候选的构造方案，如何辨别哪种构造方案对应用已经足够？拥有给定构造方案的精确安全定义，以及与形式化的安全假设相关的安全证明（符合原则二和原则三），就可以回答以上这些问题。特别是应首先定义系统所需要的安全，然后验证给定的构造方案是否满足。注意，选择"最安全"的构造方案可能是不明智的。更弱的安全定义可能对系统的使用场景来说已经足够，而且可能更高效。

（3）对研究的重要性：当给定两种构造方案时，如何比较它们？效率的比较最为直观而且可观测，但是仅考虑效率肯定是不够的，高效率的构造方案可能完全不安全、不可用。精确定义的构造方案可以达到的安全级别则更为重要。在安全和效率之间可能会有所权衡，但是，至少形式化的安全定义能帮助设计人员理解权衡的维度。例如，两种构造方案效率相等，但是第一种比第二种更能满足更强的安全定义，显然此时应选第一种。

原则二：精确假设的依赖。

大部分现代密码学的构造方案不可能被证明为无条件安全。实际上，这类证明要依赖于尚未解决的计算复杂性理论中的难题。这种状态导致安全性依赖于某种假设。现代密码学的原则是"假设必须被精确地陈述"，其原因如下。

（1）假设的验证：假设是未被证明，但是据推测是正确的陈述。有必要对密码学依赖的假设的可信程度进行研究。对假设检查得越仔细，且测试后未见反例，则假设的可信程度就越高。此外，对假设的研究能提供其正确性的支持证据，这些证据可从其他一些被广泛相信的假设推导出。因此，提高假设的可信程度的先决条件是：拥有对被假设内容的精确陈述。

（2）对多个构造方案的比较：通常在密码学中，可能面对两种构造方案，这两种构造方案都是可被证明满足某些安全定义，但是基于不同的安全假设的。假设这两种构造方案是效率相等的，则应该倾向于哪种构造方案？如果第一种构造方案基于的 A 假设弱于 B 假设（B 假设推导出 A 假设），那么第一种构造方案更可取。因为有可能发现 B 假设是错的，而 A 假设保持正确。如果被两种构造方案使用的假设是不可比的，那么通常的原则是选择其假设被更彻底地研究过的、拥有更高置信度的构造方案。

（3）对安全证明的帮助：现代密码学的构造方案经常依赖于某些基础构建块。如果以后在构建块中发现了弱点，如何判断构造方案是否仍然安全？如果在证明该构造方案安全性的过程中明确了有关构建块的基本假设，那么只需要检查所需的假设是否受到发现的新弱点的影响即可。

原则三：严格的安全证明。

前面讨论的两个原则很自然地导向对严格的安全证明的需求。现代密码学强调（对于所建议方案）严格的安全证明的重要性。使用准确的定义和精确的假设，意味着这种安全证明是可能的。但是，需要证明的主要原因是构造方案和协议的安全性不可能用检查软件的方法来检查。例如，加密和解密"可行"，且密文看上去是乱码，并不意味着老练的对手不能攻破构造方案。在没有证明任何拥有指定资源的对手都不能破解某个构造方案的情况下，只能凭直觉来判断。经验表明：密码学和计算机安全中依靠直觉将是灾难性的。有数不清的例子表明没有被证明的构造方案被攻破的时间有时候很短，有时候很长，如构造方案被提出或被部署的几年后。

大部分现代密码学的证明时使用了所谓的规约方法，并给出一个以下形式的定理：

"若给定假设 X 是正确的，则根据给定的定义，构造方案 Y 是安全的。"

证明通常展示：如何将假设 X 规约到攻破构造方案 Y。具体来讲，证明中通常（通过构造的论据）展示：如何使用对手攻破构造方案 Y 的方法导致一个与假设 X 的冲突。

以上三个原则组成了严格的现代密码学方法，这与经典密码学中的非正式方法不同。非正式方法可能缺少上述三个原则中的某一个，也常常忽视全部三个原则。不幸的是，那些希望获得"快速和直接"构造方案的人（或者没有意识到严格方法的人），仍然在设计和应用非正式方法。唯有严格遵守上述原则所产生的密码算法，才应该被广泛地接受和使用。

4.3　基于密钥的加密

长期以来，密码学的研究重点是信息的机密性——首先将信息从可理解的形式转换为不可理解的形式，然后在另一端再次转换，使没有秘密知识（解密该信息所需的密钥）的拦截者或窃听者无法读取。密码学和加密这两个术语甚至可以画等号。

良好的密码算法可以保证，在通过受保护或不受保护的通道传输密文之后，很难将密文破解并得到纯文本。强大的加密算法还可以支持密文在公开的通道中传输，而不必担心明文的拦截和恢复。解密过程是使用密钥和解密算法从密文中恢复明文。好的密码系统的标志是系统的安全性不取决于加密或解密算法的保密性，而是取决于密钥的保密性。这意味着只要密钥是秘密的，加密算法就可以被很多人理解和使用。事实上，在 20 世纪 70 年代之前，基于密钥的加密算法基本上是对称算法。对称的含义是加密和解密算法都使用同一密钥。

4.3.1　一次性密码

一次性密码（One Time Pad，OTP）最早是由 Major Joseph Mauborgne 和 AT&T 公司的 Gilbert Vernam 在 1917 年发明的。

一次性密码仅采用了异或操作，其方法是将明文的数据流和随机的密钥流的每一个比特异或，以得到密文流。一次性密码示意图如图 4-5 所示。理论上，该加密方式提供了最

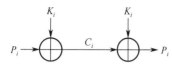

图 4-5　一次性密码示意图

强的安全保证。如果密钥流的每一个比特都是真正随机的，也就是说，攻击者无法以任何方式预测，且仅单次使用密钥，则攻击者即使可以得到密文，也无法得到明文中的任何有用信息。当然，此处的"任何有用信息"有些绝对，实际上，攻击者还是可以感知消息的存在的，并且知道消息的长度。一些现代的加密系统的设计，甚至试图掩盖消息的存在，并试图隐藏消息的长度。

假设攻击者拿到 C_i，在不知道 K_i 的前提下，仍然无法得到 P_i 的任何信息。根据香农定理，可将其定义为零信息熵。这个属性称作"完美安全"（Perfect Security）。

当然，一次性密码的完美安全依赖于正确的使用。正确的使用的第一个条件是真正地随机化密钥流，第二个条件是密钥流应该只使用一次。值得注意的是，声称支持 OTP 的很多商用产品，很难同时符合这两个条件，甚至很难符合其中的任意一个条件。在工程实践上，完美安全是不现实的。

伪随机化的密钥流破坏"完美安全"性，但是并不一定会带来致命的安全风险。而复用密钥流的破坏性会更为显著。假如攻击者得到两段采用相同的密钥流 K 的密文 C_1 和 C_2：

$$C_1 \oplus C_2 = (P_1 \oplus K) \oplus (P_2 \oplus K)$$

根据异或操作的特性，上述形式可以转换为：

$$C_1 \oplus C_2 = P_1 \oplus K \oplus P_2 \oplus K = P_1 \oplus P_2 \oplus K \oplus K$$

而 K 在自身异或后其结果为 0。所以密文的异或结果等于明文的异或结果：

$$C_1 \oplus C_2 = P_1 \oplus P_2$$

初看起来，这并不算问题。但实际问题是：两条明文信息的异或会泄露明文本身的重要信息。

对于 OTP 的攻击还包括 Crib-dragging 攻击等。

前述已经提到，一次性密码的正确使用，带来最强的信息论维度的"零信息熵"的安全保证。如果能够成功应用一次性密码，则密码学中的多数问题就都可以迎刃而解，但显然从工程实现上不太现实。

首先，OTP 要求密钥的长度和信息的长度相当；其次，这些密钥要在通信的双方甚至更多方之间安全地交换，并且要在信息传输之前完成交换。如果通信的接收方并不能确定，那么这个密钥的交换更困难。最后，OTP 要求密钥必须是真正随机的，密钥的生成很可能要依赖于硬件，且性能是关键风险。

显然，要从工程化角度解决通信的安全性问题，就需要有合适长度的密钥，还需要保持密钥的机密性，并且需要在不可靠的传输通道上协商通信的密钥。

4.3.2　对称加密

对称加密是指加密和解密使用同一个密钥（同一种加密解密凭据）的加密方式。发送方使用密钥将明文数据加密成密文，然后发送出去，接收方收到密文后，使用同一个密钥将密文解密成明文并读取。对称加密示意图如图 4-6 所示。

对称加密计算量小、速度快，适合对大量数据进行加密的场景。

但是对称加密存在两大不足。

一是密钥传输（或称密钥分发）问题。由于对称加密在加密和解密时使用的是同一个密钥，所以对称加密的安全性不仅取决于加密算法本身的强度，更取决于密钥是否被安全地传输和保管。发送方如何把密钥安全的传递到接收方手里，就成了对称加密面临的关键问题。

图 4-6 对称加密示意图

二是密钥管理问题。随着密钥数量的增多，密钥的管理问题会逐渐显现出来。例如，在加密用户的信息时，需要给每个用户采用不同的密钥加密/解密。否则，一旦密钥泄露，就相当于泄露了所有用户的信息。为此，密钥管理的代价非常大。

当然，在通信的应用场景中，上述问题还表现在，每个发送方和接收方都必须成对共享一个密钥。对称加密要求通信的发送方或接收方事先建立关系，以建立链路和获取密钥。在互联网这种不确定的通信环境中，无法预知每个人的通信目标，并预先分发密钥。在涉及复杂通信拓扑的分布式环境中，发送方和接收方都很难保留如此多的密钥以支持所有通信。

除上述讨论的问题外，对称加密的应用还包含以下几个问题。

（1）数据的完整性可能会受到损害，因为接收方无法在收到消息之前确认消息是否已被更改。

（2）发送方有可能抵赖该消息，因为没有机制确保消息是由声称的发送方发送的。

（3）如果加密过程受到破坏，则攻击者很可能观察到明文的密钥，此时无法确保机密性。

（4）如果没有足够频繁地更改密钥，则可能影响机密性。

因此，在现代的密码系统中，通常不单独使用对称加密，而是结合对称加密和非对称加密以实现加密。

对称密码是以分组密码或流密码的形式实现的。通常，分组密码以明文块的形式对输入进行加密，而流密码以单个字符的形式进行加密。

4.3.3 分组密码

分组密码又称块密码，是对称加密的一种模式。

用公式描述，分组密码提供一个加密函数 E，通过接收明文块 P 和密钥 K 作为输入，最终生成密文块 C 作为输出：

$$C = E(P, K)$$

块是指一个固定长度的比特序列。块的固定长度与具体的分组密码算法有关，术语上称作块大小（block size）。

加密函数 E 对应的解密函数记为 D，解密的过程可以用公式描述为：

$$P = D(C, K)$$

分组密码与流密码（Stream Cipher）的区别是：流密码基于特定的算法，生成一个随机的密钥码流，再与明文进行逐位或逐字节的结合，生成密文流；分组密码的明文按照分组密码算法规定的块的长度，被分为数个块，并对每个块进行独立加密。

常见的分组密码有 3DES、AES、IDEA、Blowfish、RC5。与之对应，常见的流密码有 RC4。理论上，密钥越长，则加密所需时间越长，安全强度越高。常见密码算法的强度见表 4-9。

表 4-9 常见密码算法的强度

算　　　法	强　　　度	密 钥 长 度/bit	算　　　法	强　　　度	密 钥 长 度/bit
3DES	高	64、112、168	Blowfish	低	32~448
AES	高	128、192、256	RC4	低	40
IDEA	高	64、128	RC5	高	32、64、128

分组密码算法随现代密码学体系演进与发展。DES 算法于 1977 年被标准化，是早期被广泛使用的分组密码算法。随着计算能力飞速发展，DES 算法的 56 位密钥长度逐渐难以抵抗暴力破解攻击。1999 年 1 月，distributed.net 与电子前沿基金会（EFF）合作，在 22 小时 15 分钟内公开破解了 DES 密钥。一些关于 DES 算法的理论研究也证明 DES 算法易受线性密码分析的影响。三重 DES 算法（3DES）是在 DES 算法基础上的演进。从工程化的角度来讲，三重 DES 算法是安全的。但是三重 DES 算法存在处理速度慢、软件实现困难的缺点，不再是分组密码算法的最合理的选择。不过，从密码学沿革的意义上，介绍 DES 算法是有价值的。

1. DES

标准的 DES 是一个 16 轮的 Feistel 型密码，它的分组长度为 64 bit，用一个 56 bit 的密钥来加密一个 64 bit 的明文块。DES 基本结构如图 4-7 所示。关于密钥长度的选择存在较大的争议，一般认为 56 bit 密钥太短，不足以满足安全性的需要。

从图 4-7 可知，在加密过程中，DES 首先把明文数据分割成 64 bit 大小的信息块。后续的工作中，每个 64 bit 的明文信息块都被独立地加密成 64 bit 的密文。所有的 DES 加密过程都由 19 个步骤组成，包括 1 轮对明文数据块执行的初始化置换（IP），1 轮对密钥执行的密钥块置换和左循环移位等操作，16 轮密钥置换，以及最后执行的 1 轮逆初始置换。

DES 的很多设计元素在被开发之初相当先进，影响了对称加密算法的发展路径。DES 使用了 S 盒，而 S 盒现在已经是几乎所有分组密码算法不可缺少的部分。DES 的轮函数结构是 Feistel 网络，这种结构现在也是轮函数的经典结构之一。

在初期，56 bit 的密钥使 DES 对于"暴力攻击"表现得极为脆弱。一个著名的改进措施被称为三重数据加密标准（Triple Data Encryption Standard，Triple-DES/3DES），又称三重 DES 算法。3DES 是针对 DES 算法的密钥过短的安全问题而改进的。其通过简单地执行 3 次 DES 来达到增加密钥长度和安全。三重 DES 算法的操作分为三个步骤：加密—解密—加密（Encrypt-Decrypt-Encrypt，EDE）。它的工作原理是取三个 56 bit 密钥（K_1、K_2 和 K_3），首先用 K_1 加密，接下来用 K_2 解密，最后用 K_3 加密。3DES 算法有双密钥和三密钥这两种版本。在双密钥版本中，同样的算法运行三次，但在第一次和最后一次使用 K_1。换句话说，$K_1=K_3$。如果 $K_1= K_2= K_3$，那么三重 DES 算法其实就是 DES。3DES 算法加密过程如图 4-8 所示，在对明文进行加密时，采用了三次加密过程，其中第一次和第三次是采用 DES 的加密算法，第二次采用的则是解密算法，从而得到最终的密文。

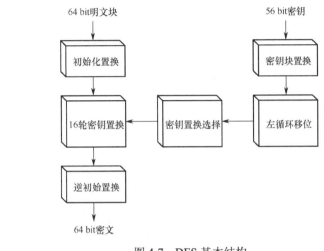

图 4-7　DES 基本结构

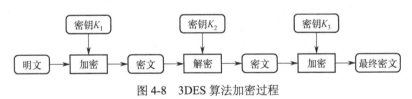

图 4-8　3DES 算法加密过程

2. AES

随着 DES 算法的安全性逐渐减弱，1997 年 1 月，美国国家标准与技术研究院（NIST）向全球征集高级加密标准（Advanced Encryption Standard，AES）来取代 DES 算法，对 AES 的要求是安全性不能低，并且运行效率要高。AES 征集得到了全世界很多密码学家的响应，很多人提交了自己的设计作品，最终选出了五种算法，即 Rijndael、Serpent、Twofish、RC6 和 MARS 进入最后一轮评选。经过安全性分析和性能的评估，Rijndael 算法成为高级加密标准（AES）。Rijndael 算法是一种分组密码，它的分组长度为 128 bit、160 bit、192 bit、224 bit、256 bit，密钥长度也包含这五种。但在 AES 中仅选择了分组长度为 128 bit，密钥长度为 128 bit、192 bit 和 256 bit 中的任意一种。从这个含义上，AES 算法可以被认为是 Rijndael 算法的子集。

AES 算法的安全性高于 DES 等同类算法，它采用 S 盒作为唯一的非线性部件，结构简单并且易于分析其安全性。目前没有已知的方法能攻破 AES 算法。作为一种典型的分组密码，AES 算法比 DES 算法更加灵活，处理速度更快，效率更高，并且使用软件和硬件都能快速地加密。在一定的条件下，相较于 DES 算法，AES 算法对内存的要求更低，非常适合在受限的空间环境中执行加密和解密的操作。这些特点有力地支撑了 AES 算法用来代替 DES 算法，并逐渐被广为接受和使用。

由于如上的起源，AES 算法在密码学中又称 Rijndael 加密法。AES 算法涉及四种操作：字节代换（SubBytes）、行移位（ShiftRows）、列混淆（MixColumns）和轮密钥加（AddRoundKey）。图 4-9 给出了 AES 加密和解密的流程，从该图中可以看出：

① 解密算法的每一步分别对应加密算法的逆操作；

② 加密和解密的所有操作的顺序正好是相反的。上述几点，再加上加密算法与解密算法每一步的操作互逆，保证了算法的正确性。加密和解密中每轮密钥都分别由种子密钥经过密钥扩展算法得到，如图中的 W [0,3] 等。算法中 16 字节的明文、密文和轮密钥都以一个 4×4 的矩阵表示。

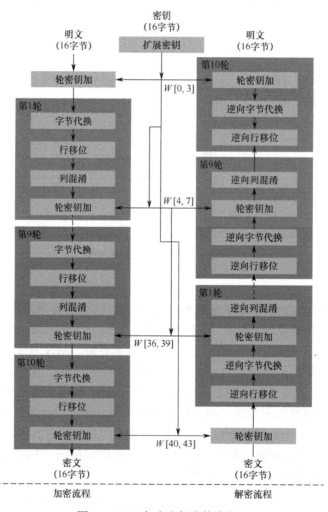

图 4-9 AES 加密和解密的流程

4.3.4　分组密码的操作模式

分组密码，也称块密码（Block Cipher），是一种加密器在固定长度的比特组上使用密钥进行操作的确定性加密算法，固定长度的比特组被称为数据块（Block）。与对称加密的另一种形式流密码相比，分组密码的安全性更高。分组密码在许多密码协议的设计中作为重要的基本组件，并且被广泛应用于批量数据的加密场景。

分组密码是对一个固定长度的、称为块的比特组进行安全的密码学变换（加密或解密）。分组密码的操作模式（mode of operation）描述如何重复应用密码的块操作来安全地加密或解密大于块的数据量。

在进行简单的分组加密操作时，相同的明文块会产生相同的密文块，容易受到密码分析攻击或重放攻击的影响。所以部分操作模式引入了密文块之间的关联性，以解决这个问题。同样，为了防止对同一条消息的两次加密产生相同的密文，引入了初始化向量（Initialization Vector，IV）的概念。将随机生成的初始化向量与第一个明文块和密钥进行组合，这样可以确保所有块的密文与上次加密的密文不匹配。

常见的分组密码操作模式有 ECB、CBC、OFB、CTR 和 GCM 这五种。下面将详细介绍。

1. ECB 模式

最简单的加密模式即为电子密码本（Electronic Code Book，ECB）模式。需要加密的消息按照分组密码的块大小被分为数个块（$P_1,P_2,P_3,\cdots$），且每个块被独立加密，输出对应的密文 C_1,C_2,C_3。ECB 模式如图 4-10 所示。若明文不是完整的分组，最后一段不满足数据块的长度，则按照需求填充或补足所缺的字节以进行计算。

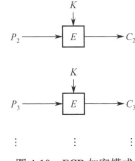

可以看到，ECB 模式的加密操作简单，而且由于每块数据的加密是独立的，因此加密和解密都可以并行计算，效率较高。这种独立的加密模式也使得各段数据之间互不影响，从而可以保证加密操作中的错误不会被传递。

但是，正是由于这样简单的加密模式，使得 ECB 模式的加密容易受模式识别的密码分析攻击的影响。如果明文中含有两个相同的数据块，则密文中必然也会有两个相同的数据块。这个特点为后续的攻击提供了可能。

图 4-10　ECB 加密模式

为直观显示 ECB 模式在密文中显示明文的信息的程度，"ECB 企鹅"图像（见图 4-11）被广为流传[82]。该图像的一个位图版本（见图 4-11 中的左图）通过 ECB 模式加密后可能会被加密成图 4-11 中的右图。

可以看到，经过 ECB 模式加密后的密文仍然可以看出明文的信息，这使得经过 ECB 模式加密十分不安全。同样，ECB 模式也会导致使用它的协议不能提供数据完整性保护，易受到重放攻击的影响。因为每个数据块都是通过同样的方式进行加密的，所以攻击者即使不知道对应的明文，也可以通过重放密文来获益。一个直观但不实际的例子是重放包含转账对象和转账金额的密文数据包。因此，需要安全性更高的加密模式进行明文加密。

图 4-11 原图（左）与经 ECB 模式加密后（右）对比

2. CBC 模式

1976 年，IBM 公司发明了密文分组链接（Cipher Block Chaining，CBC）加密模式，并于 1978 年申请了美国专利[83]。在 CBC 模式中，每个明文块 P_i 首先与前一个密文块 C_{i-1} 进行异或后，再进行加密。在这种加密模式中，每个密文块都依赖于其前面的所有明文块。同时，为了保证每条消息的唯一性，在第一个块中需要使用初始化向量（IV）。CBC 模式加密如图 4-12 所示。

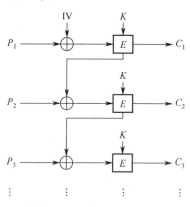

图 4-12 CBC 加密模式

若第一个明文块的下标为 1，则 CBC 模式加密的过程用公式进行总结则为：

$$C_i = E_K(P_i \oplus C_{i-1}) \tag{4-1}$$

$$C_0 = \text{IV} \tag{4-2}$$

而解密过程则为：

$$P_i = D_K C_i \oplus C_{i-1} \tag{4-3}$$

$$C_0 = \text{IV} \tag{4-4}$$

CBC 模式是最为常用的加密模式之一。每个密文块都依赖于上下文的信息块，使得其不易遭到攻击，安全性好于 ECB 模式，适合传输长度长的报文。CBC 模式也是 SSL、IPSec 等安全传输协议的标准。但是由于在加密过程中每个数据块的加密都依赖于前一个数据块的加密结果，所以加密过程只能串行加密，不能并行化。而在解密时，从两个邻近的密文块中即可得到一个明文块。因此，解密过程可以被并行化。

需要注意的是，这种加密模式导致每个密文块都依赖于所有的信息块，在加密时，每个明文块中的微小改变都会导致其后的全部密文块发生改变；而解密时，密文中一位的改变只会导致其对应的明文块完全改变和下一个明文块中对应位发生改变，不会影响其他明文块的内容。同时，只有发送方和接收方都知道初始化向量时才能正确地加密和解密。

此外，与 ECB 模式相同，在 CBC 模式下，明文必须被填充到块大小的整数倍。而正是因为有填充的过程，解密后的结果并不一定是原来的明文，可能还包含有填充位，需将填充位去掉才能还原为明文。

通过如图 4-13 所示的原图（左）经过 CBC 模式加密后的结果（右）可以看到，与 ECB 模式相比，CBC 模式加密后的结果类似随机噪声，难以看出明文的信息。下文介绍的其他加密算法或其他加密模式同样可以产生这种随机化结果。但是需要注意，图 4-13 中右图显示的"随机性结果"需要严格的证明，才能代表图像已经被安全地加密。

图 4-13　原图（左）与 CBC 模式加密后结果（右）对比

3. OFB 模式

输出反馈模式（Output Feed Back，OFB）模式如图 4-14 所示，可以将分组密码变成同步的流密码。通过 OFB 模式加密后产生密钥流的块，然后将其与明文块进行异或，得到密文。与其他流密码一样，密文中一个位的翻转会使明文中同样位置的位也产生翻转。这种特性使得许多错误校正码（如奇偶校验）可以得出正确结果。

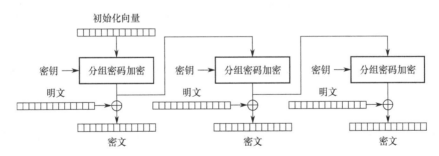

图 4-14　OFB 模式

基于异或操作的对称性，加密和解密操作是完全相同的：

$$C_i = P_i \oplus O_i \qquad (4\text{-}5)$$

$$P_i = C_i \oplus O_i \qquad (4\text{-}6)$$

$$O_i = E_K O_{i-1} \qquad (4\text{-}7)$$

$$O_0 = \text{IV} \qquad (4\text{-}8)$$

上述公式中，O_i 代表第 i 个输出块；式（4-7）代表第 i 个输出块为 E_k 加密运算的结果。可以看到，OFB 模式只需使用分组密码进行加密操作，且明文无须进行填充，同时 OFB 模式将分组密码变成同步的流密码，无须使用同一个密钥。需要注意的是，每一个使用 OFB 的输出块与其前面所有的输出块相关，因此不能并行化处理。由于明文和密文只在最终的异或过程中使用，所以可以事先对初始化向量进行加密，最后再并行地将明文或密文进行异或处理。

OFB 模式的主要优点是错误传播的范围小（密文中的 1 bit 错误只导致明文中对应的 1 bit 错误）、可以预处理、消息的长度可以是任意的。但是 OFB 模式同样也有缺点，体现为要求通信双方必须严格保持同步，否则难以解密。

实现上，可以利用输入全 0 的 CBC 模式产生 OFB 模式的密钥流。这种方法十分实用，因为可以利用快速的 CBC 模式硬件实现来加速 OFB 模式的加密过程。

4. CTR 模式

计数器模式（CTR 模式）如图 4-15 所示，也称 ICM 模式（Integer Counter Mode，整数计数模式）和 SIC 模式（Segmented Integer Counter，分段整数计数器）。CTR 模式将分组密码变为流密码。它通过一个递增加密计数器以产生连续的密钥流，其中，计数器可以是任意的保证长时间不产生重复输出的函数，但使用普通的累加计数器是最简单和最常见的做法。CTR 模式不再对密文进行加密，而是对一个逐次累加的计数器进行加密，再用加密后的比特序列与明文分组进行异或得到密文。

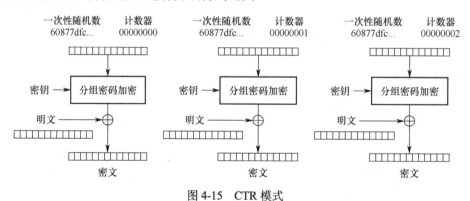

图 4-15　CTR 模式

在 CTR 模式下，每次与明文分组进行异或的比特序列是不同的，因此，CTR 模式解决了 ECB 模式中，相同的明文会得到相同的密文的问题。CBC 模式也能解决这个问题，但 CTR 模式加密的另两个优点是：①支持加解密的并行计算；②错误密文中的 1 bit 只会影响明文中的对应 1 bit。

注意，图 4-15 中的"一次性随机数"（Nonce）与 CBC 模式中的 IV 含义类似。随机的 IV、一次性随机数和计数器均可通过连接、相加或异或等可逆操作，使相同的明文产生不同的密文。

虽然 CTR 模式解决了 CBC 模式中差错传递和串行加密的问题，但 CTR 模式仍不提供密文消息的完整性校验的功能。如果需要密文消息的完整性保护，则推荐使用报文认证码的分组密码模式。

5. GCM 模式

一般使用报文认证码（Message Authentication Code，MAC）校验消息的完整性。报文认证码是一种与密钥相关的单向哈希函数。

密文的收发双方都需要提前共享一个 MAC 算法的密钥。密文的发送方将密文的 MAC 值随密文一起发送，密文的接收方通过共享密钥计算收到密文的 MAC 值，对收到的密文做完整性校验。当篡改者篡改密文后，如果没有共享密钥，就无法计算出篡改后的密文的 MAC 值。

需要注意的是，如果生成密文的是 CTR 模式，或者是其他有初始 IV 的模式，则需要将初始的计时器或初始化向量的值作为附加消息与密文一起计算 MAC。

对应到消息认证码，伽罗瓦报文认证码模式[84]（Galois Message Authentication Code Mode，GMAC）利用伽罗瓦域（Galois Field，GF，也称"有限域"）乘法运算来计算消息的 MAC 值。假设密钥长度为 128 bit，当密文大于 128 bit 时，则需要将密文按 128 bit 进行分组。GMAC 模式的应用流程如图 4-16 所示，A 表示用于认证的数据，C 表示加密的密文。

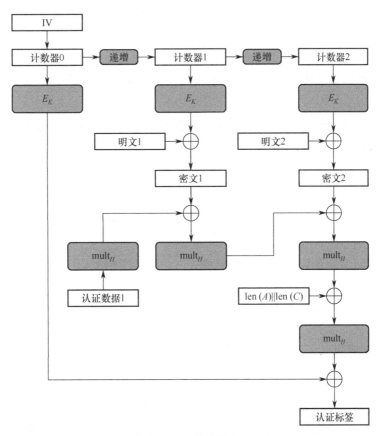

图 4-16　GMAC 模式的应用流程

图 4-16 中的 mult$_H$ 即是将输入的认证数据 1 与密钥 H 在有限域 GF(2^{128})上做乘法，A 是额外的用于认证的数据。

伽罗瓦/计数器模式（Galois/Counter Mode，GCM）可以在并行化加密/解密的同时解决差错传递问题，而且还能进行消息的完整性校验。GCM 模式的设计动机是实现一个硬件实现高效、软件性能好、可证明安全、没有专利的认证加密模式，适用于对速度要求很高的网络传输与应用环境。GCM 模式的设计思路整合了伽罗瓦报文认证码模式和加密计数器模式的优点，实现了安全高效的分组密码操作模式。

6. 分组密码的操作模式总结

分组密码模式（如 CBC、CFB、OFB、CTR 和 GCM）的主要思想是重复应用密码的单分组加密/解密的能力来安全地加密/解密大于分组长度的数据量。

一些分组模式（如 CBC）要求将输入分割成块，并使用填充算法（如添加特殊的填充字符）将最后一个块填充到块的标准长度。其他分组模式（如 CTR、CFB、OFB 和 GCM）加密完全不需要填充，因为它们逐字节或逐位执行异或操作。

不同的分组密码模式适用于不同的场景，需要根据具体的要求和约束选择。

一般而言，常用的安全的分组模式有 CBC、CTR 和 GCM，它们需要一个随机（不可预测）的初始化向量（IV），也就是在开始时生成一次性随机数。

在大多数情况下，CTR 模式是合适的选择。它具有很强的安全性和并行处理能力，可任意输入数据长度（无须填充）。必须指出，它不提供认证和完整性保护，只提供加密功能。

GCM 模式具备 CTR 模式的所有优点，并增加了消息认证（产生一个加密消息认证标签）。GCM 模式是在对称密码中快速有效地实现认证加密的方法，在一般情况下强烈推荐使用。

CBC 模式在固定大小的块中工作，因此需要填充，大多数应用使用 PKCS7 填充方案。在某些特定的前提条件下，CBC 模式容易受到"padding oracle"（直译为"填充预言"）攻击。因此最好避免使用 CBC 模式进行加密。

众所周知的不安全的操作模式是 ECB 模式，它将相等的输入块加密为相等的输出块。

综上所述，在开发基于分组密码算法的数据安全保护方案时，不仅需要考虑算法本身的安全性、性能，也要权衡合适的操作模式。

4.3.5 流密码

现代密码学可以分为两大类：对称密码（单密钥密码）和非对称密码（公私钥密码）。流密码是对称密码的一种，也称序列密码。其将明文的数据流和伪随机密码数据流（密钥流）结合，形成密文数据流。在实现上，一般是将两个数据流进行逐个比特结合，而结合的操作为异或（XOR）。理想情况下，明文和密文的数据流的长度不受限制。在实践中，一般也支持业务所需要长度的数据流。

密钥流通常利用数字移位寄存器从随机种子值串行生成。此时，随机种子值是密文流的加密密钥和解密密钥。流密码不同于分组密码，分组密码对大的数字块进行固定的、不变的变换操作。这种区别也并非泾渭分明。在某些操作模式中，分组密码基元的使用方式使其有效地实现流密码。流密码通常比分组密码执行速度更高、硬件复杂度更低。然而，如果使用不当，流密码很容易出现严重的安全问题。至关重要的是，同一个起始状态（随机种子值）绝对不能使用两次。

流密码可以被看作是已被证明不可破译的密码——一次性密码（OTP）的一种近似实现。一次性密码使用一个完全随机数字的密钥流，该密钥流与明文流逐字结合，形成密文流。1949 年香农证明一次性密码是安全的。但是，OTP 要求密钥流必须完全随机生成，长度至少与明文相同，而且不能使用一次以上，这使得密钥的生成、分配和管理是极其困难的，因此，OTP 系统基本不具备工程化实现的可能性。

流密码利用一个更小、更方便的密钥，如 128 bit。基于这个密钥，流密码产生一个伪随机密钥流，该密钥流可以与明文数字相结合，类似实现一次性密码本。然而，这类密钥流是伪随机的，不是真正的随机。因此，与一次性密码本关联的安全证明不再成立，一个流密码完全不安全是很有可能的。

1. 流密码的加密过程

流密码的加密和解密思想很简单。将明文流 m 划分为其编码的基本单元（如 bit），然后利用密钥 k_1（种子）产生密钥流 k，与明文流 m 逐位加密得到密文。解密时以同步产生的相同密钥流 k 与密文流 c 逐位解密，恢复出明文流 m。流密码的加密解密过程如图 4-17 所示。

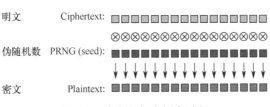

图 4-17 流密码加密解密过程

设明文流为

$$m = m_1 m_2 ... m_i ..., m \in M$$

密钥流为

$$k = k_1 k_2 ... k_i ..., k \in K$$

密文流为

$$c = c_1 c_2 ... c_i ..., c \in C$$

则加密过程可以表示为

$$c = c_1 c_2 ... c_i ... = E_{k_1}(m_1) E_{k_2}(m_2) ... E_{k_i}(m_i) ...$$

解密过程可以表示为

$$m = m_1 m_2 ... m_i ... = D_{k_1}(c_1) D_{k_2}(c_2) ... D_{k_i}(c_i) ...$$

2. 典型的流密码算法

流密码固有的特点决定其应用场景在总体上不像分组密码那么丰富。常见的流密码算法有 RC4 算法，以及在 GSM 网络中采用的 A5/1 算法等。

RC4 算法是由 RSA 安全公司的 Ron Rivest 在 1987 年设计的一种流密码。其正式名称为 "Rivest Cipher 4"，但是首字母缩写 RC 也可以理解为 "Ron's Code"。RC4 算法的密钥长度可变，使用面向字节而不是比特的操作。

RC4 算法运行速度快，内存要求小，软/硬件实现简单，应用广泛。它使用 256 字节的状态数组 $S_{[0]} \sim S_{[255]}$，一个长度为 k（取值范围为 1～256）字节的密钥来初始化状态数组。任何时候，S 都包含 0～255 的 8 bit 无符号数的排列组合。加密和解密时，密码流中的每 1 字节 k 都由 S 产生，通过系统的方式随机从 S 的 256 个元素中选取一个。每产生 1 字节 k，S 的元素就要被再次排列。

RC4 算法在设计之初是商业秘密。但于 1994 年 9 月被人匿名公开到了 Cypherpunks 邮件列表，随后发到了 sci.crypt 新闻组上，引发了大量关注。RC4 算法曾经是一种得到广泛应用的流密码体制，特别是在传输安全协议与标准维度方面（如安全套接字层 SSL 协议和无线通信领域的 WEP 协议等）应用很广。此后，针对 RC4 算法和实现的弱点的密码分析和攻击多次出现，导致在 2015 年 RFC 7465 [85]禁止在所有版本的 TLS（Transport Layer Security，传输层安全协议）中使用 RC4 算法。

与 RC4 算法类似，用于在全球移动通信系统（Global System for Mobile communications，GSM）蜂窝电话标准中提供无线通信数据保护的 A5/1 算法也是一种流密码算法。其原理也是在发送方通过密钥流对明文进行加密，然后在接收方用相同的密钥流对密文进行解密。

A5/1 算法是 GSM 指定的七种安全算法之一。A5/1 算法在初期也是保密的，但通过文档泄露和反向工程成为公众知识。该算法的一些严重弱点已经被发现。

A5/1 算法是在 1987 年被开发出来的，与之相比稍有弱化的 A5/2 算法是在 1989 年被开发出来的。虽然二者最初都是保密的，但总体设计在 1994 年被泄露。1999 年 Marc Briceno 从 GSM 移动电话的软件中逆向推导出了这两种算法[86]。

GSM 的无线电波以脉冲（Burst）序列的形式进行传输。在典型的信道上，以每 4.615 ms 发送一个脉冲串，包含 114 bit 可用信息。A5/1 算法用于为每个脉冲产生一个 114 bit 的密钥流序列，在调制前与 114 bit 进行异或。A5/1 算法使用一个 64 bit 密钥和一个公开的 22 bit 帧号进行初始化。

A5/1 算法使用三个不规则时钟的线性反馈移位寄存器（LFSR）。这三个线性反馈移位寄存器的长度分别为 19 bit、22 bit、23 bit，合计 64 bit。A5/1 算法的密钥 K 也是 64 bit。在

GSM 中，每次通话时，基站都会产生一个 64 bit 的随机数，与手机 SIM 卡内的密钥（简称为 K）共同运算，并利用加密算法生成通话过程中使用的主密钥。该主密钥用于三个线性反馈移位寄存器的初始填充。这三个线性反馈移位寄存器用密钥填充之后，就可以开始生成密钥流了。通话密钥的生命周期为一次通话的开始到结束。一旦通话完成，此次通话的通话密钥就会被丢弃。

数十年以来，在安全性方面出现了多次针对 A5/1 算法的密码分析和实际攻击。

针对 A5/1 算法的第一次攻击是由罗斯·安德森在 1994 年提出的[87]。安德森的基本思路是猜测线性反馈移位寄存器 R1 和 R2 的全部内容，以及线性反馈移位寄存器 R3 的大约一半的内容。这样，可以确定所有三个线性反馈移位寄存器的时钟，并且计算出 R3 的后一半内容。

Golić J D 等人在 1997 年提出了一个基于求解时间复杂度为 240.16 的线性方程组的攻击方法（时间复杂度的单位是所需的线性方程系统的解数）[88]。

在 2000 年，基于 Golić J D 等人的早期工作，Alex Biryukov、Adi Shamir 和 David Wagner 证明[89]，A5/1 算法可以使用时间内存权衡攻击进行实时密码分析。其中一种权衡攻击允许攻击者在一秒内从两分钟的已知明文中重建密钥，或者在几分钟内从两秒的已知明文中重建密钥，但要求该攻击者必须首先完成一个昂贵的预处理阶段，这需要 248 个步骤来计算大约 300 GB 的数据。在预处理、数据量、攻击时间和内存使用量之间可以进行多种权衡。

此后，出现了针对 GSM 中 A5/1 算法的实际攻击。2003 年，Barkan 等人发表了几种对 GSM 加密的攻击[90]。第一种攻击是主动的降级攻击。攻击者试图使目标 GSM 手机短暂地使用弱得多的 A5/2 密码。A5/2 算法很容易就被破解。第二种攻击是对密文进行时间、内存和权衡攻击，这需要大量的预计算。

尽管如此，A5/1 算法仍不失为一种精巧设计且广泛应用的流密码算法。从 1987 年发明至今，虽然 GSM 已经逐渐淡出历史的舞台，但 A5/1 算法仍然没有公开的实际可用的工程化的破解手段。

3. 新型 Salsa20 流密码算法

Salsa20[91]是由密码学家丹·伯恩斯坦（Dan J. Bernstein）设计的一种新的流密码。伯恩斯坦以设计多个现代的密码算法，并将密码算法软件实现以开放源代码的形式公布而闻名。Salsa20 有两个较小的变体，分别为 Salsa20/12 和 Salsa20/8，它们是相同的算法，但是比原始的 20 轮分别少了 12 轮和 8 轮。

ChaCha[92]是 Salsa20 密码的另一个正交调整，它尝试在保持或改善性能的同时增加每轮扩散的数量。ChaCha 之后没有"20"；但特定算法的后面确实有一个数字（ChaCha8、ChaCha12、ChaCha20），这些数字表示轮数。Salsa20 和 ChaCha 是现代流密码技术的最新水平。目前，尚无针对 Salsa20、ChaCha 的攻击，甚至没有针对其推荐的任何减少轮数的变体的攻击，因此不能破坏它们的实际安全性。两个密码族的执行速度也都很快。对于较长的流，在现代 Intel 处理器和现代 AMD 处理器上，Salsa20 完整版本的每字节大约需要 4 个 CPU 周期，12 轮版本的每字节大约需要 3 个 CPU 周期，而 8 轮版本的每字节大约需要 2 个 CPU 周期。ChaCha 在大多数平台上略快。相比之下，ChaCha 的执行速度是 RC4 的三倍以上，比 AES-CTR 快三倍。

Salsa20 具有两个有趣的属性。首先，可以在不计算所有先前位的情况下"跳转"到密钥流中的特定点。这在加密大文件的场景中特别有用，因为能够在文件中间进行随机读取。许多加密方案要求解密整个文件，但使用 Salsa20 时，只需选择所需的部分即可。

这种"跳转"的能力还意味着 Salsa20 的块之间可以彼此独立地进行计算，因此允许加密或解密并行工作，从而可以提高多核 CPU 的性能。同时，它可以抵抗许多类型的侧信道攻击。该操作通过确保没有密钥用于在密码中的不同代码路径之间进行选择，并且确保每一轮都由固定数量的恒定时间操作组成。结果是，无论密钥是什么，每个块都以完全相同的操作数生成。Salsa20 和 Chacha 两种流密码均基于 ARX 密码[93]设计。ARX 密码的特点是模块加法（A）、固定数量旋转（R）和 XOR。其优势是操作本质上是恒定时间，可以抵抗差分密码分析。这些密码算法在现代 CPU 架构上也能很好地执行，而无须特定于密码的优化。它们利用通用矢量指令的优势进行操作，也就是说，CPU 在一条指令中对多条数据执行相关的操作。因此，即使 AES 具有专用硬件，在现代英特尔 CPU 上，ChaCha20 的性能也可与 AES 竞争。

4. 流密码总结

流密码中的密钥序列是通过密钥流生成器，借助确定性算法得到的伪随机序列，这是其与"一次性密码"的根本区别所在。流密码的体制并没有"一次性密码"的完美安全性，不过却提升了实用性。如果算法设计得当，则流密码的安全性能够达到实际应用的要求。流密码的安全强度由密钥流决定。因此，分析伪随机序列的安全可靠性及其生成的方法成为流密码的设计与分析领域非常重要的问题。

4.4 基于公钥的加密

对称密钥密码系统使用相同的密钥对数据进行加密和解密，该方式的一个重要缺点是密钥的安全管理非常困难。在理想情况下，每一对不同的通信方都必须共享一个不同的密钥。甚至每条单独的消息，都需要使用不同的密钥加密，以实现完善的前向保密性。因此，所需的密钥数量呈指数级增加，需要复杂的密钥管理方案来保持发送方和接收方的密钥一致性和机密性。

由于对称密码存在上述问题，因此需要一种更现代的加密方案来解决这些缺陷。

4.4.1 密钥交换

密钥交换的目标是试图解决一个看似不可能的问题。假设通信中的两人（Alice 和 Bob）并没有见过面，却需要在传输通道上协商出一个共享的秘密。而且，假定传输通道并不安全，通道上传输的内容均可以被窃听。

1976 年，W. Diffie 和 M. Hellman 在其发表的文章《密码学的新方向》[79]中首次公开提出了公钥密码（Public-key Cryptography）的概念，在密钥交换领域做出了里程碑式的突破。

以两人名字的首字母命名的 DH 密钥交换算法，其工程化实践依赖于数学上的难度或复杂度问题。可以形象地表示为，从"正确"的方向很容易计算，但是从"错误"的方向很难计算的问题。

自 1976 年 W. Diffie 和 M. Hellman 提出公钥密码体制的思想后，国际上出现了多种基于相同或不同的数学基础的公钥加密算法。例如，RSA 算法基于大素数的因子分解问题、ElGamal 公钥加密算法[94]基于有限域乘法群上的离散对数问题、椭圆曲线密码学（ECC）基于椭圆曲线上离散对数问题等。部分新型的公钥加密算法（如 NTRU 算法）基于格（Lattice）上的最短向量问题，试图防御可能的量子计算对公钥密码学的影响。

离散对数问题基于的数学公式可以表述如下：

$$y \equiv g^x (\bmod\, p)$$

这里的符号"$\equiv$"表示"模同余"。给定整数 x、g、p，计算 y 很容易（至少对计算机而言）。而给定 y、g、p，计算 x 则非常困难，这被称为离散对数问题。用"离散对数"术语命名的原因是如果没有取模操作，则已知 y 和 g，计算 x 称为对数问题。

现在假设 Alice 和 Bob 两人要在不可靠的传输通道上通信。两人共知的常量信息是一个很大的素数 p，以及底数 g。

两人分别选择一个需要保密的随机数，记为 r_a 和 r_b。分别进行下述计算：

$$m_a \equiv g^{r_a} (\bmod\, p)$$

$$m_b \equiv g^{r_b} (\bmod\, p)$$

m_a 和 m_b 可以在网络上传输。根据离散对数特性，计算 r_a 和 r_b 存在很大难度。

两人分别拿到对方的计算结果后，将自己的保密随机数加上。Alice 计算：

$$s \equiv (g^{r_b})^{r_a} (\bmod\, p)$$

Bob 的计算在形式上略有不同。但根据数学原理：

$$(g^{r_b})^{r_a} = (g^{r_a})^{r_b}$$

两人将得到共同的结果 s。这个 s 就是两人协商出的共享秘密。

假设有一个攻击者 Eve，她在传输通道上观察，可以看到 m_a 和 m_b，并且已知 g 和 p，但是难以计算出 r_a 和 r_b，也难以计算出 s。

上述 DH 密钥交换算法基于离散对数的计算复杂度问题。DH 密钥交换算法也可以基于椭圆曲线的计算复杂度问题，因涉及的数学公式过于复杂，此处不做进一步的阐述。

值得注意的是，从数学上，椭圆曲线问题的解决难度高于普通的离散对数问题。因此，基于相同的安全等级和算法强度要求，椭圆曲线算法拥有更小的密钥长度，可参考如表 4-10 所示的不同算法密钥长度表。

表4-10 不同算法密钥长度表

算法强度/bit	离散对数密钥长度/bit	椭圆曲线密钥长度/bit
56	512	112
80	1024	160
112	2048	224
128	3072	256
256	15 360	512

4.4.2 公钥加密算法

公钥加密算法（通常称为非对称加密）使用两个不同的密钥，一个是所有人都知道的公钥，另一个是发送方和接收方分别保留的自己的私钥。

公钥密码算法的应用场景可分为四种类型。

（1）密钥对生成：生成"私钥+相应公钥"的随机密钥对。

（2）密钥交换：通信双方交换会话密钥。

（3）加密/解密：发送方用公钥加密数据，接收方用自己的私钥解密数据。公钥加密算法的应用如图4-18所示。

（4）数字签名/消息认证：发送方用自己的私钥对消息进行签名，任何人都可以用公钥验证签名。

从图4-18可知，要加密从发送方A到接收方B的消息，发送方A和接收方B都必须创建自己的密钥对。发送方A和接收方B公开他们的公钥——任何人都可以获取公钥。当发送方A向接收方B发送消息M时，发送方A使用接收方B的公钥对M进行加密。一旦收到M，接收方B便使用自己的私钥对消息M进行解密。只要确保仅接收方B有接收方B自己的私钥，则可确保只有接收方B可以解密消息。这样不仅可以确保数据机密性，还可以确保数据完整性，因为攻击者若要修改数据，就需要拥有接收方B的私钥。因此，公钥加密可以保证数据机密性和完整性。

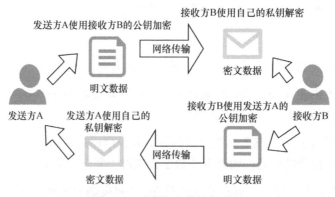

图4-18 公钥加密算法的应用

因为公钥可以公开，并且和私钥有数学上的对应关系，所以在理论上，所有的公开密钥的方案都容易受到"穷举密钥搜索攻击"。然而，如果攻击成功所需的计算量超出了所有潜在攻击者的能力范围，那么这种攻击就是不切实际的。该计算量被香农称为"工作因子"。在许多情况下，工作因子可以通过简单地增加密钥长度来增加。就目前所知，针对 RSA 和 ElGamal 加密算法的特定攻击已经有文献表述，解密速度比穷举搜索快很多，但是尚未达到工程化可以使用的程度。

公钥密码算法依赖于解决特定数学问题的困难程度。而这种特定的数学问题一般用单向函数或更具体的陷门函数来表示。在计算机科学中，单向函数是指给定任意一个输入，都很容易计算，但给定输出反推输入却很困难的函数。这里的"容易"和"困难"要从计算复杂度的理论意义上理解，特别是多项式时间问题的理论。不是所有的多对一的函数都是单向函数。

陷门函数是指在没有特殊信息的情况下，在一个方向上容易计算，但在相反的方向上却很难计算（找到它的逆）的函数。陷门函数在密码学中的应用非常广泛。

在数学上，如果 f 是一个陷门函数，那么存在一些秘密信息 t，当给定 $f(x)$ 和 t 时，很容易计算出 x。形象的比喻是挂锁和它的钥匙。在不使用钥匙的情况下，将挂锁从打开变为关闭，只要将锁扣推入锁具即可。然而，要轻松地打开挂锁，则需要使用钥匙。挂锁实现了陷门的关键功能：挂锁的关闭很容易，打开需要有钥匙，否则很难打开。

一个简单的数学陷门的例子，如"4 367 653 是两个质数的乘积。这两个质数分别是什么？"典型的"穷举"解决方法是逐一尝试小于该数字的质数，直到找到答案为止。但是，如果告诉人们 1979 是其中的一个数，只要在计算器中输入"4 367 653÷1979"就可以找到答案。这个例子并不是一个实际可用的陷门函数——现代计算机可以在 1 秒内找出所有可能的答案。但是，事实上，部分公钥密码学的算法仍然依赖于大素数的分解问题，只是上述的乘积数字增大到了天文数字般的长度，以抵抗穷举搜索的攻击。

4.4.3　中间人攻击与防护

使用 DH 密钥交换算法，可以在不安全的互联网上协商通信双方的共享秘密，并基于此秘密防御窃听。尽管攻击者可能无法简单地从窃听中获取秘密，但仍然可以破坏系统的机密性。攻击者（通常叫他米纳）在爱丽丝和鲍勃之间执行两次 DH 密钥交换协议：一次与爱丽丝（米纳假冒鲍勃）；另一次与鲍勃（米纳假冒爱丽丝）。

这里有两个共享的秘密：一个在爱丽丝和米纳之间；另一个在米纳和鲍勃之间。然后，攻击者（米纳）根据自己的意愿，可以简单地将从一个人那里获得的所有消息发送给另一个人，并可以查看、删除或篡改消息。中间人（Man In The Middle，MITM）攻击示意图如图 4-19 所示。

图 4-19　中间人攻击示意图

更糟糕的是，即使两个参与者之一以某种方式意识到这种情况正在发生，他们也无法让另一方相信自己的身份。毕竟米纳与不知情的两个受害者进行了成功的 DH 秘密交换，他拥有正确的共享秘密，而鲍勃和爱丽丝之间却没有。鲍勃无法向爱丽丝证明自己是合法参与者。据爱丽丝所知，鲍勃只是选择了一些随机数，因此无法将鲍勃拥有的任何密钥与爱丽丝拥有的任何密钥相关联。

这种攻击称为中间人攻击，因为攻击者（米纳）位于两个对等方（爱丽丝和鲍勃）之间。鉴于网络基础架构是由许多不同的运营商来运行的，这种攻击非常现实，因此安全的密码系统必须以某种方式解决攻击。尽管 DH 协议成功地在两个对等方之间产生了一个共享秘密，但显然仍然未解决爱丽丝和鲍勃的身份验证问题，因此需要使用另外一种手段来向鲍勃验证爱丽丝的身份，反之亦然。此外，还需要使用确保消息完整性的工具，以使接收方能够验证接收到的消息是否确实是发送方打算发送的消息。

显然，单纯地通过密钥交换建立安全的通信信道并不足够，还需要识别通信双方的身份，并防止通信的内容被篡改。

与物理世界中的证书代表一个人的身份或能力类似，数字世界中采用"数字证书"识别各实体的身份。而数字证书体系依赖于公钥基础设施（PKI），一定程度上可有效抵御 MITM 攻击，这是网络安全的重要基石。PKI 支持网络通信的双方（如客户端和服务器）交换证书，这些证书由称为证书颁发机构（Certificate Authority，CA）的可信第三方颁发和验证。如果证书颁发机构没有受到 MITM 攻击，那么 CA 签发的证书就可以用来验证该证书所有者发送的消息。使用相互认证时，即服务器和客户端都对对方的通信进行验证，如果服务器或客户端的身份没有被验证或被认为是无效的，则会话将结束。该方式可以避免 MITM 攻击。然而，大多数连接的默认行为是客户端验证服务器的身份，这意味着并不总是采用双向认证，因此 MITM 攻击仍然可能发生。

4.4.4　重放攻击及其防护

重放攻击（又称回放攻击、重播攻击）是一种网络攻击形式。在这种攻击中，攻击者恶意或欺诈性地重复或延迟有效的数据传输。这种攻击的前提是攻击者能够拦截数据并重新传输。重放攻击也可能由恶意的传输发送方进行。重放攻击可能作为 IP 包替换的欺骗攻击的一种场景。重放攻击通常是被动的，是中间人攻击的一种低级版本。

一个直观的示例是，攻击者截获用户向网站下购物订单的数据包后重放该数据包，以试图生成恶意订单或造成用户或网站的经济损失。显而易见，单纯的加密并不能防止重放攻击。重放攻击场景如图 4-20 所示。

应对重放攻击，第一种直观的方式是添加与本次会话相关的标志，如添加一次性有效的随机数。每次会话之前，生成一个一次性随机数（称为 Nonce），并随报文一起发送。一次性随机数也需要防篡改机制。由于每次通信时一次性随机数都会发生变化，因此就无法进行重放攻击了。添加一次性随机数的方法如图 4-21 所示。

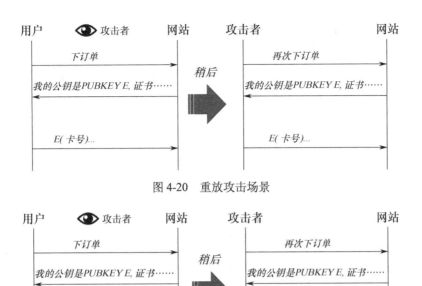

图 4-20　重放攻击场景

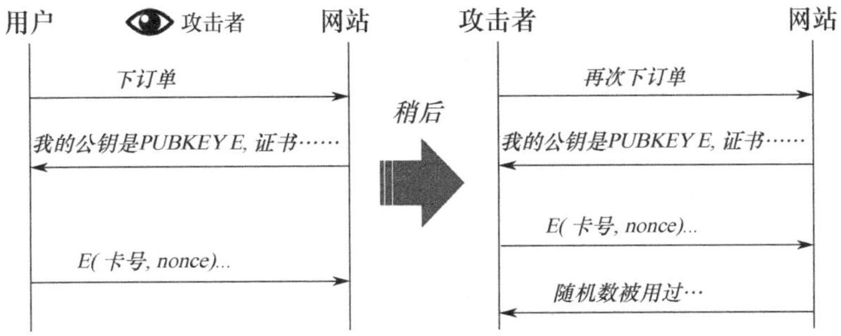

图 4-21　添加一次性随机数的方法

第二种应对重放攻击的方式是采取加时间戳的方法。基于时间戳的校验双方需要准确的同步时间。同步应该使用安全协议来实现。例如，接收方定期将其时钟上的时间广播出去。当发送方要给接收方发送消息时，在消息中包含了对接收方时钟上时间的最佳估计。接收方只接收时间戳在合理的容忍度内的消息。在相互认证的过程中也可以使用时间戳，发送方和接收方都用唯一的会话 ID 对对方进行认证，以防止重放攻击。这种方式的优点是不需要（伪）随机数的生成和交换。在单向或接近单向的网络中，这可能是一个优势。这种方式遗留的一个风险是，如果重放攻击执行得足够快，即在"合理的"时间限制内，攻击就可能会成功。

基于会话 ID 和一次性密码本，可以在防止重放攻击上有进一步的措施。

4.4.5　椭圆曲线密码学

公钥密码学系统需要的是一组单方向很容易计算但反方向很难倒推的算法。例如，RSA 依赖于素数因式分解的难度。也就是说，获得两个非常大的素数的乘积非常简单，但利用其对应的因式分解算法将乘积分解成两个素数则非常困难。类似这样向一个方向计算容易，但反方向很难倒推的算法被称作单向陷门函数（Trapdoor One-Way Function）。能否找到一个好的陷门函数对构造一个安全的公钥密码系统至关重要。简单来讲，陷门函数中单方向计算和反方向倒推之间的难度差值越大，则基于该密钥对的系统就越安全。

在 RSA 和 DH 密钥交换算法面世后，研究人员不断超越素数因式分解的其他算法，以构建更好的陷门函数。1985 年，一种基于椭圆曲线的加密算法被提出[95]。

从使用场景上，椭圆曲线密码学（Elliptic Curve Cryptography，ECC）实现非对称密码系统的所有主要功能——加密、签名和密钥交换。

ECC 被认为是 RSA 密码系统的继承者，在相同级别的安全性下，ECC 使用的密钥和签名比 RSA 小，并且提供了非常快的密钥生成、快速的密钥交换和快速的签名。

ECC 根据有限域上椭圆曲线的数学原理，提供了相应的密码学算法。

（1）ECC 数字签名算法，如 ECDSA（用于经典曲线）和 EdDSA（用于扭曲的 Edwards 曲线）。

（2）ECC 加密算法和混合加密方案，如 ECIES 集成加密方案和基于 ECC 的 ElGamal 加密方案（Elgamal Encryption using Elliptic Curve Cryptography，EEECC）。

（3）ECC 密钥交换算法，如 ECDH、X25519 和 FHMQV。

所有这些算法都基于某种椭圆曲线（如 secp256k1、curve25519 或 p521）进行计算，并且依赖于椭圆曲线离散对数问题（ECDLP）的难度。所有这些算法都使用公钥/私钥对，其中私钥是整数，公钥是椭圆曲线上的一个点（EC 点）。

下面详细介绍有限域上的椭圆曲线。椭圆曲线并不像 RSA 算法依赖的素数因式分解那样完全属于中学课程，其部分内容相对而言比较难以理解。

在数学中，椭圆曲线属于平面几何曲线，由满足下述二元方程的所有 $\{x, y\}$ 组成：

$$Ax^3 + Bx^2y + Cxy^2 + Dy^3 + Ex^2 + Fxy + Gy^2 + Hx + Iy + J = 0$$

椭圆曲线密码学使用一个简化版的形式：

$$y^2 = x^3 + ax + b$$

其中，a、b 两个参数的不同取值代表不同的椭圆曲线。

例如，secp256k1 曲线[96]（比特币使用的曲线）基于下面的椭圆曲线实例：

$$y^2 = x^3 + 7$$

显然，a、b 两个参数的取值为 $a=0$，$b=7$。绘制出来的椭圆曲线样例如图 4-22 所示。

上述的椭圆曲线有一些很有趣的特性，在密码学中比较有用。

第一个特性是水平对称。也就是说，椭圆曲线上的任何一个点，其基于 X 轴的对称点也在曲线上。

第二个特性是任意一条直线穿过曲线，最多有 3 个交点。根据直线和曲线的位置，显然也可能有 0～2 个交点。只有出现 3 个交点的场景才能被椭圆曲线密码学利用。

椭圆曲线交点样例如图 4-23 所示。例如，选择合适的直线：

$$y = bx + c$$

与椭圆曲线存在 3 个交点（A，B，C）。

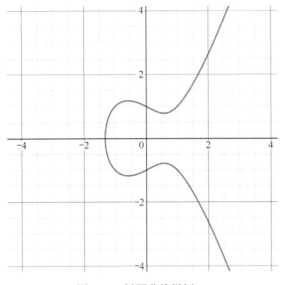

图 4-22　椭圆曲线样例　　　　　　图 4-23　椭圆曲线交点样例

定义以下一系列操作：

（1）设交点 A 和交点 B 定义的直线和椭圆曲线的交点为 C；

（2）查找交点 C 相对于 X 轴的镜像交点 D。

该系列操作记为一次打点（dot）。使用操作符号 dot 表达，可以记为

$$A \text{ dot } B = D$$

该系列操作可以持续进行，如 $A \text{ dot } D = E$，$A \text{ dot } E = F$，……

数学上，给定打点的起点 A 和终点 Z，确定打点的次数（n 次）是非常困难的。但是，已知 n 次打点计算每次打点则非常容易。假如观察者并没有观察每次的打点动作，而只能看到起点 A 和终点 Z，则无法计算出打点的次数 n。显然，这是个很不错的陷门函数。

如果第一步操作（交点 A 和交点 B 定义的直线和椭圆曲线的交点）计算得出一个非常大的交点 C 的坐标 $\{x, y\}$，可能在密码学中难以应用。所以要把交点的几何位置限定在一定的范围内。假定挑选一个大素数作为最大值，这时的椭圆曲线称为"素数曲线"（prime curve），并且有非常出色的密码学特性。

选择 $y^2 = x^3 - x + 1$ 曲线，选择素数 97，得到的素数曲线如图 4-24 所示。

虽然这个离散的散点矩阵完全不像椭圆曲线，但是确实是密码学上用到的椭圆曲线。前面描述的基于 X 轴的对称性甚至打点操作对于该椭圆曲线都依然有效。

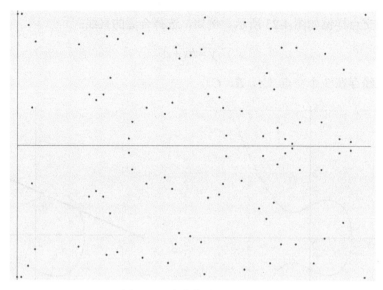

图 4-24　素数曲线简单示例

注意，上面的示例仅是为了方便理解，其提供的密钥长度仅为 6～7 bit。而对于实际使用的曲线，密钥长度一般为 256 bit 或者更多。

给定上述素数曲线，则确定某个点$\{x, y\}$是否在曲线上非常容易，仅需计算

$$x^3 - x + 1 - y^2 \equiv 0 (\mathrm{mod}\ 97)$$

即可。

经过取模运算，事实上，素数曲线包含的点是有限的。用数学语言描述就是，在有限域上的椭圆曲线可以形成一个有限循环代数群（简称循环群）。该循环群由曲线上的所有点组成。在该循环群中，将两个点相加或将一个点乘以一个整数，则结果是来自同一个循环群（在同一条曲线上）的另一个点。曲线的阶数是曲线上所有点的总数。点的总数还包括称为"无限点"的特殊点，该特殊点是将点乘以 0 得到的。

一些素数曲线形成单个循环群（包含所有点），而另一些素数曲线形成几个不重叠的循环子群（每个子群包含曲线的点的子集）。在第二种情况下，曲线上的点被分为 h 个循环子群（分区），每个子群的阶数为 r（每个子群拥有相等数量的点）。整个群的阶数为 $n = h \times r$（子群数乘以每个子群中的点数）。拥有点的子群的数量 h 称为辅因子（cofactor）。循环子群示意图如图 4-25 所示。

图 4-25　循环子群示意图

辅因子 h 可以表示为：

$$h = n \div r$$

式中，n 是曲线的阶数，即曲线包含的点的个数。h 是曲线的辅因子，即互不重叠的子群的个数。r 是子群的阶数，即每个子群包含的点的个数。每个子群都需要包含无限点。

换句话说，椭圆曲线上的点位于一个或几个不重叠的子集中，即循环子群。子群的数量称为辅因子。所有子群中的总点数称为曲线的阶数，通常用 n 表示。如果曲线仅包含一个循环子群，则其辅因子 $h = 1$。如果曲线包含多个子群，则其辅因子大于 1。

常用的不同椭圆曲线算法中辅因子个数见表 4-11。

表 4-11　常用的不同椭圆曲线算法中辅因子个数

算　　法	辅因子（Cofactor）个数
Secp256k1	1
Curve448	4
Curve25519	8

对于有限域上的椭圆曲线，椭圆曲线密码系统定义了一个特殊的预定义（恒定）点，称为生成器点 G（基点），该点可以通过将 G 乘以在 $[0, r]$ 范围内的某个整数来生成椭圆曲线上子群中的任何其他点。r 称为循环子群的"阶数"（子群中所有点的总数）。

辅因子 $h = 1$ 的曲线只有一个子群，该曲线的阶数 n（曲线上不同点的总数，包括无限点）等于子群的阶数 r。

当精心选择 G 和 n 且辅因子 $h = 1$ 时，可以通过将生成器点 G 乘以 $[1, n]$ 范围内的整数，从生成器点 G 生成曲线上所有可能的点（包括特殊点无穷大）。整数 n 是曲线的阶数。

重要的是，从某些生成器点 G（可能与曲线的阶数不同）获得的子群的阶数 r 定义了该曲线所有可能的私钥的总数：$r = n \div h$（曲线的阶数 n 除以曲线辅因子 h）。密码学家精心选择椭圆曲线域参数（曲线方程、生成器点、辅因子等），以确保密钥空间足够大，从而足以保证一定的密码强度。

在椭圆曲线密码学中，将固定的生成器点 G 和一个整数 k 相乘，得到另一个点 P。其中，k 可以作为私钥，P 是 k 对应的公钥。

由此可以得出椭圆曲线密码学中的关键概念。

（1）有限域 $\mathcal{F}_p$ 上的椭圆曲线 EC。

（2）生成器点 G（常量，椭圆曲线上的基点）。

（3）k：私钥（整数）。

（4）P：公钥（椭圆曲线上的某个点）。

椭圆曲线密码学依赖的计算难点在于，计算 $P = k \times G$ 非常迅速，而计算 $k = P \div G$ 则非常困难。这种不对称性（快速乘法和不可行的反向计算操作）是椭圆曲线密码学背后的安全强度（也称"椭圆曲线离散对数问题"，Elliptic-Curve Discrete Logarithm Problem，ECDLP）的基础。

根据椭圆曲线离散对数问题计算的困难度，可以得出不同的椭圆曲线密码算法的安全强度。可以粗略地估计，n 位的精心设计的椭圆曲线算法提供 $n \div 2$ 的密钥安全强度。因此，secp256k1 椭圆曲线算法（$p = 256$）提供近似 128 bit 的强度（精确数字为 127.8）。Curve448 椭圆曲线算法（$p = 448$）提供近似 224 bit 的强度（精确数字为 222.8）。

4.5　密钥管理体系

如前所述，加密对数据安全极为重要。对于数据生命周期安全而言，不同的生命周期阶段有不同的加密技术。

（1）存储：应用内加密、数据库加密、文件加密、磁盘加密。

（2）使用：一般采用访问控制技术、内存加密，适合的加密算法尚在研究中（如同态加密）。

（3）传输：应用层加密、通道加密、非对称加密。

当然，针对不同的数据分类，加密也需要遵从对应的安全要求、监管要求和取证要求。

对于加密和解密，现代的密码学秉持算法公开，依赖密钥的机密性来保证数据的机密性原则。因此，数据的生命周期安全性依赖于密钥的生命周期的安全性。

密钥管理是指对密钥全生命周期进行管理。在数据安全的实践中，相对于数据加密算法，密钥的管理更为重要也更为困难。

密钥管理面临如下挑战。

（1）密钥系统的可扩展性：密钥种类的爆炸性增长，引发密钥管理系统面临可扩展性问题。

（2）密钥系统的安全性：密钥管理系统存储和处理大量密钥，是外部黑客和内部恶意人员的一个非常感兴趣的目标。

（3）密钥的可用性：如何安全地分配密钥给被授权的用户，从而确保被授权用户的数据可用性；如何通过撤销用户的密钥来停止授权；如何在密钥丢失的情况下恢复数据（如用户已离职，其归档文档被其加密）。

（4）密钥系统的异构支持：现代组织的 IT 系统中，存在多种异构的数据库、操作系统、应用和网络协议。密钥管理系统需要为其提供不同形式的支持。

（5）密钥系统的治理：如何符合数据安全和隐私保护的相关法律法规要求。

涉及密钥管理体系的常见监管要求如下。

（1）密钥与加密数据要分离。

（2）定期密钥轮换。

（3）监控和审核密钥。

（4）长期保留密钥和加密数据。

4.5.1　密钥管理的重要性及原理

实现一个良好的密钥管理框架，需要考虑如下内容。

（1）密钥的存储机制：通过 HSM 等物理设备的支持，实现密钥的安全存储。一般要求根密钥仅能存储于物理硬件中，不能从外部读取，从而保证高可靠性和高可用性。

（2）提供加密服务：提供敏感数据加密、对称密钥存储、随机数生成、非对称密钥对创建、常用加密算法等功能。

（3）密钥属性和元数据的处理机制：记录密钥的属性［如版本、一次性随机数（或有）、授权记录等］，以方便审计、密钥轮换等操作。

（4）密钥的管理策略：支持密钥的权限管控、基于业务的分组和授权等。

（5）支持审计和报告功能：对于密钥系统的所有操作都需要产生日志，并记录到中心化的日志服务中，以方便审计和报告。

（6）密钥的访问认证：通过 IAM、基于角色的身份认证等方式，确保只有已通过身份认证和权限校验的用户，才可以访问并运行密钥管理系统。

（7）法律和标准遵从：符合适用的法律法规和标准要求。对于密钥管理系统跨行政区域（国家、地区）的场景，尤其要注意法律法规的可能冲突。

（8）密钥的生命周期管理：在密钥生命周期的各个阶段（操作前、操作中、操作后及删除操作），实现安全的密钥管理。

密钥管理框架如图 4-26 所示。

若将加密技术和密钥管理比作蛋糕，则密钥管理就像蛋糕中的夹层，它虽然不可或缺，但是添加起来却很麻烦；加密技术就像蛋糕上的脆皮一样，诱人但是相对简单。

数据的安全性依赖于密钥的安全性。但是，并不意味着数据的安全保护等级等同于密钥的安全保护等级。在实践上，密钥需采用更高的保护等级，特别是在生成、存储和传输等维度，密钥有自己的安全保护要求。

加密过后，要慎重地进行密钥管理。密钥就像家中门锁的钥匙，锁门很重要，但是更重要的是管理好钥匙。简单地把钥匙放在门外的地毯下面，功能再强的门锁（加密算法）也无法保证安全。

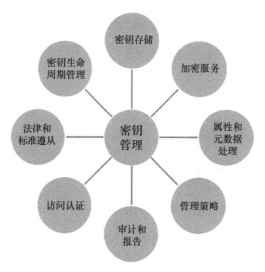

图 4-26 密钥管理框架

4.5.2 密钥全生命周期管理

无论是对称密码算法还是非对称密码算法，其安全性实际取决于对密钥的安全保护。现代密码学提供的数据加密保护的强度全部依赖于密钥体制，因此密钥的安全管理是保证密码系统安全性的重要因素。

密钥生命周期的主要阶段包括密钥的产生、存储、分配、注入、备份、应用、归档、更换和销毁等。需要关注密钥在整个生命周期中的机密性、完整性和可用性。

密钥管理是指密钥生命周期的安全管理。密钥管理的目的是维护系统与各个实体之间的密钥关系，以抵抗各种可能的威胁（密钥泄露和非授权使用等）。密钥管理的所有工作都围绕一个宗旨——确保使用中的密钥是安全的。密钥管理要借助加密、认证、签名、协议和公证等技术。

借鉴美国国家标准协会 ANSI X9.79 标准[97] 的定义，密钥的生命周期分为生成、分配、使用、备份、撤销/轮换、销毁和归档 7 个阶段。密钥生命周期的安全管理流程如图 4-27 所示。注意，在不同的密钥使用场景，下述的 7 个生命周期阶段的内容也会略有不同。

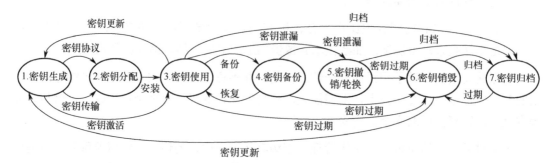

图 4-27 密钥生命周期的安全管理流程

1．密钥生成

密钥管理生命周期的第一个阶段是密钥生成。密钥的生成必须在安全的环境中进行，并且可能需要考虑职责分离（使用者、管理者）的要求。在大多数情况下，生成的密钥将是对称密钥（也称"共享密钥"）。密钥应具有足够的强度，并且部分依赖于生成随机数的基本能力。密钥强度（通常以位数为单位）通常基于受保护数据的有效寿命，并考虑破解所需密钥的时间。例如，如果数据有效期为 5 年，那么需要一个可以承受 5 年以上暴力攻击的密钥。除应选择适当的密钥强度外，还应努力选择一种经过同行评审和学术审查的标准加密算法。应避免使用私有的加密方案，因为算法本身如果需要保密，则有很大的可能无法通过同行评审和学术审查。

密钥的生成机制应该使用经过审查的已知优质密码算法库。在对称密钥生成之后，应尽早实现其保护机制，特别是在必须将加密密钥分配（尤其是通过网络）给其他系统的环境中。一种常见方案是通过使用非对称密钥对的公钥（也称公共密钥密码学）对其进行加密。从职责分离的角度来看，负责密钥生成和管理的团队（管理者）与需要访问加密系统的团队（使用者）应该分开。

生成密钥时需要考虑的额外因素还包括数据的价值、攻击者的资源情况、系统整体成本、计算开销等，需要在工程化实践中权衡，但是数据机密性的目标不应该受损。

2．密钥分配

密钥的分配是密钥管理系统中极为复杂的问题。系统在分配密钥时，首要考虑密钥本身的机密性和完整性不受破坏，并应确保将密钥分配给合适的使用者。额外需要考虑的因素还包括密钥的管理者和使用者的职责分离、日志和可审计要求。

分配密钥是指在生产环境或加密环境中部署新的密钥。旧密钥的安全删除不在本阶段考虑。注意，密钥的分配流程可能造成数据或业务的中断，需要严格地测试和部署。在密钥的分配过程中还需要避免丢失密钥，以避免无法访问重要的数据。密码系统的错误可能导致非常高的代价。

从实现上，多数现代系统采用密钥交换协议的动态分配的方式。从密钥分配技术来看，分为基于对称密码体制的密钥分配与基于公钥密码体制的密钥分配；从密钥的交换方式来看，可以分为人工密钥分配、基于中心的密钥分配和基于认证的密钥分配。目前，对于对称密码，多需要权威的第三方［如密钥分配中心（Key Distribution Center，KDC）］进行分配，对于公钥密码体制，主要通过 PKI 架构实现对非对称密钥的管理。

3．密钥使用

在密钥使用阶段，需要注意密钥使用的有效性及密钥自身的安全性。从有效性的维度，通常，单个密钥只能用于单一目的（如加密、完整性认证、密钥封装、随机数生成或数字签名）。具体有以下三个原因。

（1）对两个不同的加密过程使用相同的密钥可能会削弱其中一个或两个加密过程所提供的加密的安全性。

（2）可以限制因密钥被盗用可能造成的损坏。

（3）密钥的某些使用会相互干扰。例如，在用于密钥传输和数字签名的密钥对中，私钥既用作解密传输的经过公钥加密的密钥，又用作应用数字签名的私钥。为了解密访问加密数据所需的加密密钥，可能有必要将私钥传输密钥保留在相应的公钥传输密钥的加密期限之外。私有签名密钥应在其加密期限到期时被销毁，以防止其受到破坏。在此示例中，专用密钥传输密钥和专用数字签名密钥的寿命要求彼此矛盾。

另外需要注意的是密钥本身的安全性，主要是机密性，根据场景也可能需要考虑完整性和可用性。

在生产环境中，密钥的安全性主要受到访问控制机制的保护。

4. 密钥备份

密钥在投入使用之前，最好进行备份。可选择的备份方案包含物理备份和逻辑备份。物理备份是指将密钥写入外部媒体（如 CD、DVD 和 USB 驱动器）并将其存储在物理介质保管库中。逻辑备份是指传统的基于网络或基于本地的备份。

不管选用哪种备份方案，都应该使用独立的非对称密钥对来保护对称密钥。该非对称密钥对一般称为"托管密钥"。使用非对称密钥对的公钥将要保护的密钥加密，并确保私钥得到安全的存储，在需要的时候可以解密受保护的密钥，这是至关重要的。

密钥备份机制需要考虑与业务连续性计划或灾难恢复计划协同。密钥的存储位置需要满足业务连续性和灾难恢复的要求，并在出现上述场景时，可以在指定的时间内恢复。一旦加密系统受到严重损害，应急响应团队应该根据既定的密钥备份、恢复操作要求和流程，执行恢复方案。

5. 密钥撤销/轮换

密钥撤销/轮换的概念与密钥分配有关，但是它们用于不同的场景。在密钥撤销/轮换阶段，目标是使新的加密密钥被加密系统有效使用，并将所有存储的加密数据转换为新密钥。此过程可能非常耗时且占用大量 CPU。但是，假设已经遵循了密钥生命周期的所有先前阶段，则此阶段的关键动作是密钥和数据的转换，而不是为将来的加密请求激活新密钥。

在密钥撤销/轮换阶段中，不要从生产系统中删除旧密钥，除非可以证明业务数据没有使用旧密钥加密。在需要的阶段中无法找到旧密钥，如使用旧密钥 ID 查询返回失败，则可能会导致数据丢失或服务中断。

同时需要考虑的是，可能有充分的理由不对存储的数据从旧密钥到新密钥进行批量转换。例如，数据是高度瞬态的（以很高的频率进行访问、写入或重写），则可以适当地在应用程序中做兼容处理，以便在对数据进行读/写时，自动使用新密钥。使用这种机制可以减少一些与密钥撤销/轮换相关的系统负载。

6. 密钥销毁

密钥的寿命将在被销毁时被终止。密钥销毁应遵循安全的删除程序，以确保密钥被正确地删除。注意，只有在足够长的归档阶段之后，并且至少要完成两次检查以确保密钥丢失不会与数据丢失相对应，才可以进行密钥销毁。

7．密钥归档

前述已经提出，销毁与有价值的数据相关的密钥会导致严重后果。因此，正确地识别密钥是需要销毁还是被要求归档，是一个非常重要的任务。

过期或停用的密钥的归档应基于确定生产系统中是否仍存在用准备归档的密钥加密的数据。不仅应考虑当前运行的生产系统，还应该考虑容灾备份站点、脱机备份、云备份等场景。如果有数据被要求可恢复，则必须将密钥与该数据一并归档。

密钥归档时，需要注意如下几点内容。

（1）如果需要使用已存档的密钥来恢复数据，则应记录和索引密钥及其相关数据，以便使数据的恢复尽可能有效。密钥的归档信息还应包括密钥的使用时间段，以帮助缩小恢复方案中对适当密钥的搜索范围。

（2）确保密钥的归档副本本身已得到保护。就如在生成和分配阶段中所建议的那样，使用非对称密钥对的公钥对对称密钥进行加密。

（3）在业务连续性/灾难恢复的演习或测试流程中，尝试使用归档密钥恢复加密数据。

值得注意的是，某些加密设备会以安全的方式自动存档过期的密钥，并且可能永远不会进入最后阶段，即密钥销毁阶段。总体而言，是否存在密钥销毁阶段应根据业务风险进行考虑。此外，加密密钥从归档阶段过渡到销毁阶段带来的风险，以及相关数据的永久丢失的风险甚至会超过暴露已归档密钥的风险。因此，从归档阶段到销毁阶段的过渡更应该慎重，除非某些监管对归档有时长限制。

在密钥的生命周期管理中，还可能涉及密钥的存储。密钥的存储要综合考虑如下因素。

（1）明确密钥在应用程序中的存储位置和使用方式。明确密钥可能存储在哪些存储设备上。

（2）密钥永远不能以纯文本格式存储。

（3）密钥必须同时在具有易失性和永久性的存储器上受到保护。最好在独立的安全加密模块中对密钥进行处理。

（4）确保密钥在存储时应用了完整性保护。应考虑支持加密和报文认证码（MAC）的双重目的算法。

（5）如果计划将密钥存储在脱机设备/数据库中，则在导出密钥信息之前，需要使用密钥加密密钥（KEK）对密钥进行加密。KEK（和算法）的强度应等于或大于受保护密钥的强度。

（6）如果密钥以服务或动态库的形式提供，则不建议提供明文读/写密钥的 API 接口。

（7）推荐将密钥存储在硬件安全模块（Hardware Security Module，HSM）或软件的隔离区中。

（8）推荐在硬件或软件的隔离区内部完成对密钥的访问、加密、解密、签名操作。

另外一个不在上述生命周期阶段中，但是也很重要的维度是对密钥生命周期整个阶段的监控。监控应考虑三个关键方面。

（1）监控所有对加密系统的未授权管理访问，以确保不会执行未经批准的密钥管理操作。任何形式的未经授权的操作都可能对系统和数据造成灾难性的后果。

（2）监控加密系统的性能。加密计算的性能往往会占用大量 CPU，这意味着系统可能会承受很大的负载。过载的加密服务或过载的业务系统，甚至两者的互相影响，均有可能导致数据被损坏或不可用。

（3）监控加密系统的正常运行。如果加密系统发生故障，那么就可能会中断服务，这将对业务产生极大的负面影响。

4.5.3 密钥管理的监管要求

密钥管理不仅要面对技术性的挑战，还需要符合相应的监管要求。例如，在跨境金融业务中处理信用卡类的数据，则需要遵循 PCI DSS 标准（美国支付卡行业数据安全标准）[36]的要求。

相关监管要求主要包含条款 3.5 和条款 3.6。条款 3.5 要求记录和实施密钥保护流程，以安全存储持卡人数据，防止泄露和误用。条款 3.6 要求记录和实施加密持卡人数据的密钥的管理流程。

具体而言，条款 3.5.1 是对服务提供商提出的额外要求。该条款要求提供密码架构的文档，需包含如下内容。

（1）用于保护持卡人数据的算法、协议和密钥的细节，包括密钥长度和过期日期。

（2）描述每个密钥的使用方式。

（3）用于密钥管理的所有硬件安全模块（HSM）或安全密码设备（Secure Cryptographic Device，SCD）的清单。

条款 3.5.2 要求限制只有与业务相关的管理员才拥有密码学密钥的访问权限。

条款 3.5.3 是对于密钥安全存储的要求。数据加密密钥在存储时，必须使用密钥加密密钥加密存储，或者保存在单独的硬件密码模块中。

条款 3.5.4 要求密钥的存储位置应该尽量少。因为过多的不必要的存储位置，会给密钥的保护和更新都带来较大的难度。

对于全球化的企业处理健康类型的数据，如消费者用户的血压、病历等，则需要判断"健康保险携带与责任法案"（HIPAA）[98]和"经济和临床健康卫生信息技术法案"（HITECH）[99]的遵从性。

基于 HIPPA 的要求，美国卫生与公共服务部（HHS）制定和发布了俗称的 HIPAA 隐私规则和 HIPAA 安全规则。HIPAA 隐私规则定义了"受保护的健康信息"，而 HIPAA

安全规则确定了存留和传输健康信息的安全标准。HIPPA 安全规则中对密钥管理有原则性的要求，以保护健康数据存留和传输时的安全性。

相关监管要求体现在 164.312 条款中，如 164.312(a)："……加密和解密：实施一种在加密和解密时受保护的健康信息（EPHI）的机制……"

在 164.312(e)条款中，也有对传输时使用加密和解密的保护机密性和完整性的要求。

此外，对于在欧盟有业务，或者处理欧盟消费者数据的企业，存在的一个挑战是欧盟《通用数据保护条例》（GDPR）的遵从。

GDPR 中和数据安全有关的监管要求如下。

（1）条款 32：加密和假名化：数据控制者和处理者应当采取包括但不限于如下的适当技术与组织措施……个人数据的加密和假名化。

（2）条款 28：每个控制者和控制者的代表（如有），应保持其职责范围内的处理活动记录。

（3）条款 54a：限制处理个人数据的方法包含……使选定的数据不可访问……

下文将详细介绍相关技术。

4.5.4　密钥管理的监管遵从

密钥管理有以下几个分类。

（1）密钥生命周期管理：涵盖密钥的生成、分配、使用、备份、撤销/轮换、销毁和归档等操作。

（2）密钥存储：文件/数据库存储、密钥加密密钥存储、硬件存储（硬件安全模块，HSM）。

（3）密钥属性/元数据：支持密钥的多种属性、多种密钥属性的类型。

（4）访问认证：用户访问认证、设备访问认证、管理员访问认证。

基于密钥的生命周期视角，密钥管理有如下最佳实践。

在生成密钥时，密钥的生成器应该符合 FIPS 140-2 或其他适用的标准。标准也涵盖对于安全随机数生成器的要求。通常来说，基于硬件的密码模块在密钥的生成、存储和保护方面，优于软件的密码模块。

在分配密钥时，生成的密钥需要采用安全通道传输，除非业务场景完全无法满足。密钥的使用者，即用密钥做加解密等操作的执行者，也应该是符合 FIPS 140-2 标准的软件模块。

在存储密钥时，开发和实施人员必须了解加密密钥在应用程序、存储设备中的存储位置。密钥在易失性和永久性存储器中受到存储时，均需要受到保护。如果部署环境许可，最好使用独立的安全加密模块进行处理，如硬件安全模块（HSM）。密钥永远不能以纯文本格式存储。

密钥的托管和备份也非常重要。如果加密密钥丢失，其加密的数据将很难或无法恢复。如果应用程序的业务中包含对静态加密数据的长期存储，则密钥的托管和备份尤为重要。备份密钥时，至少应使用经过 FIPS 140-2 验证的密码模块对存储密钥的数据库进行加密。用于执行数字签名的密钥，不需要也不应该托管。托管主要是指支持加密的密钥。通常情况下，托管由证书和密钥的证书颁发机构或密钥管理系统执行。这两类系统也可能提供单独的 API，为应用程序执行托管。

密钥的生命周期流程还包括问责与审计。问责涉及在整个密钥的生命周期中能够接触或控制密钥的人。问责作为一种有效的工具，有助于防止密钥泄露，并可在发现密钥泄露后减少其影响。最好不要授予任何人查看明文密钥的权限。如果必须查看明文密钥，则密钥管理系统应该能够识别可查看纯文本密码密钥的所有人员，并记录和审计其操作。另外，更复杂的密钥管理系统需要识别被授权能够访问或控制任何加密明文或密文密钥的所有人员。

密钥的问责与审计，甚至是更大范围而言的密钥管理系统的设计、实施与维护，也需要符合人类工程学（Ergonomic）的理论和最佳实践。既要防止因规则过于宽松而导致不适当的人为行为损害密钥管理系统，也要避免因规章和限制过于严格而导致使用、操作和维护系统的人员心理压力过大，增加出错的机会或不按照既定程序执行。

密钥的泄露与恢复是密钥生命周期流程的分支环节。用于加密的密钥被未授权公开意味着由该密钥加密的所有数据都可能失去机密性保护。多数密钥本身也有完整性和可用性的要求。密钥的篡改或替换不仅会影响密钥的完整性，也会导致对密钥保护的数据的完整性造成影响。密钥的删除不仅会影响密钥的可用性，也会对相应的数据的可用性造成影响。

泄露恢复计划对于在密钥泄露时恢复密码安全服务至关重要。泄露恢复计划应记录在案，并便于查阅。

泄露恢复计划应包括如下内容。

（1）需要通知的人员的身份和联系信息。

（2）执行恢复操作的人员的身份和联系信息。

（3）所有需要支持恢复程序的人员的身份和联系信息。

（4）对所有相关人员进行恢复程序的教育。

（5）重新输入密钥的方法。

（6）所有加密密钥及其用途的清单（如系统中所有证书的位置）。

（7）强制执行密钥吊销检查的策略（以最大限度地降低破坏造成的影响）。

（8）监控重新输入密钥的操作（确保对所有受影响的密钥都执行必需的操作）。

总之，基于密钥生命周期管理的视角，可以系统化地分析生命周期中每个阶段的风险，并有针对性地实施缓解措施，从而保障密钥的机密性、完整性和可用性。

4.5.5　密钥交换的问题

如果仅在加密系统进行密钥的交换，那么可能并非是最严重的问题。但是由于人为的参与，问题就变得复杂。人是非常不可预知的，他们可能做什么，他们会做什么，他们为什么这么做……都是无法预知的。

在支持多对一、多对多和一对多通信拓扑的现代大型网络中，数百万个密钥的生成、分配和其安全性都可以归结为一场噩梦。

尽管对称加密由于其在密码学中的历史地位和速度而被普遍使用，但它仍然面临着一个严重的问题，即如何将密钥从发送方安全地传递给接收方。此问题构成了密钥交换问题的基础。密钥交换问题涉及以下内容。

（1）确保交换密钥，以便发送方和接收方都可以执行加密和解密。

（2）确保窃听者或外部方不会破坏密钥。

（3）确保接收方得到的消息已被发送方加密。

加密算法的强度依赖于密钥分配技术。不良的密钥分配技术为中间人攻击创造了理想的环境。因此，密钥交换问题凸显了对强大的密钥分配技术的需求。尽管密钥交换问题在对称加密密码方法中更为突出，并且基本上已由公钥密码方法解决，但公钥密码方法中仍然存在一些密钥交换问题。对称密钥加密要求通信双方在通信之前提前商定他们的秘密密钥，而公共密钥加密存在如何安全地获得接收方的公共密钥的难点。解决这两个问题的其中一种方法是通过受信任的第三方或中介机构。对于对称密钥加密，可信中介称为密钥分配中心（KDC）。对于公钥加密，可信且可扩展的中介称为证书颁发机构（CA）。

另一种解决方法是依靠用户以非正式的方式，分布式分发和跟踪彼此的密钥和信任。PGP 软件及基于 PGP 的邮件加密是该解决方法的一种实现，称为"信任网络"模型。

4.5.6　密钥分配中心

密钥分配中心（Key Distribution Center，KDC）是单个受信任的网络实体，所有网络通信方都必须通过该实体建立共享的秘密密钥。它要求所有通信方都具有一个共享的秘密密钥，通过这些通信方可以与 KDC 进行秘密通信。但是，困难的是，仍然存在共享密钥如何分配的问题。一般而言，KDC 不会为通信方生成密钥，它仅负责存储和分配密钥。密钥的生成必须在其他地方进行。迪菲－赫尔曼密钥交换算法（Diffie Hellman Key Exchange Algorithm）是创建密钥的常用算法，它提供了在两个通信方之间分配这些密钥的方法。但是由于迪菲－赫尔曼密钥交换会遭受中间人攻击，因此最好与公钥加密算法配合使用以确保身份验证和密钥的完整性。

所有网络通信方都与 KDC 有共享密钥。因此，KDC 会应要求给通信中的相应方秘密分配密钥。想要使用对称加密方案与网络中任何其他实体进行通信的任何网络实体，都可以使用 KDC 获得该通信所需的共享密钥。

密钥分配中心如图 4-28 所示。以下利用一个很好的场景描述 KDC 的主要工作。

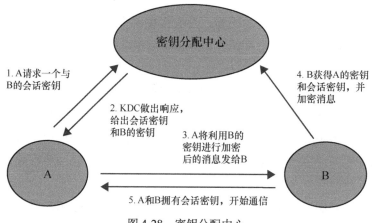

图 4-28 密钥分配中心

首先，消息发送方 A 和消息接收方 B 都必须具有各自与 KDC 共享的密钥。

通信双方（A、B）与 KDC 的交互步骤如下。

（1）A 通过发送包含 A 和 B 的身份的消息，向 KDC 请求与 B 通信。

（2）KDC 响应该消息，并返回两条消息。第一条消息使用 A 与 KDC 共享的密钥加密返回消息，以确保消息只有 A 可以读取。该消息包含会话密钥、A 的请求消息本身，以方便 A 发起多次请求时，匹配到相应的请求。第二条消息需要由 A 转发给 B，并使用 B 与 KDC 共享的密钥加密消息，消息内容包含会话密钥、A 的身份信息。

（3）A 向 B 转发第二条消息。这条消息使用 B 与 KDC 共享的密钥加密，以此证明消息来自 KDC，并且没有被窃取。从消息内容也可以确认 A 的身份没有被仿冒。

（4）会话密钥已分发给 A 和 B。可以安全地开始本次会话了。

KDC 具有以下缺点。

（1）网络通信的双方必须属于同一 KDC。

（2）集中化的安全性成为风险。KDC 因为是集中管理密钥的中心，自然成为对于攻击者非常有价值的目标。由于参与通信的各方都无条件地信任 KDC，因此 KDC 上的安全漏洞将损害整个系统的安全性。

（3）在包含很多通信方的大型网络中，由于需要使用密钥的每一对用户都必须至少访问一次中央节点，因此 KDC 容易成为性能的瓶颈。

在具有变化的通信拓扑的大型网络中，网络通信元素一般不属于同一 KDC，密钥分配可能成为一个实际问题。此类问题由公钥基础设施（PKI）解决。

4.5.7　公钥管理

在公钥的分配中存在真实性和完整性的问题。例如，黑客使用自己的公钥来替代某个网站或服务的公钥，以达到仿冒的目的。而公钥管理的目标就是需要找到解决这些问题的方法。

实际上，公钥的管理存在两个层面的问题：公钥的分配；使用公钥加密来分配秘密密钥。对于公钥的分配，有如下几种解决方案。

（1）公共公告，任何用户都可以广播其公钥或将其发送给选定的个人。

（2）由受信任的机构维护的公共目录。公共目录需要支持动态的添加和删除。

（3）证书颁发机构（CA），用于将证书分配给每个通信方。网络或系统中的每个通信方都与 CA 安全通信，以向 CA 注册其公钥。由于公钥不需要保密，因此可以使用多种方法来完成注册。

关于证书颁发机构，将在本书 4.6.2 节"证书颁发机构"中进一步探讨。

4.5.8　密钥托管

密钥托管（Key Escrow）是指将密钥的副本委托给第三方，类似将房屋或汽车的备用钥匙委托给信任的朋友。这不是一个坏主意，在遇到丢失钥匙或将钥匙锁在房屋或汽车内的情形时，可能很有用。但是，在像互联网这样的公共通信网络中，这种想法并不是很好。

密码学专家 Bruce Schneier 认为，密钥托管的需求将导致安全方面的重大牺牲，并极大地增加最终用户的成本。

设计一套支持密钥托管的安全系统，至少要应对下述挑战。

一是对系统的基础功能新增的风险。

潜在的风险包含新增一种可能非法的数据访问通道，内部维护人员可能存在滥用行为，密钥的托管将破坏前向加密方案等，还包含实施过程中的存储和传输密钥的风险。

二是复杂度的风险。该类系统可能极其难以设计。在美国布什政府时代的基于 Clipper 芯片的美国托管加密标准（US Escrowed Encryption Standard）中，曾经发现散列算法长度、认证机制等多种问题。

此外，还存在操作和维护的复杂度增加、密钥恢复的授权、从技术上难以处理等复杂度风险。

三是成本。设计成本、运行成本、访问控制、评估和授权的成本都需要考虑，这些都最终影响消费者或使用者的付出成本。

4.6　公钥基础设施

本书 4.5.6 节"密钥分配中心"章节提到，在诸如互联网等大型网络中，很难建设一个中心的密钥分配中心节点，来实现整个互联网级别的保密通信。如何给通信的双方分配密钥成为一个复杂的问题。利用公钥基础设施（PKI）以代替 KDC 来提供可信且有效的密钥和证书管理，可以解决这个问题。

PKI 的目的是促进用于一系列网络活动（如电子商务、互联网银行和机密电子邮件）的安全电子信息的传输。对于简单的密码不足以进行身份验证，并且需要更严格的证据来确认通信中有关各方的身份并验证所传输信息的场景，这是必需的。

国际电联电信标准化部门（ITU-T）X.509 标准指出，PKI 是基于公钥密码学创建、管理、存储、分发和撤销证书所需的一组硬件、软件、人员、政策和程序。PKI 使证书管理的所有活动自动化。PKI 可以用可信的方式向大量用户广泛生成和分配数字证书。

PKI 由四大部分组成。

（1）代表认证令牌的证书。

（2）掌握主体认证最终决定权的 CA。

（3）代表最终用户接收和处理证书签署请求的注册机构（RA）。

（4）保存公开的证书信息的轻量目录访问协议（LDAP）目录。

4.6.1 PKI 系统结构

在密码学中，PKI 是绑定公钥与实体（如人和组织）的各自身份的一种协议。绑定是通过证书颁发机构（CA）的证书注册和颁发过程来建立的。根据绑定的保证级别，绑定可以通过自动化过程或在人工监督下执行。

可以由 CA 委派以确保有效和正确注册的 PKI 角色称为注册机构（RA）。基本上，RA 负责接收对数字证书的请求，并对发出请求的实体进行身份验证。IETF 的 RFC 3647 将 RA 定义为"负责以下一项或多项功能的实体：证书申请人的标识和认证，证书申请的批准或拒绝，在某些情况下启动证书吊销或中止，处理订户撤销或暂停其证书的请求，以及批准或拒绝订户续订或重新为其证书颁发密钥的请求，但是 RA 不会签名或颁发证书（RA 仅被 CA 委派了某些任务）。"RA 没有 CA 的签名权限，仅管理证书的审查和供应。

根据有关该发生请求的实体的信息，一个实体在每个 CA 域中必须是唯一且可被识别的。第三方验证机构（Verification Authority，VA）可以代表 CA 提供该实体信息。

PKI 系统业务流程如图 4-29 所示，该流程表示了一个典型的 PKI 系统的业务流程。

（1）发件人向 RA 请求注册。

（2）RA 校验发件人（证书申请者）提供的信息和证书申请者的身份。

（3）校验通过后（注册成功后），RA 将信息传递到证书颁发机构（CA）。

（4）CA 向申请者颁发证书。

（5）发件人使用证书私钥签名数据并传递给收件人 B。

（6）收件人 B 向验证机构（VA）申请校验签名，以确认发件人 A 的证书的有效性。

（7）VA 检查证书吊销列表，并向 CA 查询（可选）；CA 回复确认公钥有效性。

（8）VA 返回签名有效。

注意，上述的几个网络实体为功能上的概念。在实际的组网结构中，CA 经常包含 VA 的全部功能。

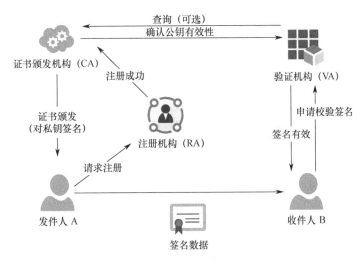

图 4-29　PKI 系统业务流程

4.6.2　证书颁发机构

关于公钥的概念及公钥管理的难点，在本书 4.5.7 节"公钥管理"中已经阐述。证书颁发机构（CA）可以证明公钥属于特定实体。该实体可以是个人或网络中的服务器。如果实体信任认证公钥的 CA，那么被认证的公钥就可以放心使用。CA 可以被理解为将密钥绑定到被验证的网元或服务器。上述的描述比较抽象，实际上，CA 类似数字世界的护照颁发机构。在数字世界中，这些颁发机构颁发数字证书并验证持有人的身份和权限。就像现实世界中的护照中嵌入了有关护照持有人的信息一样，由 CA 颁发的数字证书具有个人或组织的公钥及嵌入其中的其他标识信息，CA 对数字证书使用密码算法记录时间戳记，并签名和密封以防被篡改。数字证书的最重要的作用是证明证书中列出的用户合法拥有证书中列出的公钥。CA 通过数字签名使攻击者不能伪造和篡改证书。

CA 具有以下角色。

（1）向通信中的一方实体验证通信的另一方实体是它声称的身份。当然，前提是该实体信任 CA。

（2）一旦验证了该实体，将通过数字证书的方式绑定公钥和实体。数字证书包含公钥及其他公钥拥有者的识别信息（如一个自然人的人名或一个 IP 地址）。

由于 CA 需要验证通信方的证书的有效性，因此它也需要负责注册、分配和撤销证书。证书是由许多不同的 CA 颁发的，因此定义了许多证书格式，以确保方案的有效性、可管理性和一致性。为了减少 CA 的响应频率并改善 CA 的性能，获得证书的用户有责任管理自己的证书。为此，任何发起通信的用户都必须提供他的证书及其他标识信息（如日期和随机数），并将其与接收方证书的请求一起发送给接收方。收到这些文件后，接收方将发送其证书。双方随后验证彼此的证书，并在任何一方的批准下开始通信。在验证过程中，每个用户都可以定期检查 CA 的证书列表，这些证书可能由于密钥泄露或管理原因而在原定的失效日期之前失效。由于这可能需要在线访问 CA 的中心设施，因此有时可能会造成瓶颈。

在实现上，CA 认证中心是一个树状结构，根 CA 认证中心可以授权多个二级的 CA 认证中心，二级 CA 认证中心也可以授权多个三级的 CA 认证中心。数字证书申请人可以向根 CA 认证中心，或者二级三级的 CA 认证中心申请数字证书，这在理论上是没有限制的。申请成功后，申请人拥有了数字证书，从而可以使自己的公钥变得可信，其信任度和签发的认证中心相同。在 HTTPS 协议中，客户端通过验证网站的数字证书确认网站是否可信，并确认其未受到中间人攻击。

4.6.3 注册机构

注册机构（Registration Authority，RA）接收并处理用户的证书签名请求，可以理解为 CA 的"前端"。RA 负责获取并认证证书申请者（组织、人、服务器、应用程序等实体）的身份，接收用户的注册申请，审查用户的申请资格，并决定是否同意 CA 向其签发数字证书。

因特网工程任务组（IETF）的 RFC 3647 将 RA 定义为"负责以下一项或多项功能的实体：证书申请者的标识和认证，证书申请的批准或拒绝，在某些情况下启动证书吊销或中止，处理证书拥有者撤销或暂停其证书的请求，以及批准或拒绝证书拥有者续订或重新为其证书颁发密钥的请求，但是 RA 不会签名或颁发证书（RA 仅接收 CA 委派，执行某些任务）。" RA 没有 CA 的签名权限，仅可以管理证书的审查和供应。RA 还负责维护公钥、证书持有者和其他属性之间的对应关系。

对于规模较小的 PKI 应用系统，RA 的职能可以集成到 CA 中，而不是以独立运行的实体的形式存在。

4.6.4 数字证书

数字证书是经过数字签名的消息，用于证明通信双方的公钥的有效性。为了维护数字证书的通用性和有效性，数字证书的格式必须有统一的标准。大多数数字证书遵循国际电联电信标准化部门（ITU-T）X.509 标准。根据 RFC 1422，X.509 数字证书具有的字段见表 4-12。

表 4-12　X.509 数字证书字段表

字　　段	目的或介绍
版本号	多数数字证书使用 X.509 第 3 版
序列号	CA 设置的唯一数字
颁发者	CA 的名称

（续表）

字　　段	目的或介绍
证书签发主体	证书的接收者的名称
有效期	数字证书生效的时间段
证书签发主体的公钥算法信息	签发的证书使用的数字签名算法
颁发者的数字签名	CA 签发的证书的数字签名
公钥	主体的公钥

数字证书的属性样例如图 4-30。

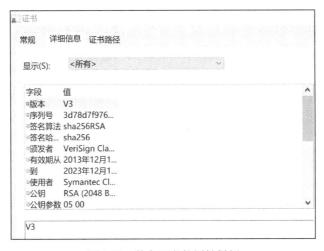

图 4-30　数字证书的属性样例

很多组织提供数字证书服务。也就是说，它们承担了 CA 的职能。典型的组织包括科莫多（Comodo）、赛门铁克（Symantec）、Digicert、威瑞信（Verisign）等。中国国内也有多家 CA 供应商。此外，开放源代码 CA "Let's Encrypt" 也签发了越来越多的数字证书，以用于网站的身份认证。

在现代通信中，数字证书的使用已变得普遍且对通信的安全至关重要。例如，在网络环境中，为了对服务器的传输内容进行加密，客户端需要使用服务器的公钥。该密钥的完整性对于后续会话的安全性至关重要。例如，如果第三方（中间人）拦截通信并将合法密钥替换为自己的公钥，则该中间人可以查看所有流量，甚至可以修改传输中的数据，而客户端和服务器都不会检测到入侵。因此，为了防止这种情况，首先客户端会向服务器提出要求，然后服务器会发送由证书颁发机构签署的证书的公钥。客户端检查该数字签名。如果签名有效，则客户知道客户端已经证明该证书是服务器的真实证书，而不是中间人伪造的证书。为了提供有意义的身份验证，CA 必须是可信的第三方，这一点很重要。

4.6.5　轻量目录访问协议

轻量目录访问协议（Lightweight Directory Access Protocol，LDAP）由密歇根大学开发，旨在简化对 X.509 目录的访问。PKI 系统通过这种协议，可以支持证书的分发，此外，还可以基于 LDAP 协议提供对证书作废表（Certificate Revocation List，CRL）的支持。分发数字证书的其他方式是通过 FTP 和 HTTP。

值得指出的是，在证书状态查询的场景，近年来，在线证书状态协议（Online Certificate Status Protocol，OCSP）的应用更为广泛。该协议基于 TLS 协议并扩展，可以针对 CA 提供的证书是否被吊销的提供状态进行反馈。

4.6.6　新型的 PKI 系统

随着分布式和区块链等技术的演进，一些新型的 PKI 系统的概念和原型不断被提出，包括区块链 PKI（Blockchain-based PKI）和分布式 PKI（Decentralized PKI，DPKI）。

由于区块链技术旨在提供分布式且不可更改的信息分类账本，因此其被认为非常适合于公钥的存储和管理。一些加密货币支持存储不同的公共密钥类型（SSH、GPG、RFC 2230 等），并提供直接支持 OpenSSH 服务器的 PKI 的开源软件。区块链技术提供基于工作量证明或其他证明方式的可信度，通常可以增强对 PKI 的信任，但仍然存在诸如策略的一致性、操作安全性和软件实现质量之类的问题。证书颁发机构范式存在以上这些问题，而与其所采用的基础加密方法和算法无关，并且寻求赋予证书具有可信赖属性的 PKI 也必须解决这些问题。

分布式标识符（Decentralized ID，DID）消除了分层 PKI 标准中对标识符的集中注册，以及对密钥管理的集中证书颁发机构的依赖。如果 DID 注册中心采用分布式分类账本，则每个实体都可以充当其自己的根证书颁发机构，该架构称为分布式 PKI。

4.7　哈希算法

哈希算法是密码学提供的一类基础的算法，已在各类安全协议中被广泛使用。该类算法的输入为任意长度的比特串，输出为一个固定长度的比特串，常被称为哈希、哈希值或报文摘要（Message Digest）。该类算法也常被称为摘要算法。对于特定消息，可以将摘要或哈希值视为消息的指纹，即消息的唯一表示。与其他加密算法不同，哈希算法本身没有密钥。

一般而言，哈希算法可以认为是将哈希函数应用于一系列的数据条目的程序。在这种含义上，哈希函数是数学上的抽象，而哈希算法是结合数据处理方式的实现。但是在很多场合，哈希算法和哈希函数两个术语经常混用。例如，NIST FIPS 180-4 标准在开篇中提道："本标准定义一系列安全哈希算法，SHA-1，SHA-224……所有这些算法都是迭代的单向哈希函数……"

注意，哈希函数有两种。例如，计算机数据结构中常见的哈希表，一般其依赖的哈希函数为一种简单的算法。该类算法计算速度快，并且保证对于相同的输入数据可以产生相同的输出。但是，并不能完全保证两个相同的输出一定对应两个相同的输入。本节主要探讨另外一种哈希函数，即密码学安全的哈希函数，有时也称作密码哈希函数（Cryptographic Hash Functions）。

密码哈希函数具备如下关键的特性：

（1）非常难以修改消息且保持哈希值不变；

（2）非常难以得到指定哈希值对应的消息；

（3）非常难以找到两条拥有相同哈希值的不同消息。

第一个特性意味着加密哈希函数将展现出类似"雪崩效应"的变化。即使更改输入中的单个比特，也会在整个摘要中产生大量变化：摘要的每一比特都将有大约 50%的机会翻转。这并不意味着每次更改都一定会导致大约一半的比特翻转，但是密码哈希函数可以确保非常大的概率。重要的是，这样很难找到碰撞或接近碰撞。

第二个特性意味着难以找到具有给定哈希值 h 的消息 m。该属性称为原像抗性（Preimage Resistance），有时也称为不可逆性或隐秘性。这使得哈希函数成为一种"单向"函数：为给定消息计算哈希非常容易，但是为给定哈希计算消息则非常困难。

第三个特性是关于查找具有相同哈希值的消息的，这个特性有两种形式。在第一种形式中，给定消息 m，要求很难找到另一个具有相同散列值 h 的消息 m'：这被称为两重原像抗性（Second Preimage Resistance）。第二种形式的保密性更强，要求应该很难找到具有相同哈希值的任何两个消息 m 和 m'，这称为抗碰撞性。由于抗碰撞性是两重原像抗性的更强形式，因此这两种形式也可以分别被称为弱抗碰撞性和强抗碰撞性。

哈希算法在密码学中的用途是多种多样的：哈希算法是数字签名方案和消息身份验证码的基本组成部分。哈希算法还被广泛用于其他密码应用程序，如应用于存储密码或密钥派生。很多解决方案也大量用到密码哈希函数，如区块链。

在实现上，哈希算法采用给定长度的输入消息 M 并创建唯一的固定长度的输出消息。输出消息的固定长度通常为 128 bit 或 160 bit。单向哈希算法是哈希算法的变体，用于创建消息的签名或指纹，就像人的指纹一样具备唯一性。

形象的使用场景是，为了确保数据的完整性和真实性，发送方和接收方在消息发送之前和接收之后都使用相同的哈希算法对消息执行相同的哈希计算。如果对同一消息的两次计算产生相同的值，则该消息在传输过程中未被篡改。

哈希算法的报文摘要长度有多种标准，包括 160 bit（SHA-1 和 MD5）和 128 bit（MD2 和 MD4）。报文摘要哈希算法 MD2、MD4 和 MD5 由 Ronald Rivest 发明，而安全哈希算法（Secure Hash Algorithm，SHA）由 NIST 开发。这些哈希算法中最流行的是 SHA 和 MD5。表 4-13 列举了这些算法的更多详细信息。

表 4-13　哈希算法对比表

算　　法	摘要长度/bit	块长度/bit
SHA-1	160	512
MD5	160	512
HMAC-MD5	160（同 MD5）	512（同 MD5）
HMAC-SHA-1	160（同 SHA-1）	512（同 SHA-1）
RIPEMD	160	128

4.7.1　MD5

MD5 是 Ronald Rivest 在 1991 年设计的哈希函数，是 MD4 的扩展[100]。该哈希函数输出 128 bit 摘要。多年来，密码学界已多次发现 MD5 的弱点。1993 年，Bert Den Boer 和 Antoon Bosselaers 发表了一篇论文，论证了 MD5 压缩功能的"伪碰撞"[101]。Dobbertin 在以上研究的基础上进行了扩展，并能够为压缩函数产生碰撞[102]。在 Dobbertin 的工作基础上，王小云、冯登国、来学嘉和于洪波在 2004 年的研究中证明，MD5 容易受到真实的碰撞攻击[103]。对 MD5 用作数字签名场景的真实攻击是王小云等人在 2005 年提出的，在他们发表的论文中描述了两张不同的 X.509 证书拥有相同的数字签名，从而证明了 MD5 算法不再适用于数字签名场景[104]。

因此，不建议使用 MD5 来生成数字签名。在新的密码系统的设计与实现中，也需要避免使用 MD5 作为基础哈希函数。但理论上，HMAC-MD5 用于消息身份验证场景时仍然是安全的。

多数编程语言的算法库都有常见密码学算法的封装。例如，Python 3 版本中，可以用下述的代码计算 MD5：

```
import hashlib
hashval = hashlib.md5(b"datasecurity").hexdigest()
print(hashval)
```

4.7.2　SHA-1

SHA-1 是美国国家安全局（National Security Agency，NSA）设计的 MD4 系列中的另一个哈希函数，可产生 160 bit 摘要。和 MD5 算法一致，SHA-1 不再被视为数字签名的安全算法。许多软件和浏览器，包括谷歌浏览器，已经开始放弃对 SHA-1 签名算法的支持。2017 年 2 月 23 日，来自 CWI Amsterdam 和 Google 的研究人员在完整的 SHA-1 功能上产生了碰撞。

Python 3 版本中，可以用下述的代码计算 SHA-1：

```
import hashlib
hashval = hashlib.sha1(b"datasecurity").hexdigest()
print(hashval)
```

4.7.3　SHA-2

SHA-2 是指一系列哈希函数，包括 SHA-224、SHA256、SHA-384、SHA-512、SHA-512/224 和 SHA-512/256。其摘要长度分别是 224 bit、256 bit、384 bit、512 bit、224 bit 和 256 bit。这些哈希函数基于 Merkle-Damgard 结构，可用于数字签名、消息身份验证和随机数生成器。SHA-2 不仅比 SHA-1 性能更好，而且还因为提高了抗碰撞性，从而可以提供更好的安全性。SHA-224 和 SHA-256 设计用于 32 bit 寄存器，而 SHA-384 和 SHA-512 设计用

于 64 bit 寄存器。SHA-512/224 和 SHA-512/256 是 SHA-512 的截短版本，同样使用 64 bit 摘要，其输出大小等于 32 bit 寄存器的变体（224 bit 和 256 bit 摘要，并且在 64 bit CPU 上有更好的性能）。表 4-14 给出了不同的 SHA-2 哈希算法的对比。

表 4-14　SHA-2 哈希算法对比表

算　　法	消息长度/bit	块长度/bit	摘要长度/bit
SHA-224	$<2^{64}$	512	224
SHA-256	$<2^{64}$	512	256
SHA-384	$<2^{128}$	1024	384
SHA-512	$<2^{128}$	1024	512
SHA-512/224	$<2^{128}$	1024	224
SHA-512/256	$<2^{128}$	1024	256

Python 3 版本中，以 SHA-256 为例，可以用下述的代码计算：

```
import hashlib
hashval = hashlib.sha256(b"datasecurity").hexdigest()
print(hashval)
```

针对 SHA-2 的攻击方式中，有学术论文指出，通过（伪）碰撞攻击[105] 和原像攻击[106] 可以降低 SHA-256 和 SHA-512 的轮数。当然，这些攻击仅是降低轮数，不构成对该算法的工程意义上的完整攻击。

4.7.4　Keccak 和 SHA-3

Keccak 是由 Guido Bertoni、Joan Daemen、Michaël Peeters 和 Gilles Van Assche 设计的一系列哈希函数，并在 2012 年赢得了 NIST 的安全哈希算法竞赛[107]。此后，Keccak 以 SHA3-224、SHA3-256、SHA3-384 和 SHA3-512 哈希函数的形式进行了标准化。

尽管 SHA-3 听起来可能与 SHA-2 很接近，但两者的设计却大不相同。SHA-3 在硬件实现上效率非常高，但与 SHA-2 相比，SHA-3 在软件实现上性能较差。

SHA-3 哈希函数在 Python 3.6 版中被引入，可以按以下方式使用：

```
import hashlib
hashval = hashlib.sha3_256(b"datasecurity").hexdigest()
print(hashval)
```

4.7.5　口令存储

密码哈希函数的一个很重要，也很容易被误用的场景是口令的存储。在多数情况下，用户使用自己的账户名和口令登录系统。系统为了比对用户输入的口令的正确性，通常需要把口令存储在某个地方。

若将口令直接以明文的形式存储在文件或数据库中，则将带来致命的问题。针对口令字符串的比较，攻击者可以根据时间的不同来猜测口令的长度，这种方法称为计时攻击（Timing Attack）。当然，攻击者获取口令的最直接的方法是，攻击者非法访问口令数据库。

在安全领域中，这种方法被称为"拖库"。一般而言，用户的账户名称和口令会存储在一起，而且很多用户为了方便，会在不同的网站上重复使用相同的口令，这会导致账户泄露和非法访问。更为严重的是，如果以手机号或邮件地址作为账户名称，或者口令数据库也包含这类信息，则攻击者将可能试图劫持使用手机号或邮件地址注册的其他服务。这种方法在安全领域中一般被称为"撞库"。

一种简单的应对措施是，使用加密安全的哈希函数对口令进行哈希处理。由于哈希函数易于计算，因此只要用户提供口令，就可以迅速计算出哈希值，并将其与数据库中存储的哈希值进行比较。尽管攻击者窃取了用户数据库，但他们只能看到哈希值，而不能看到实际口令。根据本章提到的哈希函数的原像抗性，攻击者利用哈希值很难得到对应的明文，因此攻击者得到原始口令将会很困难。但是，事实果真如此吗？

实际上，人们使用的口令非常有限。研究显示，17%的用户使用 123456 作为自己的账户的口令，还有91%的用户采用的口令能够在 1000 个最常见口令中找到。

对大量数据泄露事件中泄露的明文口令的分析发现，绝大多数的口令符合下述不够安全的惯例。

（1）使用个人的出生日期或其他有意义的个人信息，如 19810326 等。

（2）使用自己的偶像、宠物、爱好或其他有关信息，如 messi10、jordan、baseball、mustang 等。

（3）使用有确定含义的数字序列或其组合，如 123456、246810 等。

（4）使用某种形式的单词、词组、短语或拼音等，如 password、batman、iloveyou 等。

（5）使用某种键盘布局等，如 qwerty、qazwsx、123qwe 等。

（6）使用上述形式的组合或变形，如 passw0rd、loveyou520 等。

在本章中多次提及，哈希函数对于两个相同的输入值可以保证输出值相同。这个本来非常有价值的特性却使得问题变得更糟。

攻击者可以列举所有常见口令及其组合，甚至可以包含所有可能的英文单词及其组合，并计算其哈希值，从而构筑一个巨大的对应表，这样的表称为"彩虹表"。这个表的名称或许来源于五颜六色的颜色卡。哈希函数的输出一定程度上类似随机分配。当以十六进制格式表示哈希函数的输出时，有些类似颜色的表示，如 0xFFC90E 既代表哈希函数的输出，又是金色的表示，多样的哈希函数的输出对应不同的色彩。

借助分布式计算能力和存储能力的普及，在互联网上可以轻易找到多达数十亿的明文口令和其哈希值的彩虹表，其存储大小甚至可以达到数十太字节（TeraByte，TB，1TB=1024 GB=2^{40}B）。简单地对口令采用哈希计算后再存储，显而易见是不够安全的。

通常，人们通过"盐值"（Salt）解决利用"彩虹表"方式对口令存储的攻击。在对口令哈希之前，在口令前或口令后增加随机的"盐值"，可以产生完全不同的哈希值。"盐值"可以用明文的形式存储在口令的哈希值的旁边。

设哈希函数为 H，加盐值的哈希可表示为

$$Hashvalue = H(Password \,\|\, Salt)$$

当用户使用口令进行身份验证时，只需将盐值与口令结合在一起，再对其进行哈希处理，然后将其与存储的哈希进行比较即可。

如果选择足够大的密码随机数作为盐值（如 32 字节），就可以对预先计算好的攻击（如"彩虹表"攻击）做到比较好的防护。为了成功发起"彩虹表"攻击，攻击者必须为每个盐值计算单独的表。由于单个表通常也很大，因此计算和存储不同盐值的表非常困难。计算单个表需要花费大量时间，因此计算 2^{256} 个不同的表是不可能的。

值得注意的是，许多系统为所有用户使用同一个盐值。虽然这样做也可以在一定程度上防止"彩虹表"攻击，但一旦攻击者知道了盐值，仍然可能同时攻击所有口令。攻击者只需为该盐值计算一个"彩虹表"，然后将结果与数据库中的哈希密码进行比较即可达到攻击的目的。

4.7.6 哈希树

哈希树是指其每个节点都由哈希值标识的树。哈希值包括节点的内容和其祖先的哈希值。没有祖先的根节点只是哈希其自身的内容。实用的哈希树可能是二叉树，或者也许只有叶节点携带自己的数据，而父节点仅携带衍生数据。Merkle 树是哈希树中的一种，此类哈希树或它们的变体被许多系统使用，尤其是分布式系统，其示例包括分布式版本控制系统（如 Git）、数字货币（如比特币）、分布式对等网络（如 BitTorrent）和分布式数据库（如 Cassandra）。

4.8 消息认证码

消息认证码（Message Authentication Code，MAC）是一小片段信息，可用于检查消息的真实性和完整性。这些片段通常称为"标签"。MAC 算法接收任意长度的消息和固定长度的密钥，并生成标签。MAC 算法还包含与之关联的验证算法，该验证算法接收一条消息、密钥和标签，并根据标签判断消息是否被篡改。一种简单的验证算法是根据消息和密钥，重新计算标签，并检查计算出的标签与输入的标签是否相同。但是这种算法并不总是足够的；许多安全的 MAC 算法是随机的，并且每次计算都会产生不同的标签。

请注意，此处使用术语"消息"而不是"明文"或"密文"。这种歧义是故意的。现实世界中，MAC 作为一种实现认证加密的方法，因此消息始终是密文。但是，将 MAC 应用于纯文本消息也没有任何问题。实际上，部分安全认证加密方案的模式明确允许将认证（但非加密）消息与认证密文一起发送。

4.8.1 安全 MAC

首先需要定义什么是安全的 MAC。也就是说，MAC 算法能够提供哪些安全属性。更

进一步地讲，对于攻击者，其假设条件是什么。

假设攻击者执行选择消息攻击。理想情况下，这意味着攻击者将请求任何数量的消息 m_i，算法将响应真实的标签 t_i。

然后，攻击者将尝试"存在主义伪造"（Existential Forgery），这是一种新奇的说法，它们将产生（m，t）的一些新的有效组合。攻击者显而易见的目标是为他们选择的新消息 m'生成有效标签 t'的能力。如果攻击者可以为消息 m_i 计算一个新的、不同的有效标签 t'，那么 MAC 则被认为是不安全的。

4.8.2　MAC 算法中的密钥

验证一个消息的完整性的通用做法包含使用校验和（如 CRC32 或 Adler32），甚至是密码学安全的哈希（如 SHA 系列）来计算消息的某种摘要。

假设在互联网上发布一个软件包，一般的发布形式包括带有源代码的压缩包，也许还包含一些流行操作系统的二进制包。然后在它们旁边放上一些（密码学上安全的！）哈希值，这样任何下载它们的人都可以验证哈希值，并确认他们下载了他们认为的东西。

当然，这个方案存在比较大的安全风险。计算这些哈希值是每个人都能做到的事情。实际上，软件包的发布者甚至预期下载者都可以用这种方式验证软件包的完整性。问题在于，修改下载文件的攻击者可以再次计算修改后的下载文件的哈希值，并保存该值。用户下载修改后的文件后，会计算其哈希值，并与修改后的哈希值进行比较，从而得出下载成功的结论。不管攻击者是针对软件包的存储还是针对传输过程进行攻击，该方案都无法完善地抵御攻击。

一些可能的改进方法包括，直接在二进制文件上应用签名算法，或者对消息进行签名，只要用于产生消息的哈希函数是安全的，就可以防止两重原像攻击。重要的区别在于，创建签名（使用公钥签名算法）不是攻击者可以做到的，只有拥有对应私钥的人才能做到。

4.8.3　HMAC 介绍

基于散列的消息验证码（Hash-based Message Authentication Code，HMAC）是一种标准，用于生成以密码哈希函数为参数的 MAC。HMAC 的主要目的是同时验证数据的完整性和消息的真实性。Krawczyk 等人在 1996 年的一篇论文中介绍了 HMAC 算法[108]。当时，许多协议尝试使用哈希函数实现自己的消息身份验证，但这些尝试并未获得预想的成功。该论文的具体目标是产生一种可证明安全的 MAC，且除密钥和哈希函数外，不需要任何其他内容。

HMAC 计算中使用的哈希函数，可以是任何密码学安全的哈希函数，如 SHA-2 和 SHA-3。HMAC 的命名格式为"HMAC-"加上使用的哈希函数的名称。例如，使用 SHA3-256 时，那么 HMAC 命名为 HMAC-SHA3-256。

HMAC 的一个不错的功能是它具有相当强大的安全性证明。只要基础哈希函数是伪随机函数，那么 HMAC 本身也是伪随机函数。HMAC 的安全，甚至不完全依赖底层的哈希函数的抗冲突性。该证明是在 HMAC 发明之后引入的，并与现实世界中的观察结果相符：即使 MD5 和 SHA-0（最早于 1993 年发布，未成为正式标准，是 SHA-1 的前身）具有严重的碰撞攻击，但由这些哈希函数构建的 HMAC 似乎仍然是完全安全的。

HMAC 的特点是，消息两次通过哈希函数，并在每次传递之前与密钥组合。

假设 HMAC 依赖的密码学安全哈希函数为 H，密钥为 K，输入的明文为 plaintext。哈希函数 H 的数据分块大小为 B 字节（对于多数哈希函数，B=64）。L 代表哈希函数的输出字节长度（MD5 的 L=16，SHA-1 的 L=20，SHA-256 的 L=32）。

密钥 K 的长度如果大于 B，则首先对密钥执行一次 H，得到的长度为 L 的字节数组 K' 作为 HMAC 函数的密钥。

HMAC 定义了两个额外的常量字节数组：

ipad = 0x 36 36 …　（B 个 0x36）

opad = 0x 5C 5C …　（B 个 0x5C）

根据 RFC 2104 标准，HMAC 函数可以表示为：

$$HMAC(K, plaintext) = H((K' \oplus opad) \| H((K' \oplus ipad) \| plaintext)$$

其中，

$$K' = \begin{cases} H(K) & K大于块长度 \\ K & K小于等于块长度 \end{cases}$$

"$\|$" 符号代表连接。

Python 3 版本的 HMAC 计算，可以参考下面的代码示例：

```
import hashlib, hmac, binascii
mac = hmac.new(b'secret', b'datasecurity', hashlib.sha256).hexdigest()
print(mac)
```

上述代码将得到的输出为 "b7 86 a3 04 9b 78 62 95 33 73 23 98 0a 08 73 02 14 06 79 ec 41 15 7d 89 85 c2 44 99 31 c2 5c 32"。

4.8.4　认证加密模式

到目前为止，本书对于加密与身份验证一直是分开讨论的，并从数据安全的维度介绍了它们的不同作用。对于大多数安全连接协议而言，加密和身份验证也被视为根本不同的步骤。

或者，可以将身份验证作为加密算法的操作模式的基本部分。未经身份验证的加密存在很多安全风险，并不是安全领域的最佳实践。使用不仅保证任意流的机密性而且保证其完整性和真实性的新型模式是有意义的。

此外，除保护消息的完整性和机密性外，经过身份验证的加密还可以提供针对"选择密文攻击"的安全性。在某些攻击中，攻击者试图通过将精心选择的密文提交给某些"解密预言"（decryption oracle）并分析解密结果，从而获得对密码系统的深入洞察（如有关解密密钥的信息）。经过身份验证的加密方案可以识别构造不正确的密文，并拒绝对其解密。反过来，这可以防止攻击者请求对任何密文进行解密，除非是使用加密算法正确生成的密文，从而避免可能的明文泄露。正确实施的经过身份验证的加密，以通过阻止攻击者获得其尚未拥有的有用信息，从而消除了解密预言的有用性。

具有关联数据的认证加密（Authenticated Encryption with Associated Data，AEAD）是一种经过身份验证的加密模式[109]。该模式假设消息由以下两部分组成。

（1）实际内容本身。

（2）元数据：有关内容的数据。

在许多情况下，元数据应为纯文本，但其内容本身应进行加密。整个消息都应经过身份验证：攻击者不应篡改元数据，并使生成的消息仍然被视为有效。

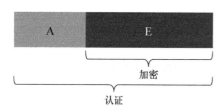

图 4-31　AEAD 的典型应用场景

AEAD 的典型应用场景如图 4-31 所示。AEAD是 AE 的一种变体，它使收件人可以检查邮件中加密和未加密信息的完整性。AEAD 将关联数据（AD）绑定到密文和应该出现的上下文，以便检测并拒绝将有效密文"剪切并粘贴"到其他上下文中的尝试。

以下用一个场景来形象化地说明。电子邮件系统开始于 20 世纪 60 年代，当时"互联网安全"的概念尚未兴起。以现代的安全视角，电子邮件系统存在多方面的安全与隐私问题。

（1）邮件内容默认不加密。

（2）邮件可能会在多个服务器间流转，拦截和窃取邮件相对容易。

（3）邮件的收件人和发件人都是明文，不容易保密。

假如要设计下一代电子邮件系统的密码系统，邮件的元数据可能包含预期的收件人。当然，电子邮件内容本身需要进行加密和认证，以便只有收件人才能阅读。但是，元数据必须为纯文本格式：执行邮件传递的电子邮件服务器必须知道向哪个收件人发送邮件。

另外的场景，如网络数据包或帧的标头需要可见性，有效载荷需要机密性，并且以上内容都需要完整性和真实性。

4.9　数字签名

哈希函数可以用来确保消息的完整性和真实性，但针对真实的通信场景，还需要确认每个消息关联每个用户的真实性和完整性，以确保用户的不可否认性。这是数字签名的主要应用场景。

数字签名被定义为由发件人的私钥加密的报文摘要，该报文摘要被附加到文档，以类似地对其进行身份验证，就像使用附加在书面文档上的手写签名以对签名者（一般是发件人）进行身份验证一样。数字签名用于确认发件人的身份和文件的完整性，它建立了发送方的不可否认性。

我们可以根据以下步骤，使用公钥加密和单向安全哈希函数的组合来形成数字签名。

第一步，消息的发送方使用报文摘要功能来生成报文认证码（MAC）。

第二步，使用公私钥加密算法对该 MAC 进行加密，并将加密的 MAC 以数字签名形式附加到消息中。

然后，该消息将被发送给接收方。一旦接收方接收到消息，便使用发送方的公钥来解密数字签名，以验证邮件确实来自预期的发送方。详细步骤如下。

（1）接收方将收到的消息分为两部分：原始文档和数字签名。

（2）接收方使用发送方的公钥解密数字签名，从而得到原始的 MAC。

（3）接收方使用原始文档并将其输入到哈希函数以生成新的 MAC。

（4）将新的 MAC 与发送方的 MAC 进行比较以进行匹配。

如果这些数字相同，则消息没有被篡改，可以确保数据完整性，并且可以验证发送方的真实性。

数字签名验证的工作流程如图 4-32 所示。

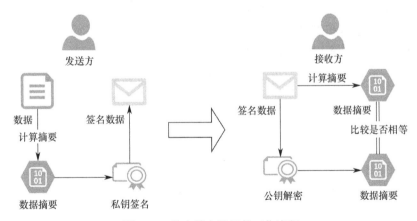

图 4-32　数字签名验证的工作流程

因为数字签名是作为摘要从邮件中提取的，然后再进行加密，所以该签名和邮件内容做到了绑定。

由于数字签名用于对消息进行身份验证并标识这些消息的发送方，因此它们可以用于各种需要双重确认的领域。任何可以数字化的东西都可以进行数字签名。这意味着数字签名可以与任何类型的消息（无论是否经过加密）一起使用，以建立发送方的真实性，并保证传输过程中的消息完整性。但是，数字签名不能用于提供消息内容的机密性。

NIST 提出的基于 ElGamal 公钥加密算法[94]和 FIPS 186-4 定义的数字签名标准

（DSS）[110]是当今最常见的数字签名算法。DSS 的加密速度比 RSA 更快。

尽管数字签名很流行，但它们并不是验证发送方真实性和消息完整性的唯一方法。因为数字签名算法非常复杂，且公私钥证书需要比较大的成本和代价，所以，在网络社区中有另一些不那么安全却非常简便的校验方法，这些方法中包括循环冗余校验（Cyclic Redundancy Checking，CRC）。在 CRC 中，数字消息被重复分割，直到得出余数。剩下的除数，连同消息一起被发送给接收方。接收方收到消息后，将执行相同的划分过程以寻找相同的余数。在其余部分相同的情况下，可以确保在传输过程中邮件未被篡改。

4.10 基于密码学的安全协议

现代的计算和通信中的很多种安全机制和控制措施，均基于密码学的安全协议。

4.10.1 身份识别和登录协议

基于网络的通信和交互，一个最基础的问题就是身份问题或登录问题。该问题可以抽象为，参与方 A 需要向参与方 B 证明自己的身份，以得到参与方 B 所拥有的某种资源的使用权或访问权。

举几个直观的例子。按照密码学的惯例，参与方 A 的名字是爱丽丝。

爱丽丝需要进入一栋建筑物时可能需要输入门禁的密码，以证明自己的身份。非常类似的场景是在智能手机和便携式计算机的登录界面，用户也需要输入自己的密码。攻击场景主要是密码泄露，或者攻击者仿冒爱丽丝的身份。

爱丽丝需要开自己的汽车车门时，一般会用自己的非接触密码车钥匙。攻击场景主要是有人窃听通信信道，观察车钥匙和汽车的交互数据。安全的主要要求是攻击者不能在未拿到车钥匙的前提下打开车门。

爱丽丝拿自己的银行卡到自动取款机取款。攻击场景分为两部分：以银行的视角，存在爱丽丝的身份、银行卡被仿冒等风险；以爱丽丝的视角，存在自动取款机被仿冒的风险。仿冒的自动取款机可能用于窃取银行卡的真实信息，并在随后的交易中仿冒该银行卡。

最复杂的问题是，爱丽丝希望登录自己的网上银行。作为一种远程登录方式，浏览器必须首先与银行网站协商一个安全的传输通道，之后，爱丽丝需要向银行证明自己的身份。一种传统的方式是使用银行密码。攻击场景会有很多种。恶意网站可以仿冒银行网站，诱骗爱丽丝输入自己的银行密码来证明自己的身份，这种方式称为"钓鱼攻击"（Phishing Attack）。钓鱼攻击是主动攻击的一种。在银行方面，攻击场景更为复杂。既有窃取用户密码之后的仿冒用户，也有尝试暴力破解用户密码的攻击，甚至还包括对于网站服务器的拒绝服务攻击（DoS）。本章节聚焦身份识别和登录的问题，这些问题都依赖于身份识别协议，该协议是密码学可以提供的基础协议之一。

　　身份识别协议包含两个参与方：证明者（prover）和验证者（verifier）。证明者可以是一个人类用户，或者服务请求方；验证者可以是计算机、服务器或服务提供方。在以上示例中，爱丽丝去自动取款机取钱时，爱丽丝是证明者，自动取款机是验证者。

　　证明者提供某种凭据（如密钥、Secret Key、SK）给验证者，验证者验证凭据有效后，返回验证密钥（Verification Key，VK）给证明者，从而完成身份识别的过程。

　　根据验证者和证明者的交互方式，可将攻击场景划分为三种类型。

　　（1）直接攻击场景：参考建筑物门禁的场景。此时，验证者和证明者存在近端的物理交互。如果攻击者无法窃听，则攻击者必须亲身仿冒证明者。此时存在多种安全手段，一般而言，简单的口令认证协议即可满足该场景。

　　（2）窃听攻击场景：参考车钥匙远程开锁的场景。此时，验证者和证明者存在较近距离的交互，但是传输通道可能被监听。简单的口令认证协议在此场景下已经不够安全。但是，基于一次性认证密码的略微复杂的协议就可以满足该场景。

　　（3）主动攻击场景：参考网上银行登录的场景。此时，验证者和证明者存在远距离非直接的交互。验证者和证明者都可能被仿冒。仿冒的验证者可以获得证明者提供的证据，并随后又向真正的验证者仿冒证明者。这种攻击称为"主动攻击"（Active Attack）。在此场景下，验证者和证明者之间需要更复杂的交互协议，如基于挑战响应机制的交互协议。

　　当然，不仅是仿冒银行网站，一些其他的攻击方式也可能获取爱丽丝的网上银行登录凭据。例如，本地计算机上的恶意软件，也可以试图覆盖或仿冒网上银行的登录界面。

　　身份识别协议可以有多种分类方式。

　　基于 VK 是否可以公开，身份识别协议分为私密验证密钥协议和公开验证密钥协议两大类。多数身份识别协议要求验证者不能公开 VK。但是，显而易见的是，可公开 VK 的方式更安全。因为针对假定的恶意验证者，安全不会受损。

　　基于 VK 和 SK 是否可变，身份识别协议分为有状态协议和无状态协议两类。有状态协议在每次执行时，都可能会更新 VK 和 SK。显然，有状态协议的安全性更高。但是，有状态协议要求证明者和验证者之间的某种同步机制，因此其实现和使用都更为复杂。

　　基于认证的对象，身份识别协议可以分为单向认证协议和双向认证协议两类。双向认证（Mutual Identification）是指不仅资源使用方 A 需要向资源拥有方 B 证明自己的身份，而且资源拥有方 B 也需要向资源使用方 A 证明自己的身份。

　　总之，身份识别协议可以防止攻击者对资源使用方 A 的仿冒，该仿冒一般发生在资源使用方 A 不知情的情况下。可能的攻击者具备在传输通道上监听甚至篡改、阻断的能力，或者具备仿冒资源拥有方 B 的能力。

　　单纯凭借身份识别协议，并不足以在远程交互场景下建立安全会话，此时还要考虑中间人攻击（MITM）。在中间人攻击场景下，攻击者控制爱丽丝和验证方通信的通道，并转发二者之间的所有认证消息，从而在双方不知情的情况下，监听双方的会话。为了克服中间人攻击，可以将身份识别协议与会话密钥交换协议结合使用。

4.10.2　认证密钥交换

假设爱丽丝和鲍勃希望通过不安全的网络建立安全通道以进行安全通信，这就引出了一个问题：爱丽丝和鲍勃如何互相确定彼此的身份，并建立这样的共享会话密钥？用于此目的的协议称为认证密钥交换（Authenticated Key Exchange，AKE）协议。

简单而言，AKE 协议应允许两个用户建立一个共享的会话密钥。在成功运行此协议的最后，用户 A 应该清楚地知道正在与哪个用户（用户 B）进行通信，也就是说，与哪个用户建立了共享会话密钥。安全的 AKE 协议应确保用户 A 的会话密钥是仅有用户 B 知道的新创建的随机密钥。

如果有公共的可信第三方（Trusted Third Party，TTP），则事情就会变得简单。系统中的每个用户必须向 TTP 执行某种注册协议；在执行完注册协议后，用户已经建立了自己的长期密钥。一些协议中，TTP 可以离线，AKE 协议的运行过程也不依赖与 TTP 的通信，TTP 在这些协议中的角色是证书颁发机构（CA）的角色。还有一种基于在线 TTP 的 AKE 协议，AKE 协议的每次运行都必须联系 TTP，并且 TTP 与用户共享秘密信息。显然，一般场景下基于离线 TTP 的 AKE 协议更安全、更方便。值得提及的区别是，在线 TTP 协议可以使用对称密钥基元构建，而不依赖公钥加密算法与工具。此外，在线 TTP 协议的密钥撤销更为简单。

AKE 协议需要支持用户多次运行。将每次运行称为该用户的一个实例。虽然给定用户只有一个长期密钥，每次运行 AKE 协议都应该产生一个新的会话密钥。这样，即使攻击者能够窃取某一次的会话密钥，也不会对其他会话的安全性造成明显影响。此外，实现安全通道的某些方法依赖会话密钥的新鲜度，以在多个会话中维持其安全性。例如，假设使用流密码来维护通过用户与其银行之间的安全通道发送的数据的保密性。如果使用相同的密钥对两个不同的流进行加密，则攻击者可以发起"两次密码本"（Two Time Pad）攻击，以获得有关加密数据的信息。会话密钥的新鲜度可确保在不同会话中使用的密钥彼此可以有效独立。

身份验证密钥交换以两种不同类型的协议作为基础。

（1）认证机制，如 MAC 或数字签名。

（2）密钥封装，通常通过某种 Diffie-Hellman 密钥协商。

AKE 的一个简单示例是现代的 TLS 握手机制，该机制首先使用数字签名（证书颁发机构签名的 X.509 证书）签署临时的椭圆曲线 Diffie-Hellman（ECDH）公钥，然后将其用于共享密钥的派生，以加密和认证网络流量。注意，上述解释略去了复杂的实现机制部分，如没有介绍双向认证 TLS（mutual-auth TLS）或协议协商的基础机制。

部分即时消息协议使用的 AKE 机制更为复杂。例如，Signal 端到端加密通信软件采用的 X3DH 和双棘轮（Double Ratchet）协议[111]。

目前，IETF 也正在努力推进消息传递层安全性（Messaging Layer Security，MLS）的标准[112]，该标准使用 ECDH 握手的二进制树来管理状态和优化组操作（TreeKEM）。

密码验证密钥交换（Password-Authenticated Key Exchange，PAKE）协议的标准化工作也在进行中。IETF 密码论坛研究小组（Crypto Forum Research Group，CFRG）的密码学家正在从事将一系列密码验证密钥交换协议标准化的工作。

PAKE 有两种风格：平衡（相互认证）和增强（一侧是证明者，另一侧是验证者）。平衡的 PAKE 适用于用户可以控制两个端点（如 Wi-Fi 网络）的加密隧道，而增强的 PAKE 可以很好地消除服务器被黑客入侵时客户端/服务器应用程序中密码被盗的风险。CFRG 选择了一个平衡的可组合 PAKE（CPace）[113]和一个增强的 PAKE（OPAQUE）[114]，二者目前均在标准草案或意见征集阶段，尚未正式成为发布的标准。

4.10.3　零知识证明

回顾本书 1.1 节"数据安全领域的范畴"中讨论的内容，数据安全的主要目的是保护收集、存储、创建、接收或传输的数据。自然，数据传输通道的安全性是其中的关键。而密码学提供了构筑安全传输通道的基础。

现代密码学基于密钥的保密性。在私钥加密系统中，在通信之前，通信双方必须联系并商定一个共同的私钥。在公钥加密系统中，每一方都有一对公钥和私钥，公钥可以公开，而私钥则必须严格保密。公钥加密方案可以使通信双方不必预先协商共同密钥。该方案依赖于用户不管是出于合法或非法目的，可使用的计算资源都是有限的，也就是说，公钥加密系统依赖于计算困难的问题。零知识证明的安全性基于以下事实：如果想从公钥中计算出私钥，则必须解决计算困难的问题。发送方可以使用公钥加密消息，而接收方可以使用私钥解密消息。私钥的所有者将是唯一可以解密消息的人，但是知道公钥的任何人都可以发送消息。

基于计算困难的现代密码学，以及多数基于密码学的安全算法和安全协议，都有自身的局限性。如果真的有手段可以降低计算的困难度，则将有效破解安全算法和安全协议。例如，如果量子计算机真的能够从 RSA 公钥迅速计算出对应的私钥，则整个公钥加密系统就会存在很大的风险。

因此，在不公开任何有关断言本身信息的情况下，证明对某些断言的了解的想法非常有吸引力。零知识协议就是为这种场景构建的。

零知识协议常用的几个术语包括断言、知识和证明。断言是对某个条件是或否的陈述。证明是指通过某种方式确认断言是否正确。而在此上下文中，知识指的是断言本身包含的信息。例如，初等几何学中的一个断言是"三角形的内角和等于 180 度"。其证明是初等几何学的基础内容，不在本书深入阐述。而哥德巴赫猜想，也是一种数学领域的断言或者说是假设，可以描述为"任何一个大于 2 的偶数都可以分解为两个素数的和"，该断言至今尚未能被证明。在其他学科中，也经常积累了大量证据（或统计特征）以证明或拒绝某些断言。

零知识协议作为加密协议，不会在操作过程中透露秘密本身，秘密不会被转移到另一方，但是用户仍然可以向另一方证明他知道该秘密。零知识协议可能是证明通信双方身份的好方法，或者在密钥交换步骤中证明自己拥有某个密钥。

零知识协议通常出现 3～4 个不同的角色：证明者（Prover，P）、验证者（Verifier，V）、窃听者（Eavesdropper，Eve）和恶意用户（Malicious-user，M）。在零知识协议中，证明者试图向验证者证明对秘密的了解，但不会泄露秘密本身。验证者可以提出问题，目的是查出证明者是否真的知道秘密，但即使验证者不遵守协议规则，他也无法发现有关秘密的信息。窃听者是侦听对话的第三方。如果零知识协议是安全的，则窃听者将无法学习任何有关该秘密的信息，并且无法说服其他人他知道该秘密。还可以假设有一个恶意用户能够发送、修改或销毁消息。良好的协议应该可以防御恶意用户。协议必须考虑 P 和 V 可能也都有恶意意图。P 可能试图欺骗 V 接收虚假陈述，V 可能试图获取信息并滥用。良好的协议必须以下方式构建。

（1）如果 P 不知道秘密信息，则他无法假装拥有这种知识。零知识协议通过多重回合，以接近 1 的概率保证 P 不会欺骗 V。

（2）V 可以给出 P 知道秘密的结论，但 V 无法获得任何进一步的信息。V 也无法说服其他人他知道这个秘密。特别是，如果不直接问 P 问题，V 就无法从协议的交互中得到任何东西。这也就是"零知识"这个概念的意义。

以下用一个形象但是不太精确的例子来描述零知识协议。

P 提出的断言是"我可以记住 1000 张扑克牌的花色和数字"。很显然，V 可以选择打乱 1000 张扑克牌的顺序，让 P 逐个说出，来验证 P 提出的断言。但是这样做会耗费很长的时间，作为验证协议很不经济。

那么，合适的验证协议是什么呢？

一种可能的验证协议可以包含多个回合，每个回合都可分为如下两个步骤。

（1）P 闭上眼睛。允许 V 用手上的其他扑克牌，随机替换这 1000 张中的任意一张扑克牌。当然，V 也可以什么都不做。

（2）P 睁开眼睛。P 观察这 1000 张扑克牌，然后说出是否有被替换的扑克牌。如果有，则指出哪张扑克牌被替换了，以及原来的扑克牌的数字和花色。

第一个步骤结束后，即使 P 可以准确地说出，V 也会半信半疑。也许 P 只是足够幸运呢？如果第二个步骤结束后也是如此，则 V 的相信程度就会增加。允许多次重复以上步骤，V 将可以以几乎 100%的概率验证 P 提出的断言为真。当然，在此过程中，P 并没有让 V 了解自己是怎么记住扑克牌的（这个是秘密），甚至也无须透露每张扑克牌的内容。

"零知识"的概念由麻省理工学院的研究人员 Shafi Goldwasser、Silvio Micali 和 Charles Rackoff 于 1985 年在论文《交互式证明系统的知识复杂性》[115]中提出。在这种理论系统中，证明者（第一方）与验证者（第二方）交换消息，以使验证者确信某些数学陈述的正确性。

在 Goldwasser 等人提出"零知识"的概念之前，该领域的大多数工作都集中在交互式证明系统的可靠性上。也就是说，"零知识"概念考虑了恶意证明者试图"欺骗"验证者相信虚假陈述的情况。Goldwasser 等人从不同的视角分析了该问题。他们提出，不仅需要担心证明者，还需要考虑如果不信任验证者则会发生什么。

具体的问题场景是信息泄露。即除证明事实正确外，验证者还将在证明过程中了解多少额外的信息。

Goldwasser 等人在论文中提出：任何零知识证明都必须满足的三个关键属性。

（1）完整性：如果证明者是诚实的，那么他最终将说服验证者。

（2）健全性：仅在陈述正确的前提下，证明者才能说服验证者。

（3）零知识性：验证者除陈述为真外，学习不到任何信息。

"零知识"证明的发展存在着比较大的波折，长期仅以理论的形式存在，并没有在其预期的场景中得到工程化应用和普及。2007 年，Goldwasser 等人的又一篇论文提出了一种在多项式时间内运行的委托计算的验证器，这是一次重要飞跃。该论文虽然仍停留在理论层面，但是具备了成为现实的可行性。2010 年，由 Gennaro、Gentry 和 Parno 等人发表的另一篇关键性论文提出了非交互式可验证计算的概念[116]。

自此以后，在此方向的研究和创新不断推进。最终，论文《匹诺曹：几乎实用的可验证计算》[117]问世。Pinocchio（匹诺曹）是一个"构建系统，可在仅依赖密码学假设的情况下有效地验证常规计算"。该论文中定义并详细说明了构建特定零知识的简洁非交互式知识争论（Zero-Knowledge Succinct Non-interactive Arguments of Knowledge，zkSNARK）的所有元素，认为其"几乎实用"。本·萨森等人于 2013 年年底首次发表的论文《冯·诺依曼体系结构的简洁非交互零知识》[118]表明，匹诺曹零知识证明系统实际上是切实可行的。2012 年尼尔·比坦斯基等人的论文《从可提取的抗碰撞性到简洁的非交互性知识论证，然后返回》[119]首次定义了零知识简洁非交互式知识论证的缩写 zkSNARK。zkSNARK 的第一次广泛应用是在 Zerocash 区块链协议中，零知识密码学通过以数学方式证明一方拥有某些信息而不透露该信息是什么，提供了协议的核心计算功能。福布斯网站的一篇文章[120]指出，2021 年，"总价值 88.5 亿美元的 82 种加密货币用零知识证明或类似的隐私技术对交易进行了加密"。

4.10.4　安全多方计算

安全多方计算（Secure Multi-Party Computation，SMPC），也称安全计算、多方计算（MPC）或隐私保护计算，是密码学的一个子领域，其目标是为各方创造方法，使其在各方提供的输入上联合计算某个函数的结果，同时保持这些输入的隐私。与传统的密码学任务不同，现代的密码学确保通信或存储的安全性和完整性，并且攻击者不是参与者（窃听者不是通信的发送方和接收方），安全多方计算保护了参与者的隐私。

安全多方计算的基础始于 20 世纪 70 年代后期，主要研究在远距离的游戏/计算场景中，当不需要可信赖的第三方时如何加密和计算。传统密码学的方法是隐藏内容，而这种新型计算和协议的方法是隐藏数据的部分信息，同时使用来自多个来源的数据进行计算，并正确生成输出。

安全多方计算起源于 1982 年姚期智院士在其论文提出的百万富翁问题[121]。该问题可以形象地描述为：两个百万富翁想知道双方谁更有钱，但是都不想把自己的真实资产透露给对方，自然也不想透露给任何第三方。针对此场景，需要寻找一个安全的计算方法或协议，能够进行比较并返回结果。该问题抽象为布尔型的比较问题，也就是说，$X_1 > X_2$ 是否为真。该论文中提出的第一个解决方案在时间和空间上是指数级的，后来又出现了多种性能改进。Oded Goldreich 将该问题泛化为多方的比较和计算问题[122]。

安全多方计算问题可以抽象为多个互相不信任的参与者，在没有权威可信的第三方的条件下，如何在不泄露每个参与者的隐私信息的同时，用这些信息联合计算。如果有可信的第三方（Trusted Third Party，TTP）就很简单。例如，对于计算平均工资的场景，每个人把自己的月工资告诉 TTP，由他来计算平均工资。

在本质上，安全多方计算属于一个分布式多方协议问题。该协议描述在分布式的网络中，多方参与者如何交互信息。而安全多方计算的多数目标场景，在存在可信第三方的前提条件下很容易解决。因此，安全多方计算的目的是，在不存在可信第三方的条件下，如何"等价于"可信第三方，以得到相同的结果。

之所以称为"安全"多方计算，是因为协议需要定义各场景需要的抽象功能和安全目标，需要考虑恶意参与方的所有可能的攻击场景，需要严格的数学维度的安全证明。

安全多方计算可以概括为如下数学模型：有 n 个互不信任的参与者 $P_1, P_2, ..., P_n$，每个参与者 P_i 秘密输入 x_i，他们需要共同执行一个已知的函数：

$$f : (x_1, x_2, ..., x_n) \rightarrow (y_1, y_2, ..., y_n)$$

其中，y_i 为 P_i 得到的相应输出。在函数 f 的计算过程中，要求任意参与者 P_i 除 y_i 外，均不能得到其他参与者 $P_j(j \neq i)$ 的任何输入信息。

大多数情况下 $y_1 = y_2 = ... = y_n$，因此可以将函数简单地表示为

$$f : (x_1, x_2, ..., x_n) \rightarrow y$$

更为抽象地描述为

$$f : (\{0,1\}^*)^k \rightarrow (\{0,1\}^*)^k$$

也就是说，对于 k 个互不信任的参与者，计算函数 f 接收 k 个来自不同参与者的比特字符串作为输入，并生成 k 个比特字符串作为输出。

安全多方计算聚焦于参与者的隐私保护问题，与外包计算、同态加密等场景有着紧密的联系，但业务目标和实现机制并不等同。

安全多方计算技术能够较好地解决医疗隐私数据场景的使用需求。基于医疗数据的研

究，安全多方计算可以在不侵犯病人隐私的情况下获得研究成果，如图 4-33 所示。例如，基于基因数据的遗传病学研究，安全多方计算即使不收集基因组的原始数据，同样也能得到整体的研究成果。

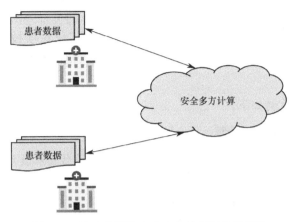

图 4-33　医疗数据的安全多方计算场景示意图

随着云计算和大数据的普及，构建隐私保护的安全计算，不仅是学术界的理论研究课题，而且还在工业领域得到了越来越多的实践应用。安全多方计算是工业领域的热点技术之一。

4.10.5　同态加密

同态加密（Homomorphic Encryption）是一种加密形式，它允许人们对密文进行特定形式的代数运算，且得到的结果仍然是加密的，并且将其解密所得到的结果与对明文进行同样运算的结果一样。换言之，这项技术令人们可以在加密的数据中进行诸如检索、比较等操作，并可得出正确的结果，而在整个处理过程中无须对数据进行解密。其意义在于，真正从根本上解决了将数据及其操作委托给第三方时的保密问题，是一种用于保护隐私的数据挖掘的技术，如对于各种云计算的应用。

具有同态性质的加密函数是指两个明文 a、b 满足

$$\text{Dec}(\text{Enc}(a) \odot \text{Enc}(b)) = a \oplus b$$

的加密函数，其中 Enc 是加密运算，Dec 是解密运算，$\odot$、$\oplus$ 分别对应明文域和密文域上的运算。当 $\oplus$ 代表加法时，称该加密为加同态加密；当 $\odot$ 代表乘法时，称该加密为乘同态加密。

全同态加密（Fully Homomorphic Encryption，FHE）是指同时满足加同态加密和乘同态加密的性质，可以进行任意多次加法和乘法运算的加密函数。用数学公式来表达，即

$$\text{Dec}(f(\text{Enc}(m_1), \text{Enc}(m_2), \cdots, \text{Enc}(m_k))) = f(m_1, m_2, \cdots, m_k)$$

或

$$f(\text{Enc}(m_1), \text{Enc}(m_2), \cdots, \text{Enc}(m_k)) = \text{Enc}(f(m_1, m_2, \cdots, m_k))$$

如果 f 是任意函数，则称为全同态加密。

同态加密一直是密码学领域的一个重要课题，以往人们只找到一些部分实现这种操作的方法。而 2009 年 9 月克雷格·金特里（Craig Gentry）在其论文《使用理想格的全同态加密》[123]中，从数学角度提出了"全同态加密"的可行方法，即可以在不解密的条件下对加密数据进行任何可以在明文上进行的运算，使这项技术获取了决定性的突破。因此，人们可在此基础上研究更完善的实用技术，这个特性对于保护信息安全具有重要意义。

同态加密技术的优势如下。

（1）可以对多个密文直接计算，不会因对每一个密文解密而导致花费高昂的计算代价。

（2）可以实现无密钥方对密文的计算，从而减少通信代价和转移计算任务，由此可平衡各方的计算代价。

（3）利用同态加密技术可以实现使解密方只能获知最后的结果，而无法获得每一个密文对应的明文，从而可以提高信息的安全性。

正是由于同态加密技术在计算复杂性、通信复杂性与安全性上存在优势，因此越来越多的研究力量投入到对其理论和应用的探索中。

如果这一技术得到真正突破，那么储存他人机密数据的服务提供商就可以接受用户委托来充分分析数据，而无须频繁地与用户交互，也无须看到任何隐私数据。同态加密技术允许组织将敏感的信息储存在远程服务器里，既避免从当地的主机端产生泄密，又保证了信息的使用和搜索；用户也得以使用搜索引擎进行查询并获取结果，而无须担心搜索引擎会留下自己的查询记录。

为提高全同态加密的效率，密码学界仍在不断推进对其的研究与探索，这将使得全同态加密越来越向实用化靠近。但就目前而言，全同态加密仍然不具备工程上的可实施性。

4.11 量子时代的密码学与密钥管理

世界正在朝着量子革命前进。量子计算机可提供前所未有的颠覆性的处理能力。在密码学和密钥管理领域，基于量子理论与量子计算的特殊性，因此既存在理论上的完美保密方案，也面临着前所未有的挑战。

将量子理论用于密码学领域，称为"量子密码学"。量子密码学聚焦量子密钥分配场景的理论和实践问题。不同于传统的对称和非对称密码学技术，量子密码学更像是物理学，而不是数学。它更多地依赖物理概念作为其安全模型的关键方面。这种类型的密码学使用光子（粒子/光波）及其内在属性来开发"坚不可摧"的密码系统，通过在光链路上发送光子来工作，依赖在不干扰系统的情况下无法测量系统的量子状态这个典型特征，从而确保理论上不可窃听的高度安全性。

与之对应的另一个研究方向是研究量子计算的发展对于现有密码学和密钥管理技术的

负面影响，从而确定量子计算时代仍然安全的密码算法和密钥管理技术。这个研究方向一般称为"后量子密码学"（Post Quantum Cryptography）或"量子安全的密码学"（Quantum-safe Cryptography）。

互联网、大部分计算机和通信系统的安全性能都依赖安全和有效的加密算法，特别是通信双方的身份认证、完整性校验、传输加密等算法。例如，迪非–赫尔曼密钥交换算法（Diffie-Hellman Key Exchange）、RSA 数字签名算法，以及使用共享密钥进行加密的 AES 对称加密算法。近年来，椭圆曲线密码学等非对称算法也得到了越来越多的应用。如果在未来几十年中在量子计算方面取得突破，那么上述非对称算法的安全性很可能会面临重大风险。

4.11.1　量子密钥分配

如前所述，量子密码学主要研究量子密钥分配（Quantum Key Distribution，QKD）。从理论上讲，这是一种无须身份验证的密钥交换的可靠方式。

QKD 建立在公钥交换系统的基础上，利用了单个光子的奇异特性。目前正在探索的 QKD 系统一般部署在标准的光纤电缆上，但是并不使用它们来发送数据信号，而是用于发送单独的光子。

由于这些单独的光子与保留在发送方系统中的光子纠缠在一起，因此对它们的任何拦截都会导致波函数坍缩（量子物理学中的术语），从而使发送方识别出其通信可能被拦截或被监听。

这听起来像是科幻小说中的描述，但实际上这种系统已经被实际使用。中国在 QKD 领域的研究和实践方面走在世界的前列，中国科学技术大学潘建伟院士及其团队主导建设了连接北京和上海的专用量子通信光缆。2019 年秋天，美国的量子交易所（Quantum Xchange）宣称建设了连接纽约市的金融公司和新泽西州的数据中心的美国第一个商业量子分发网络。该网络可以通过现有光纤网络交换量子密钥。

截至目前，QKD 的应用仍然相当小众。即使不计算独立光纤网络的可能支出，单独的发射机和接收机的成本也都可能超过 10 万美元。另一方面，QKD 系统也存在比较明显的局限性。QKD 依赖交换纠缠的单个光子，因此无法切实地用作通信系统。相反，它将仅限于交换加密密钥。

同时，绝大多数威胁并非是在传输链路上拦截加密密钥并直接解密密文的。除加密密钥的交换场景外，在设备上执行的加密过程、完整性保护过程或身份验证过程是 QKD 更大的脆弱点。而量子密钥分配系统无法为这些场景提供有效的安全性防护。

在英国政府发布的《量子安全技术》（*Quantum Security Technologies*）[124]白皮书中，不鼓励使用 QKD，称其似乎引入了新的潜在攻击途径，对硬件的依赖性不符合成本效益，QKD 的有限范围使其不适合应对未来的挑战，而后量子密码学则是更好的选择。在更多的业务场景需要量子网络之前，QKD 可能仍然是一个小众的解决方案。

4.11.2　量子时代的非对称密码学

本质上，RSA 和 Diffie-Hellman 算法的安全性基于计算的困难度。例如，RSA 基于大整数的因式分解问题和离散对数的计算困难问题。大整数的因式分解问题是指，计算机可以很迅速地计算出两个非常大的素数的乘积，但是很难将一个非常大的合数分解为两个质因数。

1994 年美国数学家 Peter Shor 发明了 Shor 算法[125]，该算法可以利用理想的量子计算机的能力，求解大整数因子分解。Shor 算法可以在近似多项式的时间内（近似 $\log N$，N 是输入的合数的长度）完成质因数分解。如果可以构建足够大规模的量子计算机来运行 Shor 算法，则可以非常有效地分解大整数，进而使得 RSA 和 Diffie-Hellman 的相关算法被彻底攻破。这对互联网安全会造成巨大的影响。

Matteo Mariantoni 曾在 2014 年预测，15 年以内，花费 100 万美元构建的量子计算机可以破解所有现存的密码算法[126]。值得庆幸的是，截至 2020 年 10 月底，尚无法确认实用的量子计算机什么时候能够成为现实。因此，基于公钥的密码算法并不会面临马上被破解的风险。

4.11.3　量子时代的对称密码学

理想中的量子计算机仅能将对称密钥的有效长度减半。基于足够长度的对称密钥的加密算法，如 AES-256，在理论上的量子时代仍然安全，短期内无须考虑替换。

应用于 AES-128 的 Grover 算法需要大约 2^{64} 次迭代计算，而这些迭代无法有效地并行化。由于量子计算机运行非常慢（按照每秒的操作数而言），非常昂贵，并且难以从发生故障的量子计算机转移量子状态，因此即使量子计算机集群也很难成为对称算法的实际威胁。根据 NIST PQC（后量子密码学）标准化项目中的评估标准[127]，AES-128 和 SHA-256 均具有量子抗性。

4.11.4　后量子密码算法及其标准化

即便量子计算机对传统密码学的影响略有夸大，学术界和工业界依然展开了相关的研究，目标是设计和开发后量子时代仍然安全的算法。该算法的目标是在经典计算机而非量子计算机上运行，以抵抗强大的量子计算机的攻击。其中，走在这项研究前列的是美国国家标准与技术研究院（NIST）。

美国国家标准与技术研究院当前正在对无状态量子抗性签名、公钥加密和密钥建立算法进行标准化，并有望在 2022 年至 2024 年发布第一批出版物草案。此后，新的标准化算法可能会被添加到 X.509、IKEv2、TLS 和 JOSE 等安全协议中，并被部署在各个行业中。

IETF 密码论坛研究小组已经完成了两种有状态的基于散列的签名算法 XMSS[128] 和 LMS[129] 的标准，并有望由 NIST 进行标准化。扩展的 Merkle 签名方案（eXtended Merkle

Signature Scheme，XMSS）和 Leighton-Micali 签名（Leighton-Micali Signature，LMS）是目前唯一可用于生产系统的后量子密码算法，可应用于设备固件更新时的签名校验等场景。

4.11.5　量子至上的兴起

量子至上（Quantum Supremacy）或称量子霸权，由 Preskill 在 2012 年提出[130]，但其最早的想法可以追溯到 1980 年代初，尤里·马宁（Yuri Manin）发表的《可计算与不可计算》[131]描绘了关于未来计算的设想。理查德·费曼（Richard Feynman）和保罗·贝尼奥夫（Paul Benioff）等科学家进一步勾勒出了量子计算机的前景和潜力。理论上，一部经典计算机可能需要数月或数年才能通过二进制位的计算完成的任务，量子计算机可能通过量子位以指数方式更快地进行。

在量子计算中，量子至上的目的是证明可编程量子设备可以解决经典计算机无法解决，至少是无法在可行的时间内解决的问题。相比之下，较弱的量子计算优势或量子优势（Quantum Advantage）[132]是量子设备能够比传统计算机更快地解决问题的证明。从概念上讲，量子至上既涉及构建功能强大的量子计算机的工程任务，也涉及发现该量子计算机可以解决的问题的计算复杂性理论任务。近年来，部分科学家对于"量子霸权"这个术语有争议，认为"霸权"这个单词可能构成对特定人群的冒犯。这些科学家在《自然》杂志发表公开信，建议使用"量子优势"以替代"量子霸权"[133]。这个观点得到了越来越多人的认同。在本书提供的场景中"量子霸权"和"量子优势"指代相同。

学术界和工业界普遍认为，构建能够比经典计算机更具成本效益的、可以解决任何实际问题的量子计算机还需要很多年。2019 年 10 月，谷歌公司在《自然》杂志上发表了一篇论文《使用可编程超导处理器的量子至上》[134]，声称"据我们所知，该实验标志着第一个只能在量子处理器上执行的计算。"

"量子至上"计算机由 54 个物理量子位（qubit / quantum bit，也称"量子比特"）组成。谷歌公司给量子至上计算机设定的问题是确定由随机数生成器生成的数字的随机性。按照谷歌公司的说法："虽然我们的处理器需要大约 200 秒来采样一百万个量子电路实例，但是一台最先进的超级计算机将需要大约 10 000 年的时间来执行相同的任务。"

科学界普遍对该论文表示欢迎。在《自然》杂志的一篇文章中[135]，南加州大学的量子计算专家丹尼尔·里达尔（Daniel Lidar）教授评论道："在许多方面，这是一项了不起的工作，并且为量子计算社区提供了宝贵的经验教训。"《纽约时报》更是援引科学家的话将谷歌公司的研究突破比作莱特兄弟在 1903 年的首次飞机飞行[136]。

IBM 公司对谷歌公司的说法提出了质疑。在一篇论文中，IBM 公司表示，同样的任务在经典系统上只需 2.5 天就可以完成，而不是谷歌公司宣称的 1 万年。IBM 公司表示，谷歌公司在估算其传统超级计算机执行该计算所需的时间时，"未能充分考虑丰富的磁盘存储"。

回到后量子密码学领域。在"量子至上"计算机中，经过量子纠错后所对应的量子位只有单个逻辑量子位的一小部分，这与能够破解任何实际使用密码算法的量子计算机相差甚远，而后者需要几千个逻辑量子位和上千亿个量子门。扩大量子比特的数量并不容易，凯文·哈特内特在其论文[137]中提出，量子计算机中的量子比特数量将以类似摩尔定律的指数级趋势增长。在未来一些年，人们很可能会看到无可争议的"量子至上"。

4.11.6　后量子密码学的展望

学术界和工业界的最新报告称，未来十年内，大规模突破密码学的量子计算机极不可能产生。人们也普遍认为，量子计算机不会对对称算法构成大的威胁。IETF、3GPP 等标准化组织和各行业都在冷静地等待 NIST PQC 标准化的结果。

量子计算机很可能会对某些行业产生很大的颠覆性影响，但可能在几十年内不会对非对称密码学构成实际威胁，也很可能永远不会对对称密码学构成实际威胁。

需要在很长一段时间内保护信息的组织应该开始考虑后量子密码学。而对于民用的密码学使用场景，当前采纳的椭圆曲线密码学和 RSA 在较长的一段时期内仍可以放心使用。

4.12　密码学技术实践

现代的密码技术实践，多数综合利用了对称加密和公私钥加密的技术，并在密钥管理中做了很多精巧的设计，来综合保证数据的安全。下文将选取典型案例以深入阐述。

4.12.1　Apple iOS 数据安全

以苹果公司（Apple Inc.）为 iPhone 手机设计的操作系统 iOS[21]为例。

iOS 部署了很多加密和数据保护功能来保护用户数据的安全。其安全设计遵循本书 3.4.1 节描述的纵深防御架构原则，通过硬件和固件安全、操作系统安全、应用安全逐层实施安全防御，最终保护用户的数据安全。

在硬件安全层，iOS 采用了高强度的芯片级加密，支持硬件级别的设备密钥与根证书。在应用程序处理器和安全隔区中，存储了设备的唯一 ID（UID）和设备组 ID（GID）。这些 ID 在制造过程中被确定，以用作 AES-256 位密钥，并且不支持以任何软件或直接的硬件调试接口方式读取明文。

在操作系统安全层，通过与硬件的紧密集成，从安全启动到安全运行，直到系统更新的每个流程均通过签名、加密等方式保证系统组件的安全可信。

在应用安全层，通过应用签名、验证和沙盒等功能，iOS 保证应用的功能不会被篡改，应用仅能访问自有数据或通过申请得到的数据，通过实现完善的数据隔离与访问控制，来保证数据安全。

在数据安全层，iOS 设置了不同的数据分类，并根据每类数据的使用场景，设计了不同的加密和访问控制机制。例如，基本的电话功能中的接听来电与照片库的加密机制和使用场景显然不同。

　　iOS 的加密机制依赖于硬件安全层提供的加密引擎和设备密钥。每台 iOS 设备都配备了专用的 AES-256 加密引擎，内置于闪存与主系统内存之间的 DMA 路径中，可以实现高效的文件加密。

　　文件存储的数据保护是通过构建和管理多层密钥架构实现的（iOS 三层密钥架构如图 4-34 所示），并建立在每台 iOS 设备的硬件加密技术基础上。iOS 将文件的访问权抽象为文件密钥的访问权，并结合文件分类，来实现文件的加密保护。某个文件是否可访问，取决于该类密钥是否已解锁、文件密钥是否正确。APFS 文件系统甚至支持给每一个文件的不同部分设置不同的密钥。

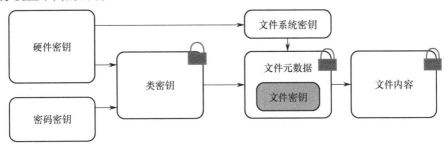

图 4-34　iOS 三层密钥架构

　　每次创建文件时，iOS 都会创建一个新的 256 bit 密钥（文件独有密钥，或简称"文件密钥"，每个文件的密钥都不同），并将其提供给硬件 AES 加密引擎。AES 加密引擎会使用该密钥，采用 AES-XTS 模式对写入闪存的文件进行加密。旧的 iOS 系统可能使用 AES-CBC 模式。初始化向量使用文件块偏移量进行计算，并使用文件独有密钥的 SHA-1 哈希值进行加密。

　　根据每个文件的分类，文件独有密钥使用对应的类密钥进行封装。具体的封装方式遵循 RFC 3394 标准。封装的文件独有密钥储存在文件的元数据中。

　　打开文件时，系统会使用文件系统密钥解密文件元数据，以显露出封装的文件独有密钥和文件的类型标记。文件独有密钥使用相应的类密钥解封，然后提供给硬件 AES 加密引擎，该加密引擎会在从闪存中读取文件时对文件进行解密。所有封装文件密钥的处理发生在安全隔区中，应用程序处理器无法获取。

　　文件系统中所有文件的元数据都使用文件系统密钥进行加密，该密钥在首次安装 iOS 或用户擦除设备时创建。文件系统密钥在储存时还会使用储存在闪存中的"可擦除密钥"进行封装。此密钥不提供数据的机密性保护，反而可以根据需要快速抹掉。比如，用户使用"抹掉所有内容和设置"选项时，将通过抹掉该密钥，使得文件系统中的所有文件不可被访问。对于移动办公、手机丢失或被窃等场景，iOS 支持由 MDM 解决方案或 iCloud 发出远程擦除命令来抹掉该密钥。

4.12.2　AWS 密钥管理服务

　　AWS（Amazon Web Services）云服务是由亚马逊公司提供的公有云服务。AWS 密钥管理服务（AWS KMS）提供加密密钥和操作，这些密钥和操作由 FIPS 140-2 认证的针对云扩展的硬件安全模块（HSM）提供保护。AWS KMS 的密钥和功能由多个 AWS 云服务使用，以用于保护应用程序中的数据。

AWS KMS 如图 4-35 所示。AWS KMS 提供 KMS 接口来生成和管理加密密钥，并作为加密服务提供商来保护数据。AWS KMS 提供的传统密钥管理服务可以与 AWS 服务集成，以通过集中式管理和审核提供整个 AWS 中客户密钥的一致视图。

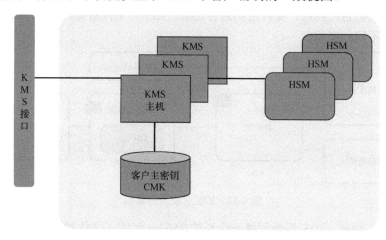

图 4-35　AWS KMS

AWS KMS 的密钥管理和加解密操作依赖于经过 FIPS 140-2 认证的硬件安全模块（HSM）分布式机群。HSM 是一种多芯片独立硬件加密设备，旨在提供专用的加密功能以满足 AWS KMS 的安全性和可扩展性要求。AWS 云服务的客户可以基于用户主密钥（Customer Master Key，CMK）建立自己的基于 HSM 的加密层次结构。这些密钥仅在处理密码请求所需的必要周期内，在 HSM 上可用。客户可以创建多个 CMK，每个 CMK 均由其密钥 ID 表示。通过创建附加到密钥的策略，可以定义访问控制策略，即谁可以管理和/或使用 CMK。

AWS KMS 提供的面向 Web 的接口支持安全通信协议，对 AWS KMS 的所有请求都必须通过传输层安全协议（TLS）进行，并且仅允许使用具有完美前向保密性的密码套件的 TLS。AWS KMS 使用与所有其他 AWS API 操作相同的身份和认证机制对请求进行身份验证和授权。

在使用时，CMK 可以用于保护对称密钥或密钥对，并形成一种类似双层密钥的分层架构。

使用对称密钥加密数据时，该对称密钥称为数据密钥。数据密钥可以由指定的 CMK 生成，并受到该 CMK 的保护。

调用生成密钥的接口，可返回明文数据密钥和密文数据密钥。在使用明文数据密钥加密数据后，明文数据密钥需要尽快从内存中删除。调用者可以安全地存储密文数据密钥及加密数据，以便根据需要解密数据。AWS KMS 数据密钥生成流程如图 4-36 所示。

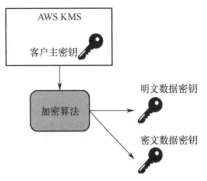

图 4-36　AWS KMS 数据密钥生成流程

此外，AWS KMS 还支持生成公私钥对，并对私钥进行加密保护。该公私钥对可以用于加密或签名等机制。

在安全性上，AMS KMS 保障任何人（包括服务运营商）都无法从服务中检索主密钥的明文。AWS KMS 使用密码主管部门认证的加密机制，以保护密钥的机密性和完整性。AWS KMS 主密钥从不会在创建它们的 AWS 区域之外传输，并且只能在该区域内使用。为了确保密钥永不丢失，并且数据始终可以被检索，AWS KMS 会将密钥的多个加密副本存储在设计持久性达 99.999999999% 的系统中。AWS KMS 的设计使用了可在每个区域中跨多个可用区的冗余架构，以提供高可用性服务。由于大多数 AWS 服务依赖 AWS KMS 加密和解密客户数据，因此 AWS KMS 的架构旨在提供必要的可用性，来支持 AWS 的服务等级协议。AWS KMS 支持密钥的自动轮换，每年自动轮换一次主密钥，而无须对已加密的数据重新加密。主密钥被轮换后，AWS KMS 会自动保存旧版本的密钥材料，以便方便地解密以前加密的数据。

第 5 章
隐私保护与数据安全合规

本章介绍隐私保护的理念、风险与挑战。并针对其风险与挑战，介绍隐私保护的原则、隐私保护体系的要求，以及相应的隐私保护的技术，最后介绍基于场景的隐私保护措施。

5.1　隐私的概念及监管

隐私的概念源远流长。在西方世界中，隐私的概念可以追溯到古希腊时代，亚里士多德提出的两个不同的领域：与政治生活相关的公共领域（polis）和与家庭生活相关的私人领域（oikos 或 oikia）。

就隐私本身的定义而言，隐私是已经发生了的符合道德规范和正当的而又不能或不愿示人的事或物、情感活动等。个人隐私是公民个人生活中不愿为他人（一定范围以外的人）公共或知悉的秘密，且这一秘密与其他人及社会利益无关。被视为"隐私"的信息对于特定的个体可能是固有的、特殊的或敏感的。

现代意义的"个人隐私权"概念由塞缪尔·D. 沃伦和路易斯·布兰代斯于 1890 年在美国《哈佛法学评论》（*Harvard Law Review*）发表的《论隐私权》[138]文章中首次提出。这两位隐私概念的提出者（见图 5-1）最初将这一概念阐述为"隐私就是独处不受打扰的权利"（the right of the individual to be let alone）。

文中提出，独处不受打扰的权利包括个人有权选择隐居，在私密的环境中（如自己的家中）不被审查或监视等。虽然这两位学者对于隐私权的定义比较模糊，不能算作严格意义上的法律概念，但开创了这一领域的研究。

关于隐私和隐私权，有多种不同维度、不同视角的描述。例如，基于隐私的限制访问权的描述。希赛拉·博克于 1989 年提出，隐私是"受保护，不被他人不希望的访问。不管是物理访问，个人信息获取还是关注"。与隐私的限制访问权有紧密联系的是隐私信息的控制权。也就是说，个人或群体有权自己决定如何向他人传递有关自己的信息，也要为自己的决定负责。例如，主动对媒体公开的个人信息可能不再受"隐私权"的保护。此外，学术界和法律界还有对于隐私权与人格、自主权、自我认同和个人成长等方面相互影响的研究和探讨。

塞缪尔·D. 沃伦　　　　　　　　路易斯·布兰代斯

图 5-1　隐私权概念的提出者

随着技术的进步，保护和侵犯隐私的方式也随之改变。就某些技术而言，如印刷术或互联网，共享信息的能力增强，可能产生侵犯隐私的新方式。1890 年，塞缪尔·D. 沃伦和路易斯·布兰代斯发表文章《论隐私权》的背景是印刷技术的进步，使得报纸成为信息广泛传播的重要载体。该文主要探讨了纸质媒体以文字和照片形式的传播对于人的隐私的影响。之后，有线电视等传播方式的兴起与普及，也伴随着是否会侵犯用户隐私的担忧。有线电视的运营商可以获取用户观看的时间段、用户喜好的频道和节目等信息，从而推断出用户的个人兴趣、作息规律，甚至其他更多信息。

互联网的发展为隐私保护带来了更大的挑战。个人在互联网上的活动，如博客、微博、朋友圈照片更新，都可能被长期存储，并且可能被关联分析。而线上/线下的业务融合，如支付、二维码、导航、AR/VR 等，使隐私保护变得更为复杂。

随着互联网的发展，信息隐私（或称数据隐私）的概念被提出。信息隐私聚焦个人数据的收集、处理和传播等阶段，主要内容包括通过技术与管理等手段，满足公众对于隐私的期待，并符合相应的法律法规约束和监管要求。数据隐私有时也称个人数据保护，是本章探讨的主要内容之一。

5.1.1　隐私面临的挑战

随着计算机与互联网技术的发展，个人隐私的保护正面临着越来越大的挑战，特别是个人信息的大规模收集和处理，以及隐私信息的用户知情权和控制权等维度。最早进入公众视野的是电子邮件的机密性，以及网上浏览和搜索行为的隐私性等。

英特尔公司的联合创始人和前首席执行官安迪·葛洛夫在 2000 年 5 月接受访谈时提出了他对互联网隐私的看法："在这个新的电子时代，隐私是最大的问题之一。互联网文化的核心是一股力量，它想找出关于你的一切。"

事实上，互联网时代的隐私保护存在多种突出的矛盾，并构成了隐私保护的多维度挑战及矛盾。

（1）用户声称关注隐私和其实际行为不一致的矛盾。

（2）个人的隐私权和使用便利性、功能诉求的矛盾。

（3）隐私数据主权和有效利用的矛盾。

（4）隐私的强监管与组织的遵从困难的矛盾。

其一涉及用户维度：一方面，用户声称关注隐私和其实际行为不一致的矛盾。调查显示，84%的美国人不知道如何加密电子邮件，41%的儿童的社交网络状态设置为所有人可见，56%的千禧一代愿意分享位置来获得商家提供的优惠券。但是另一方面，个人对于隐私保护的意识却十分高涨。比如 42%的美国人（56%的英国人）不会在电话中说出自己的信用卡号，几乎 100%的人声称自己关注隐私，特别是互联网隐私，仅有 8%的美国人相信机构会保护他们的隐私。

用户的另一种行为是主动公开自己的个人信息。有研究指出，截至 2020 年第四季度，最大的社交网络网站 Facebook 拥有近 28 亿个账户，每天上传的内容超过 50 亿条。从这些数据中，可以直接观察到用户的相关行为记录，如浏览记录、搜索查询记录或 Facebook 个人资料、发布的照片和文章，也可以推断出关于用户个人的衍生信息，如性取向、政治倾向和宗教信仰、种族、药物使用、智力和个性。

其二涉及个人维度：个人隐私权和使用便利、功能诉求的矛盾。线上/线下的进一步融合，给生活和工作提供了很多便利。而这些便利的背后隐藏着隐私的风险。例如，各类商家的扫码点单和支付，会生成关于消费行为等隐私数据的大数据趋势洞察，甚至是针对个人的消费偏好画像。而诸如连接商家提供的免费 Wi-Fi、使用地图导航等，在获取相关的功能和服务的同时，也提供了一些个人信息。如何确保在体验互联网生活时代的便利性的同时，确保自己的隐私数据可知可控，对于消费者是一个很大的挑战。

其三涉及个人和他人的隐私数据权属、组织利益和公众利益等复杂问题。数据之所以有价值，就在于其能够被利用，隐私数据也是如此。个人在参与社会生活并且与他人交流时，就意味可能会主动地披露一些个人信息。而数据隐私的主要挑战在于，如何在收集和使用隐私数据的同时，保护个人的隐私数据和个人信息。

其四是在目前的国际政治和经济趋势下，各个国家和地区的立法机构和行政机关普遍对隐私保护采取严格监管的态度。如何在开展互联网业务、数据服务的同时，不触碰监管红线，从技术和业务维度做到对隐私的合规利用和保护，是每个组织不可回避的问题。

5.1.2 隐私的监管趋势

世界各个国家和地区对于隐私保护的立法有着悠久的历史，而隐私和隐私保护的内涵是一个不断演进的过程。

一些国家在宪法中赋予公民隐私权。代表性的例子有：巴西宪法规定"人民的隐私、私生活、荣誉和形象不受侵犯"；南非宪法规定"人人享有隐私权"。《中华人民共和国宪法》并未直接提出隐私或隐私权的抽象概念，而是将其明确为人身自由、人格尊严、通信自由和通信秘密等权利。《美利坚合众国宪法》同样没有明确提出和定义隐私权，而是通过第一、第三、第四和第五修正案等涵盖了一些隐私保护的原则。

许多国家还制定了单独的隐私保护法律。例如，阿根廷 2000 年颁布的《个人数据保护法》、澳大利亚 1988 年颁布的《隐私法》[139]、加拿大 2000 年颁布的《个人信息保护和电子文件法》（简称 PIPEDA 或 PIPED Act）[140]、日本 2003 年的《个人信息保护法》[141]等。

在各个国家和地区的立法中，存在多种描述隐私和个人信息的概念，且存在"个人信息""个人资料""个人数据""隐私"等不同的术语混用的情况，其含义大同小异。例如，日本的法律使用的是个人信息（Personal Information），欧盟 GDPR 使用的是个人数据（Personal Data），中国香港特别行政区使用的是《个人资料（私隐）条例》①，而美国、澳大利亚等国直接采用了"隐私"一词。

除各国的隐私法外，还有各国际组织和国家联盟的隐私协议。联合国《世界人权宣言》[142]第十二条规定："任何人的私生活、家庭、住宅和通信不得任意干涉，对他的荣誉和名誉不得加以攻击……"国际经济合作与发展组织（Organisation for Economic Co-operation and Development，OECD）于 1980 年公布了《隐私权准则》[143]，并在 2013 年进行了更新。2004 年亚太经济合作组织的《隐私框架》采纳了 OECD《隐私权准则》的核心价值和基本概念，并作为该组织成员国的隐私保护协议。

自从人类社会进入电子时代，相关专业人士即开始考虑技术的变化如何带来隐私内涵和隐私保护的变化。时至今日，互联网时代的信息隐私的保护仍然是各国立法机关关注的重点之一。

在国际上，隐私监管的法律要求逐渐变得严格。其中，欧美国家近年来的相关法律体系的建设出现了明显的增速。以美国为例，1998 年，美国联邦贸易委员会考虑到儿童在互联网上的隐私风险，制定了《儿童在线隐私保护法》（Children's Online Privacy Protection Act，COPPA）。该法旨在赋予父母管控孩子上网使用信息的权利，同时限制了收集儿童信息的选项，并在出现潜在有害信息或内容时，要求设立警告标签。2000 年，美国联邦政府制定了《儿童互联网保护法》（CIPA），要求受政府资助的学校和图书馆采取技术保护措施，过滤或阻止儿童访问对他们有害的互联网图片。在公共健康领域，1996 年美国联邦政府颁布并实施 HIPAA 法案，即《健康保险携带与责任法案》（*Health Insurance Portability and Accountability Act*）。该法案明确规定，健康信息（PHI）属于受保护的个人隐私。2000 年后关于隐私的法律，比较著名的是 2003 年美国联邦政府颁布实施的《公平准确信用交易法》（*Fair and Accurate Credit Transactions Act*，FACTA）。美国联邦和州层面的其他法律也涉及个人信息的保护，如《公平信用报告法》[144]（*Fair Credit Reporting Act*）、《格雷姆·里奇·比利雷法案》（*Gramm-Leach-Bliley Act*，GLBA）、《州数据泄露知会法律》（*State Breach Notification Laws*）等。

---

① 香港律政司. 第486章《个人资料（私隐）条例》. 2013.

不同国家对于隐私有不同的界定，隐私保护的监管要求也有差异，这就给跨国公司的运作、行业组织之间的交流带来了遵从的困难。欧盟制定了统一的隐私保护法案，其中比较重要的包括 1995 年颁布的《数据保护法令》[16]和 2016 年颁布、2018 年 5 月正式生效的《通用数据保护条例》。

在全球数据隐私保护立法领域，最具有影响力的当属欧盟发布的《通用数据保护条例》[3]（*General Data Protection Regulation*，GDPR），GDPR 被称为史上最严格的个人数据保护条例。2019 年年底悬挂于欧盟总部大楼的多语言条幅"作为联盟，致力于更多"（见图 5-2）是欧盟委员会主席乌尔苏拉·冯·德·莱恩发表的宣言标题，代表了欧盟领导机构在推进数字世界安全和隐私保护的承诺。

图 5-2　欧盟总部大楼上的条幅

GDPR 是欧盟法律中关于欧盟（EU）和欧洲经济区（EEA）的个人数据和隐私保护的条例。该条例的主要目的是赋予个人对其个人数据的控制权，并通过统一欧盟内部的法规，简化国际商业活动的监管环境。GDPR 定义了个人数据控制者（收集欧盟居民数据的组织）、处理者（代表数据控制者处理数据的组织，如云服务提供商）及数据主体（个人）的概念，并要求个人数据的控制者和处理者在设计和建立处理个人数据的业务流程时，必须考虑隐私保护的合法性原则，并提供技术或组织维度的保障措施（如酌情使用假名化或匿名化）。

GDPR 赋予作为数据主体的个人七项主要的权利：访问权、更正权、删除权（被遗忘权）、限制处理权、数据可携带权、反对权和拒绝自动决策权。

之所以 GDPR 被称为"史上最严苛"的法律，是因为其具备域外管辖、强制要求和高额罚款等特征。GDPR 要求，所有处理欧洲经济区地理范围内个人数据的组织，不论是否位于欧洲经济区内，都受该法律管辖。该法律要求，政府机构及处理个人数据的企业，必须雇用一名数据保护官员（DPO）。如果数据泄露对用户隐私产生不利影响，企业必须在 72 小时内向国家监督机构报告。在某些情况下，违反 GDPR 的组织可能会被处以最高 2000 万欧元的罚款，如果违反 GDPR 的是企业，则该企业被处以的罚款最高为其上一财政年度全球范围年营业额的 4%，或者 2000 万欧元，以较高者为准。

作为隐私保护领域起步较早，立法较严的隐私法律，GDPR 在全世界范围内影响深远。该法律成为欧盟以外的许多国家法律的模板，这些国家包括日本、韩国、巴西、智利、阿根廷和肯尼亚等。美国加利福尼亚州于 2018 年 6 月 28 日通过的《加利福尼亚州消费者隐私法案》（CCPA）与 GDPR 也有许多相似之处。

纵观各国的隐私立法和执法实践，隐私保护的监管呈现越来越严格的特点。法国国家信息与自由委员会（CNIL，法国的数据保护监管机构）2019 年 1 月 21 日通告，谷歌公司因违反 GDPR 而被其处以 5000 万欧元罚款[53]。

5.2 OECD 隐私保护八项原则

早在 1970 年代，随着计算机的普及，个人信息的收集和处理逐渐转移到计算机上进行。如何保护这些以电子方式获取的个人信息，逐渐进入当时法律界人士的视野。

1973 年 7 月，美国卫生、教育和福利部的报告《记录、计算机和公民权利：部长咨询委员会对个人数据自动化系统的报告》[145]（简称"HEW 报告"）提出了保障隐私的关键基础性想法。该报告指出："基于我们的记录保存互惠概念，个人隐私保障措施将要求记录保存组织遵守某些公平信息实践的基本原则。"报告随后阐述了五项个人数据处理的基本原则。这也是《公平信息实践》的起源原则之一。

《公平信息实践》也称《公平信息隐私实践》[146]（*Fair Information Privacy Practices*，FIPP），是一套原则和最佳实践，描述了以信息为基础的社会如何处理信息的储存、管理和流动，以在快速发展的全球技术环境中保持公平、隐私和安全。

1980 年，国际经济合作与发展组织（常简称为经合组织，OECD）发布的《隐私保护与个人数据跨国流通指南》[147]（*Guidelines on the Protection of Privacy and Transborder Flows of Personal Data*）扩展了 HEW 报告中最初提出的五项原则，提出隐私保护的八项原则。该指南管理"隐私保护和个人数据的跨境流动"，被视为保护隐私和个人自由的最低标准。

经合组织提出的隐私保护的八项原则是最被广泛接受的隐私原则。经合组织的公平信息实践也是许多其他国家（如瑞典、澳大利亚、比利时）的隐私法律和相关政策的基础。

1995 年，这些原则的变体形式成为欧盟数据保护指令的基础，并演进为后续的欧盟 GDPR。包括美国在内的经合组织成员国也通过共识和正式批准程序同意了 FIPP，并构成了许多现代国际隐私协议和国家法律的基础。

经合组织发布的《隐私保护与个人数据跨国流通指南》除序言外，共包括五章 22 条，具体内容为：第一章（第 1 条至第 6 条）总则、特定用语的定义及适用范围，指出个人信息是指任何关于一个被识别或可以被识别的自然人的信息；第二章（第 7 条至第 14 条）国内适用的基本原则，规定了个人信息处理的八项原则；第三章（第 15 条至第 18 条）国际间适用之基本原则——自由流通与法律限制，规定成员国应采取一切适当的措施，以确保个人信息国际流通的自由，以及对自由流通进行限制的条件；第四章（第 19 条）国内实施，规定为确保第二章的原则在各国内的实施，成员国应该通过制定国内法律、建立机构等方式来确保关于个人信息的隐私和个人自由；第五章（第 20 条至第 22 条）国际合作，规定国际互相合作问题。

《隐私保护与个人数据跨国流通指南》的序言指出："自动数据处理的发展，使得浩瀚的数据可以在几秒内跨越国界，甚至跨越大陆。这使得我们有必要考虑与个人数据有关的隐私保护。……国家立法的差异有可能阻碍个人数据的跨境自由流动。近年来，这些流动已经大大增加，而且随着新的计算机和通信技术的广泛采用，必将进一步增长。对这些流动的限制可能会对银行和保险等重要经济部门造成严重干扰……"因此，在提供个人信息充分保护的基础上，促进数据的持续流通，从而促进全球经济的持续增长，是该指南的宗旨。

基于上述宗旨，《隐私保护与个人数据跨国流通指南》提出如下基本原则。

（1）收集限制原则。对个人数据的收集应有所限制，任何此类数据都应通过合法和公平的手段获得，并在适当情况下，在数据主体知情或同意的情况下获得。

（2）数据质量原则。个人数据应与使用目的相关，并且在这些目的的必要范围内，应准确、完整并保持最新。

（3）目的特定原则。收集个人数据的目的应在收集数据之前指定，随后的使用应仅限于实现这些目的或与这些目的不相抵触的其他目的，并在每次改变目的时加以说明。

（4）使用限制原则。个人数据不应披露、提供或以其他方式用于非指定的目的，除非

① 得到资料当事人的同意；

② 得到法律的授权。

（5）安全保障原则。个人数据应受到合理的安全保障措施的保护，以防止数据的丢失或未经授权的访问、破坏、使用、修改或披露等风险。

（6）公开原则。应该有一个总体的公开政策，涵盖个人数据方面的开发、实践和政策维度。应该能够随时确定个人数据的存在和性质、使用的主要目的，以及数据控制者的身份和通常居住地。

（7）个人参与原则。个人应该有以下权利。

① 从数据控制者那里获得或以其他方式确认数据控制者是否拥有与他有关的数据。

② 在合理的时间内，以合理的费用（如果有），将与他有关的数据传达给他；数据应该以合理的方式和容易理解的形式传递。

③ 如果根据①和②项提出的要求被拒绝，应被告知理由，并能对这种拒绝提出质疑。

④ 对与他有关的数据提出质疑，如果质疑成功，可以要求删除、纠正、完善或修改这些数据。

（8）问责原则。数据控制者应该对遵守落实上述原则的措施负责。

上述原则并非各自独立，有些原则相互关联甚至部分重叠。应该从总体上准确地把握这些原则，而不是割裂开来解读。

5.2.1　收集限制原则

收集限制原则（Collection Limitation Principle）包含两方面的内容。

第一个方面，对于个人数据收集本身的限制。

基于信息的处理方式、本质、被使用的背景或其他情况，许多信息是特别敏感的，应该限制或禁止收集。

经合组织认为，准确地定义敏感信息在很大程度上是不可能的。但是，其制定的指南还是包含了应当限制个人信息收集的一般阐述，以表明信息收集应当受到限制的立场。

该指南的《解释性备忘录》中指出，收集限制应与下列事项有关。

（1）数据质量方面的限制（应该从所收集的数据中得出质量足够高的信息，数据应该在适当的信息框架中收集）。

（2）与数据处理的目的相关的限制（只有某些类别的数据应该被收集，可能的话，数据收集应该被限制在实现特定目的所需的最低限度）。

（3）根据每个成员国的传统和态度，可以指定"特别敏感的数据"。

（4）对某些数据控制者的数据收集活动的限制。

（5）基于民事权利保护的要求而限制信息收集。

第二个方面，对于数据收集方法的要求。

数据主体在数据收集过程中的知情和同意是一个基本规则，其中知情是最低要求。使用隐蔽的记录设备（如针孔式摄像机），或者欺骗个人提供数据的方式显然不合法。仅在特定场景下，基于实践上的困难性或不可行性，同意才不必需，甚至有时知情也不是必需的。刑事调查活动中的信息收集即是一个典型的例子。

从立法视角观察，收集限制原则所包含的两方面内容分别聚焦于从目的和手段两个维度，限制与自然人人格和利益相关的数据收集。

5.2.2　数据质量原则

数据质量原则（Data Quality Principle）要求"个人数据应与使用目的相关，并且在这些目的的必要范围内，应准确、完整并保持最新"。

信息和通信技术的创新，在很大程度上影响着商业运营、政府监管和个人活动。在此过程中，收集、使用和储存的个人数据量巨大，并继续增长。个人数据在经济、社会和日常生活中发挥着越来越重要的作用。新技术和负责任的数据使用已经产生并会持续产生巨大的社会和经济效益。

个人数据的丰富性、持久性也提升了个人隐私的风险。个人数据的使用方式越来越多，这是在数据收集时可能没有预料到的。

关于数据质量原则，经合组织指出，数据应当与使用目的联系起来。例如，涉及评价和观点的数据被用于其他不相干的目的，就很可能被误解。数据的准确性、完整性和新颖性，是数据质量原则的要素，并且也需要和数据的使用目的联系在一起。

5.2.3 目的特定原则

目的特定原则（Purpose Specification Principle）是指个人数据的收集、处理与利用应当依据特定的、明确的目的进行，禁止超出目的收集、处理或利用个人数据。

目的特定原则与其前后的两个原则（数据质量原则和使用限制原则）密切相关。目的特定原则的前提是数据收集的目的应当合法，并且不违背民法上的诚实信用及公序良俗原则。

在现实生活中，个人数据被收集时，需要事先明确特定目的。例如，公共部门收集个人数据，可能是出于履行职责的需要。而以商业目的收集个人数据时，必须明示其目的并得到用户的知情和授权。如果变更数据收集的目的，则需要重新申请并得到授权。

根据经合组织所制定的指南《解释性备忘录》的描述，目的特定原则还包括"当数据不再服务于某一目的时，如果切实可行，则可能有必要将其销毁（删除）或赋予匿名形式。"理由在于，"当数据不再有意义时，可能会失去对数据的控制；这可能导致盗窃、未经授权地复制或类似的风险。"

5.2.4 使用限制原则

使用限制原则（Use Limitation Principle）是指数据的使用者应当在数据收集的目的范围内使用个人数据。使用限制原则与目的特定原则紧密相连，甚至有观点认为两者可以合并。

值得关注的是，个人数据的传输，特别是对组织外的传输，可能造成对该原则的违背。需要明确个人数据传输的必要性，并使用技术、业务等手段，确保接收方对于个人数据的使用不超出原有的数据收集的目的的范围。

5.2.5 安全保障原则

安全保障原则（Security Safeguards Principle）是指对个人数据使用和披露的限制，应通过安全措施予以保障和加强。可能的保障措施包括物理措施（如门禁和隔离机房）、组织措施（如有关访问数据的权限级别、数据处理人员的保密义务）。在计算机系统中，还包括信息措施（加密、异常活动和威胁监测、应急响应）。

在现代的计算机网络中，数据被复制和篡改的成本极低。而借助各类网络的数据传输也非常迅速。因此，数据的安全保障就极为重要。

安全保障原则中引用的术语在某种程度上有重叠，如数据的"访问"和"披露"。数据的"丢失"包括意外删除数据、破坏数据存储介质（从而破坏数据）和盗窃数据存储介质等情况；"修改"应理解为未经授权的数据输入；而"使用"则应理解为未经授权的复制。

5.2.6　公开原则

公开原则（Openness Principle）是指"应该有一个总体的公开政策，涵盖个人数据方面的开发、实践和政策维度。应该能够随时确定个人数据的存在和性质、使用的主要目的，以及数据控制者的身份和通常居住地。"

公开原则可被视为个人参与原则的前提条件。个人只有了解有关组织收集、储存或使用其个人数据的信息，才可能参与。

公开原则要求，个人应该能够从数据的控制者那里，以"容易获得"的方式获取该控制者收集、处理和存储其个人数据的活动描述。

5.2.7　个人参与原则

个人参与原则（Individual Participation Principle）是指数据主体（个人）可以向数据控制者确认是否拥有关于自己的数据。个人参与原则包括查询权和质疑权，被视作最重要的隐私保护原则之一。

数据控制者应允许数据主体（个人）查看、修改及补充关于自己的数据。

5.2.8　问责原则

问责原则（Accountability Principle）是指"数据控制者应该对遵守落实上述原则的措施负责"。数据控制者决定数据处理活动，数据处理是为了他的利益而进行的。因此，根据相关法律，遵守隐私保护规则和决定的责任应该由数据控制者承担。当然，数据处理者可能承担连带责任或次要责任。对违反保密义务的问责，可以直接针对被委托处理个人数据的所有各方。

5.3　隐私保护技术

隐私保护涉及以下一些基本技术，以及这些技术的组合运用或关联运用。部分技术也被称作隐私增强技术（Privacy Enhancing Technologies，PET）。

（1）数据最小化：只收集与目的明确相关的数据，不收集或立即删除无关数据。

（2）假名化：通过哈希、多态假名方式删除所有可以直接识别个人的元素。

（3）匿名化：采用不同方法进行数据匿名化和数据聚合。

（4）加密：采用加密方式对收集的数据进行加密，包括对数据的传输和存储进行加密。

（5）访问控制：通过物理手段和逻辑手段，以及认证和授权来保证只有必要的人员才可以访问相关数据，并且其操作是全程受控的。

（6）默认数据保护：所有设置默认是隐私友好的，且用户界面透明、权限管理清晰。

（7）数据保存期限和删除：严格遵守数据保存期限，对于达到使用目的的数据立即删除或将数据标记为删除且不可用。

（8）隐私看板和用户沟通：与用户保持顺畅沟通，保证透明性，以用户友好的方式，通过简单易懂的语言公示隐私政策。

5.3.1　匿名化与假名化技术概述

前述章节提到，伴随着互联网的蓬勃发展，以及大数据技术的逐渐成熟，数据成为各个组织最有价值的资产和新型商业模式的基础。特别是随着移动互联网的普及，网络浏览和应用程序跟踪、用户画像和精准广告营销，在给用户提供越来越多的丰富内容的同时，也给用户带来了对隐私的担忧。

个人数据没有被充分匿名化并且公开，是组织经常遇到的隐私风险。根据 2019 年 8 月 ZDNet 的报道[148]，澳大利亚维多利亚州信息专员公署（OVIC）发现，维多利亚公共交通（PTV）违反了澳大利亚的"2014 年隐私和数据保护法"，因为该机构公布的数据集没有做到充分的匿名化，泄露了 15 184 336 张 Myki 卡（墨尔本悠游卡）的旅行历史。部分电信运营商也曾经因为公布未经充分匿名化的数据集而登上新闻头条。

组织掌握的各类数据广泛涉及各类个人信息。数据的保护和有效利用这两个维度的矛盾逐渐突出。

通过使用各类隐私保护技术，将用户的个人信息去敏感化、去标识化，企业或组织可以基于这些数据，进行基于数据的洞察和分析，从而实现商业目标。

下面介绍典型的商业场景。

（1）数据即服务（Data as a Service，DaaS）：云服务商可以出于广告目的，访问匿名用户画像数据；电信运营商可以出于城市规划目的，访问匿名位置数据。

（2）遥测场景：实现类似 iPhone 上的用户行为统计，以及 Chrome 浏览器的使用统计功能。

（3）物联网场景：制造商可以获取匿名的汽车使用模式，或者能源供应商可以基于匿名的使用数据提供智能电表分析。

（4）医疗保健场景：医院可以为研究人员和保险公司提供匿名的患者数据。

（5）归档场景：保险公司可以存储匿名历史数据，从而可以即使在合法保存期限到期之后也可以保留该历史数据。

匿名化和假名化（Pseudonymisation）技术试图在利用数据的同时，降低侵犯用户隐私的风险，从而既能够达成保护隐私的要求，也能够最大化地发挥数据的价值。

在上述场景中，匿名化主要用于保护个人隐私。匿名化也有其他的应用场景，如对业务机密数据的分析。相似行业或集团内的企业可以相互比较其绩效基准，但无须透露详细的财务数据或运营数据。

值得注意的是，匿名化并不是要取代数据的访问控制和系统的安全配置，其主要作用是，将因受法律法规限制而无法收集的数据变得可以收集和分析。匿名化是对其他隐私保护技术的补充而不是取代，如掩码、鉴权和加密，在不同的场景可以独立或协同产生作用。

欧盟《通用数据保护条例》（GDPR）对于匿名化的定义为"匿名化是指移除个人数据中可识别个人信息的部分，并且通过这一方法，数据主体不会再被识别。匿名化数据不属于个人数据，因此无须适用条例的相关要求，机构可以自由地处理匿名化数据。"匿名化之后的数据豁免了严格的个人数据保护要求，因此法律语义下的匿名化有着非常高的标准：即使是数据控制者，也不应该能够在一个适当的匿名数据集中重新识别数据主体。法律体系中与匿名化相对应的另一个术语——假名化，其可被重新识别出数据主体的风险是相对较高的。例如，简单地把工资表中的人名用"小张""小李"代替仍然可以很容易识别。

按照欧盟网络安全局（The European Union Agency for Cybersecurity，ENISA）的定义[149]，假名化是指以以下方式处理个人数据：在不使用附加信息的情况下，无法再将个人数据归于特定数据主体，前提是此类附加信息应单独保存，并受技术和组织管理措施的约束，以确保个人数据无法对应到已识别或可识别的自然人。

与假名化直接关联的是假名的定义。假名（Pseudonym），也称隐名（Cryptonym），是与个人识别信息或任何其他种类的个人数据（如位置数据）相关联的信息。假名可能具有和原始标识符的不同程度的可链接性。评估假名的强度时，要考虑不同假名类型的不同可链接度等级，而假名系统的设计可能需要一定程度的可链接性（如日志文件系统或信誉系统，显然信誉系统需要更高的可链接度）。

因此可知，假名化和匿名化的最大的区别在于，在有关联数据参考的前提下，能否识别出具体的个人。从法律维度而言，假名化数据，或者直接称为假名，仍然属于个人数据，仍要适用个人数据与隐私保护的相关法律。

虽然如此，假名化可以降低数据的隐私风险，帮助组织更好地履行隐私保护的义务，并且可以减少数据的失真，保留信息的价值，仍然有其存在的意义。

假名化与匿名化对比图如图 5-3 所示，图中可以形象地说明明文、假名化和匿名化的区别与联系。

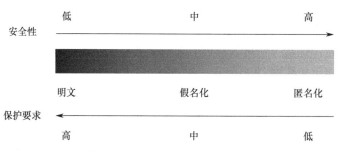

图 5-3　假名化与匿名化对比图

从数据存储、使用和传输的安全性角度，针对用户的个人数据的安全性，明文最低，假名化数据其次，匿名化最高，而从数据的保护要求上，明文个人数据的保护要求最高，需要综合使用技术、管理措施等保护手段，并且需要考虑对应的法律法规和监管要求，假名化数据的保护要求适中，而匿名化数据的保护要求较低，其在部分法律体系中已经不属于个人数据，因此几乎不需要额外的保护手段。

欧盟 WP29 工作小组在《关于匿名化技术的第 05/2014 号意见》[150]（*Opinion 05/2014 on Anonymisation Techniques*）列举的匿名化技术包括随机化技术和泛化技术两类（见图 5-4）。随机化技术包括加噪、置换、差分隐私等技术；泛化技术包括聚合与K-匿名（K-Anonymity）、L-多样性和 T-接近度。

同样，在该意见中，WP29 工作组列举了常用的假名化技术（见图 5-5），具体包括：

（1）带密钥加密（Encryption With Secret Key）；

（2）不带密钥的哈希函数（Hash Function）；

（3）带密钥的哈希函数（Keyed-hash Function With Stored Key）；

（4）确定性加密或丢弃密钥的哈希函数；

（5）令牌化（Tokenization）等。

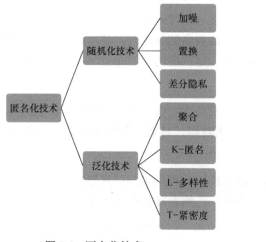

图 5-4　匿名化技术

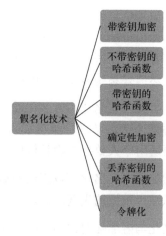

图 5-5　假名化技术

5.3.2　随机化技术

随机化技术包括加噪、置换、差分隐私等技术。

加噪技术，指增加噪声的技术：将一定的噪声添加到原始数据中，使数据的精确度降低。例如，医院患者的体重表，添加噪声后，显示的体重的误差为±5kg。这样，针对体重维度的统计分析仍然具备一定的可行性，甚至可针对每个患者，也有助于医生判断合适的药量，且一定程度上保护了患者的隐私。

置换技术是指对某个属性的值进行重新排列，其不同的值仍然可以链接到不同的数据主体。当需要在数据集中保留属性的确切分布时，此技术很有用。

置换技术可以被认为是加噪技术的一种特殊形式。在经典加噪技术中，将属性的值替换为随机值。生成一致的噪声很困难，而略微修改原值很难保证隐私。作为一种替代方法，置换技术可以通过将数据从一个记录交换到另一个记录来更改数据集中的值。这种交换将确保值的范围和分布保持不变，但值与个人之间的相关性存在变化。

值得注意的是，如果两个或多个属性具有逻辑关系或统计相关性，并且被独立置换，则这种逻辑关系将被破坏。因此，重要的是对所有相关属性进行置换，否则，攻击者可能会识别出置换的属性并逆转置换。

例如，考虑医学数据集中的属性子集。"住院原因/症状/主治科室"几个属性在大多数情况下存在紧密的逻辑关系，因此仅对其中一个值进行置换是能够被发现甚至可以被逆转的。

与加噪技术类似，置换技术本身不提供足够的匿名化保障，应始终与移除明显的属性/准标识符结合使用。

表 5-1 展示了一个不恰当的置换的案例。在平均工资统计的场景，将雇员的实际工资做了置换。但是从有逻辑关系的属性中（"职位"），仍然易以推断每个雇员的真实工资。

表 5-1　不恰当的置换的案例

年　　龄	性　　别	职　　位	月工资/元
25	女	文员	50 000
30	男	工程师	5000
51	男	总经理	10 000
38	男	部门经理	8000
28	女	助理工程师	20 000

另一种略有区别的置换技术是使用某种属性集替代另一种属性集，也经常与加噪技术结合使用。例如，对于身高属性，身高 160～170 cm 使用"绿色"替代，身高 170～180 cm 使用"蓝色"替代。

差分隐私技术同样属于随机化技术，但是在实现方式上略有不同。差分隐私技术并不试图修改属性的值，而是在数据集的查询视图生成之前，添加一定的随机噪声。通过这种方式，可以生成数据集的匿名化视图，同时可以保留原始数据集的副本。利用部分差分隐私技术甚至可以分析出需要添加多少噪声，以及以哪种形式获得必要的隐私保证。在这种情况下，需关注通过频繁查询，在不同的结果集中关联，识别个人的可能性。差分隐私技术不会更改原始数据，数据控制者可以通过差分隐私查询的结果来识别个人，此类结果也必须视为个人数据。

基于差分隐私技术的一个好处在于，通过响应特定查询的方式，将数据集提供给授权的第三方，而不是发布数据集。为了协助审计，数据控制者可以保留所有查询和请求的列表，以确保第三方不会访问未经授权的数据。查询还可以进行匿名化技术，包括加噪或置换，以进一步保护隐私。如何更好地设计交互式查询响应机制，以相当准确地回答问题（以较低的噪声），同时又能保护隐私，仍然在学术界的研究中。

为了限制推理和可链接性攻击，有必要跟踪查询实体发出的请求，并观察从数据主体获取的信息。因此，差分隐私数据集不应部署在不提供查询实体可追溯性的开放式搜索引擎上。

5.3.3 差分隐私

在很长一段时间内，差分隐私作为学术概念出现在各类学术论文中。在 2016 年全球开发者大会（Worldwide Developers Conference，WWDC）主题演讲中，苹果公司工程副总裁 Craig Federighi 宣布苹果公司使用这一技术来保护 iOS 用户隐私，这个科技术语才逐渐走进大众的视野。事实上，在此之前，2014 年，谷歌公司实现的一项 Chrome 浏览器收集行为统计数据功能，也使用差分隐私随机响应算法（RAPPOR 项目）[151]。

在随机响应中，在提交给收集者之前，随机噪声被添加到统计数据中。例如，如果实际统计数据为 0，浏览器将以某种概率将 0 替换为随机选择的 0 或 1。每个用户可以否认自己的真实响应，因为它可能是随机值。但从整体上讲，叠加了随机噪声的信号分布应该近似或等同于原有的信号分布，收集统计数据的组织（如谷歌公司或苹果公司）可以准确地观察到噪声的叠加。

从隐私保护的角度来讲，隐私的主体是个人，只有牵涉某个特定用户的才叫作隐私泄露，发布群体用户的信息（聚集信息）不算作泄露隐私。

以下用简单的例子来说明差分隐私的概念。

假如表 5-2 是某企业的工资表，需要对其进行平均工资的分析和统计。

表 5-2　某企业的工资表

姓　　名	出 生 年 月	所 在 城 市	工资/元
张伟	1991-02	北京	13 000
王芳	1987-11	上海	15 000
李伟	1980-06	北京	12 000
李娜	1993-05	上海	9 000
张秀英	1985-07	武汉	11 000

众所周知，每个人的工资是个人隐私数据，如何既可以提供给确实需要的人来做工资

统计，又可以避免泄露呢？一个最直接的思路是隐去人名，用假名替代，见表 5-3。

表 5-3　针对姓名的假名化工资表

姓　　名	出 生 年 月	所 在 城 市	工资/元
小明	1991-02	北京	13 000
小强	1987-11	上海	15 000
小刚	1980-06	北京	12 000
小芳	1993-05	上海	9 000
小娜	1985-07	武汉	11 000

但是这个场景仍然可能有风险。基于出生年月、所在城市，可能具体推断出每个人是谁，从而导致隐私泄露的风险。

针对分析平均工资场景，如果给每个人的工资加上一个不同的随机值，则可以最大限度地做到匿名化，见表 5-4。

表 5-4　针对工资的加噪

姓　　名	出 生 年 月	所 在 城 市	工资/元
小明	1991-02	北京	$13\ 000 + X_1 = 10\ 529$
小强	1987-11	上海	$15\ 000 + X_2 = 10\ 184$
小刚	1980-06	北京	$12\ 000 + X_3 = 18\ 816$
小芳	1993-05	上海	$9\ 000 + X_4 = 3\ 032$
小娜	1985-07	武汉	$11\ 000 + X_5 = 17\ 439$

在 X_i 的选取上，只需要保证：

$$\sum_{i=1}^{N} X_i = 0$$

则最后得到的工资的平均值一定是准确的。

差分隐私（Differential Privacy）是可以分析数据集中的群体模式，同时是可以隐瞒数据集中的个人信息的机制或系统[152]。其通过一系列密码学技术，使汇总或分析数据不会损害数据集中个人的隐私，从而可以抵制对数据集中个体的去匿名化、重识别等攻击。差分隐私示例如图 5-6 所示。

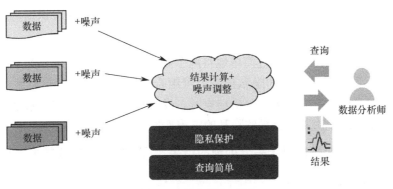

图 5-6　差分隐私示例

如何在不损害个人隐私的前提下分析和统计数据集中的数据，围绕这个话题的讨论已持续了很久。瑞典统计学家 Tore Dalenius 在 20 世纪 70 年代提出了数据隐私的严格定义①：攻击者在使用敏感数据集之后，应该无法获得之前不了解的信息。

2006 年，计算机科学家 Cynthia Dwork 证明这个定义是无法实现的[153]。换句话说，任何对敏感数据的访问都会违反这条对数据隐私的定义。她发现的问题是，某些类型的背景信息可以导致关于一个人的新结论。这些背景信息甚至可能不在目标数据集中。一个突出例子是 Kaggle 网站上发布的"匿名化"的 Netflix 租赁数据。根据 Narayanan 等人在 2008 年发表的论文[154]，发现至少有两个参与者可以通过概率数据链接来识别。

基于此，Cynthia Dwork 等人提供了一个弱化版的可用于隐私保护的数学定义，即差分隐私[152]。差分隐私保证：攻击者能够从数据集中获取的个人数据和他们从没有这个个人数据的数据集中获取的"相差无几"。

定性而言即是，纳入或不纳入数据集中的一条数据源，对结果的概率的改变不超过指定的因子，则可称注入了噪声的统计数据或其他输出为"差分化的隐私"。该因子与参数 ε（希腊字母 epsilon）相关。参数 ε 量化了聚合输出对任何一个人的数据的敏感程度，也被称作"隐私损失"或"隐私预算"。如果该因子小，则代表输出是高度"保护隐私"的，即很难在此基础上识别原始的隐私数据；如果该因子大，则代表重建数据集，并识别数据集中对结果有较大影响的个人，相对而言容易。

考虑两个数据库，它们只相差一条记录（假设该记录是爱丽丝的），分别用 D_1 和 D_2 表示。对数据库进行某种分析，用 M 表示，结果输出分别为 Res1 和 Res2。差分隐私是指，这两个结果输出应该是不可区分的。无论谁看到输出结果，都无法知道是否使用了爱丽丝的数据，或者爱丽丝的数据是什么。

使用数学形式表示为

$$\frac{\Pr(M(D_1) = \text{Res1})}{\Pr(M(D_2) = \text{Res2})} \leqslant e^{\varepsilon}$$

其中，Pr( )表示概率分布。e 为自然对数。

差分隐私技术具有以下优点。

（1）对基于背景信息的隐私攻击有抵抗力，可以有效地防止在去识别化数据时可能出现的链接攻击。

（2）具备可组合性：可以通过简单地将两个分析的单独隐私损失相加来确定在同一数据上运行两个不同的隐私分析的隐私损失。可组合性意味着可以对隐私做出有意义的保证，即使是在发布同一数据的多个分析结果时。像去身份识别这样的技术是没有可组合性的，在这些技术下的多次发布会导致隐私的灾难性损失。

（3）后处理的安全性：对于差分处理的结果，可以继续处理或转换，仍可保持差分

---

① DALENIUS T. Towards a Methodology for Statistical Disclosure Control[J]. Statistik Tidskrift, 1977, 15(429-444): 2-1.

隐私性。

差分隐私保护对隐私的风险进行了严格的数学定义和证明，自提出后就在隐私计算和统计分析等领域得到了相当大的支持，也已被广泛地应用到相关领域，如数据挖掘、机器学习等。

5.3.4　泛化技术

泛化是区别于随机化技术的另一种匿名技术。这种技术包括通过修改相应的规模或量级（如将省份改为城市，将一周改为一天）来概括或稀释数据主体的属性。泛化虽然可以有效地防止识别出个体，但并不独立构成有效的匿名化。特别是，它需要特定且复杂的定量方法来防止可链接性和推断。

聚合旨在通过将数据主体与其他有类似属性的个人进行分组，以避免在组中识别出单个的数据主体。K-匿名技术是聚合的一种形式，通过保证每组不少于 K 个人，来进一步增加识别的难度。为此，属性值要做一定程度的通用化，使同一组的 K 个人共享相同的属性值。例如，通过将位置的粒度从城市改变到国家/地区，将包含数量较高的数据主体。出生日期可以概括为一组日期，如按月或按年分组。其他数字属性（如工资、体重、身高或药物剂量）可以按间隔值（如月平均工资 5000～7000 元）进行通用化。

K-匿名的概念在 2002 年由 Latanya Sweeney 博士在《K-匿名：一个保护隐私的模型》[155]论文中提出。其基本理念是，通过归纳数据集中的某些值，将个人信息隐藏在组中。例如，人口普查数据，可能不列出实际出生日期，而仅列出所在的十年范围（如1990 年代），或邮政编码可能根据城市或县等层次进行概括。数字"K"指定数据集中每个组中的最小成员数。

K-匿名可以用一个形象的例子阐述。例如，某医疗机构维护的患者情况表（见表 5-5）。

表 5-5　某医疗机构维护的患者情况表

姓　　名	性　　别	年龄/岁	体重/kg	所 患 疾 病
张伟	男	52	75	糖尿病
王芳	女	36	57	肺炎
李伟	男	65	85	糖尿病
李娜	女	77	60	流感
张秀英	女	46	55	肝炎

一般而言，某患者的数据只有主治医生、护士和患者自己可以查阅，因此这些数据应经过严格的加密和访问控制、授权机制保护。

同时，患者的数据是极其有价值的信息来源，可以帮助主治医生深入了解导致疾病的原因，或者探索有效治疗方法。医学研究人员可能会利用这些数据分析一些问题，如患者的体重与糖尿病之间是否存在相关性。敏感数据保护的法律法规要求和患者的隐私保护诉求可能会阻止这种分析，因为存在泄露个人数据的风险。

与需要知道哪个特定患者患有哪种疾病的主治医生相反，医学研究人员对像张伟、王芳这样的个体患者所患的疾病不感兴趣。这些医学研究人员的主要目标是从患者的数据中获得医学统计洞察，以找到发病模式或治疗机制。

如何使这个数据集用于研究目的，又不侵犯个人隐私呢？

首先，患者的真实姓名不是研究者关注的对象，应该做到完全的匿名化。可能的手段包括删除姓名字段、采用数据掩码、匿名化。针对患者姓名的匿名化如表 5-6 所示。

表5-6 针对患者姓名的匿名化

姓　名	性　别	年龄/岁	体重/kg	所患疾病
患者 1	男	52	75	糖尿病
患者 2	女	36	57	肺炎
患者 3	男	65	85	糖尿病
患者 4	女	77	60	流感
患者 5	女	46	55	肝炎

显然，这样做是不够的。假定医学研究人员认识一个超重并且已经退休（年龄>60岁）的男同事，并且知道他在这个数据集中，从上面的数据集中就可以直接猜出他的姓名，并且知道他患有什么疾病（个人隐私）。

一个直接的措施是，将可能导致识别出具体个人的"准标识符"（Quasi Identifier）删除。具体到本数据集，就是把体重字段删除。但是这种方式得到的数据集将无法支持开展体重和糖尿病的关联研究。

如何在业务需求和隐私保护之间取得平衡呢？

匿名化是一种可行的方案。

一种流行的方法是不删除可以识别出个人的数据，而是以结构化的方式对其进行概括。目标是将数据集划分为多个组，这些组仍可以对要分析的数据提供有效的统计见解（在本例中为"体重"和"所患疾病"字段），但无法获得有关个人的敏感信息。

表 5-7 中，准标识符"性别""年龄"和"体重"已被概括为 2 个组，每个组确保有 2 个或以上成员。在实际的用例中，组当然会更大，一个好的经验数据是 10，这在调查问卷场景中很常见。K-匿名的变量 K（本例中为 2）表示最小组的大小。

表5-7 K-匿名化示例

姓　名	性　别	年龄/岁	体重/kg	所患疾病
患者 1	*	~60	~70	糖尿病
患者 2	*	~40	~55	肺炎
患者 3	*	~60	~70	糖尿病
患者 4	*	~60	~70	流感
患者 5	*	~40	~55	肝炎

在进行 K-匿名化后，即使研究人员认识超重并且已经退休（年龄>60 岁）的男同事，同时还知道该同事在这个数据集中，也无从猜出该同事对应哪条数据。

这只是一个形象化的示例。实际使用时，需要牢记：在处理个人数据时，需要仔细分析适用的法律法规，落实数据的保护机制，并和法务、隐私保护官等角色充分沟通。

L-多样性（L-diversity）是对 K-匿名的扩展，以确保在每个等价类中的每个属性都至少具有 L 个不同的值，从而确保不受确定推论攻击[156]。

要实现的一个基本目标是限制属性可变性较差的等价类的发生，这样针对具有特定数据主体背景知识的攻击者，仍然可以留下显著的不确定性。

当属性值分布良好时，L-多样性可用于保护数据免受推论攻击。但是，必须强调的是，如果分区内的属性分布不均匀，或者仅有少量可能的值或语义，则此技术无法防止信息泄露。同时，L-多样性也会受到概率推论攻击。

仍然以上述的场景为例。对于表 5-8，如果 L-多样性不完善，"所患疾病"属性的分布不均匀，攻击者从其他渠道了解到一名年龄 60 岁左右，体重 70 kg 左右的男性在这个数据集中，就会有很大的概率推测出该患者实际的所患疾病。

表 5-8　L-多样性示例

姓　　名	性　　别	年龄/岁	体重/kg	所患疾病
患者 1	*	～60	～70	糖尿病
患者 2	*	～40	～55	肺炎
患者 3	*	～60	～70	糖尿病
患者 4	*	～60	～70	糖尿病
患者 5	*	～60	～70	糖尿病
患者 6	*	～60	～70	糖尿病
患者 7	*	～60	～70	流感
患者 8	*	～40	～55	肝炎

T-接近度（T-Closeness）是对 L-多样性的进一步优化[157]。它旨在创建属性初始分布的等效类。此技术对于保持数据尽可能接近原始数据的场景很有用。为此，对等价类又添加了一个约束，即不仅每个等价类中至少应存在 T 个不同的值，而且每个值必须出现多次，以镜像每个属性的初始分布。

5.3.5　加密技术

加密技术是假名化的关键技术，包括带密钥加密、确定性加密等。

在带密钥加密的场景中，密钥的拥有者可以很容易地从假名化的数据中恢复明文数据。不过，只要正确地使用现代的加密方法，非密钥的拥有者就无法解密数据。

确定性加密技术一般是指采用某种加密算法，随机生成密钥，对数据做加密，然后丢弃密钥。这种技术可以类比为给数据表中的每个属性选择一个随机数以作为假名，然后删除原始表。这种解决方案可以减少不同数据集之间的关联风险。使用合适的加密算法时，攻击者因为不了解密钥，所以执行解密或重放操作存在计算上的困难。

5.3.6 哈希技术

哈希技术是一种假名化技术。参见本书 4.7 节"哈希算法"中的阐述，哈希函数接收任意大小的输入，返回一个固定大小的输出，并且不能被逆转。问题在于，如果输入值的范围已知，则可以通过本书 4.7.5 节"口令存储"中描述的彩虹表攻击方式反查，从而得到相应的输入值。

例如，如果输入值的范围是所有国家的名称，则攻击者可以事先构筑好所有国家的名称和其哈希值的对应关系，然后根据哈希值反向查询即可。彩虹表示例见表 5-9。

表 5-9 彩虹表示例

国家名称	MD5 哈希
Germany	d8b00929dec65d422303256336ada04f
Russia	5feb168ca8fb495dcc89b1208cdeb919
……	……

为了缓解此类攻击，可以使用加盐哈希的（salted-hash）函数，也就是说，在被哈希的输入数据中加入一个随机值，即所谓的"盐"。该方法可以降低推导出输入值的可能性，但尽管如此，仍然存在通过彩虹表攻击得到原始属性值的可能性。

带密钥的哈希函数提供稍好一些的安全性。该类函数使用一个秘密的密钥作为额外的输入。它与加盐哈希函数不同，因为盐通常可以公开。在知道密钥的前提下，数据控制者可以多次重新计算，得到假名化数据。攻击者在不知道密钥的情况下，不管是彩虹表攻击，还是重放，都要困难得多。

5.3.7 令牌化技术

令牌化（Tokenization）技术是在应用于数据安全时，用不具有外在或可利用的含义或价值的非敏感等效项［称为"令牌"（Token）］替换敏感数据元素的过程。令牌是对敏感数据的引用（标识符），通过令牌化技术可以映射回敏感数据。从原始数据到令牌的映射使用的方法需要保证令牌在没有令牌化技术的情况下无法进行反向转换。令牌化技术为数据处理应用程序提供权限和接口，以请求令牌或将令牌反令牌化得到敏感数据。必须使用适用于敏感数据保护、安全存储、审计、身份验证和授权的最佳安全实践来保护和验证令牌化技术。

令牌化技术通常应用于金融领域，使用对攻击者不那么有用的值来代替信用卡号。它源于单向加密技术，或通过索引函数分配一个序列号或随机生成与原始数据无关的数字来代替原始数据本身。

令牌化的安全性和降低风险的能力，依赖于令牌化技术在逻辑上与处理或存储敏感数据的处理系统和应用程序。只有利用令牌化技术才能在严格的安全控制下对数据进行令牌化以创建令牌，或者进行反令牌化以获得敏感数据。良好的令牌生成方法应该具有以下特性：通过直接攻击、密码分析、侧信道分析、令牌映射表窃取或暴力破解技术无法将令牌反向转换为实时数据。

在系统中用令牌替换实时数据的目的是最大限度地减少敏感数据对应用程序、商店、人员和流程的暴露，降低意外泄露及未经授权访问敏感数据的风险。应用程序可以使用令牌代替实时数据进行操作，但也支持在某些业务必需且经过严格审核的条件下，对令牌进行解密操作。令牌化技术可以在数据中心的安全隔离区域内部进行操作，也可以由安全服务提供商提供服务。

令牌化可用于保护敏感数据，如涉及银行账户、财务报表、病历、犯罪记录、驾照、贷款申请、股票交易及其他类型的个人身份信息（PII）。不过，最常见的场景还是信用卡处理。PCI 理事会将令牌化定义为"通过将主账号（Primary Account Number，PAN）替换为称为令牌的替代值的过程。去令牌化是将令牌赎回为其关联的 PAN 值的反向过程。个人的安全性令牌主要取决于仅知道令牌值无法确定原始 PAN。"选择令牌化来替代诸如加密之类的其他技术将取决于不同的法规要求、解释，以及各个审计或评估实体的接受程度。

令牌化和加密尽管在某些方面相似，但在一些关键方面有所不同。如果实施得当，令牌化和加密都可以有效地保护数据，并且计算机安全系统可以同时使用两者。两者都是数据安全的方法，它们本质上具有相同的功能，但是它们的处理过程不同，并且对所保护的数据具有不同的影响。

二者的一个区别是，令牌化是一种非数学方法，可以用非敏感替代品替换敏感数据，而无须更改数据的类型或长度。这是与加密的重要区别，因为数据长度和类型的更改可能会使信息在中间系统（如数据库）中无法读取。令牌化的数据仍然可以由传统系统处理，这使得令牌化比经典加密更加灵活。

另一个区别是令牌需要更少的计算资源来处理。通过令牌化，可以将特定数据完全或部分可见以进行处理和分析，且同时隐藏敏感信息。这样可以更快速地处理标记化数据，并减少对系统资源的压力。在依赖高性能的系统中，这可能是关键优势。

令牌化技术在发展过程中存在一些局限性，而且不管是在合规维度还是在技术维度，其使用存在局限性。

第一个局限性是，使用令牌化进行金融等领域包含敏感数据的数据库字段的安全处理，仍存在潜在的隐私和法律风险。也就是说，令牌化后的数据仍然不是法律意义上的匿名化和假名化数据，对于个人数据的监管要求仍然要遵从。此外，如果需要在必要场合解密，就需要将令牌到明文的映射关系保存到某种形式的映射表，而这个映射表本身就是一个很有价值的攻击目标，会带来实施维度的安全风险。

第二个局限性是，需要通过独立验证来衡量令牌化解决方案的安全级别。由于缺乏标准，独立验证对于确认令牌用于法规遵从时的强度至关重要。PCI 理事会建议对任何有关安全性和合规性的声明进行独立审查和验证："考虑使用令牌化的商家应进行彻底的评估和风险分析，以识别和记录其特定实施的独特特征，包括与支付卡数据的所有交互，以及特定的令牌化系统和流程。"

从安全角度来看,生成令牌的方法也可能有局限性。考虑对随机数生成器的攻击(这是生成令牌和令牌映射表的常见选择),必须进行仔细检查以确保使用经过验证和认证的方法与设计。对随机数生成器的速度、熵、种子和偏差等方面必须进行仔细分析并测量其安全性。

随着令牌化技术的日益普及,出现了新的令牌化技术,如无数据库令牌化(Vaultless Tokenization)和无状态令牌化(Stateless Tokenization),以消除传统令牌生成方式的风险和复杂性,并扩大规模,以适应金融服务和银行业新兴的大数据场景和高性能交易处理场景。无状态令牌化使用实时数据元素的随机映射替代值,而不需要数据库,同时保留令牌化的隔离属性。

5.3.8　隐私保护技术总结

每种隐私保护技术都有其优点和缺点。需要根据数据集及其风险判断合适的隐私保护技术。在许多情况下,匿名数据集仍然可能给数据主体带来残留风险。即使不再能够精确地检索个人的记录,也可以借助其他可用的信息源(公开或不公开)来收集该个人的信息。匿名化不彻底、"匿名化"数据集的大范围公布,对于组织和受到影响的个人,都可能带来多种直接或间接的负面影响。

因此,虽然匿名化技术可以提供隐私保证,但前提是必须适当地设计其应用场景。例如,必须明确规定匿名化过程的前提条件(上下文)和目标,以实现有针对性的匿名化操作。

一些匿名化技术显示出固有的局限性。在使用给定技术,由数据控制者采纳匿名化流程之前,必须认真考虑这些局限性;同时,也必须考虑匿名化的目的,如在发布数据集时保护个人的隐私,或者仅允许从数据集中逐条检索信息。

本章描述的每种技术都不能肯定地满足有效匿名化的三个基本要求,即不能识别单个个人;与个人有关的记录之间没有可链接性;无法由推论识别到个人。但是,由于某些风险可能全部或部分由给定的技术解决,因此在设计将单个技术应用于特定情况并组合使用这些技术以增强结果的健壮性时,必须进行认真的工程设计。

表 5-10 显示了根据三个基本要求考虑的隐私保护技术对比。

表 5-10　隐私保护技术对比表

技　　术	是否仍然能识别到个人	是否仍然具备链接性	是否仍可以被推断
假名化	是	是	是
加噪	是	可能性较小	可能性较小
置换	是	是	可能性较小
聚合或 K-匿名	否	是	可能性较小
L-多样性	否	是	可能性较小
差分隐私	可能性较小	可能性较小	可能性较小
哈希/令牌化	是	是	可能性较小

实际使用哪种匿名化或假名化技术，需要根据具体场景确定。任何一个基本要求都无法满足时，就需要进行相应的风险评估。如果国家法律要求主管机关应评估或授权匿名程序，则应将此评估提供给主管机关。

5.4　数据安全合规总体需求

合规是数据安全体系建设中无法回避和绕过，且重要性在逐渐增强的话题。合规中的"合"指"符合"，"规"指各类法律法规。不管是面向最终消费者的设备的数据安全、隐私保护，还是面向企业和事业单位的数据安全、信息安全，以及伴随业务上云等新形态，最近几年，国际和国内频繁推出各种法律法规和监管要求，监管约束也越来越多，对违规的处罚也越来越严厉。日趋严格的监管要求对于设计和实现制定和实施数据安全体系中的合规性遵从框架、运行并提供相对应的产品与服务，特别是互联网相关的服务，提出了越来越严峻的挑战。

因此，在设计和实现各类产品与服务时，基于本书 1.2 节"数据分类的原则与实施"的描述，识别受监管的数据分类，并按照适合的监管要求进行保护，是满足合规要求的第一步措施。在此基础上，组织需要根据所负责的领域和业务的特点，有针对性地识别涉及的所有法律法规，并遵循合规来源洞察、合规策略与流程标准的管理、合规方案制定和实施、合规结果评估和认证、合规报告的合规生命周期体系。合规生命周期体系如图 5-7 所示。

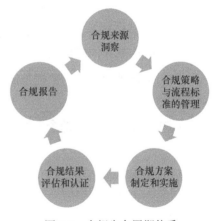

图 5-7　合规生命周期体系

本节重点解读数据安全相关的合规和监管需求。

根据本书 1.1.3 节"数据安全需求"的解读，"规"分为国家和地区的法律、业务所在地区的法规、国际和国家标准、行业标准四个层面。

针对不同的数据类型，存在着不同的监管需求。例如，对于个人数据监管，欧盟有 GDPR 法律，加拿大有《隐私法案》，中国有《个人信息保护法》[8]；对于财务数据监管，有 GLBA 法案[19]和 PCI DSS 行业标准[36]等要求；对于健康数据监管，美国有 HIPAA 法案[158]；对于儿童的个人数据，中美等国家也有独立的法律或法规要求。除此之外，针对承载数据保护的系统（云服务系统、IT 系统、信息系统、计算设备等），也有复杂的监管需求。例如，对于云服务，有 CIS 基准①、CSA-STAR 认证②、ISO 27001 标准[159]等不同的国际标准和行业标准要求。

本节从国家和地区法律合规需求，以及国际和国家标准合规需求、行业标准合规需求三

---

① SECURITY I, BARNETT R . Center for Internet Security Benchmark. 2008.

② ALLIANCE C S . STAR Certification : Cloud Security Alliance. 2015.

个层面解读相应的合规需求，以指导相应的合规需求分析和设计，确保法律和法规的遵从。

5.4.1 国家和地区法律合规需求

1. 欧盟《通用数据保护条例》

欧盟议会于 2016 年 4 月通过的欧盟《通用数据保护条例》（GDPR）[3]是欧盟法律中关于隐私和个人数据保护的法律，它在欧盟（EU）和欧洲经济区（EEA）适用。GDPR的主要目的是赋予个人对其个人数据的控制权，统一欧盟内部的法规，简化国际商业的监管环境。该法律取代了 1995 年发布的过时的《数据保护法令》（95/46/EC）[16]，包含了与处理位于欧洲经济区的个人（在 GDPR 中正式称为数据主体）的个人数据有关的规定和要求，并适用于任何处理欧洲经济区内个人的个人数据的企业。GDPR 还涉及个人数据在欧盟和 EEA 地区以外的转移的要求。

GDPR 第 4 条定义了相关术语。

（1）个人数据和数据主体：任何与已识别或可识别的自然人（数据主体）相关的信息。例如，姓名、身份证号、家庭地址、网络标识等。

（2）处理：任何一项或多项针对单一个人数据或系列个人数据所进行的操作行为。

（3）数据控制者：单独或共同决定个人数据处理目的与方式的自然人或法人、公共机构、代理机构或其他实体。

（4）数据处理者：为数据控制者处理个人数据的自然人或法人、公共机构、代理机构或其他实体。

GDPR 定义了下述的个人数据类型（称为"特殊类型的个人数据"），并予以额外的处理限制。

（1）基因数据：和自然人的遗传性或获得性基因特征相关的个人数据，这些数据可以提供自然人生理或健康的独特信息，尤其是通过对自然人生物样本进行分析可以得出的独特信息。

（2）生物识别数据：基于特别技术处理的自然人的相关身体、生理或行为特征而得出的个人数据，这种个人数据能够识别或确定自然人的独特标识，如脸部形象或指纹数据。

（3）健康数据：那些和自然人的身体或精神健康相关的、显示其个人健康状况信息的个人数据，包括卫生保健服务。

GDPR 第 9 条要求对于上述几种数据，应该默认禁止处理，除非满足指定的豁免条件。

参照"OECD 隐私保护八项原则"，GDPR 第 5 条定义了个人数据处理的"合法性、合理性和透明性"原则，并对目的限制原则、数据最小化原则、准确性原则、可问责原则等做了进一步的定义与说明。

除规定对各个控制和处理个人数据的组织的要求外，GDPR 第 3 条还定义了数据主体对个人数据享有的权利。

（1）知情权：组织必须告知用户正在收集什么、用于什么、将被保存多长时间、是否共享、和谁共享。

（2）访问权：组织必须提供一种方式，使个人可以与组织联系，要求获得组织所持有的关于该个人的数据的副本。

（3）纠正权：个人必须能够检查组织持有的关于他本人的信息是否准确。如果发现不准确，则个人有权要求组织进行更新。

（4）删除权：有时也称为"被遗忘权"。这不是一项绝对的权利，但个人可以要求删除组织所持有的关于他们的个人数据。

（5）限制处理权：这也不是一项绝对的权利，但个人可以声明他们拒绝同意处理其数据。

（6）数据可移植权：数据主体有权将一个组织所持有的个人数据提取出来，以用于其他地方。例如，下载 Facebook 上的个人资料信息，以便在另一个社交媒体平台上使用。

（7）反对权：个人有能力要求一个组织停止以某种他们反对的方式使用他们的数据。例如，拨打营销电话或通过邮件发送营销材料。

（8）与自动决策和特征分析有关的权利：随着特征分析的巨大增长，个人可以反对或申诉自动化决策，如用户画像、有针对性的在线广告。

对于各类组织，特别是数据控制者而言，首先要证明自己满足 GDPR 的责任，因此以下措施非常重要。

（1）指定组织内部负责数据保护的团队。

（2）保持所收集的数据的详细文件记录，包括它是如何被使用的、被存储在哪里、哪个员工负责它等。

（3）培训组织的雇员和工作伙伴，使其具备安全与隐私保护的意识。

（4）实施组织层面和技术维度的安全措施。

（5）与数据处理者签订数据处理合同。

（6）如果符合 GDPR 定义的组织类型，则需要任命数据保护官。

GDPR 第 24、25、28 条和第 32 条等条款要求，组织需要通过实施"适当的技术和组织措施"，以安全地处理个人数据。在技术飞速演进的情况下，GDPR 并没有具体规定可以采用的技术。但是 GDPR 第 32 条中提及了如下技术和组织措施的要求。

（1）个人数据的匿名化和加密。

（2）保持处理系统与服务的机密性、公平性、有效性，以及重新恢复的能力。

（3）在遭受物理性或技术性事件的情形中，有能力恢复对个人数据的获取与访问。

（4）具有为保证处理安全而常规性的测试、评估与评价技术性与组织性手段有效性的流程。

技术措施需要涵盖全面的个人数据保护要求。不管是在管理员账户使用双因子认证，还是在将个人数据传输到云服务时使用端到端加密，都是一些基础的技术手段。本书介绍的技术框架，如 ISO/IEC 27001 系列标准、NIST 网络安全框架及 CIS 关键控制措施集可以作为参考。

组织措施是指诸如员工培训、在员工手册中增加数据隐私政策，或者遵循最小必要原则，限制访问个人数据的员工数量和职位等。

此外，如果出现数据泄露，组织需要在 72 小时之内将情况披露给数据主体，否则将面临惩罚。如果使用技术保障措施，如加密，使数据对攻击者无用，则可免除这一通知要求。

GDPR 第 25 条中要求"在设计时构筑数据保护"及"默认的数据保护"。也就是说，在任何新产品或活动的设计中需要考虑数据保护原则。假设一个公司推出一个新的应用程序，则首先必须考虑该应用程序可能从用户那里收集哪些个人数据，然后考虑如何最大限度地减少数据量，以及如何用最新的技术来保护数据。

值得注意的是，GDPR 的监管日趋严格。2019 年 1 月，法国监管机构国家信息与自由委员会（CNIL）裁定对谷歌公司处以 5000 万欧元巨额罚款[53]，因为谷歌公司没有向安卓用户足够清楚地说明如何处理他们的个人信息。CNIL 认定谷歌公司在提供个性化广告时，没有合法地获取用户的同意。根据 GDPR，以用户的授权作为处理个人数据的依据时，必须是用户知情、明示同意且不被强迫给予的。在本案中，法国法院认为谷歌公司没有提供足够明确的信息，包括其默认选择的复选框设计，因此无法合法获得用户的同意。法国法院确认这不符合 GDPR 的要求。

CNIL 对谷歌公司的罚款是迄今为止根据欧洲《通用数据保护条例》对科技巨头的最大罚款。法国法院认为，鉴于违法行为的严重性和持续性质，罚款的规模是相称的。

谷歌公司随后提出上诉，但是在 2020 年 6 月，法国最高行政法法院裁定驳回上诉，维持原判。

2. 加拿大隐私保护法律

加拿大制定了一系列的隐私保护法，以保护个人隐私并赋予他们访问所搜集的有关他们的数据的权利。加拿大隐私事务专员办公室（OPCC）负责监督这些法律的遵守情况。

《隐私法》①规范了加拿大的联邦政府组织如何收集、使用和披露包括联邦雇员在内的个人身份信息。受到广泛关注的是《个人信息保护和电子文件法》[140]（PIPEDA）。其适用于商业性或营利性企业的商业活动，以及银行、航空公司和电信公司等受联邦监管的企业。

PIPEDA 是建立在由加拿大标准协会于 1996 年制定的个人信息保护标准规定的 10 条信息公平原则的基础上的。

---

① SURHONE L M，TENNOE M T，Henssonow S F . Privacy Act (Canada)[M]. Moldova: Betascript Publishing, 2010.

10 条信息公平原则如下。

（1）问责制：组织应对其控制的个人信息负责，并应指定一个或多个个人以对组织遵守 10 条信息公平原则负责。

（2）识别目的：组织应在收集信息时或之前确定收集个人信息的目的。

（3）同意：收集、使用或披露个人信息需要个人的知情和同意，除非不合适。

（4）限制收集：个人信息的收集应限于组织确定的目的所必需的收集。信息应通过公正合法的方式收集。

（5）限制使用、披露和保留：除经个人同意或法律要求外，不得将个人信息用于收集目的之外的目的或用途。仅在实现这些目的所必需的时间内保留个人信息。

（6）准确性：个人信息的准确性、完整性和及时性应与使用目的有关。

（7）保障措施：个人信息应受到适合其敏感程度的安全保障措施的保护。

（8）开放性：组织应向个人提供与个人信息管理有关的政策和实践的特定信息。

（9）个人访问：应个人要求，应告知其个人信息的存在、使用和披露，并应允许其访问该信息。个人应能够对信息的准确性和完整性提出质疑，并对其进行适当的修改。

（10）对合规性提出质疑：个人应能向负责合规工作的指定人员提出有关遵守 10 条信息公平原则的质疑。

PIPEDA 赋予个人以下权利。

（1）了解组织收集、使用或披露个人信息的原因。

（2）希望组织以合理和适当的方式收集、使用或披露个人信息。

（3）了解组织中谁对保护个人的信息负有责任。

（4）期望组织以合理和安全的方式保护个人信息。

（5）希望组织所持有的个人信息是准确、完整和最新的。

（6）有权访问他们的个人信息，并要求进行任何更正，或者有权对组织进行投诉。

同 GDPR 类似，PIPEDA 要求各组织做到如下几点。

（1）在收集、使用和披露任何个人信息之前获得同意。

（2）以合理、适当和合法的方式收集个人信息。

（3）建立明确、合理和随时准备好的个人信息政策，以保护个人的个人信息。

值得注意的是，加拿大作为联邦制国家，部分省也制定了自己的隐私保护法律。总体而言，PIPEDA 适用于所有省和地区的商业活动，但在具有自己的隐私法并已宣布与联邦法律"基本相似"的省内进行的活动除外。例如，不列颠哥伦比亚省、艾伯塔省和魁北克省的私营部门隐私立法被认为与 PIPEDA 基本相似，因此，需要遵循的是省级法律，其代替了联邦法律。

3. 美国隐私保护法律

对于需要跨国开展业务的企业，特别是来自中国大陆的企业，需要关注的是，很多国家属于联邦制，不同的州、直辖区或自治区都有自己的法律和法规。其中，影响比较广泛的是美国《加利福尼亚州消费者隐私法案》（*California Consumer Privacy Act*，CCPA）[①]，可以作为合规的一项参考。

CCPA 是美国联邦制的州级别的第一项隐私法律。它为美国加利福尼亚州（简称"加州"）消费者提供了各种隐私权利。

如果某个公司的年收入超过 25 000 000 美元，或者从来自加州消费者个人的销售收入中获取年收入超过 50%，或者每年购买或共享超过 50 000 个加州消费者的个人信息，则受 CCPA 管控。

CCPA 于 2020 年 7 月 1 日强制实施。该法案向加州居民提供的权利与欧盟《通用数据保护条例》（GDPR）所规定的类似，如信息披露要求、数据主体请求（DSR）、"自愿退出"某些数据传输及"选择加入"对未成年人的特殊要求。此外，还包括一些访问权、删除权和可移植性的要求。

要遵从 CCPA 的要求，和遵从 GDPR 的要求类似，可以从下面的 5 个维度入手。

（1）发现：确定组织当前有哪些个人数据，以及它们驻留在何处。

（2）映射：确定组织当前如何与第三方共享个人数据。明确这些第三方是否需遵守 CCPA 的"选择退出"要求。

（3）管理：管理个人数据的使用和访问方式。

（4）保护：建立安全控制措施来防止、检测和应对漏洞利用和数据泄露的情况。

（5）记录：记录数据泄露响应计划，并确保组织与适用第三方签订的合同可归入"选择退出"要求的例外。

5.4.2　国际和国家标准合规需求

在数据安全与隐私保护维度，存在一系列的国际和国家标准。一些标准是特定国家或地区的准入门槛，称为"强制认证标准"。企业在面向这些国家和地区提供服务时，除应满足当地法律法规的要求外，还需要满足强制认证标准的要求。这个动作也称为"标准遵从"。另外一些标准是推荐性的，可以作为参考。部分标准还提供认证功能，以认证一个组织、组织所提供的产品或服务满足特定的安全水平。

权威的国际标准主要由 ISO 和 IEC 两个标准组织负责制定。国际标准化组织（International Standards Organization，ISO）是一个由各个国家和地区标准组织的代表组成的国际标准制定机构。该组织成立于 1946 年，总部设在瑞士日内瓦，在 165 个国家和地

---

① GOLDMAN E . An Introduction to the California Consumer Privacy Act (CCPA)[J]. Ssrn Electronic Journal, 2018.

区开展工作。国际电工委员会（IEC）是一个拥有 89 个成员国的国际标准组织，为所有电气、电子和相关技术（统称为"电工技术"）编制和发布国际标准。

负责信息安全领域国际标准的是 ISO/IEC JTC 1/SC 27（编号为 SC 27）组织。SC 27 是 ISO 和 IEC 两个组织的联合委员会 JTC 1 下属的安全技术分委会于 1990 年成立，负责国际标准、技术报告和技术规范的制定。SC 27 的标准化活动包括处理信息安全、网络安全和隐私的通用方法、管理系统要求、技术和相关准则。

SC 27 下设五个工作组和两个管理组，其组织架构和工作内容见表 5-11。

表 5-11　SC 27 组织架构和工作内容

SC 27		工 作 内 容
管理组	SWG-M	SC 27 的总体管理
	SWG-T	SC 27 的横向项目管理
工作组	WG 1	信息安全管理系统（ISMS）
	WG 2	密码学和安全机制
	WG 3	安全评估、测试和标准
	WG 4	安全控制和服务
	WG 5	身份管理与隐私技术

数据安全和隐私保护作为横向业务领域，与上述各个工作组的工作内容、国际标准都有相关性。

SC 27 发布的 ISO/IEC 27000 系列标准涵盖信息安全管理的最佳实践建议，也就是说，通过设计和实施安全控制措施，来管理信息安全风险，确保信息资产的安全。这些国际标准提供了信息安全的顶层框架，包含组织信息风险管理流程中涉及的法律、物理和技术控制措施。

ISO/IEC 27001 由国际标准化组织（ISO）和国际电工委员会（IEC）的 ISO 和 IEC 联合小组委员会（SC 27）发布，是 ISO/IEC 27000 系列信息安全标准中的一篇[159]。其第一个版本于 2005 年发布、2013 年修订。ISO/IEC 27001 描述了建立、实施、维护和持续改进信息安全管理系统（ISMS）的要求。符合该标准要求的组织可以选择在成功完成审计后由认可的认证机构进行认证。

ISO/IEC 27001 要求管理层完成以下几项工作。

（1）系统地检查组织的信息安全风险，综合考虑威胁、脆弱性和影响。

（2）设计并实施一套连贯而全面的信息安全控制措施和其他形式的风险处理办法（如风险规避或风险转移），以应对那些被认为不可接受的风险。

（3）采用一个总体的管理程序，以确保信息安全控制措施持续满足组织的信息安全需求。

安全领域的管理标准主要是 ISO 27005："信息安全风险管理"[35]。实施指南类标准主要是 ISO 27101："网络安全框架实施指南"（尚未发布）。安全控制措施设计类的标准主要是 ISO 27002："信息安全控制的实践准则" [13]。

与隐私保护相关的顶层框架标准是 ISO/IEC 29100:2011《隐私框架》[160]，该标准规范了隐私保护术语，定义了处理个人身份信息（PII）的行为者及其角色，提出了隐私保护的权衡因素，并提供了信息技术的已知隐私原则。

与隐私相关的其他重要标准可以分为四个不同的层级，如图 5-8 所示。

应用场景系列标准
- 智慧城市：ISO 27570
- 物联网：ISO 27030（待发布）
- 大数据：ISO 20547-4（待发布）

管理系列标准
- ISO 29134：隐私影响评估指南
- ISO 27552：7001/27002的扩展，对隐私管理的要求和指南
- ISO 27018：云控制措施
- ISO 29151：个人身份数据（PII）控制措施

实施指南系列标准
- ISO 27550：隐私工程
- ISO 29184：隐私告知与同意
- ISO 29190：隐私能力成熟度模型

特定技术领域系列标准
- ISO 29101：隐私架构框架
- ISO 20889：隐私增强数据去识别技术
- ISO 29191：特定技术要求（部分匿名化、部分去关联化）

图 5-8　与隐私相关的其他重要标准

除系列标准外，ISO 还发布了一系列的标准支持文档，本书不再逐一赘述。

在管理系列标准中，类比于 ISO 27005 标准提供了安全风险管理，ISO 29134 为开展隐私影响评估（PIA）提供了实施指南，ISO 29151 为个人身份信息（PII）提供了控制措施的集合。

在个人数据保护维度，还有以下的国际标准：

- ISO/IEC 17788/89；
- ISO/IEC 19086；
- ISO/IEC 19941；
- ISO/IEC 19944。

针对个人数据采集和处理的不同场景，各项国际标准聚焦不同的对象和领域。个人数据涉及的 ISO 国际标准如图 5-9 所示。

如前所述，ISO 9001、ISO 27001、ISO 27017、ISO 27701 等标准也涵盖信息安全、数据安全与隐私保护的相关内容。

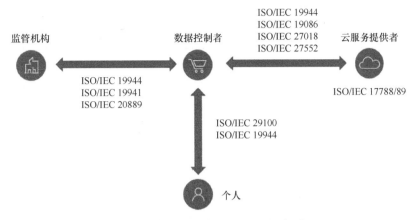

图 5-9　个人数据涉及的 ISO 国际标准

5.4.3　行业标准合规需求

本节描述 CIS 基准和 CSA STAR 两种行业标准，分别适用于软件系统的安全配置和云安全。本节还介绍 CC 认证和 FIPS 密码模块认证。

1. CIS 基准

互联网安全中心（The Center for Internet Security，CIS）是一个非营利性机构，其任务是"识别、开发、验证、促进和维持网络防御的最佳实践解决方案。"它利用来自世界各地政府机构、企业界和学术界的网络安全和 IT 专业人员的专业知识，以制定标准和最佳实践，包括 CIS 基准、CIS 控制和 CIS 加固镜像。CIS 遵循共识决策模型。

CIS 基准是安全配置各类软件系统的配置基准和最佳实践，如服务器操作系统［社区企业操作系统（Community Enterprise Operating System，CentOS）、Amazon Linux 等］、虚拟化与云平台（如 Docker、Kubernetes）、数据库系统（如 MongoDB）。每个指导建议均参考一个或多个 CIS 控制，这些控制是为帮助组织提高其网络防御能力而开发的。

CIS 控制集 V7.1 版本定义了 20 个安全控制措施，见表 5-12。

表 5-12　CIS 控制集 V7.1 版本定义的安全控制措施

编号	类　　别	控制措施
1	基础的（Basic）	硬件资产的库存和控制
2		软件资产的库存和控制
3		持续性漏洞管理
4		控制管理员特权的使用
5		终端设备、便携式计算机、工作站、服务器的软件和硬件的安全配置
6		维护、监控及审计日志的分析
7	基本的（Foundation）	电子邮件和浏览器保护
8		间谍软件防御
9		限制和控制网络端口、协议和服务
10		数据恢复能力

(续表)

编号	类　别	控制措施
11	基本的（Foundation）	网络设备（如防火墙、路由器和网关）的安全配置
12		边界防御
13		数据保护
14		基于最小知情权的控制访问
15		无线接入控制
16		账户监控和控制
17	组织的（Organization）	实施安全意识和培训计划
18		应用软件安全
19		事故响应和管理
20		渗透测试和红队演习

CIS 控制措施可以映射到许多已建立的法规和标准框架，包括 HIPAA、NIST 网络安全框架（CSF）和 NIST SP 800-53、ISO 27000 系列标准、PCI DSS 标准等。

例如，《CIS 亚马逊云服务基础》1.2 条款"确保所有有控制台密码的 IAM 账户都启用多因素认证。"该条款参考的 CIS 控制措施是"控制管理员特权的使用"。

每个基准都经历两个阶段的共识审查。第一个阶段是在最初的开发过程中，专家们聚集在一起讨论，创建和测试工作草案，直到他们就基准达成共识为止。在第二个阶段中，基准发布后，达成共识的团队将审查来自互联网社区的反馈意见，以将其纳入基准。

CIS 基准提供两个级别的安全设置。

级别 1：建议基本安全要求，可以在任何系统上对其进行配置，并且应该不会造成服务中断或功能受损。

级别 2：建议针对需要更高安全性的环境（可能会导致某些功能受损）的安全设置。

CIS 加固镜像是基于 CIS 级别 1 或 CIS 级别 2 基准的安全配置的虚拟机映像。加固技术通过限制使系统容易受到网络攻击的潜在漏洞，来帮助防止未经授权的访问、拒绝服务和其他网络威胁。

多数云服务提供商支持 CIS 加固镜像的集成和自动化实例部署。例如，微软公司的 Azure 云服务支持微软 Windows 服务器版、红帽 Linux 发行版、Ubuntu Linux 等多种 Linux 发行版。亚马逊云服务（AWS）、Google 云平台（Google Cloud Platform）也提供类似的支持。

2. CSA-STAR

成立于 2008 年的国际非营利组织云安全联盟（CSA）于 2010 年发布了云控制矩阵（Cloud Control Matrix，CCM），以作为云计算安全的实施指南（涵盖 IaaS、PaaS 和 SaaS 服务）。CCM 涵盖了跨越 16 个域的基本安全原则，以帮助云客户评估云服务的整体安全风险。CCM 最显著的特点是其每一个云端安全的控制措施皆能对应到国际公认的信息安全标准，如 ISO 27001、PCI DSS、ISACA、COBIT 及 NIST 等。

CSA 于 2013 年 9 月 25 日正式发布 CSA STAR 认证（Security，Trust & Assurance Registry，安全、信任和保证登记簿）。CSA STAR 认证运用了 ISO 27001 管理体系标准的安全管控要求，结合 CSA 自身提出的 CSA 云控制矩阵（CCM），以评分方式来展现云计算的安全流程。

CSA STAR 认证包含三个级别的保证，这些级别与 CSA 云控制矩阵（CCM）中的控制目标保持一致。

级别 1：STAR 自我评估。

级别 2：STAR 证明、STAR 认证和 C-STAR 评估（基于第三方的独立审计）。

级别 3：STAR 连续监控（CSA 仍在制定程序和要求，该级别尚未推出）。

CSA STAR 认证采用基于 CCM 标准的 SOC 2 Type 2 审核机制，对云提供商的安全状况进行严格的独立审核。评估云提供商的 STAR 认证产品的独立审计师必须是注册会计师（CPA），并且必须拥有 CSA CCSK 云安全知识证书（Certificate of Cloud Security Knowledge，CCSK）。

3. CC 认证

信息技术安全评估通用标准（Common Criteria for Information Technology Security Evaluation），简称通用评估标准、通用评估准则、通用标准或 CC，是用于计算机安全认证的国际标准（ISO/IEC 15408）。

通用标准是计算机系统用户可以在安全目标（ST）中指定其安全功能和保证要求（分别为 SFR 和 SAR）的框架，并且可以从保护配置文件（PP）中获取。供应商可以实施或声明其产品的安全属性，并且测试实验室可以评估产品，以确定产品是否真的符合标准。换句话说，CC 确保计算机安全产品的规范，实施和评估过程以严格、标准和可重复的方式进行，其水平与目标使用环境相当。

CC 提供了安全功能要求（SFR）的标准目录。例如，SFR 可以声明如何对执行特定角色的用户进行身份验证。即使两个目标是相同类型的产品，SFR 列表也可能因评估而存在差异。尽管 CC 没有规定要包含在 ST 中的任何 SFR，但它确定了一个功能的正确操作（如根据角色限制访问的能力）与另一个功能（如识别各个角色的能力）的依赖关系。

评估过程还试图通过质量保证流程建立可能存在于产品安全功能中的信任水平。CC 提出了安全保障要求（SAR）：描述在产品开发和评估过程中采取的措施，以确保符合其所声称的安全功能。例如，评估可能要求将所有源代码保存在变更的管理系统中，或者执行全功能测试。通用标准提供了这些目录，并且要求可能因评估而异。对特定目标或产品类型的要求分别记录在 ST 和 PP 中。

4. FIPS 密码模块认证

美国联邦信息处理标准（Federal Information Processing Standards，FIPS）是由美国联邦政府制定的公开标准，用于规范非军事政府机构和政府承包商对计算机系统的使用。

联邦信息处理标准 140-2（FIPS 140-2）是美国和加拿大共同发起的硬件、软件和固件解决方案安全标准。美国政府在采购过程中，要求所有使用加密技术的解决方案都必须完成 FIPS 140-2 认证，以确保最终用户获得高度的安全性、保障性和可靠性。

世界上很多国家机构的采购和招标要求中都明确地提出具有密码模块的产品需要符合 FIPS 140 的要求，而一些商用产品也通过了 FIPS 140-2 的认证。例如，苹果公司的 iOS 12 操作系统的内核模块（Apple CoreCrypto Kernel Module v9.0）获得了编号为 3438 的 CMVP（Cryptographic Module Validation Program，加密模块验证程序）认证证书[21]。

FIPS 140-2 定义了四种安全级别（见表 5-13）。

表 5-13　FIPS 140-2 安全级别表

级　别	描　述
级别 1	仅加解密模块
级别 2	加解密模块、基于角色的访问授权机制、运行环境安全 EAL2+、一定的抗物理攻击能力
级别 3	完备的抗物理攻击能力（立即清理敏感数据）、基于身份的访问授权机制、参数传递安全、运行环境 EAL3+
级别 4	完全抗物理攻击能力、运行环境 EAL4+

5.5　海外垂直行业数据与隐私合规需求

与本书 5.4 节"数据安全合规总体需求"中描述的不区分目标对象和领域的数据安全监管需求不同，部分法律法规和行业标准基于垂直行业和领域，定义了单独的数据安全合规监管要求。

在设计和实现各类产品与服务时，基于本书 1.2 节"数据分类的原则与实施"的描述，识别受监管的数据分类，并按照适合的监管要求进行保护，是满足合规要求的必要措施。

5.5.1　财务数据监管要求

在众多的数据类型中，财务数据是非常敏感的一类数据，涉及个人隐私、金融监管、支付监管、数据跨境等多种不同层面的要求。从数据的价值和泄露的敏感性而言，财务数据显然排在前列。

1．SOX 法案（美国）

《SOX 法案》是《萨班斯–奥克斯利法案》（Sarbanes–Oxley Act）的简称，其全称为《上市公司会计改革和投资者保护法案》。《SOX 法案》是一部涉及会计职业监管、企业治理、证券市场监管等方面改革的美国联邦法律。该法案的条款涵盖了上市公司董事会的责任，增加了对某些不当行为的刑事处罚，并要求证券交易委员会制定法规，以界定上市公司如何遵守法律。

与上市企业的财务数据密切相关的是以下三项关键条款：第 302 条、第 404 条和第 802 条。

2002 年《SOX 法案》的第 302 条规定，企业高层管理人员必须亲自书面证明企业的财务报表"符合 SEC 的披露要求，并在所有重大方面公平地反映（证券）发行人的经营和财务状况。"那些在明知造假的财务报表上签字的企业高层管理人员将受到刑事处罚。

2002 年《SOX 法案》的第 404 条要求企业管理层和审计师建立内部控制体系和报告方法，以确保这些控制的充分性。这要求企业管理层定义和实施明确的政策、流程和规则，以确保财务和会计信息的完整性，确保可问责，并防止欺诈。

2002 年《SOX 法案》的第 802 条包含了影响记录保存的三项规则。第一条规则关于记录的销毁和伪造。第二条规则严格规定了存储记录的保留期限。第三条规则概述了企业需要存储的具体业务记录，其中包括电子通信记录。

除企业的财务方面外，如审计、准确性和控制，2002 年的《SOX 法案》还概述了对信息技术（IT）部门关于电子记录的要求。该法案没有规定这方面的一套商业惯例，而是规定了哪些企业的记录需要存档，以及需要保存多长时间。2002 年《SOX 法案》中列出的标准并没有规定企业应该如何存储其记录，只是指出存储记录是企业 IT 部门的责任。

企业内部控制的有效性和财务信息的正确性、完整性和效率依赖于 IT 系统的支持。预防性的内部控制活动中，授权和职责分离、网络和信息安全措施等最佳实践，可以在一定程度上避免无意错误或故意篡改的发生。

在实施维度，信息技术控制（或称 IT 控制）是企业内部控制的一个子集，其首要目标是保证数据的机密性、完整性和可用性。信息技术控制还涵盖企业 IT 功能的整体管理。

信息技术控制分为 IT 通用控制和 IT 应用控制两类。IT 通用控制涉及对信息技术（IT）环境、计算机操作、程序和数据访问、程序开发和程序变更的控制，有助于确保 IT 系统产生的数据的可靠性，并支持系统按预期运行、输出可靠的结果。IT 应用控制指的是交易处理控制，聚焦于交易处理的"输入→处理→输出"流程，确保从输入到输出的数据的完整性和准确处理。

《SOX 法案》使信息技术控制在美国上市企业中得到了更多的重视。COBIT 框架是由 ISACA 颁布的一个广泛使用的框架，它定义了各种 IT 通用控制和 IT 应用控制的目标和推荐的评估方法。一般由企业的 IT 部门负责确保设计和实施有效的信息技术控制。

综上所述，对于海外上市企业，在处理与企业运行相关的重要数据特别是财务数据时，需要基于《SOX 法案》要求，制定和实施相关的内部控制措施（含信息技术控制措施）。

2．GLBA 法案（美国）

《格雷姆–里奇–比利雷法案》[19]（*Gramm–Leach–Bliley Act*，GLBA）也被称为 1999 年的"金融现代化法案"，属于美国联邦法律。该法案要求金融机构（向消费者提供金融产品或服务，如贷款，金融或投资建议或保险的企业）向客户解释其信息共享的做法并保护敏感数据。

若要符合 GLBA 标准，金融机构就必须与客户沟通该机构如何分享客户的敏感数据，并根据该机构创建的书面信息安全计划，向客户提供其隐私数据的特定保护。如果客户不希望自己的个人数据与第三方共享，金融机构就必须告知客户有选择退出的权利。

在数据保护的维度，GLBA 概述了其保障规则，并由联邦贸易委员会（FTC）根据 GLBA 创建"消费者财务信息隐私规则"（隐私规则），发布其他隐私和安全要求，以推动 GLBA 的实施。GLBA 由联邦贸易委员会、联邦银行机构和其他联邦监管机构，以及州保险监督机构执行。

遵守 GLBA 可以使金融机构降低因未经授权共享或丢失客户隐私数据而受到的处罚或声誉损害。GLBA 还要求客户提供一些隐私和安全保障，其中一些包括：

（1）必须保护私人信息以防止未经授权的访问；

（2）必须通知客户金融机构和第三方之间的私人信息共享，并且客户能够选择退出私人信息共享；

（3）必须跟踪用户活动，包括访问受保护记录的任何尝试。

遵守 GLBA 可以保护消费者和客户，从而有助于建立和加强消费者的可靠性和信任。客户可以确保金融机构保证他们的信息安全；安全和保障培养了客户忠诚度，从而提升了金融机构的声誉，使金融机构可以获取更多业务和其他利益。

3. PCI-DSS 行业标准（美国）

PCI（支付卡行业）数据安全标准（DSS）是一项全球信息安全标准，旨在保障信用卡数据和交易的安全，防止欺诈。PCI DSS 行业标准适用于处理五大信用卡品牌［Visa、万事达（MasterCard）、运通卡（American Express）、Discover 和 Japan Credit Bureau（JCB）］的信用卡交易的各类组织。PCI DSS 规定了存储、处理或传输支付和持卡人数据的要求，特别是主账户号码（PAN，可以理解为信用卡号）、持卡人姓名、信用卡到期时间等数据。

PCI 数据安全标准规定了 12 项合规要求，分为 6 个逻辑上相关的组，即 6 组"控制目标"。这 6 个组分别如下：

（1）建立和维护安全的网络和系统；

（2）保护持卡人数据；

（3）维护漏洞管理计划；

（4）实施强有力的访问控制措施；

（5）定期监测和测试网络；

（6）维护信息安全政策。

第一组控制目标是对安全网络的要求，涉及对固定网络和无线网络的防火墙的要求，以防止网络传输被窃听或被黑客攻击。此外，密码等认证数据不得使用供应商提供的默认值。客户应该能够方便地、经常地改变这些数据。

第二组控制目标是对持卡人数据保护的要求。储存有出生日期、社会安全号码、电话号码和邮寄地址等重要数据的数据库应能防止黑客入侵。持卡人数据通过公共网络进行传输时，必须以有效方式对数据进行加密。数据的传输加密对于互联网上进行的电子商务尤其重要。

第三组控制目标是对漏洞的防护，或者说是系统安全的要求。在系统安全维度，该标准要求定期安装操作系统（OS）和软件供应商提供的补丁，以确保尽可能高的漏洞管理水平。在应用程序维度，要求处理持卡人数据的应用程序应该是没有漏洞的，以防止数据被盗或被篡改。该标准还要求使用及时更新的反病毒软件、反间谍软件或其他反恶意软件解决方案，来保护系统免受恶意活动的威胁。

第四组控制目标是对访问控制的要求。也就是说，对系统信息的访问和操作应受到限制。首先是对持卡人数据的访问控制，不管是物理形态的数据还是数字形态的数据。其中，对于物理形态的数据，其保护措施可能是使用文件粉碎机，以及尽量避免复印等。访问控制还包括对操作员的身份认证。最简单的案例如每个操作员使用不同的账户和密码。

第五组控制目标是对网络维护和监控的要求。网络需要持续监控和定期测试，以确保安全措施和安全流程都已到位，确保运行正常，并保持最新的状态。例如，反病毒和反间谍软件程序应经常扫描所有交换的数据、所有应用程序、所有随机存取存储器（RAM）和所有存储介质。漏洞扫描和渗透测试也涵盖在该目标内。

第六组控制目标是对信息安全政策定义和维护的要求。所有参与持卡人数据处理的实体都需要在任何时候遵守安全政策。可以采取审计和不遵守规定的处罚措施来保证政策的遵从。

5.5.2　医疗与健康数据安全监管要求

医疗与健康数据关乎每个人的切实利益，作为最敏感的数据类型之一，一旦泄露可能无法修改。在多数司法管辖区的法律中，医疗与健康数据属于敏感的个人信息，其安全保护非常重要。

最早的医疗与健康数据的保护要求发生在医生和患者之间，保护患者的隐私是医生的职责。早在古希腊时代，医学家希波克拉底向医学界发出的行业道德倡议书[161]中就包含这部分内容：

"……凡我所见所闻，无论有无业务关系，我认为应守秘密者，我愿保守秘密。尚使我严守上述誓言时，请求神祇让我生命与医术能得无上光荣。我苟违誓，天地鬼神实共殛之。"

在今天的社会，关于医疗数据的保护，除医生和患者外，还会涉及第三方机构，如保险公司、支付机构等。在欧盟 GDPR 或中国的相关法律中，将医疗与健康数据归为敏感个人数据，采用统一的标准进行保护。但截至目前，并没有专门针对医疗与健康数据的法律。

在医疗服务和法律服务均非常发达的美国，涉及医疗与健康数据的法律多种多样。直接对医疗和健康数据做出约束的联邦层面的法律就包含《健康保险便携性和责任法案》（*The Health Insurance Portability and Accountability Act*）、《经济和临床健康卫生信息技术法案》（*The Health Information Technology for Economic and Clinical Health Act*）[99]和《遗传信息非歧视法案》（*Genetic Information Non-discrimination Act*）[162]。其中，立法比较早，影响范围比较广的是《健康保险携带性与责任法案》（HIPAA）。

HIPAA 是美国关于医疗与健康的一部法律，它建立了对单独可识别的医疗与健康数据的使用、披露和保护的要求。HIPPA 主要规范在电子医疗与健康数据的处理中医疗服务提供者、健康计划提供方和清算机构三者的责任和义务，适用于医生、医院、健康保险公司和其他医疗保健公司等实体，以及代表这些实体处理患者的受保护的医疗与健康状态信息（PHI）的业务伙伴，如云服务和 IT 提供商。

对于电子化的个人医疗与健康数据，HIPAA 利用专门的隐私规则和安全规则对其加以约束。

HIPAA 的隐私规则保护所有个人可识别的医疗与健康数据，这些数据由相关实体或其业务伙伴掌握或传输，格式不限，可以是电子形式，也可以是纸质形式或口头形式的。隐私规则称这些数据为受保护的医疗与健康数据。个人可识别的医疗与健康数据包括人口学信息，并与以下信息相关：

（1）个人过去、现在或未来的生理或心理健康状态信息；

（2）提供给个人的医疗信息；

（3）过去、现在或未来的医疗支付信息。

隐私规则的主要目的是定义和限制个人受保护的医疗与健康数据可以被使用和披露的情形。相关实体不能使用或披露受保护的健康信息，除非：

（1）隐私规则允许或要求；

（2）相关个人或个人代表书面授权。

相关实体在两种情形下必须披露受保护的医疗与健康数据：

（1）当个人或个人代表要求访问时；

（2）当美国卫生与公共服务部（United States Department of Health and Human Services，HHS）在进行合规性调查或审查或实施规章时。

隐私规则关于医疗与健康数据使用和披露的核心原则是最小必要原则。相关实体必须尽可能少地使用、披露和要求受保护的医疗与健康数据以用于完成特定目的。相关实体必须制定相应的策略和规章用于最少必要地使用和披露医疗与健康数据，这样就不需要在使用和披露医疗与健康数据时要求全部的医疗与健康记录，除非必须使用全体的医疗与健康记录。

如果其他相关实体要求获得受保护的医疗与健康数据，相关实体可以基于请求按照最小必要原则披露。相应地，相关实体也可以针对如下机构，基于最小必要原则披露受保护的医疗与健康数据：

（1）政府官员；

（2）作为相关实体业务伙伴的律师或会计师等专业人士，为相关实体提供服务而寻求信息；

（3）隐私规则所要求的研究目的。

HIPAA 要求对于提供医疗或健康服务的组织（也称"实体"）提供隐私通知，以保证个人的知情权。隐私规则要求通知必须描述相关实体会如何使用和披露受保护的医疗与健康数据，必须陈述相关实体保护隐私的责任，必须描述个人的权利，包括在认为隐私权利被侵犯时向 HHS 和相关实体申述的权利。隐私规则对直接治疗提供者、相关医疗服务提供者和健康计划都有特定的要求。

相关医疗服务提供者和个人有直接治疗关系的必须向个人分发隐私惯例通知。

（1）当相关医疗服务提供者第一次与个人建立服务关系时，需要向个人分发通知，可以通过自动化的电子手段分发通知。

（2）将通知张贴在显眼的地方，这样人们很容易找到。

（3）如果是紧急情况，在紧急情况结束后，相关医疗服务提供者必须尽可能早的分发通知。

相关实体，无论是直接治疗提供者，还是间接治疗提供者（如化验室或健康计划）都必须针对个人的要求提供通知。相关实体还必须将电子化的通知张贴在网站上。联合提供医疗服务的多个组织可以提供联合隐私惯例通知，联合体中的各方都需同意遵守通知内容。联合体中任何一方都有责任在第一时间代表整个联合体分发联合通知。

健康计划必须在其隐私规则合规日期前向所有参与人分发隐私通知。之后，针对每一个新的参与人，健康计划必须分发通知，并且至少每三年向每一个参与人发送一次提醒，以告知其可以根据需要获得通知。健康计划需要将通知分发给被保险人，同时也可以根据需要将通知分发给其配偶和家属。

提供直接治疗服务的相关实体需要获得患者书面的通知签收确认。如果不能获得患者书面的通知签收确认，则相关实体必须记录原因，在紧急情况下，相关医疗服务提供者可以无须患者签收确认书面的通知。

除特定的情形外，个人有权查看并获得相关实体指定记录集中受保护的健康信息的副本。指定记录集是指由相关实体维护或使用的一组记录，这些记录整体或部分被用于为个人治疗做决定，指定记录集也可以是相关医疗服务提供者关于个人的医疗和账单记录，或者是健康计划的登记、支付、索赔裁定和病历管理。即使是访问权限之内的信息，相关实体也可以拒绝个人在特定情形下对这些信息的访问。例如，当相关医疗服务提供者基于专业判断认为访问这些信息可能对个人或他人造成伤害时，个人有权要求注册的相关医疗服务提供者基于专业判断拒绝访问。相关实体可以针对个人复印和邮寄健康信息的要求合理地收费。

个人如果认为相关实体指定记录集中受保护的健康信息不准确或不完整，则有权要求修正。如果相关实体接受了修订要求，则需要进行相应修订，并将结果告知需要这些信息的人，以及有可能基于错误信息对个人造成伤害的人。如果个人提出的修正要求被否决，则相关实体必须提供书面的否决决定，并允许个人提交这种不一致的声明并包含在记录中。相关实体如果收到其他相关实体的修订通知，则必须在其指定记录集中进行相应修订。

个人有权要求审计受保护的个人信息被相关实体或其业务伙伴披露的情况。个人提出审计要求后，最多可以审计前 6 年的历史，除非相关实体没有义务对隐私规则合规日期之前的任何披露承担责任。

个人有权要求相关实体限制使用或披露受保护的健康信息用于治疗、费用支付或医疗保健业务，限制向参与个人医疗或费用支付的人披露信息，或者限制通知家庭成员或其他人关于个人的状态、位置或死亡等信息。相关实体并没有被要求一定要遵从个人的限制要求，如果双方就限制请求达成了协议，则相关实体必须遵从，但在紧急医疗救治情况下可以例外。

健康计划和相关的医疗服务提供者必须允许个人要求采用不同的方式进行受保护的个人健康信息的收发。比如，个人可以要求将信息发送到指定地址或指定电话号码，可以要求通过密封的信封发送信息而不是直接写在明信片上。

当个人表明受保护的健康信息部分或全部披露有可能产生危害时，健康计划必须采取合理的措施。健康计划不能质疑个人关于危害的声明。针对个人保密通信的请求，在个人明确不同的接收地址或联系方式的情况下，相关实体必须遵从。

HHS 认为相关实体不论规模大小，隐私规则都要具有灵活性和可扩展性，应允许相关实体分析自身的需求，并针对自己的环境实施合适的方案。

相关实体需要根据隐私规则制定相应的书面隐私策略和规章，并需要指定一个隐私官负责制定其隐私策略和规章，指定一个联系人和联系办公室用于接受申诉和提供隐私惯例信息。相关实体必须就隐私策略和规章，培训全体职员，以便他们能胜任相应工作。相关实体还必须具有惩罚措施，以处理违反隐私规章或隐私规则的职员。相关实体必须尽可能缓解由于职员或商业伙伴违反隐私策略和规章，或者披露受保护的健康信息而引起的伤害。

相关实体必须维护合理合适的管理、技术、物理的安全措施，以防止有意或无意地违背隐私规则使用或披露受保护的健康信息，并能够限制附加使用和披露。安全措施可以要求在丢失受保护的健康信息前进行文档销毁，通过口令或密钥等保护医疗记录，只有被授权的人才能拿到口令或密钥。

相关实体必须为个人提供相应的投诉程序，以便个人就隐私策略和规章及隐私规则的合规性进行投诉，投诉程序必须被包含在隐私惯例通知中。相关实体必须明确个人可以向谁提交申诉，并建议投诉也能提交到 HHS。

相关实体不能报复行使隐私规则所赋权利的人，个人有权协助 HHS 或其他有关部门的调查，有权反对他们认为违背隐私规则的行为。相关实体不能要求个人弃权以作为得到治疗、费用支付及登记获得福利资格的条件。

相关实体必须保存相应文档和记录 6 年，包括隐私策略和规章、隐私惯例通知、投诉处理及其他隐私规则要求记录的文档。

安全规则要求相关实体维护合适的管理、技术和物理安全防护措施以用于保护 EPHI。具体而言，相关实体必须：

（1）确保所有产生、接收、维护或传输的 EPHI 的机密性、完整性和可用性；

（2）能够确定并保护针对信息安全和完整性的合理预期威胁；

（3）防范能够预期的不被允许的使用和披露；

（4）确保员工遵守安全规则。

安全规则的机密性要求 EPHI 对于未经授权的人是不可见的，支持隐私规则中对于 EPHI 不合适的使用和披露的禁止。安全规则同时也要求维护 EPHI 的完整性和可用性。完整性指 EPHI 不能通过未经授权的方式进行修改和销毁。可用性指 EPHI 对于获得授权的人而言是可用的。

HHS 认定的相关实体规模有大有小，甚至可以跨州，因此安全规则要灵活并具有可扩展性，允许相关实体分析自身需求并根据特定环境实施合适的方案。方案的合适与否取决于相关实体的规模、资源及业务的特点。

因此，当相关实体决定使用何种安全措施时，安全规则并不进行规定，但要求相关实体考虑：

（1）规模大小、复杂性和能力；

（2）技术、硬件和软件基础设施；

（3）安全措施的代价；

（4）对于 EPHI 潜在风险可能产生的影响及发生的概率。

当环境变化时，相关实体必须评审和修改他们的安全措施以继续保护 EPHI。

安全规则中的安全管理规定要求把对相关实体进行风险分析作为安全管理的一部分。这里将风险分析和管理规定分开有助于决定何种安全措施更合适，风险分析影响了安全规则中包含的所有保障措施的实施。

风险分析过程包含但不限于以下活动：

（1）评估针对 EPHI 的潜在风险的影响和概率；

（2）在风险分析中实施恰当的安全措施，以应对被确认的风险；

（3）记录被选择的安全措施，以及什么地方需要和选择的理由；

（4）维护持续、合理的安全防护。

风险分析应该是一个持续的过程，相关实体需要定期评审记录，以跟踪对于 EPHI 的访问，并检测安全事件，周期性地评估安全措施的效果，定期重新评估针对 EPHI 的潜在风险。

HIPAA 法案通过建立医疗保健相关行业的一些通用安全概念，明确了公共准则，制订了操作规范。其现实意义在于，真正认识信息安全在医疗行业的重要性，并用法案和条例的形式予以规范。HIPAA 法案标志着美国在医疗信息系统安全等相关方面发展到了一定的高度。中国国内的医疗信息行业也已经启动了这些方面的探索。

经济和临床健康卫生信息技术（HITECH）法案[99]作为《美国复苏和再投资法案》（*American Recovery and Reinvestment Act*，ARRA）的一部分，由时任美国总统奥巴马于

2009 年 2 月 17 日签署。相比于 HIPAA，HITECH 强化了泄露通知、最小数据集方面的要求，提高了惩罚水平，并进一步促进了电子健康数据的使用。

HIPAA 和 HITECH 法案的规则共同包括如下内容。

（1）HIPAA 隐私规则：侧重个人对于自己的个人信息使用的控制权，并涵盖 PHI 的机密性，限制其使用和泄露的范围。

（2）HIPAA 安全规则：用于设置管理、技术和物理保护的标准，以保护 EPHI 免遭未经授权的访问、使用和泄露。它还包括对于组织因业务需要转移 PHI 到外部的要求。

（3）高科技违规通知最终规则：需要在发生 PHI 泄露时向个人和政府发出通知。

以前，每次违规的处罚估计是 100 美元，每年多次违反同一要求或禁令的上限不超过 25 000 美元。现在，HITECH 将违规的处罚调整为每次违规罚款 100～50 000 美元。每年多次违反同一要求或禁令的上限为 150 万美元。个人因为违规而承担刑事责任的，将处以最高 250 000 美元的罚款和最多 10 年的监禁。

HITECH 要求执行数据泄露通知，服务提供者将因泄露与 PHI 有关的数据而付出代价，并将以负面形象公之于众。HITECH 规定，泄露通知适用于"未受保护的 PHI"，所谓未受保护的信息即为那些对未经授权的个人未呈现可读取、可使用或可识别的信息。实际上，这意味着对数据的加密或销毁。

HITECH 有与欧盟 GDPR 类似的信息泄露知会要求。如果 500 位或更多的患者受到影响，则该法案要求医疗保健服务提供者通知受泄露影响的个人及 HHS。如果泄露影响某个特定位置的 500 位以上的个人，则违规者还必须通知重要媒体。

值得注意的是，HITECH 不要求加密（它使加密成为"可选的"控制，而不是"必需的"控制）。然而，与州法律相同，如果加密，则一般不必再执行泄露通知。正如 HHS 在其准则中指出的，使用加密并不改变保护 PHI 的安全性要求。加密只是保证整体安全计划的一个步骤，整体安全计划包括由适当的工具启用和支持的数据保护、身份和访问管理策略。今天的医疗保健信息环境，涉及许多不同的机构，以及扮演不同角色的许多个人，并且需要以多种方式进行交流，因此本身并不适合采用简单的安全解决方案。

随着科学技术的发展，个人信息的外延不断扩大，基因信息就是全新的敏感个人信息。为了应对由此带来的对个人隐私的侵犯，2008 年 GINA[162]颁布。GINA 主要用于保护个体免受基于基因的歧视，禁止保险公司基于基因倾向制定差异化的保险方案。GINA 同样禁止组织基于基因的雇佣歧视。如果组织基于法定的原因需要处理基因信息，这部分信息应该作为敏感的医疗数据单独记录和保存。

健康信息信任联盟（HITRUST）[163]由医疗保健行业、安全行业的代表组成。该组织创建和维护通用安全框架（CSF），这是一种可认证的框架，可帮助医疗保健组织及其提供商以一致且简化的方式展示其安全性和合规性。

CSF 建立在 HIPAA 和 HITECH 两部美国医疗保健法律之上，为使用、公开和保护单独可识别的健康信息提出了要求，并强制实施。HITRUST 提供了一个基准，即标准化合规性框架、评估和认证过程，以供服务提供商和所涵盖的运行状况实体对合规性进行衡量。CSF 还纳入支付卡行业数据安全标准（PCI-DSS）、ISO/IEC 27001 信息安全管理标准及可接受最低风险标准（MARS-E）等现有框架中的特定医疗保健安全、隐私和其他法规要求。

CSF 分为 19 个不同的域，包括端点保护、移动设备安全性和访问控制。HITRUST 针对这些控制措施认证 IT 产品。HITRUST 还可以根据组织、系统和法规等因素，以及对组织造成的风险，来调整证书要求。

HITRUST 提供了三个认证等级或评估级别：自我评估、CSF 验证和 CSF 认证。级别依次严格。具有最高级别的 CSF 认证的组织满足 CSF 的所有认证要求。

5.5.3 儿童数据监管要求

相比于中国在儿童数据保护方面刚刚起步，美国早在 1998 年通过了《儿童在线隐私保护法》[164]（*Children's Online Privacy Protection Act*，COPPA），适用于美国司法辖区内在线收集 13 岁以下儿童的个人信息的个人或实体。该法律详细说明了网站经营者必须在隐私政策中包含哪些内容，何时及如何寻求父母或监护人的可验证同意，以及经营者在线保护儿童隐私和安全的责任规则等内容。其中，获得父母"可验证的同意"（verifiable consent）是该法律的核心之一，尤其针对同意的要求、落实及其适用例外，通过制定合规指引等形式配合法律进行了明确的规定。

2012 年 12 月，美国联邦贸易委员会发布了自 2013 年 7 月 1 日起生效的修订版，该修订版创建了额外的父母通知和同意要求，要求经营者做到如下要求。

（1）发布明确而全面的在线隐私政策，描述其在线收集 13 岁以下儿童的个人信息的信息实践。

（2）根据现有技术做出合理努力，向父母直接通知经营者在收集、使用或披露 13 岁以下儿童的个人信息方面的做法，包括对父母先前同意的任何重大改变的通知。

（3）在收集、使用和/或披露 13 岁以下儿童的个人信息之前，除有限的例外情况外，均需获得可核实的父母同意。

（4）为父母提供一种合理的手段，以查看经营者从其子女处收集的个人资料，并可拒绝经营者进一步使用或维持这些资料。

（5）建立和维持合理的程序，保护从 13 岁以下儿童处收集的个人信息的保密性、安全性和完整性，包括采取合理步骤，只向有能力保密和安全的各方披露/公布此类个人信息。

（6）仅在为实现收集目的所需的时间内保留在网上收集的儿童个人信息，并使用合理措施删除这些信息，以防止未经授权的访问或使用。

（7）禁止经营者以儿童参与在线活动为条件，要求儿童提供比参加该活动所需的更多个人信息。

在收集、使用和披露儿童个人信息前，必须征得其父母的可验证的同意。COPPA 将这个问题留给企业，但是须通过清晰可用的技术设计，合理选择一个方法以确保做出同意的是儿童的父母，而非儿童本人，这点非常重要。

可接受的方法如下。

（1）父母签署一个同意表格并通过传真、邮箱或电子扫描方式邮寄。

（2）让父母在使用信用卡、借记卡或其他在线支付系统时，向账户持有人提供每笔单独交易通知的系统。

（3）使父母可以通过免费号码与经过相关知识培训的人员通话。

（4）使父母可以与经过相关知识培训的人员进行视频会议。

（5）让父母提供政府颁发的可在数据库中查询的 ID 复印件，但要在完成认证程序后删除认证记录。

（6）让父母回答一系列对于父母之外的人很难回答的问题。

（7）验证由父母提供的父母的驾照和父母本人照片，通过人脸识别技术进行对比。

如果仅将儿童的个人信息用于内部目的而不会披露，可以使用"电子邮件+"的方法。根据该方法，向父母发送电子邮件并让他们回复以表示同意。然后，必须通过电子邮件、信件或电话向父母发送确认。如果使用"电子邮件+"的方法，则必须让父母知道他们可以随时撤销他们的同意。

必须让父母选择允许收集和使用他们孩子的个人信息，而不能捆绑式地同时同意向第三方披露该信息。如果对父母已经同意的收集、使用或披露等做法进行了更改，则必须向父母发送新通知并征得父母的同意。

该要求有一些有限的例外情况，以允许在未经父母同意的情况下收集信息。但是在每个例外情况下可能收集的信息范围很窄，不能再收集任何例外之外的信息。此外，如果根据其中一个例外收集信息，则不能将其用于任何其他目的或将其披露。

5.5.4 制造业安全监管要求

对制造业的安全监管要求非常庞杂。下面重点讨论两个领域：药物行业和汽车行业。

以美国法律为例，美国联邦法规（*Code of Federal Regulations*，CFR）的标题 21 是保留用于美国食品和药物管理局（Food and Drug Administration，FDA）的法规。法规标题 21 第 11 部分（CFR Title 21 Part 11）[165]的目的为管理受 FDA 监察的组织所使用的信息的技术系统设置基本规则。

法规标题 21 第 11 部分确保电子记录和签名在纸面记录和手写签名中具有可信赖、可靠和通常等效的替代项。此外，它还提供了在 FDA 管控行业中提高计算机系统安全性的指南。组织必须证明其流程和产品的工作方式符合设计目标，如果这些流程和产品发生变化，则必须重新验证该证明。最佳实践指导方针如下。

（1）支持电子记录和签名（如数据备份、安全性和计算机系统验证）的标准操作流程和控制措施。

（2）确保计算机系统安全的功能，包含数据值的审核跟踪，并确保电子签名的完整性。

（3）验证和归档，提供系统执行的操作所需的证据，并且用户可以检测系统何时不按设计方式工作。

为帮助确保汽车行业日益增长的连接安全，德国汽车工业协会（Verband Der Automobilindustrie，VDA）制定了评估信息安全的标准目录。VDA 信息安全评估（德语版和英语版）以国际 ISO/IEC 27001 和 ISO/IEC 27002 标准为基础，适用于汽车行业。在 2017 年，VDA 对其内容进行了更新，以覆盖有关使用云服务的控制措施。

VDA 成员公司将此工具用于内部安全评估，以及对代表他们处理敏感信息的供应商、服务提供商和其他合作伙伴的评估。但是，由于这些评估是由每个公司单独进行的，因此，它给合作伙伴带来了负担，并且对 VDA 成员也造成了重复劳动。

为了帮助简化评估，VDA 制定了一个常见评估和交换机制：可信信息安全评估交换机制[166]。可信信息安全评估与交换标准 TISAX®是基于 ISO 27001 信息安全管理体系标准和 VDA-ISA 信息安全评价检查表建立的汽车行业专用信息安全标准。TISAX®为汽车行业内不同服务商提供了信息安全评估结果互认模式，供应商通过了该评估就意味着其结果得到了所有参与方的认可。VDA 委托中立的第三方 ENX 协会实施 TISAX®。以这种中立的第三方身份，ENX 协会对审核提供者（审核员）进行资格鉴定，维护资格鉴定标准和评估要求，并监控实施和评估结果的质量。

5.5.5　媒体行业安全监管要求

在针对媒体行业的安全监管要求中，值得注意的是 CDSA、MPAA、DPP（英国）、FACT（英国）。与其他行业基于法律法规监管的强制性要求不同，这些行业标准很多都以自愿遵从和认证的形式出现。

内容交付和安全协会（Content Delivery & Security Association，CDSA）①提倡以创新且负责任的方式交付和存储娱乐、软件及信息内容。CDSA 设定的内容保护和安全性（CPS）标准②提供了有关在内容安全管理系统（CSMS）中保护媒体资产的准则和要求。该标准设定了一系列控制措施，旨在确保知识产权的完整性，以及媒体资产在数字媒体供应链的每个环节的机密性和安全性。

CPS 认证审核由 CDSA 直接进行管理，并包含 300 多项不同的控制措施，有助保护和管理物理数据中心、服务加固和保护存储设施。所有控制措施都经过优化，可处理敏感且有价值的媒体资产。在 CDSA 评估者对系统进行验证后，CDSA 会向被认证的实体颁发合规证书。经认证的实体为了保持合规性就必须向 CDSA 提交年度审核结果。

---

① MESA. the Content Delivery & Security Association [EB/OL]. [2021-05-25].

② MESA. Content Protection & Security Standard [EB/OL]. [2021-05-25].

数字生产合作伙伴（Digital Production Partnership，DPP）与北美广播公司协会（North American Broadcasters Association，NABA）合作，制定了《针对供应商的广播公司网络安全要求》[167]，以协助广播公司应对黑客对其网站、IT 基础架构和系统的日益频繁的网络攻击。DPP 与广播公司和供应商安全专家合作，创建了一个自我评估清单，以协助供应商向广播公司演示其网络安全最佳实践的部署。该项工作发展成《DPP"致力于安全"计划》（*The DPP Committed to Security Programme*）[168]，向 DPP 成员及广播和内容生产合作伙伴提供认证和许可。

5.5.6　能源行业安全监管要求

能源行业属于国家的基础设施行业，也是各类攻击者关注的重点目标，其安全要求非常高。

2021 年 5 月，美国最大燃料管道运营商 Colonial Pipeline 遭黑客入侵，导致美国东海岸近一半的燃料供应瘫痪。随后，美国国土安全部（Department of Homeland Security，DHS）采取行动，对管道行业的网络安全进行监管[169]。国土安全部高级官员表示，国土安全部下属的运输安全管理局（Transportation Security Administration，TSA）将发布一项安全指令，要求燃料管道公司向联邦当局报告网络事故，并将出台一套有约束力的规则，规定管道公司必须保护自己的系统免受网络攻击，以及如果系统遭到黑客攻击应该采取的措施。

与美国的燃料行业的网络安全监管要求和职责不清晰不同，美国的电力公司明确受 NERC 监管。北美电力可靠性公司（North American Electric Reliability Corporation，NERC）①是一个非营利性监管机构，其任务是确保北美大功率电力系统的可靠性。NERC 受美国联邦能源管理委员会（US Federal Energy Regulatory Commission，FERC）②和加拿大政府机构的监督。2006 年，FERC 根据 2005 年《能源政策法》（美国公共法 109–58）[170]将电气可靠性组织（ERO）的称号授予 NERC。NERC 开发并执行称为 NERC 关键基础设施保护（CIP）标准[171]的可靠性标准。

所有大型电力系统的所有者，以及运营商和用户都必须遵守 NERC CIP 标准。这些实体都需要向 NERC 注册。云服务提供商和第三方供应商不受 NERC CIP 标准的约束；但是，CIP 标准包括注册实体在大电力系统（BES）的运营中使用供应商时应考虑的目标。

NERC CIP 标准要求和 NIST SP 800–53 的控制集之间存在关联和映射，以共同构成美国"联邦风险和授权管理计划"（FedRAMP）的基础。FedRAMP 是一项美国政府层面的计划，它提供一种标准方法来对云产品和云服务进行安全性评估、授权及持续监控。

微软公司发布了《NERC CIP 标准和云计算》[172]白皮书，讨论了基于既定的第三方审计的 NERC CIP 合规性，适用于 FedRAMP 等云服务提供商。该白皮书涵盖了云运营人员的背景筛选等问题，并回答了关于逻辑隔离和多租户的常见问题，还涉及企业内部与云部署的安全考虑。

---

① NERC. North American Electric Reliability Corporation[EB/OL]. [2020-11-20]. 美国北美电力可靠性公司（NERC）网站.
② Federal Energy Regulatory Commission. FERC[M]. US Department of Energy, Federal Energy Regulatory Commission, 1984.

5.5.7　教育行业安全监管要求

针对教育行业的安全监管法律法规，特别是从数据保护维度，值得提出的是美国的《家庭教育权利和隐私法案》（*Family Educational Rights and Privacy Act*）[1][2]，简称 FERPA。

FERPA 是美国联邦法律，旨在保护学生的教育记录（包括个人身份信息和分类信息）的隐私。颁布 FERPA 的目的是确保父母和 18 岁及以上的学生可以访问这些教育记录，要求对其进行更改并控制信息的披露，但在特殊情况和有限的情况下，FERPA 允许未经同意而披露信息。

该法律适用于学校、学区及从美国教育部获得资助的任何其他机构，即几乎所有公立 K12 学校和学区，以及大多数公立和私立高等院校。

安全是遵守 FERPA 的关键。该法律要求保护学生信息免遭未经授权的泄露。使用云计算的教育机构需要技术供应商适当地管理敏感的学生数据，并通过合同保证。

FERPA 不需要审核或认证，因此受 FERPA 约束的任何学术机构必须自行评估其对云服务的使用是否及如何影响其遵守 FERPA 要求的能力。

5.6　中国数据安全与隐私保护监管的演进

2021 年 4 月 28 日，中华人民共和国第十三届全国人大常委会第二十八次会议对《中华人民共和国个人信息保护法（草案）》（二次审议稿，以下简称《个人信息保护法》）进行了审议，这是我国隐私保护领域法制保障的新的里程碑。经过两次审议和多次修订，2021 年 6 月 10 日，第十三届全国人民代表大会常务委员会第二十九次会议通过了《中华人民共和国数据安全法》（以下简称《数据安全法》）。在此之前，《中华人民共和国网络安全法》[4]（以下简称《网络安全法》）的立法与执行，为维护国家安全、社会公共利益，保护公民、法人和其他组织在网络空间的合法权益，保障个人信息和重要数据安全打下了坚实的基础。

本节概述《网络安全法》《数据安全法》《个人信息保护法》等法律的关键内容，并解读其关键内容，对组织的法律遵从给出建议。

5.6.1　数据安全与隐私保护的立法动向

当今世界已经进入数字经济时代。农业经济时代的生产要素是土地，工业经济时代的生产要素是机器和电力，而数字经济时代，其生产要素是数据。数据作为新型的生产要素，其具备与传统生产要素完全不同的特点。数据分享的便利性、利用的复杂性和管控的

---

① LOWE P A, REYNOLDS C R, APPLEQUIST K F. Family Educational Rights and Privacy Act[M]. Hoboken, New Jersey, USA: John Wiley & Sons, Inc. 2008.
② PATRICK W, ED. D, ED M. Family Educational Rights and Privacy Act (FERPA)[J]. US Department of Education (ED), 2015.

困难性，都对数据的安全提出了严峻的挑战。

在公众层面，对个人数据的收集和利用方式、互联网平台是否会侵害个人隐私或侵犯个人利益等方面也出现了越来越多的关注。公众对于通过立法手段保护个人利益，有积极的参与和很高的期望。

同时，参照国际立法实践，数据安全与隐私保护的立法要在保护个人隐私、维护国家安全、刺激经济增长，以及提升社会福祉等多个维度取得平衡。

在中国的立法进程中，最早立法，也是基础性的顶层法律是 2015 年颁布施行的《国家安全法》。在其第二十五条中明确提出"国家……实现网络和信息核心技术、关键基础设施和重要领域信息系统及数据的安全可控……"。随后，2017 年 6 月 1 日施行的《网络安全法》是网络安全领域的基础性法律。《网络安全法》涉及对网络数据的定义："……是指通过网络收集、存储、传输、处理和产生的各种电子数据"（第七十六条）并指出"网络安全，是指通过采取必要措施，防范对网络的攻击、侵入、干扰、破坏和非法使用以及意外事故，使网络处于稳定可靠运行的状态，以及保障网络数据的完整性、保密性、可用性的能力"。

《数据安全法》是数据安全领域的专门性法律，以"数据可控"和"数据宏观安全"作为立法目标，与《网络安全法》各有侧重，为网络空间安全、数据安全提供法律保障。

《数据安全法》的"数据"涵盖的范围极其广泛，包括"……任何以电子或者非电子形式对信息的记录"（第三条）。从范畴上，包含《网络安全法》定义的网络数据。该法第三条也对"数据安全"给出明确的定义："……是指通过采取必要措施，确保数据处于有效保护和合法利用的状态，以及保障持续安全状态的能力。"从立法目的上，《数据安全法》最核心的内容是坚持总体国家安全观，保证国家安全。《数据安全法》第四条："维护数据安全，应当坚持总体国家安全观，建立健全数据安全治理体系，提高数据安全保障能力。"

与《网络安全法》和《数据安全法》的立法目的主要聚焦国家安全不同，《个人信息保护法》是针对个人信息保护制定的一部专门的法律。在《个人信息保护法》第四条中定义了个人信息："……以电子或者其他方式记录的与已识别或者可识别的自然人有关的各种信息，不包括匿名化处理后的信息。"并定义了个人信息的处理："个人信息的处理包括个人信息的收集、存储、使用、加工、传输、提供、公开等。"

《个人信息保护法》明确了个人信息处理："应当具有明确、合理的目的，并应当限于实现处理目的所必要的最小范围、采取对个人权益影响最小的方式，不得进行与处理目的无关的个人信息处理。"个人信息处理要符合公开、透明、诚信的原则。在适用范围上，参照欧美等一些国家和地区的立法实践，该法确立了属地管辖加域外适用的原则，从而可以更好地保护我国境内自然人的权益。

综上所述，为了加强数据安全和个人信息的法制保障，维护网络空间的良好生态，促进数字经济的健康发展，中国在迅速推进各项立法。各组织需要洞察法律和监管要求，构筑相应的数据安全管理体系及个人信息保护体系。

5.6.2　网络安全法解读

在信息化时代，网络已经深度融入经济社会生活的各个方面，网络安全威胁也随之向经济社会的各个层面渗透，网络安全的重要性随之不断提高。网络安全已经成为关系国家安全和发展、人民群众切身利益的重大问题。在这样的形势下，制定《网络安全法》是维护国家网络空间安全的客观需要，是落实国家总体安全观的重要举措。

《网络安全法》是中国第一部全面规范网络空间安全与治理的基础性法律，为使互联网在法治轨道上健康运行提供了重要保障。

从基本原则上，该法律提出了网络空间主权原则、网络安全与信息化发展并重原则。

第一项也是最核心的原则是网络空间主权原则。《网络安全法》第一条规定："为了保障网络安全，维护网络空间主权和国家安全、社会公共利益……"，明确提出立法的目的是维护网络空间的国家主权。《网络安全法》第二条规定《网络安全法》适用于中国境内网络及网络安全的监督管理，提出基于国家网络空间主权的网络管辖权。

第二项原则是网络安全与信息化发展并重原则。《网络安全法》第三条规定："国家坚持网络安全与信息化发展并重，遵循积极利用、科学发展、依法管理、确保安全的方针，推进网络基础设施建设和互联互通，鼓励网络技术创新和应用，支持培养网络安全人才，建立健全网络安全保障体系，提高网络安全保护能力。"

基于上述基本原则，《网络安全法》第四条提出制定网络安全战略，明确网络空间治理目标，提高网络安全政策的透明度。《网络安全法》第七条规定："……推动构建和平、安全、开放、合作的网络空间，建立多边、民主、透明的网络治理体系。"这是以法律形式宣示的网络空间治理目标，明确表达了中国的网络空间治理诉求。

《网络安全法》明确了政府各部门的职责权限，进一步完善了网络安全监管体制，特别是明确了网信部门与其他相关网络监管部门的职责分工。《网络安全法》第八条规定："国家网信部门负责统筹协调网络安全工作和相关监督管理工作。国务院电信主管部门、公安部门和其他有关机关依照本法和有关法律、行政法规的规定，在各自职责范围内负责网络安全保护和监督管理工作。"

在对网络服务提供者的要求层面，《网络安全法》主要通过以下三个制度对网络服务提供者的相关义务和责任做出了规范：网络安全等级保护制度、用户信息保护制度、关键信息基础设施重点保护制度。

《网络安全法》从国家、行业、运营者三个层面，分别规定了国家职能部门、行业主管部门及运营企业等各相关方在关键信息基础设施安全保护方面的责任与义务。《网络安全法》强调在网络安全等级保护制度的基础上，对关键信息基础设施实行重点保护，明确关键信息基础设施的运营者负有更多的安全保护义务，并配以国家安全审查、重要数据强制本地存储等法律措施，确保了关键信息基础设施的运行安全。

《网络安全法》第五章还定义了网络安全监测预警和信息通报制度，将监测预警与应急处置工作制度化、法制化。该章要求网络运营者等主体建立网络安全风险评估和应急工作机制，制定网络安全事件应急预案并定期演练。

最后，《网络安全法》明确了网络运营者等主体的网络安全义务和责任，加大了对于违法犯罪的惩处力度。在《网络安全法》的"网络运行安全""网络信息安全""监测预警与应急处置"等章节中均有相关的要求，并在"法律责任"章节中提高了违法行为的处罚标准，加大了处罚力度，从而有利于保障法律的实施。

在个人信息保护层面，《网络安全法》定义了对于网络运营者收集、使用个人信息的"合法、正当、必要"的原则、目的明确原则和知情同意原则，要求对个人信息采取保护机制，并保护个人的删除权和修正权。这些原则、机制和保护要求，在后续的《个人信息保护法》中得到了继承和发展。

5.6.3 数据安全法解读

2021 年 6 月 10 日，《中华人民共和国数据安全法》由中华人民共和国第十三届全国人民代表大会常务委员会第二十九次会议通过。这是我国数据领域的基础性法律，也是国家安全领域的一部重要法律。

《数据安全法》全文共七章五十三条，七章的内容分别为总则、数据安全与发展、数据安全制度、数据安全保护义务、政务数据安全与开放、法律责任和附则。

《数据安全法》将数据定义为任何以电子或非电子形式对信息的记录。数据安全是指通过采取必要措施，保障数据得到有效保护和合法利用，并持续处于安全状态的能力。国家坚持维护数据安全和促进数据开发利用并重，以数据开发利用和产业发展促进数据安全，以数据安全保障数据开发利用和产业发展。

从立法目标上，《数据安全法》聚焦国家主权和数据安全保障、公民和组织的合法权益保护、数字经济健康发展和电子政务与政务数据开放四个维度。

从制度层面，《数据安全法》定义了下面四种制度。

（1）数据交易管理制度（第十九条）：规范数据交易行为，培育数据交易市场。

（2）数据的分类分级保护制度（第二十一条）：根据数据的重要程度和泄露的危害程度对数据实行分类分级保护，并提出"重要数据"的概念。

（3）数据安全审查制度（第二十四条）：对影响或者可能影响国家安全的数据活动进行国家安全审查。

（4）数据安全管理制度（第二十七条、第三十九条）：第二十七条和第三十九条分别是对开展数据处理活动的法人主体和国家机关的要求。此外，对于重要数据的处理者，有组织和岗位设置的额外要求："……应当明确数据安全负责人和管理机构，落实数据安全保护责任。"

数据安全法制度要求如图 5-10 所示。

此外，《数据安全法》还定义了以下三种机制。

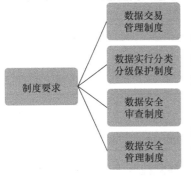

图 5-10　数据安全法制度要求

（1）数据安全协作机制（第九条）：推动有关部门、行业组织、科研机构、企业、个人等共同参与数据安全保护工作，形成全社会共同维护数据安全和促进发展的良好环境。

（2）数据安全风险评估、报告、信息共享、监测预警机制（第二十二条）：加强数据安全风险信息的获取、分析、研判、预警工作。

（3）数据安全应急处置机制（第二十三条）：发生数据安全事件，有关主管部门应当依法启动应急预案，采取相应的应急处置措施，防止危害扩大，消除安全隐患，并及时向社会发布与公众有关的警示信息。

上述规定的制度与机制，其细化部分的要求在《数据安全法》的其他条款中得到了体现。制度相关的平台与技术能力的支撑，也通过部分条款进一步明确和细化。

《数据安全法》的立法进程加速，与全球各国围绕数据的争夺和博弈不断深化有一定关联。数字经济的安全与发展，也依赖于法律为数据安全和个人隐私、个人信息保护提供制度保障。

5.6.4　个人信息保护法解读

2021 年 8 月 20 日，十三届全国人大常委会第三十次会议通过了《中华人民共和国个人信息保护法》（以下简称《个人信息保护法》）。

《个人信息保护法》共计八章七十四条，内容上继承、借鉴、吸收了国内外关于个人信息保护的立法实践经验和国际国家标准要求。例如，在个人信息生命周期方面借鉴了《信息安全技术个人信息安全规范》（GB/T 35273－2020）等的定义和要求，在个人信息主体权利方面吸收了《网络安全法》《电子商务法》的相关内容，在个人信息处理者合规义务方面继承了《网络安全法》《数据安全法》等有关内容。

《个人信息保护法》从个人信息生命周期角度详细规定了个人信息保护的一般原则，同时还对个人敏感信息及国家机关处理个人信息进行了特别规定，具体内容如表 5-14 所示。

表 5-14　个人信息生命周期合规要求

生 命 周 期	合 规 要 求
收集、使用	告知同意+法定例外情形（合同必须、法定职责、公共卫生、新闻报道等）； 告知的强制性（包括国家机关处理个人信息），且必须满足形式和内容合规；个人敏感信息必须告知必要性及对个人的影响； 一般同意必须满足自主同意、意愿表达要求； 儿童个人信息及个人敏感信息必须满足特殊同意规则

（续表）

生 命 周 期	合 规 要 求
保存	期限最小化+法律规定；必须境内存储
共同控制	协议明确内部责任+对外承担连带责任
委托处理	协议明确内部责任；监督管理；限定目的
对外提供	告知+单独同意（包括国家机关对外提供）；限定目的
自动化决策	规则透明度；结果公平性；自主参与
图像采集与识别	仅能基于公共安全目的；显著标识+单独同意
公开	单独同意方可公开；处理公开的个人信息应当限定用途；重大影响告知+同意

　　《个人信息保护法》并未如 GDPR 一样定义个人信息的共同控制者的概念，而是在第二十条中要求"共同处理"的个人信息处理者的连带责任。此外，《个人信息保护法》中的图像采集及识别的用途限定、已公开的个人信息获取和使用的用途限定等条款，将对相关行业产生重大影响。

　　《个人信息保护法》定义了个人信息主体的主要权利，如表 5-15 所示。

表 5-15　个人信息主体的主要权利

权 利	合 规 要 求	对标的法律法规
知情权、决定权	保障个人主体的权利	无
查询权、复制权	允许用户查询和复制自己的个人信息。有法律法规规定应当保密或不需要告知的情形除外	《民法典》《电子商务法》《个人信息安全规范》
更正权、补充权	前提：个人信息不准确或不完整； 处理要求：核实并及时处理	《网络安全法》《民法典》《电子商务法》《个人信息安全规范》
删除权	用户的请求删除和主动删除的场景； 理由：过期或目的的实现；停止服务；撤回同意； 停止处理的替代	《网络安全法》《民法典》《电子商务法》《个人信息安全规范》
解释权	对个人信息处理规则进行解释与说明	无

　　此外，《个人信息保护法》还强化了个人信息质量有关的规定，明确"处理个人信息应当保证个人信息的质量，避免因个人信息不准确、不完整对个人权益造成不利影响"（第八条）。

　　对于个人信息处理者，需承担如下合规义务（见表 5-16）。

表 5-16　对个人信息处理者的要求

合 规 义 务	合 规 要 求	对标的法律法规
管理制度和操作规程	组织应该订立涵盖网络安全、数据安全、个人信息保护的管理制度和操作规程	《网络安全法》《数据安全法》
个人信息保护负责人	设立门槛：规定数量（具体数量并无定义。可以参考《个人信息安全规范》 11.1 c）； 境外组织应在我国境内设立专门机构或指定代表； 应公布并向官方备案负责人信息	《数据安全法》《个人信息安全规范》
合规审计	定期审计； 外部专业机构审计	无

（续表）

义　务	合　规　要　求	对标的法律法规
事前风险评估	适用情形：个人敏感信息；自动化决策；委托处理、对外提供及公开；跨境传输等； 报告内容限定，保存不少于三年	《数据安全法》
个人信息分级分类	根据行业特征，参照行业实践及标准文件	《数据安全法》
安全技术措施	加密、备份、去标识化、指定产品等	《网络安全法》《密码法》
权限及内控机制	结合分级分类推进合规落地	《个人信息安全规范》
教育培训	对个人信息处理规则进行解释说明	《网络安全法》《个人信息安全规范》
事件处理	补救措施，报告并通知（以及豁免通知的场景）	《网络安全法》《个人信息安全规范》
请求和投诉的处理机制	通常应在 15 日内响应；不处理的要说明理由	工业和信息化部 24 号令、《个人信息安全规范》

《个人信息保护法》相比于前稿，其主要变化如下。

第一是对"撤回同意"的要求。第十五条规定，对于基于个人同意而进行的个人信息处理活动，新增提供便捷撤回同意方式的要求。该条款有效应对了执法实践中发现的撤回同意隐藏过深，操作过于复杂的问题。

第二是新增对具有管理公共事务职能的组织的规范要求。新增第三十七条规定"法律、法规授权的具有管理公共事务职能的组织为履行法定职责处理个人信息，适用本法关于国家机关处理个人信息的规定"，加强了对具有管理公共事务职能的组织处理个人信息的规范要求。例如，政府疾病预防控制中心可以参照此条规定处理个人信息。

第三是对个人信息跨境提供的，要求更严格。将第四十一条规定调整为禁止性规定，即从"应当依法申请批准"调整为"非经中华人民共和国主管机关批准，个人信息处理者不得向外国司法或者执法机构提供存储于中华人民共和国境内的个人信息"。

第四是新增死者的个人信息权益由近亲属行使的规定。在法律实践中，个人信息的主体一般为自然人，而《个人信息保护法》新增第四十九条规定"自然人死亡的，其近亲属为了自身的合法、正当利益，可以对死者的相关个人信息行使本章规定的查阅、复制、更正、删除等权利；死者生前另有安排的除外"。该条款既有助于对死者个人信息权益的保护，也考虑了其近亲属的利益。

第五是新增超大互联网平台的个人信息保护义务要求。该条款适用于"提供基础性互联网平台服务、用户数量巨大、业务类型复杂的个人信息处理者"。对于超大互联网平台，第五十八条新增规定，要求：

（一）按照国家规定建立健全个人信息保护合规制度体系，成立主要由外部成员组成的独立机构对个人信息保护情况进行监督；

（二）遵循公开、公平、公正的原则，制定平台规则，明确平台内产品或者服务提供者处理个人信息的规范和保护个人信息的义务；

（三）对严重违反法律、行政法规处理个人信息的平台内的产品或者服务提供者，停止提供服务；

（四）定期发布个人信息保护社会责任报告，接受社会监督。

国家市场监督管理总局于 2021 年 10 月发布的《互联网平台分类分级指南（征求意见稿）》《互联网平台落实主体责任指南（征求意见稿）》，将互联网平台划分为超级平台、大型平台和中小平台三类，可供各企业实施个人信息保护义务时参考。

第六是新增受托人的个人信息保护义务。第五十九条新增规定："接受委托处理个人信息的受托人，应当依照本法和有关法律、行政法规的规定，采取必要措施保障所处理的个人信息的安全，并协助个人信息处理者履行本法规定的义务。"该条款的新增，可能是基于与第二十一条的关联，需要给出明确清晰要求的考虑。

第七是明确国家网信部门的权限，以及强化新技术、新应用的立法和研究工作。第六十二条规定：

"国家网信部门统筹协调有关部门依据本法推进下列个人信息保护工作：

（一）制定个人信息保护具体规则、标准；

（二）针对小型个人信息处理者、处理敏感个人信息以及人脸识别、人工智能等新技术、新应用，制定专门的个人信息保护规则、标准；

（三）支持研究开发和推广应用安全、方便的电子身份认证技术，推进网络身份认证公共服务建设；

（四）推进个人信息保护社会化服务体系建设，支持有关机构开展个人信息保护评估、认证服务；

（五）完善个人信息保护投诉、举报工作机制。"

第八是明确个人信息侵权行为采纳过错推定原则。第六十九条规定，个人信息权益因个人信息处理活动受到侵害，个人信息处理者不能证明自己没有过错的，应当承担损害赔偿等侵权责任。该条款弥补了"谁主张谁举证"的民事责任原则导致的个人信息主体维权成本高且举证难的问题。

5.6.5 数据安全与个人信息保护国家标准

在大数据、云计算、万物互联的时代，数据的应用日益广泛，同时也带来了巨大的个人信息保护和数据安全的风险。个人信息保护国家标准具有基础性、规范性和引领性作用。在个人信息的全生命周期处理流程中贯彻落实信息安全的国家标准，是各类组织做好个人信息保护工作的重点。

全国信息安全标准化技术委员会（SAC/TC260，常简称"信安标委"）是在信息安全技术专业领域内，从事信息安全标准化工作的技术工作组织。该组织于 2002 年 4 月成立，隶属国家标准化管理委员会（简称"国标委"）。信安标委主要工作范围包括安全技术、安全机制、安全服务、安全管理、安全评估等领域的标准化技术工作。

目前，信安标委下设 6 个工作组（WG）和 1 个大数据安全标准特别工作组（SWG-BDS），秘书处设立在中国电子技术标准化研究院。SAC/TC260 组织架构图如图 5-11 所示。

2016 年 4 月，SAC/TC260 成立大数据安全标准化工作组，负责大数据和云计算相关的安全标准研制工作。

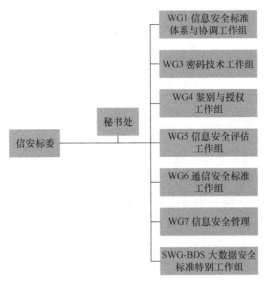

图 5-11 SAC/TC260 组织架构图

截至 2020 年 6 月底，在个人信息保护方向，SAC/TC260 聚焦个人信息保护要求与实现机制，SAC/TC260 已发布 GB/T 35273《个人信息安全规范》、GB/T 37964《个人信息去标识化指南》[①]两项国家标准，在研标准五项，此外还有标准研究项目两项。部分个人信息保护国家标准如表 5-17 所示。

表 5-17 部分个人信息保护国家标准

序号	标 准 名 称	标 准 状 态	标 准 内 容
1	个人信息安全规范	GB/T 35273—2020	个人信息安全原则，个人信息处理活动的安全要求
2	个人信息去标识化指南	GB/T 37964—2019	个人信息去标识化的管理流程、技术模型和方法
3	个人信息安全工程指南	征求意见稿	开发、设计、测试等系统工程阶段的个人信息工程实践
4	个人信息告知同意指南	征求意见稿	个人信息告知，征得个人信息主体同意
5	个人信息影响评估指南	送审稿	个人信息影响评估框架、流程和方法

在数据安全方向，围绕数据安全能力、数据出境评估、政务数据共享、数据交易服务、健康医疗数据安全和电信数据安全等工作方向，SAC/TC260 已发布 GB/T 35274《大数据服务安全能力要求》、GB/T 37932《数据交易服务安全要求》、GB/T 37973《大数据安全管理指南》、GB/T 37988《数据安全能力成熟度模型》四项标准，在研标准五项，标准研究项目十六项。部分数据安全重要国家标准如表 5-18 所示。

表 5-18 部分数据安全重要国家标准

序号	标 准 名 称	标 准 状 态	标 准 内 容
1	大数据服务安全能力要求	GB/T 35274—2017	大数据服务生命周期的安全要求
2	数据交易服务安全要求	GB/T 37932—2019	数据交易对象安全与交易活动安全、数据交易平台安全等

---

① 全国信息安全标准化技术委员会.信息安全技术个人信息去标识化指南（GB/T 37964—2019）[S/OL]. (2019-03)[2020-03].

（续表）

序号	标准名称	标准状态	标准内容
3	政务信息共享数据安全技术要求	送审稿	政务信息共享的数据安全技术要求
4	大数据安全管理指南	GB/T 37973—2019	大数据活动、角色、职责、风险管理等
5	健康医疗信息安全指南	送审稿	保护健康与医疗信息的安全管理措施、技术措施
6	电信领域大数据安全防护实现指南	草案	电信领域大数据平台建设、运营安全指南
7	数据安全能力成熟度模型	GB/T 37988—2019	数据生命周期的安全控制措施、能力成熟度评估模型

5.6.6 网络安全等级保护

《中华人民共和国网络安全法》第二十一条明确规定："国家实行网络安全等级保护制度。"为了贯彻落实《中华人民共和国网络安全法》，适应云计算、移动互联、物联网、工业控制和大数据等新技术、新应用情况下网络安全等级保护工作，2019 年 5 月，国家市场监督管理总局、国家标准化管理委员会正式发布 GB/T 22239—2019《信息安全技术网络安全等级保护基本要求》[173]（以下简称《等保要求》），正式开启了等保 2.0 时代。一般认为等保 2.0 是指《信息安全技术网络安全等级保护基本要求》及其配套标准。

《等保要求》的"三 术语和定义"明确指出，网络安全是"通过采取必要措施，防范对网络的攻击、侵入、干扰、破坏和非法使用以及意外事故，使网络处于稳定可靠运行的状态，以及保障网络数据的完整性、保密性、可用性的能力。"也就是说，等级保护制度要求等级保护的对象具备保障数据安全的能力。

数据安全维度，在安全通用要求部分，《等保要求》针对安全通信网络中的通信传输，对于不同的等级有不同的要求。安全传输等级保护要求如图 5-12 所示。

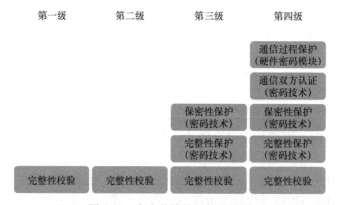

图 5-12 安全传输等级保护要求

对于第一级，仅要求完整性校验，原文是"6.1.2.1 通信传输 应采用校验技术保证通信过程中数据的完整性"。技术措施可以采用传统的 CRC 校验和的方式。第二级的要求和第一级相同。第三级则要求使用密码技术做完整性保护，其对应的安全措施可以参阅本书 4.7 节"哈希算法"中描述的哈希函数。对于安全要求高的场景，可以参阅本书 4.8 节"报文认证码"中描述的报文认证机制。第三级还要求采用密码技术，进行通信过程中数据的保密性防护。原文是"8.1.2.2　通信传输　本项要求包括：……b）应采用密码技术保证通信过程中数据的保密性"。该条款对应的安全措施，可以参阅本书 4.3 节"基于密钥的加密"和 4.4 节"基于公钥的加密"中的描述。第四级在第三级的基础上额外增加了通信双方认证和通信过程保护的要求。原文为"9.1.2.2　通信传输　本项要求包括：…… c）应在通信前基于密码技术对通信的双方进行验证或认证；d) 应基于硬件密码模块对重要通信过程进行密码运算和密钥管理"。对应的安全措施，除上述提及的章节外，还可以参阅本书 4.6 节"公钥基础设施"中的描述。

《等保要求》针对安全计算环境，特别是数据完整性、数据保密性和数据备份恢复等特性，也提出了要求。对应的要求和安全措施与安全传输等级保护要求的条款类似，不再赘述。

此外，《等保要求》还在"云计算安全扩展要求"中，针对数据出境和个人信息保护提出了相应的要求。在设计和实施满足等级保护的方案时，需要额外注意。

5.7　本章总结

安全是指系统需要利用多种方法来防止出于恶意目的的行为。安全主要涉及技术方面，如机密性、可用性和完整性。安全还包括攻击检测、韧性与恢复能力。

从目的的角度，安全保护的是组织的数据，保证组织的机密不至于泄露，从而保证组织的持续运营。组织通过安全保护，可以使用户树立对组织的信心。

隐私是指用户需要保护自己与他人、服务和设备的交互等个人信息，以及自己的行为信息。隐私主要涉及用户方面，通过匿名和对个人数据的限制处理来保护隐私。对组织来说，通过隐私保护，可以获得用户的信任。

而信任本身是更广泛的概念，可以涵盖安全性和隐私性。安全隐私与信任的关系如图 5-13 所示。信任使人们相信人、数据、设备的运行或行为符合预期。下一代信息和通信融合网络的基础设施和服务也必然构建在信任的基础上。

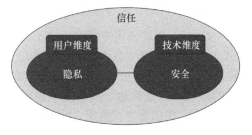

图 5-13　安全隐私与信任的关系

安全性和隐私保护的目标是在"社交网络—虚拟网络—物理网络"中安全地控制系统和数据。传统的安全系统关注如何授权数据访问的主体，以及如何向授权主体提供数据。信任可以进一步通过衡量、观察与可靠实体和数据的客观或主观期望之间的差异，来衡量安全性和隐私性作为参数的可靠性。

无论是安全保护还是隐私保护，都是通过不同渠道使用户建立信任，让用户能够放心地使用创新性产品和服务。

一定程度上讲，安全和隐私的目标是信任和构筑信任。

第6章
新兴技术与数据安全

美国电气电子工程师学会（Institute of Electrical and Electronics Engineers，IEEE）曾指出，第四次工业革命（4IR）即将到来①，其涵盖和融合了物理、数字和生物世界的一系列新技术，这一革命必将改变人类生活、工作和相互联系方式等领域。这些领域包括机器人技术、人工智能、纳米技术、量子计算、生物技术、物联网、3D 打印和自动驾驶汽车等。

本章重点探讨人工智能、区块链、物联网、5G/6G 移动通信等场景中的数据安全，并洞察和分析数据安全体系的演进趋势。

6.1 AI 与数据安全

随着信息技术产业的蓬勃发展，新的服务、解决方案和产品不断涌现，数据得到了更高层次的处理和传递，极大地提升了人们生产和生活的便利性和效率。以人机交互技术为例，语音识别技术提供了人机交互的新领域，丰富了用户的信息获取和体验。其他诸如图像识别技术、自然语言翻译技术也在飞速进步并逐渐普及，在各行各业得到广泛的应用。这些技术的背后，都有蓬勃发展的人工智能的支撑。

Gartner 咨询公司专家 Costello K.在"Gartner 预测人工智能技术的未来"[174]一文中指出，在 2018 年至 2019 年，已部署人工智能（AI）的组织从 4%增长到 14%。在业务领域维度，考虑亚马逊公司的 Alexa 智能音箱及 Google 助手的巨大成功，会话式 AI 是组织考虑的重点，但是其他一些新技术也在选择范围，如增强智能、边缘 AI、数据标记和可解释 AI 等。在部署方式维度，"AI 平台即服务"（AI Platform as a Service）和 AI 云服务获得了巨大的关注。微软公司、谷歌公司都推出了自己的机器学习和 AI 公有云服务产品，如微软公司的"Azure 机器学习"平台[175]。

这些人工智能技术的飞速发展和广泛应用，预示着"泛在智能"社会的到来。Gartner 咨询公司估计，到 2022 年年底，人工智能业务价值将达到近 4 万亿美元。短期内，AI 业务部署聚焦在客户服务领域（聊天机器人、自然语言处理、智能助手），长期来看，所谓的"决策支持/增强"（用于支持数据科学和其他基于算法的应用程序的 AI）将成为 AI 的

---

① ZHOU K, LIU T, ZHOU L. Industry 4.0: Towards Future Industrial Opportunities and Challenges[C]//2015 12th International conference on fuzzy systems and knowledge discovery (FSKD). IEEE, 2015: 2147-2152.

最常见用途，约占总数的 44%。

但是，也要看到，AI 的迅速发展和普及的背后同样存在巨大的风险。从 AI 的本质和原理上分析，在数据安全维度，AI 使用大量的数据集做训练，存在隐私保护的风险。AI 使用真实环境中的数据，特别是个人数据做分析和预测，在数据的机密性、完整性和可用性维度，都存在巨大的风险。甚至是 AI 模型本身，如果视为某种形式的数据，也存在机密性和完整性防护的风险。

普通用户可以感知数据完整性风险，如自动驾驶场景中，在路标指示牌上掺杂恶意数据导致的风险。根据 2020 年 2 月 19 日福布斯网站上发表的一篇编辑精选文章《黑客使特斯拉汽车在限速 35 区间加速到 85》[176]（*Hackers Made Tesla Cars Autonomously Accelerate Up To 85 In A 35 Zone*），来自 Mcafee 公司的安全研究人员通过机器学习的模型对抗，使机器学习图像分类系统做出错误的判断，将限速 35 的标志牌识别为限速 85。特斯拉汽车自动驾驶系统被攻击的案例如图 6-1 所示。

图 6-1　特斯拉汽车自动驾驶系统被攻击的案例

该案例形象地指出了对人工智能系统的攻击将带来可怕的后果。因此，对于人工智能系统，基于其系统、模型和数据的生命周期流程，基于本书 2.2 节"数据安全应对机制"中描述的风险评估和响应机制，采取相应的防护措施，是非常必要的。

6.1.1　人工智能、机器学习与深度学习

人工智能的概念于 20 世纪 50 年代提出，指的是可以模拟"智能"的程序。在计算机科学中，将人工智能的研究定义为对"智能代理"的研究：任何能够感知其环境并采取行动，最大限度地实现其目标的设备。一个更详细的定义将人工智能描述为"一个系统正确解释外部数据的能力，从这些数据中学习，并使用这些学习成果，通过灵活的适应来实现特定的目标和任务"。在实践中，人工智能可以指在具备必要的输入和知识的情况下进行推理或学习的算法。设想的应用场景包括预测（如天气预报）和规划、识别和自主决策。机器学习（Machine Learning，ML）是 AI 的一个专门分支，它通过算法从示例（统计机器学习）或经验（强化学习）中理解现象模型。

按照普遍意义上的理解，人工智能、机器学习、深度学习的关系是包含的关系，机器学习是人工智能的一个领域，深度学习则是机器学习中的一种常见的方法。人工智能、机器学习和深度学习的关系可以用图 6-2 表示。

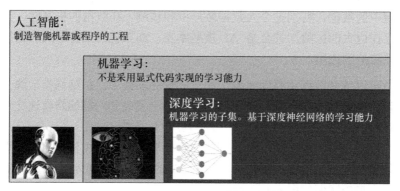

图 6-2　人工智能、机器学习和深度学习的关系

机器学习是一种实现人工智能的方法。其主要研究通过经验和使用数据而自动改进的算法。也就是说，通过样本数据建立一个模型，并在没有明确的业务逻辑代码实现的情况下，能够做出预测或决策。

在人工智能作为一个专门的研究领域的早期，研究人员对机器从数据中学习感兴趣，并提出了一些基于符号方法和"神经网络"的应用。然而，机器学习的蓬勃发展，是在 20 世纪 90 年代开始的。机器学习的目标也不再是"人工智能的实现"，而是解决实际的问题。从那时起，从统计学和概率论中借鉴的方法和模型逐渐被提出。机器学习的常见分类为监督学习、无监督学习、半监督学习、深度学习和强化学习，如图 6-3 所示。

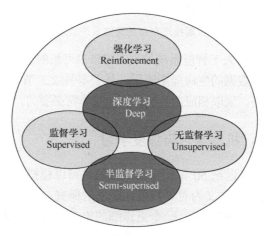

图 6-3　机器学习的常见分类

监督学习是一种机器学习的方法，其主要特征是使用经过标记的数据集。这些数据集可以用于训练，或者"监督"算法得到准确的分类或预测结果。使用经过标记的输入和输出，可以衡量监督学习模型的准确性，并随着时间的推移而学习。监督学习可以分为分类和回归两类算法。

分类是指将数据准确地分配到特定的类别中，如将苹果和橘子分开。在现实世界中，监督学习算法可以用来将垃圾邮件分类到一个单独的文件夹中。线性分类器、支持向量机、决策树和随机森林算法等都是常见的分类算法。抽象而言，如果输出的类型有限或取值是一组相对固定的值，则使用分类算法更适合。

回归是另一种类型的监督学习算法，它使用一种算法来理解因变量和自变量之间的关系。回归模型可以根据不同的数据点来预测数值，如预测某个企业的销售收入。一些流行的回归算法包括线性回归、逻辑回归和多项式回归。抽象而言，如果输出的值可能是某个范围内的任意数值，则使用回归算法更合适。

无监督学习使用未标记的训练数据来描述和提取其中的关系或结构，也就是说，无监督学习算法试图发现数据中隐藏的模式，而不需要人工干预。这也是"无监督"的字面含义。

无监督学习模型被用于三种主要任务：聚类、关联和降维。

聚类是一种数据挖掘技术，用于根据数据的相似性或差异性对未标记的数据进行分组。例如，K-means 聚类算法将相似的数据点分配到组中，其中 K 值代表分组的大小和颗粒度。市场细分、客户细分、图像压缩等场景都会用到聚类算法。

关联是另一种类型的无监督学习方法，它使用不同的规则来寻找给定数据集中变量之间的关系。个性化推荐引擎常使用此算法，如购物网站上"购买此商品的客户也购买"的关联推荐。

降维是一种学习技术，在给定数据集中的特征（或维度）数量过高时使用。它将数据输入的数量减少到一个可管理的大小，同时保持数据的完整性。通常情况下，降维技术被用于预处理数据阶段，如从视觉数据中去除噪声以提高图片质量。

半监督学习介于无监督学习（没有任何标记的训练数据）和监督学习（有完全标记的训练数据）之间，是弱监督的一个特殊实例。有些训练实例缺少训练标签，然而许多机器学习研究者发现，无标签数据与少量的标签数据一起使用时，可以对学习精度产生相当大的提高。机器学习应用于实际场景时，标注所需的大量人力或资源成本可能会使大型的、完全标注的训练集变得不可行，而获取未标注的数据则相对便宜。在这种情况下，半监督学习可以有很大的实用价值。有研究认为，对于医学图像（如 CT 图像）的自动分析，由专业的放射科医生标注少量的训练数据就能使疾病判断的准确性得到显著提高。

深度学习是机器学习的一个子领域，而人工神经网络和表征学习构成了深度学习算法的支柱。人工神经网络（ANN）的灵感来自生物系统的信息处理机制，但存在很大的不同。

深度学习中的"深度"指的是在人工神经网络中使用多个层次，逐步从原始输入中提取更高层次的特征。在深度学习中，每一层都学习将其输入数据转化为稍微抽象的综合表示。例如，在人脸识别场景中，原始输入的图像可表示为一个二维像素矩阵。而深度学习模型包含多层卷积神经网络。第一层可以抽象像素并编码边缘；第二层可以对边缘的排列进行合成和编码；第三层可以编码鼻子和眼睛；第四层可以识别图像中包含的人脸。这里的四层仅为形象描述的示意，实际的人脸识别深度学习算法可能远比该描述复杂。

深度学习已被应用于计算机视觉、语音识别、自然语言处理、机器翻译、药物设计、医学图像分析和棋盘游戏等领域。有研究认为，对于特定场景，它们产生的结果与人类专家的表现相当，在某些情况下甚至超过了人类专家的表现。正因如此，深度学习在多个场景中越来越普及。

强化学习是三种基本机器学习范式之一，与监督学习和无监督学习并列。强化学习与监督学习的不同之处在于，在监督学习中，训练数据有答案，所以模型的训练本身就有正确的答案，而在强化学习中，训练数据没有答案，而是由强化代理决定如何执行给定的任务。强化学习是研究在复杂环境中，随着时间的推移而产生潜在的不同后果的决策。强化学习系统可以根据外部反馈和可能延迟的反馈，逐步优化决策。因此，强化学习特别适合长期与短期奖励需要权衡的问题，包括机器人控制、电梯调度、电信调度、各种棋类游戏（如围棋中的 AlphaGo）。

6.1.2　人工智能与数据安全

人工智能基于对数据的分析和洞察，在应用领域实现智能和自动化的决策。现代的人工智能通常与机器人技术、物联网等深度融合，应用于不断增长的数据类型和庞大的数据量的场景中。数据是人工智能全场景中最有价值的资产。在人工智能的全生命周期中，数据以不同的形态存储、转换、转移和处理。

人工智能和数据安全这两个领域紧密相关，其交叉点至少存在于以下维度。

（1）AI 的数据安全：聚焦人工智能全生命周期中涉及的各类数据的防护。例如，部署阶段需要考虑 AI 模型的机密性和完整性防护，训练阶段需要考虑原始数据和训练集的安全防护。

（2）AI 的隐私保护：聚焦数据采集最小化原则的应用，AI 的隐私数据访问控制的实现，以及差分隐私等各类隐私增强技术与 AI 的结合。

（3）AI 用于处理个人数据的安全：聚焦隐私数据的个人权利在人工智能的实现。

首先，人工智能系统需要数据安全。也就是说，在人工智能系统的完整性、机密性和可用性维度，以及隐私保护和防滥用方面，需要安全功能的支撑。而此类安全功能的缺失，将导致人工智能系统本身的安全风险。

其次，人工智能系统需要符合隐私保护的监管要求。尤其是原始数据和训练数据中包含个人数据的场景。匿名化和差分隐私等隐私增强技术与人工智能技术的结合，仍然是学术界和工业界研究和实践的热点。

最后，使用人工智能处理个人数据，存在安全、隐私与可信赖等诸多方面的风险，因此需要仔细地评估和应对这些风险。例如，GDPR 要求的删除权和修正权，在人工智能场景数据流转中的处理会比较复杂。此外，AI 用于处理个人数据时，还需要考虑公平、道德，以及用于涉及个人的自动决策的可解释性。

人工智能系统引入了传统的信息技术系统不具备的复杂性。在合规层面,人工智能系统引入了个人数据控制者和处理者的边界复杂性。在组织层面,参与设计和部署人工智能系统的角色和人员要远远多于传统的信息技术系统,如数据科学家、统计学家、算法工程师等。在业务层面,人工智能系统和现有的业务流、数据流和工作流存在着错综复杂的交互。在技术层面,人工智能系统如何安全及可信地处理个人数据,仍处于探索阶段,并没有明确的处理原则与最佳实践。在实现层面,人工智能系统还可能依赖于第三方的软件或代码,因此引入了供应链的复杂性。

总体而言,人工智能对于数据安全的影响取决于以下几个因素。

(1)构建和部署 AI 系统的方式。

(2)部署 AI 系统的组织的复杂度。

(3)现有风险管理能力的成熟度。

(4)AI 系统处理个人数据的性质、目的、范围和背景。

制定和实施安全控制措施时,也要综合分析和考虑上述因素。

6.1.3　人工智能的数据威胁模型

人工智能,或者说机器学习领域的数据安全问题,是一个横向问题,跨越人工智能生命周期的所有阶段,因此必须有一个系统化的视角。

构建人工智能的数据威胁模型的前提是对人工智能所涉及的"数据"做出系统的识别和定义。人工智能系统处理的狭义数据包含训练数据、原始数据、测试数据等,经过处理的数据集,如已经标注的数据集,也归属此类的范畴。此外,模型和算法是人工智能系统涉及的两类最直接的数据。算法包含预处理算法、训练算法、预测算法等。模型包含模型参数、模型调优等。这些数据都有相应的数据安全保护要求,特别是基于环境与上下文,存在不同的机密性、完整性和可用性要求。人工智能系统的环境依赖,如采用的人工智能框架、依赖的软件与平台,甚至是存储环境,都可以定义为广义的数据。

从生命周期维度,对人工智能的数据威胁建模的步骤如下。

第一步,目标系统定义。确定目标系统的安全属性要求。不同目标的人工智能,其安全属性要求可能完全不同,如用于自动驾驶的人工智能系统和用于照片库自动分类的人工智能系统。在此步骤中,还需要梳理系统的总体架构、关键部件或子系统,以及其内部和外部的依赖关系和交互模式。

第二步,数据识别。结合目标人工智能系统的生命周期,识别其每个阶段的关键数据。一般而言,人工智能系统的生命周期包括几个相互依赖的阶段,如设计和开发阶段(包括需求分析、数据收集与处理、训练、测试、集成等子阶段)、安装阶段、部署阶段、运行阶段、维护阶段和销毁阶段等。例如,预处理数据集、预处理算法是数据收集与处理阶段的关键数据。需要注意的是,因为业务、模型和算法的复杂性,不同场景的人工智能系统,其生命周期阶段会有所不同,其包含关键数据也千差万别。

第三步，威胁识别。识别对关键数据的威胁来源，以及其对数据的具体影响。威胁来源可能多样，影响也各有不同。广义而言，威胁来源可能包含组织内部的恶意或非恶意人员、外部的专业研究人员、黑客或个人兴趣爱好者、竞争对手或网络犯罪分子等。

第四步，脆弱性识别。基于已知的攻击模式，确定关键数据的脆弱性。也就是说，哪类关键数据容易受哪种威胁来源的影响，影响结果和其风险程度如何。攻击模式可能涵盖滥用、破坏、窃取、拦截、物理攻击、无意损害、拒绝服务（DoS）等多种，每种攻击模式包含各种攻击行为。例如，窃取行为可能包含窃取原始数据、窃取模型参数等不同的攻击行为。脆弱性的分析与评估可以参考本书 2.2.1 节"风险评估方法"。

AI 训练阶段生命周期如图 6-4 所示，这也是对前面四个主要步骤的总结。

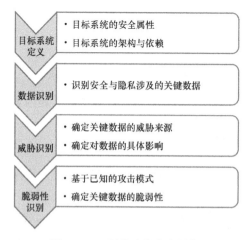

图 6-4　AI 训练阶段生命周期

不难看出，上述步骤和本书 2.2.7 节"以数据为中心的威胁建模"中描述的内容近似，属于同样的模型。

为方便进一步地分析，人工智能的开发和部署的各个阶段可以汇总为机器学习模型的设计开发、部署运行两个不同的阶段，一般称为训练和预测两个阶段。也可以根据实际场景，基于每个子阶段做分析和展开。

模型训练阶段流程如图 6-5 所示。

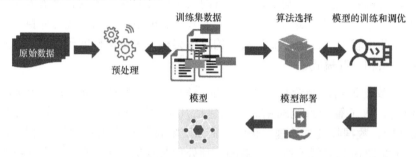

图 6-5　模型训练阶段流程

模型训练阶段分为以下步骤。

（1）基于原始数据的预处理，可能包含数据清洗、数据标签和数据格式的转换等。该步骤可能重复执行，以获取最准确的训练集数据。

（2）选择合适的机器学习算法。

（3）基于预处理后得到的训练集做模型的训练和调优。

（4）将调优后的模型部署在测试环境或生产环境。

针对上述步骤中的每个环节，应用威胁建模方法，可以得到每个环节所面临的典型威胁，然后制定消减措施。

存在于"原始数据"中的威胁如下。

（1）原始数据包含识别自然人的信息，可能侵犯个人隐私。

（2）对原始数据的篡改，如"投毒攻击"，可能导致训练集被污染，间接导致模型不准确。

（3）采用大量垃圾数据做输入，类似于网络安全领域中的 DoS（拒绝服务）攻击，导致模型不可用。

例如，设计一个寻找可能诱发地中海贫血症的特征基因片断的机器学习系统，如果从多家医院大量搜集每个患者的详细病历，则存在原始数据的隐私风险。

存在于"训练集数据"中的威胁为：训练集（可能包括测试集）以多种方式存储、管理和使用，甚至包括与第三方分享。因此数据的安全和隐私保护存在风险。

可能选择的安全措施如下。

（1）采用数据生命周期流程安全措施，记录和归档数据的移动和存储行为。

（2）实施满足问责和证据留存要求的日志和审核机制。

（3）从源头或在分享之前应用隐私增强技术。

相应地，预测阶段分为如下步骤。

（1）应用程序获取真实数据。

（2）应用数据将真实数据处理后，传递给部署环境中的模型。模型基于预先设定的学习算法，计算其结果。

（3）模型的结果输出。

AI 预测阶段流程如图 6-6 所示。

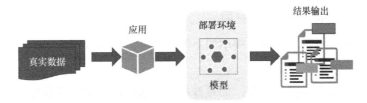

图 6-6　AI 预测阶段流程

从"真实数据"维度，影响结果正确性的攻击类型包含对抗样本攻击、物理世界攻击等。还存在其他攻击方式，如以获取模型中存在的个人信息为目的的模型反转攻击（Model Inversion Attacks）和成员资格推断攻击（Membership Inference Attacks）。

对抗样本攻击是指通过精心设计的输入样本，在正常样本上加上人类难以识别或难以觉察的微小扰动，从而愚弄或欺骗机器学习模型，尤其是深度学习模型，使其得到错误的结果。

对抗样本攻击最知名的案例是谷歌公司的安全专家 Ian J. Goodfellow 在其 2015 年发表的论文《解释和利用对抗样本》[177]中展示的。对抗样本攻击案例如图 6-7 所示。通过在图像中加入人眼几乎不可识别的扰动，误导 AI 图像识别算法，将图中的熊猫识别为长臂猿。

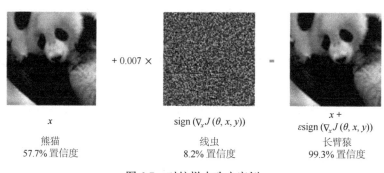

$+\ 0.007\ \times$

x
熊猫
57.7% 置信度

$\text{sign}(\nabla_x J(\theta, x, y))$
线虫
8.2% 置信度

$x + \varepsilon \text{sign}(\nabla_x J(\theta, x, y))$
长臂猿
99.3% 置信度

图 6-7　对抗样本攻击案例

物理世界攻击是指并非针对数字化的样本形态做篡改，而是直接修改物理世界中的数据来源，以导致机器学习模型错误识别，产生错误的结果。相对于对抗样本攻击，物理世界攻击更为复杂，需要考虑数据的采样和转换带来的损耗、变形。

模型反转攻击是指假设攻击者已经获得了一些包含在训练集中的特定主体的个人数据，则可能通过观察机器学习算法模型的输入和输出，进一步推断出这些特定主体的个人数据，其可能了解的信息并不仅限于对相似特征主体的一般推断。最近的案例表明，针对面部识别技术的模型反转攻击可以被用于重建之前被训练时识别过的面部图像。

成员资格推断攻击能让攻击者推断机器学习算法模型的训练数据中是否存在特定的数据主体。与模型反转攻击的区别是，成员资格推断攻击的攻击者不一定能提取到关于特定的数据主体的其他个人数据。例如，医疗保险公司在一些医院部署了基于住院患者的病历预测患者何时可以出院的 AI 系统。但是，如果攻击者能够接触到该系统，则可能判断出某人是否去过这些医院。如果训练数据来自需要受保护的群体，如老年痴呆症患者或精神疾病患者，则可能构成严重的隐私风险。

总之，基于模型本身的特性、模型的不同部署环境，对模型本身的机密性、完整性和可用性有着不同类型的攻击方式。

如果攻击者可以直接接触模型，如预置在消费者终端中的语音识别、图像识别的机器学习模型，则需要考虑攻击者对模型机密性和完整性的直接影响，也就是说，对于模型的

"白盒攻击"。此时需要假设攻击者对模型有完全知识。比如,通过存储分析、内存分析和执行过程观察,直接获取模型结构和参数等信息,以影响模型的机密性,甚至可以将模型直接复制到其他系统或业务场景中,从而侵犯模型的知识产权;通过直接篡改模型参数或执行路径,诱导模型给出错误的分析或判断结果,影响模型的完整性与可用性。

如果攻击者无法直接触到模型,如模型部署在云端,则此场景属于"黑盒攻击",此时攻击者对模型仅具备有限知识,因此在对抗样本的生成上,攻击者将受到明显的限制。此场景下存在数种典型的攻击模式。其中,Nicolas Papernot 等人在其论文《机器学习的可迁移性:使用对抗性样本从现象到黑盒攻击》[①] 中描述了这样一种模型的传递性攻击:攻击者通过对目标模型的多次查询,得到查询结果,并基于此作为训练"替代模型"的输入,在得到替代模型之后,基于替代模型研究对抗样本,得到的对抗样本在对目标模型的攻击中同样有效,从而可以成功地欺骗目标模型。

模型并非是一成不变的。如果模型使用运行期的数据输入进行重训练,以提升模型的精确度,并应对数据的变化,则可能受到"药饵攻击"的影响。"药饵"是一种形象的比喻,指攻击者通过精心设计的样本,使训练数据"被污染"。模型"中毒"之后,其准确性可能受到明显的影响。

另外两类对模型的攻击是后门攻击和模型窃取攻击。

传统的后门是指嵌入目标系统中的源代码或二进制代码。机器学习模型一般由一系列参数组成,并没有源代码,所以其后门的隐蔽性更高。对于绝大多数数据的输入,带有后门的模型可以给出正常的结果。但是对于特殊的输入则会受到攻击者的控制,若触发后门,则攻击者将得到其意图达成的结果。

模型窃取攻击是指攻击者分析目标模型的输入和输出,结合其他相关信息,推测出模型的参数,甚至是模型的训练数据。对于利用云服务提供 AI 模型的训练和识别、预测和服务,也就是统称的"人工智能即服务"(AI as a Service,AIaaS)而言,此种攻击方式需要特别注意。例如,攻击者通过多次调用云提供的图像识别服务,猜测模型的类型、特征和重要参数。模型窃取攻击可能导致重要的知识产权被窃取,或者窃取的模型信息被用于针对模型的进一步的传递性攻击。

当然,攻击者在攻击过程中的目标往往不是单一的,如利用机密性的弱点窃取目标模型,通过分析目标模型得出模型的脆弱性以对其发起攻击,从而对模型可用性和完整性产生威胁。

模型本身也可能存在隐私的风险。部分模型可能无意中包含个人数据,而一些种类的 AI 算法模型可能在设计时存在部分原始形态的训练数据。例如,支持向量机(Support Vector Machine,SVM)和 K-近邻(K-Nearest Neighbours,KNN)算法模型本身就会包含部分训练数据。在这些情况下,存储和使用这些模型需要受到隐私和个人信息保护的相关法律法规的约束。

[①] PAPERNOT N, MCDANIEL P, GOODFELLOW I. Transferability in Machine Learning: from Phenomena to Black-box Attacks Using Adversarial Samples[J]. arXiv preprint arXiv:1605.07277, 2016.

6.1.4 人工智能的隐私保护

我们的生活越来越数字化，与个人相关的数据的收集和存储几乎都是数字化的。同时，越来越多的传感器技术的采纳，生成了广泛的涵盖个人健康、运动和生理维度的诸多数据。与此同时，不管是在数据收集维度还是在数据分析维度，人工智能技术都得到了越来越广泛的应用。

在数字世界中，数据存在着极低的复制成本、极快的传播速度等特点，因此控制数据的收集和数据的访问要困难很多。人工智能更放大了已有的数据安全与隐私保护的问题。例如，基于人工智能技术的人脸识别功能在商业场景中的应用，引发了侵犯消费者隐私和利益的多重担忧；基于"设备指纹"的用户画像和个性化推荐技术，也招致了一些消费者的反感。

人们在享受互联网提供的免费且丰富的服务的同时，留下的"数字痕迹"被针对性地分析，以用于广告等多种场景。而智慧物联网、智慧城市的推广和普及，形成了一个更加庞大的数据采集和分析系统，可以实时提供不同类型的详细数据和信息量越来越大的关联信息，引发了对数据安全和隐私方面的更大担忧。

回顾本书 5.2 节"OECD 隐私保护八项原则"中提到的内容，人工智能技术的应用能否充分满足多项原则，存在很大的不确定性。例如，人工智能模型开发需要大量的数据用于训练，这与收集限制原则存在一定的冲突。目的特定原则要求数据收集时明确其目的，并在目的发生变更时重新获得个人的许可。但是，人工智能需要的数据来源多样，可能从多种渠道收集，很难明确所有数据都经过了知情和许可。甚至，人工智能的模型到底从个人提供的数据中"学到"什么信息，也很难准确描述。人工智能的模型，作为一种"黑箱"，对开放原则和透明处理原则的实施提出了较大的挑战。问责原则更是悬在采纳人工智能技术的数据控制者和数据处理者头顶上的"达摩克利斯之剑"。

一些技术、工具和解决方案逐渐被提出，用于缓解和应对人工智能中的隐私保护问题，以遵守隐私保护法律法规的要求。

只要涉及个人数据和隐私，不管是设计和实施任何类型的系统，最基本的要求一定要满足。例如，《通用数据保护条例》（GDPR）第 25 条要求的"在设计中构筑隐私"（Privacy by Design）和"默认设置保护隐私"的原则；GDPR 第 35 条要求数据的处理，特别是适用新技术进行的处理，当很可能会对自然人的权利与自由带来高风险时，需要做数据保护影响评估（DPIA）。

针对人工智能场景，保护隐私的技术或解决方案可以分为如下几种类型。

（1）从数据来源上，最小化或替代个人数据。

（2）在数据处理中，引入隐私增强技术。

（3）从数据输出上，关注结果的可解释性。

最小化或替代个人数据的技术主要有联邦学习（Federated Learning）、生成式对抗网络（Generative Adversarial Network，GAN）、矩阵胶囊（Matrix capsules）等。

联邦学习是一种分布式机器学习技术。其基本思路是将模型下载到本地，并通过本地的数据训练，在服务端做模型的改进或合并。联邦学习可以省去复杂而且有风险的隐私数据传递到服务器的过程，一定程度上保护了参与者的隐私。一个形象的比喻是，机器学习（特指集中式）把数据"喂给"模型，联邦学习把模型"喂给"数据。

生成式对抗网络（GAN）可以用于合成人工智能算法需要的训练数据。已有的研究成果包含使用生成式对抗网络生成大量并不真实存在的人脸图像，这些人脸图像可以用于人脸识别算法的校准和改进。生成式对抗网络有潜在的可能生成大量高质量的合成训练数据，以满足对标记数据集和训练样本的需求，而不再依赖海量的个人数据。

矩阵胶囊（Matrix Capsules）是神经网络的一个变种，可以相比于深度学习，采用更少的训练集数据，来达成类似的效果。

在数据处理中，引入的隐私增强技术主要有差分隐私、同态加密和转移学习（Transfer Learning）技术。

差分隐私给个人数据或查询结果添加"噪声"，从而避免检索到针对个人的信息。本书 5.3.3 节"差分隐私"中对差分隐私有详细的介绍。

同态加密是对加密后的数据进行处理或计算的方法。通过这种方法，可以保证数据集的机密性，同时实现需要的查询、统计或计算等功能。同态加密的效率和通用性是应用中亟待解决的问题。微软公司曾发布在图像识别方面使用同态加密的白皮书。

转移学习利用解决类似任务的现有模型，在这些模型的基础上进行处理，通常可以用更少的数据和更短的时间达到相近的结果。

结果的可解释性主要是指对可解释的人工智能（Explainable AI，XAI）的研究与应用。

可解释的人工智能指的是阐述人工智能如何工作，以及它做出决策的过程对人类来说可理解。可解释的人工智能关注的是解释输入变量和模型的决策阶段。它还涉及模型本身的结构。

LIME 是一种 XAI 的解决方案。它提供普通人可以理解的对人工智能的解释，而不依赖于具体的模型。以图像识别为例，它能够显示图片的哪些部分与它认为的内容有关。这使得任何人都很容易理解决策的基础。

6.1.5　人工智能与网络安全

随着承载人们工作、生活的移动互联网、云计算、大数据、物联网、机器学习等技术的迅猛发展，网络安全所面临的环境也日益复杂，面对的安全威胁也日益升级。在这种复杂环境下，传统的分析安全问题、固定规则设定的研究方法变得日益低效，甚至无能为力。例如，依靠安全专家人工修复的方法已无法解决零日漏洞问题。传统的依靠固定规则的网络入侵检测方法，面对不断增大的数据维度和复杂的网络行为，出现了大量的误判警告或检测时间过长等问题。依靠固定规则的垃圾邮件过滤系统则存在检测效率过低或规则更新不及时等问题。

针对上述场景的分析显示，网络安全是主要与规模相关的问题，适用于单机和小型网络、单一业务的安全控制措施，在面对大规模网络、复杂网络、动态业务时往往会不再那么有效。而机器学习的动态性、自适应性等特点，可以适合很多新场景的要求。因此，机器学习在网络安全防御侧的应用也得到了充分的重视。

机器学习在自然语言处理、医疗数据分析等方面展现了巨大的优势，机器学习方法也为解决复杂的网络安全问题提供了可能性。如图 6-8 所示展现了人工智能在网络安全领域的应用示例。

图 6-8 人工智能在网络安全领域的应用示例

当然，还有一些其他的场景不在上述描述的应用范围内，如网络风控领域的异常账号和行为检测、基于自然语言处理的网络舆情分析等。

6.2 以区块链为代表的新兴应用

区块链是一个大量使用密码学、计算机算法及经典数据结构的巧妙发明，由中本聪（Satoshi Nakamoto）于 2008 年在《比特币：一种点对点的电子现金系统》一文中提出。有人认为中本聪可能是化名，其真实身份尚未披露。

中本聪在该白皮书中并没有直接定义区块链的概念，而是提出了比特币需要的数据结构的解释与定义，其中包含交易（transactions）、区块（block），链（chain）等概念，后来将这些概念统称为区块链（Blockchain）。区块链最初设计是用于数字货币（比特币）的，随后其他潜在用途也被挖掘出来，并蓬勃兴起。

《区块链革命：比特币背后的技术如何改变货币、商业和世界》[178]的作者 Don Tapscott 和 Alex Tapscott 在书中提出："区块链是一个不可摧毁的经济交易数字分类账本，可用编程的方式记录金融交易，甚至记录所有有价值的信息。"区块链采用技术解决金融和贸易业务的欺诈问题。世界经济论坛（WEF）预测，到 2025 年，10%的 GDP 将使用基于区块链技术的分布式账本跟踪和交易。

从业务场景上，区块链的去中心化、透明和不可变这三个突出的优点，使其适合记录交易信息、供应链来源、医疗记录等。

从技术维度，区块链是创新的应用共识机制、加密算法、数字签名、分布式网络、哈希树数据结构的集大成者。

区块链的概念虽然在 2008 年由中本聪第一次提出，但是该概念并非凭空产生，有很多先驱者做了前期的探索。

密码学家 David L. Chaum 在其 1982 年出版的书《由相互怀疑的团体建立、维护和信任的计算机系统》[179]中首次提出了类似区块链的协议，描述了一种涵盖共识算法、成员一致性和节点认证、隐私交易计算等技术的分布式"金库系统"。后续关于密码学安全的区块的链的工作还包含 1991 年由 Stuart Haber 和 W. Scott Stornetta 提出的文档时间戳不可篡改的分布式系统[180]。在 1992 年，Haber、Stornetta、Dave Bayer 等人在设计中引入了 Merkle 树，并证明其用于在区块中包含多个文档的效率和有效性。密码学家尼克·萨博（Nick Szabo）在 1998 年进行了分布式电子货币的机制研究，他称此为比特金[181]。

在中本聪的书中，"区块"和"链"这两个字是被分开使用的，而在被广泛使用时被合称为"区块-链"，到 2016 年才被变成一个词："区块链"。因为区块链交易数据的激增，在 2014 年 8 月，比特币的区块链文件大小为 20GB，而在 2019 年第三季度，比特币的区块链文件大小达到了 242GB。

在 2014 年，提出了基于"智能合约"而不是单纯的"交易"的"区块链 2.0"的概念，并在以以太坊（Ethereum）为代表的数字货币中得到广泛应用。"区块链 2.0"的具体含义也有争议。有观点认为，区块链在数字货币场合以外的应用，特别是区块链即服务（Blockchain as a Service，BaaS）的产生和应用，就是"区块链 2.0"。

6.2.1 区块链的基本概念

区块链（Blockchain）最早作为比特币的底层技术被提出，其本质上是一个去中心化的仅可添加，不可删除或者篡改的记录列表。记录以数据块（区块）的形式存储，并使用密码学方法关联。在最初的设计中，每一个数据块中既包含了一批比特币交易的信息，又包含其信息的有效性验证，还用于生成下一个区块。

在中本聪编写的白皮书中，还包含分布式网络、分布式数据存储、多节点共识机制等特性描述，其背后大量用到数字签名、加密算法、哈希树等密码学和数据结构的概念。

总体逻辑上，区块链可以划分为如下几个层次：

（1）基础设施或硬件；

（2）分布式网络（包含节点的发现、信息的传播和验证）；

（3）共识（多个节点之间的共识，如工作量证明）；

（4）数据（如区块的数据结构、交易的记录）；

（5）应用（如智能合约、分布式应用）。

在共识、数据和应用层面，区块链有比较多的创新，而在基础设施或硬件和分布式网络层面则采用大量的现有技术。

区块链一般是去中心化的点对点网络，并作为公开的分布式账本使用。每个参与者（称为节点）遵守通信协议，互相之间通信并验证新的区块。节点可以选择由自己维护一个分布式账本的副本。

如果系统中存在权威可信的实体，如国家的驾照登记系统，则主管部门及其员工或授权人员作为被信赖的权威主体，负责更新和维护系统数据库的内容。作为不存在权威中心实体的分布式系统，区块链的信任协议采用节点之间的共识机制实现。

共识机制是一种分布式系统的容错机制，在分布式节点之间就数据值或状态达成必要的协议，并潜在地对抗无意或者恶意的节点行为。例如，加密货币的场景中，在账本的记录保存方面，共识机制非常有用。

以比特币这种区块链最早的应用为例，公开共享的账本需要一个高效、公平、实用、可靠和安全的机制，以确保网络上发生的所有交易都是真实的，并且所有参与者都对账本的状态达成共识。

不同种类的共识算法分别基于不同的原则。工作量证明（Proof of Work，PoW）是最流行的加密货币网络（如比特币和莱特币），其使用的是一种常见共识算法。它要求参与的节点证明它们所做的和所提交的工作有资格获得向区块链添加新交易记录的权利。然而，比特币的这种"挖矿"机制需要高能量消耗和较长的处理时间。

利益证明（Proof of Stake，PoS）是另一种常见的共识算法，是 PoW 算法的低成本、低能耗的替代方案。PoS 将维护公共账本的责任按节点持有的虚拟货币的比例分配给参与的节点。然而，这也有缺点，即它促进了加密货币的储蓄，而不是消费。

同样，还有其他共识算法，如能力证明（Proof of Capacity，PoC）。PoC 算法允许谁在共享区块链网络上贡献节点的内存或硬盘空间。一个节点拥有或提供的内存或硬盘空间越多，它被授予维护公共账本的权利就越多。

在比特币网络中，区块记录了一定时间内的所有交易信息。每个区块的数据结构包含前一个区块的哈希值（Pre Hash）、时间戳（TimeStamp）、本区块以 Merkle 树（Merkle Tree）的形式记录的交易数据。

除创世区块（区块链上的第一个区块）外，每个区块都包含前一个区块的哈希值，从而形成一个链条。区块链数据结构如图 6-9 所示。哈希算法的特点保证了每一个区块都是对其前面的区块的一种安全增强。因此，区块链对链上的数据的修改是有抵抗力的，一旦记录，任何给定区块中的数据都不能在不改变所有后续区块的情况下被追溯性地改变。

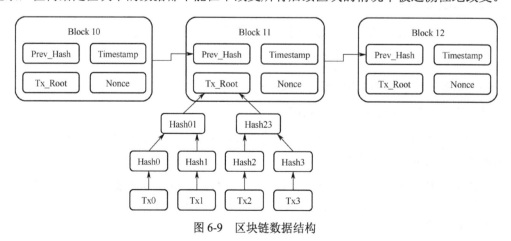

图 6-9 区块链数据结构

虽然区块链记录并不是理论上不可更改的，因为可能存在分叉，但区块链实现了一种具有拜占庭式高容错能力的分布式计算系统，在设计上不存在已知的严重安全缺陷。

区块链的应用层内容广泛。有观点认为，包含"智能合约"功能的区块链平台是"区块链 2.0"版本。"智能合约"（Smart contract）一词最早由 Nick Szabo 在 20 世纪 90 年代初提出，含义是"一组承诺，以数字形式指定，包括各方履行这些承诺的协议"。自 2015 年以太坊区块链推出以来，"智能合约"经常指代更具体的应用于区块链或分布式账本上的通用计算的概念。美国国家标准与技术研究院（NIST）在《区块链技术概述》（*Blockchain Technology Overview*）文档中，将"智能合约"描述为"代码和数据的集合（有时被称为功能和状态），在区块链网络上使用加密签名的交易来部署"。

与区块链上的交易类似，在区块链上部署智能合约也是通过从区块链的钱包发送交易来实现的。该交易不仅像传统的交易那样包含转账的信息，而且还包括智能合约的编译代码，以及一个特殊的接收地址。该交易必须包括在添加到区块链的区块中，此时智能合约的代码将被执行以建立智能合约的初始状态。区块链以拜占庭容错算法、去中心化的方式保护智能合约，以防止被篡改。一旦智能合约被部署，它就不能再被更新了。

运行智能合约的最早也最流行的区块链是以太坊（Ethereum）。在以太坊上，智能合约通常用一种名为 Solidity 的图灵完备编程语言编写，并编译成低级字节码，由以太坊虚拟机执行。

智能合约的一个关键特征是，它们不需要一个受信任的第三方（如中间人或仲裁者）作为缔约实体之间的中介。在商业场景中，它可以提供可证明的交易透明度，以促进信任，并提供商业决策洞察力，从而减少传统企业存在的对账成本，并减少完成交易的时间。

总之，区块链创新性地综合应用了网络、加密和记录技术，且当前仍然在不断地创新和应用推广过程中。应该识别其针对具体场景的优劣势，并只在适当的情况使用。

6.2.2　共识算法及其应用

在集中式系统中，所有活动都由一个权威实体控制，并需要有一个统一的章程。该章程需要所有成员都遵循，但不需要成员之间的共识。然而这种集中式系统也可能存在权威实体的恶意行为或被攻击导致整个系统被破坏的弱点。

在区块链这样的完全去中心化网络中，如何保证交易信息的隐私和安全？也就是说，如何确保参与者共同持有同一份账本，而且区块的增加（交易的记录）在多数参与者之间达成共识？

从定义上，共识算法是一个团体的决策过程，团体中的个人构建并支持对其他成员最有效的决定。这是一种个人需要支持多数人的决定的决策形式，无论他们是否喜欢它。通俗但并不精确地讲，共识算法体现少数服从多数的原则。此处的"少数服从多数"并不一定是参与者或节点，也可能是计算能力、所持有的份额或投入等。

区块链的共识模型试图达成如下目标。

（1）共同目标：将在团队成员间收集协议，并达成多数人认同的协议以作为共同目标。

（2）协作：每个人都可以参与，仅从自己利益出发的协议无法得到多数人的认可。

（3）平等：所有参与者都可以投票，且每个参与者的投票都很重要。

（4）参与：每个参与者都需要投票，且尽量少地设计和实施弃权票或无效票。

共识模型试图解决分布式系统中"不可信节点"和"不可信行为"的问题，即拜占庭将军问题。该问题由莱斯利·兰伯特（Leslie Lamport）等人于 1982 年在论文《拜占庭将军问题》（*The Byzantine Generals' Problem*）中提出，是为了解释分布式容错技术的一个隐喻。起初发明者将之命名为阿尔巴尼亚将军问题，但为了避免潜在的冒犯，故改名为拜占庭将军问题。

该问题设定了一个容易理解的场景，一群拜占庭王朝的将军各自拥有自己的军队，并将这些军队部署在不同的位置，将军们之间只能通过信使进行沟通。为了进攻和打下一座城池，将军们需要协调进攻方案。假设存在一些叛徒将军或叛徒信使，他们会试图破坏整个进攻目标的达成。叛徒信使可能根本不去送信，或者传递错误的进攻方案。而整体的目标是，所有忠诚的将军对方案达成一致，并且在存在一定量的叛徒将军的情况下，不会导致整个进攻任务失败。

对该问题的数学分析显示，在存在 n 个叛徒将军时，需要 $3n+1$ 个将军才可能有共识的方案。

拜占庭将军问题是对计算机分布式系统的隐喻。在计算机组成的分布式系统中，由于网络阻塞、硬件问题或恶意攻击等原因，可能导致分布式系统出现不可预期的行为，无法达成分布式系统的业务目标。针对这个问题提出的解决方案被称为拜占庭容错算法（Byzantine Fault Tolerance，BFT）[1]。

区块链共识模型并非为了完美地解决拜占庭将军问题，而是要达成多数共识的目标，因此可以采用一些更可靠、容错性更强的方案。

工作量证明（Proof of Work，PoW）是区块链网络中最早引入的共识算法。比特币网络使用这种共识算法来确认其所有的交易，并将产生的相关的区块添加到网络链上。

通俗而言，PoW 共识协议涉及"矿工"，他们通过"挖矿"的方式处理区块链的交易。

网络上的矿工相互竞争，并解决复杂的数学问题。首先解决该数学问题的矿工将获得适当数量的加密货币以作为"区块奖励"。解决复杂的数学问题就相当于验证交易。成功的验证交易会导致新区块的产生。因此，从本质上讲，矿工的工作是创造新的区块，并将其添加到区块链中。

PoW 共识算法的优势是算法清晰、容易实现，节点之间不需要大量的信息交互，一定程度上可以抵抗节点的恶意行为和 DDoS 攻击。PoW 共识算法的缺点是极高的能量消

---

[1] CASTRO M, LISKOV B. Practical Byzantine Fault Tolerance[C]//OSDI. 1999, 99(1999): 173-186.

耗和交易处理时间长。

权益证明（Proof of Stake，PoS）是另一种常见的共识算法。其基础思想是：用户对系统投入的权益越多，他们就越希望系统成功，就越不可能想破坏或颠覆系统。权益通常是指区块链网络用户投入系统中的加密货币的数量。投入可能通过多种手段，如通过特殊的交易类型锁定加密货币，或者将加密货币发送到特定的地址，或者在特殊的钱包软件中持有加密货币。一旦被投入，加密货币一般就不能再被花费。采用权益证明（PoS）共识算法的区块链网络，使用用户拥有或投入的权益金额作为发布新区块的决定因素。也就是说，用户发布新的区块的可能性与其持有的权益在区块链网络总权益中的比例正相关。

使用这种共识算法，就不再需要像工作量证明那样进行资源密集型计算，从而减少了能源消耗。

一些权益证明算法可能会出现一个被称为"无利害关系"的问题。如果在某个时候存在多个相互竞争的区块链（可能是因为账本冲突），那么用户可以在每个竞争链上采取相同的行动，以增加他们获得奖励的概率。这可能会导致区块链分叉，而不是被共识为单一的分支。

应用于分布式系统的其他常见的共识模型还包括轮循共识模型（Round Robin Consensus Model）、权威证明共识模型、经过时间证明共识模型等。

轮循共识模型是一些许可区块链网络使用的共识模型。在这种共识模型中，节点轮流创建区块。轮循共识模型基于分布式系统体系结构，有悠久的历史。该模型采用超时机制，以使可用节点能够发布区块，而不可用节点不会导致区块发布的停滞。该模型可确保没有一个节点可以创建大多数区块。轮循共识模型方法简单，不需要计算，但是需要节点之间的信任，因此在大多数加密货币使用的无许可区块链网络中无法很好地工作。恶意行为者可能会不断添加其他节点，以增加发布新区块的概率，最坏的情况下，可以破坏区块链网络的正确运行。

权威证明（Proof of Authority，也称身份证明，Proof of Identity）共识模型依赖于发布节点通过其与现实世界身份的已知链接而获得的部分信任。发布节点必须在区块链网络中具有经过验证的和可被验证的身份（如经过验证和公证并包含在区块链中的识别文件）。发布节点以其身份或信誉来发布新区块，发布节点的行为直接影响发布节点的信誉。发布节点如果以区块链网络用户不同意的方式行事，则将失去部分信誉。信誉越低，发布区块的概率就越小。因此，维护较高的信誉符合发布节点的利益。该模型仅适用于具有高信任度的许可区块链网络。

在经过时间证明（Proof of Elapsed Time，PoET）共识模型中，每个发布节点都从其计算机系统内的安全硬件时间源请求一个等待时间。发布节点将随机获得分配的时间段，并在该时间段内处于空闲状态。一旦发布节点从空闲状态中醒来，它就会创建一个区块，并将其发布到区块链网络，且向其他节点发出新区块的警报；任何仍处于空闲状态的发布节点将停止等待，并且整个过程将重新开始。

该模型要求确保使用随机时间，否则恶意发布节点将设置允许的最短等待时间。此模型还需要确保发布节点没有提早启动。通过在某些计算机处理器上的可信执行环境（如 Intel SGX 或 ARM 的 TrustZone）中执行软件，可以满足上述要求。经过验证和受信任的软件可以在这些安全的执行环境中运行，并且不能被外部程序更改。

6.2.3 Merkle 树数据结构

哈希树是一种二叉树或多叉树数据结构，其每个叶节点均包含其数据块的哈希值，而每个非叶节点（根节点和中间节点）包含其子节点的哈希值。哈希树由 Ralph Merkle 于 1979 年最早描述并申请了专利。因此也经常称为 Merkle 树。

大多数 Merkle 树的实现是二叉树，其结构如图 6-10 所示，为了便于绘图，在图 6-10 中把"Hash( )"简称为"$H( )$"。在这个场景中，对于非叶节点：

$$Hash(x) = Hash(Hash(x_0) + Hash(x_1))$$

其中，x_0 和 x_1 分别是 x 的两个子节点。

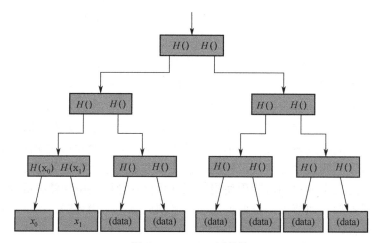

图 6-10 Merkle 树结构

Merkle 树允许对大型的数据内容进行有效和安全的验证。其步骤是将大型的数据分块，针对每块计算哈希，并生成 Merkle 树数据结构。由于 Merkle 树的结构特点保证了任何数据块的变更都会传递到其父节点，并一直传递到根节点，所以可以有效验证数据的完整性。Merkle 树的数据结构同时保证了查询某个叶节点在树中是否存在的时间复杂度（$\log n$，n 表示节点数量）。该查询性能相对于哈希列表有优势，哈希列表的查询复杂度一般是 n。

传统上，Merkle 树用于验证存储和传输的数据是否被篡改。例如，点对点网络的文件传输，从多个端点获得的数据块可以迅速验证其完整性。部分文件系统如 ZFS、Btrfs 等也使用 Merkle 树。此外，版本控制系统如 Git 等，在做文件与目录的提交和比对时，也使用了 Merkle 树实现。

对数据的一致性比对可以简化为对其 Merkle 树的比对。从 Merkle 树的根节点开始比对，如果根节点一致，则表示两个副本一致；如果不一致，则仅需比对哈希值不同的子节点，直到数据不一致的叶节点为止。在数据同步场景，只将不一致的数据块同步即可，从而可以显著节省比对时间及传输的数据量。

Merkle 树的篡改防护和快速比对特性，在区块链中得到了直接的应用。

Merkle 树在区块链的第一个应用场景是保证历史交易的不可篡改性。区块中的数据记录（通常包含多笔交易的信息）通过哈希计算和递归，形成一个根节点的哈希值，放入区块头中，并以链式结构记录前一区块的哈希，以此保证区块数据的不可篡改性。

Merkle 树在区块链的第二个应用场景是简单支付认证（Simple Payment Verification，SPV）。如前文所述，验证者确认某一笔交易是否得到区块链网络的验证和确认时，只需要保存所有的区块头即可，不需要同步多达 329.31GB 的所有区块数据（截至 2021 年 4 月底）。被验证者只需要向验证者提供交易的哈希值、其关联叶节点的哈希值，以及直到根节点的哈希路径，即可迅速验证该笔交易是否有效地保存于区块链上。有观点将其称为交易的"零知识证明"。该过程未泄露交易本身的内容，如交易时间、交易对象、交易金额等。

6.2.4　密码算法的综合应用

区块链创新地采用了多种密码算法，其中最突出的是密码学哈希函数、非对称密码学和数字签名等。

密码学哈希函数在区块链中得到了大量的应用。例如，只允许添加不可修改的账本的实现机制。

回顾本书 4.7 节"哈希算法"中阐述的密码学哈希函数的三个特点：第一个特点是原像抗性，也称单向性，对于一个摘要 m 很难找出 x，使得 Hash(x)=m；第二个特点是两重原像抗性，给定明文 x，除穷举外，数学上很难找到明文 y，使得 Hash(x)=Hash(y)；第三个特点是碰撞抗性，对于任意的两个明文 x 和 y，很难得到 Hash(x)=Hash(y)。

正是由于上述三个特点，区块链中的很多场景用到了密码学哈希函数。

（1）区块数据的安全性，通过区块数据的哈希写入区块头，以实现完整性（不可篡改）的保护。

（2）区块头数据的安全性，包含区块头数据的哈希，以及上个区块的哈希，以实现完整性（不可篡改）的保护。

（3）创建唯一的标识数字或字符串。

（4）区块链地址的派生。

一些区块链网络使用"地址"作为对网络交易的发起方和接收方的表示。地址的形式一般是简短的包含字母和数字的字符串，由区块链网络用户的公钥使用密码学哈希函数得出，这也称为区块链地址的派生。一些额外的数据字段也可能参与并作为哈希计算的输入，如版本号、校验和等。区块链网络的地址不是秘密，可以公开。对于允许匿名创建账户的无权限区块链网络，区块链的网络用户可以生成尽可能多的非对称密钥对，进而生成所需的地址，实现不同程度的伪匿名。地址可以作为用户在区块链网络中面向公众的标识符。地址甚至可以使用二维码形式表示，以方便移动设备使用，类似移动支付应用程序的"收款码"。

区块链网络的"用户"通常使用一组公私钥对表示。这里就用到了非对称密码学。非对称密钥加密法使用一对密钥：一个公钥和一个私钥，它们在数学上相互关联。公钥可以公开而不会降低安全性，但私钥必须保密。即使这两个密钥之间存在某种关联，但非对称密码学保证仅凭借公钥很难推断出私钥。根据不同的使用场景，可以用私钥加密，然后用公钥解密，或者可以用公钥加密，然后用私钥解密。

区块链网络的用户需要安全地管理和存储自己的私钥。用于安全存储私钥的软件或硬件通常被称为钱包。钱包可以存储私钥、公钥和用户的相关地址。部分钱包还包括其他功能，如计算用户拥有的数字资产的总量。

区块链交易存在于互不认识或不信任的用户之间。交易的真实性和完整性，是依赖于数字签名技术实现的。交易的发送方使用自己的私钥对交易签名，网络上任何拥有公钥的人都可以验证交易的真实性和完整性。

区块链中广泛使用的公钥密码算法是椭圆曲线密码算法。椭圆曲线密码算法的安全性依赖于椭圆曲线离散对数问题的困难性。椭圆曲线密码算法相对于 RSA 公私钥算法而言，有较短的密钥长度，网络带宽和存储需求小。例如，比特币使用 secp256k1 椭圆曲线[96]和对应的 ECDSA 数字签名算法。

secp256k1 椭圆曲线是一种基于 Fp 有限域的椭圆曲线，具备性能高的特点。对比 NIST 推荐的类似椭圆曲线，secp256k1 的常数可预测，避免了设计者植入后门的可能性。

可以用下面的例子形象地描述比特币使用签名和验证算法支持的交易流程。假设爱丽丝决定把 1 个比特币支付给鲍勃，矿工米纳负责记录这笔交易。

爱丽丝从自己的钱包中取出 1 个比特币，生成一条交易消息：爱丽丝支付 1 个比特币给鲍勃。为保证交易的真实性，爱丽丝需要对这笔交易进行数字签名，以确定这笔交易确实是自己发出的。爱丽丝基于 secp256k1 椭圆曲线的签名算法，使用自己的私钥签名。考虑到消息的规模和公钥密码算法的效率，对交易消息进行的签名实际上就是对交易消息的哈希值进行签名。爱丽丝向全网广播的内容除交易消息本身外，还包括爱丽丝对消息的签名及爱丽丝的公钥信息。

爱丽丝发送的交易消息连同签名发出后，被矿工米纳接收。为了在区块链中记录这一交易，米纳首先需要验证这个交易的来源，即进行签名验证的工作。米纳也使用同样的 secp256k1 椭圆曲线对爱丽丝的签名做验证，即使用爱丽丝的公钥解密的过程。如果验证通过，则米纳会将交易信息"爱丽丝支付 1 个比特币给鲍勃"记入区块。如果验证不通过，则表明米纳收到的消息有问题，他不会将相关交易记入区块。

总之，利用椭圆曲线的签名和验证算法，既可以保证账户不被仿冒，也可以确保用户无法否认其签名的交易。

6.2.5　区块链的数据结构

区块链是一种由区块链接而成的单向链式数据结构。除第一个区块（称为创世区块）外，每个区块都包含上一个区块的哈希（区块的唯一标识），这样形成了区块之间的链式关系。区块链的链式数据结构如图 6-11 所示。

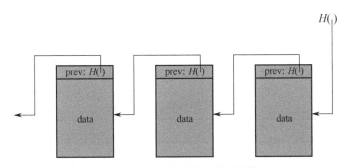

图 6-11　区块链的链式数据结构

区块链网络用户向区块链网络提交候选交易。用户将交易发送到区块链网络中的一个或多个节点，提交的交易被广播到网络中的其他节点，但这个动作并不将交易放在区块链中。对于许多区块链的实现，待处理的交易被分发到节点后，必须在队列中等待，直到它被一个发布节点添加到区块链上。

当一个发布节点成功发布一个区块时，交易被添加到区块链中。区块包含一个区块头和区块的数据体。区块头包含该区块的元数据。区块的数据体包含已提交给区块链网络的有效和真实交易的列表。有效性和真实性是通过检查交易的格式是否正确，以及每笔交易的发起方是否对交易进行了加密签名来确保的。完整的节点将检查已发布的区块中所有交易的有效性和真实性，如果一个区块包含无效的交易，则将不被接收。

每种区块链实现都可以定义自己的数据字段。典型的区块链实现包含以下数据字段。

区块头一般包含：

（1）区块编号，在一些区块链网络中也被称为区块高度；

（2）前一个区块头的哈希值；

（3）区块数据的哈希表示；

（4）时间戳；

（5）区块的大小；

（6）一次性随机数值（Nonce）。

区块体一般包含区块内包含的交易的列表。

以比特币的区块结构为例，比特币的交易记录会被保存在数据区块中。在比特币系统中大约每 10 分钟就会产生一个区块。区块的数据结构如表 6-1 所示。

表 6-1　区块的数据结构

数 据 项	描 述	长度/Byte
魔法数（Magic No.）	xD9B4BEF9	4
区块大小（Blocksize）	到区块结束的字节长度	4
区块头（Blockheader）	包含 6 个数据项	80
交易数量（Transaction Counter）	长度可变的正整数	1～9
交易（Transactions）	交易列表（非空）	每个交易的描述

区块头的数据结构如表 6-2 所示。

表 6-2　区块头的数据结构

数 据 项	描 述	长度/Byte
版本（Version）	区块版本号	4
前一区块的哈希（Prev Block Hash）	前一区块的 256 位 Hash 值	32
根节点哈希值（Merkle Tree Root Hash）	代表一个区块中所有交易的 Merkle 树的根节点的 256 位哈希值	32
时间戳（Time）	从 1970-01-01 00:00 UTC 开始到现在，以秒为单位的当前时间戳	4
计算难度目标（Difficulty Target）	压缩格式的当前目标哈希值	4
随机数（Nonce）	从 0 开始的 32 位随机数	4

6.2.6　比特币挖矿的算法原理

比特币使用基于工作量证明（PoW）算法的共识机制。PoW 算法要求，用户通过率先解决一个计算密集型的谜题来发布下一个区块。为解决谜题投入的工作量是该用户投入的证明。谜题需要具备解决困难、验证容易的特征。这样可以避免攻击者声称解决，但实际并没有解决该谜题的伪造攻击。

具备这种特征的谜题并不多见，密码学哈希函数可以提供其中一种。

区块链的工作量证明共识算法使用一次性随机数（Nonce）与哈希函数结合计算。也就是说，一次性随机数与数据合并，然后执行哈希计算：

$$Hash(data + Nonce) = Digest$$

通过改变一次性随机数的取值，可以在保持数据不变的前提下，生成不同的摘要（Digest）。密码学哈希函数的原像抗性保证了很难找到符合指定规则的哈希值，例如，以 8 个 0x00 字节开头（一般称为"前导零"）的哈希值。

应用于区块链场景，发布节点通过频繁修改区块头的一次性随机数，然后对区块头进行哈希计算，试图得出符合目标格式的哈希值，并成功发布。这是一个计算密集的过程，通俗地称为"挖矿"。目标格式可以随着时间的推移而修改，以动态的调整难度（向上或向下）影响区块的发布频率。

例如，使用工作量证明模式的比特币，每隔 2016 个区块就会调整谜题的难度，以影响区块发布的频率，确保约每 10 分钟一次的近似固定的频率。这种谜题难度的调整本质上是增加或减少对于哈希值格式的要求，如所需的前导零的数量。增加前导零的数量，使潜在的符合要求的哈希值数量变少，增加了解决的难度。反之，减少前导零的数量，将减少解决的难度。实际上，比特币网络可用的计算能力随着时间的推移而增加，发布节点的数量也在增加，所以谜题的难度普遍在增加。

通过难度调整，可以确保在比特币网络中，几乎很难有人可以控制多数节点，从而降低控制者恶意行为的可能性。但是，工作量证明导致的大量计算会带来大量的资源消耗。

下面的示例考虑以 SHA-256 算法作为谜题的计算难度问题。找到符合格式要求（也称难度级别）的哈希值：

SHA256("DataSec" + Nonce)以 N 个前导 0 开头。

示例中，文本字符串"DataSec"和附加一次性随机数（Nonce）合并计算哈希值。为方便理解，设置 Nonce 以 0 开始递增。假设目标是以 6 个前导 0 开头，即"000000"开头。

SHA256("DataSec0") = 0x63 9b 27 bf 9f 1f 72 57 ……（未解决）

SHA256("DataSec1") = 0x86 2c 9a 25 e4 c1 60 11 ……（未解决）

……

SHA256("DataSec309872") = 0x00 00 00 26 b9 db 81 4c ……（解决）

通过 30 多万次尝试，终于找到了满足要求的哈希值。在运行速度快的便携式计算机上，不到 0.5 秒即可得到结果。

每增加一个前导 0，就会显著地增加难度。如果增加到 7 个前导 0，用同样的便携式计算机，在接近 4 分钟时间内，经过约 5.6 亿次计算，得出结果：

SHA256("DataSec566083470") = 0x 00 00 00 02 d4 da 4e ……（解决）

而如果增加到 8 个前导 0，用同样的便携式计算机，需要约 51.8 亿次计算，需要接近 30 分钟的时间。

截至目前，这个计算过程没有已知的捷径，只能通过穷举或随机尝试。发布节点必须花费计算时间和资源来为目标找到正确的 Nonce 值。通常情况下，在区块链网络中，发布节点成功地解决计算难题，将会得到某种奖励，这种奖励也可能是以提供加密货币的形式。

一旦某个发布节点首先达成了目标，它就会将区块与有效的 Nonce 一起发送给区块链网络中的全节点。接收的全节点会验证新区块是否满足谜题要求，然后将区块添加到它们的区块链副本中，并重新将区块发送给它们的对等节点。通过这种方式，新的区块在包含所有参与节点的网络中迅速分发。验证 Nonce 很容易，因为只需要重复地做同样的哈希计算，就可以确认是否解决了这个谜题。

对于许多基于工作证明的区块链网络，发布节点倾向于组织成"池"或"团体"，一起工作来解决谜题并分享奖励。因为工作可以分布在多个节点，所以这种可能性是存在的，并且是某些区块链网络的主流形态。

还是上述示例。假设 4 个节点组成"池"（一般称为"矿池"），每个节点可以在预先分配好的 Nonce 值范围内计算：

（1）节点 1：5 000 000～6 000 000。

（2）节点 2：6 000 000～7 000 000。

（3）节点 3：7 000 000～8 000 000。

（4）节点 4：8 000 000～9 000 000。

如果要求 6 个前导 0，将由节点 4 迅速得出结果：

SHA256（"DataSec8483761"）= 0x 00 00 00 25 36 62 b9 7b……（解决）

注意，这与上次同样满足目标的"DataSec309872"不同。事实上，节点完全可以选择不同的 Nonce 值进行计算，并相互竞争，以试图最早达成目标、获取奖励。

工作量证明算法综合利用了网络节点个数（花费很小）、计算能力（花费较大）和随机抽签系统（就像彩票，买得越多中奖概率就越大，但是不保证中奖）的优势，可以一定程度上抵御女巫攻击（Sybil Attack）。该攻击试图创建大量节点，以获得对分布式网络的影响或控制能力。

上述示例的前导 0 目标仅是计算难度的示意。事实上，以比特币网络为例，2019 年 10 月 19 日生成的第 600 000 个区块，其前导 0 个数为 19 个。而 2012 年 9 月 22 日生成的第 200 000 个区块，其前导 0 的个数仅为 13 个。这意味着海量的计算能力已投入比特币的计算中了。

6.3 物联网数据安全

随着经济的发展和社会的进步，物联网应运而生。根据 Statista 公司的统计和预测，在 2018 年年底，全球有 220 亿个物联网设备，而到 2030 年，全球预计将有 500 亿个物联网设备，可以形成一个庞大的设备互联网络，从而涵盖从智能手机到厨房家电的所有领域和场景。

这种增长是由增加业务洞察力、提高客户满意度和提高效率的承诺所推动的。随着对来自设备的传感器数据和基于互联网的云服务进行的功能融合，这些优势成为可能。物联网能否被广泛采纳的关键是，整个生态系统中是否建立了足够强大的安全机制，以减轻将设备连接到互联网的安全风险。

物联网安全主要包括数据的安全、网络的安全、节点的安全。其中，网络与节点的安全主要服务于数据的安全。数据的完整性、全面搜集、安全传输及有效保护是物联网安全的基础。

6.3.1　物联网的概念

关于物联网有多种定义。一般而言，物联网（IoT）是指连接物理对象，也就是说"物"的网络。物联网通过传感器、软件和网络连接等技术，将设备同其他设备和系统连接并交换数据。

计算机技术和通信技术的结合构成了计算机网络，也即互联网。互联网和移动通信技术的结合构成了移动互联网。而移动互联网、感知技术的叠加构成了物联网。物联网组成技术如图 6-12 所示。

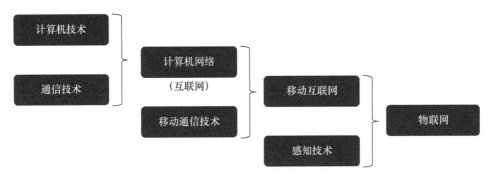

图 6-12　物联网组成技术

物联网的功能可以抽象地概括为捕获数据、传输数据、处理数据和采取行动。

（1）捕获数据：通过传感器，物联网设备从其所处的环境中捕获数据。数据可以是简单的，如温度，也可以是复杂的，如实时视频、音频。在物联网设备上也可以执行简单的数据预处理或数据分析，如数据采样、数据超出阈值之后生成告警信息等。

（2）传输数据：物联网设备利用可利用的网络连接，根据配置，通过公共或私有网络传输捕获的数据或预处理的数据。

（3）处理数据：对来自物联网网络内设备的聚合数据进行分析，提取数据表达的信息，并根据信息分析行动方案。

（4）采取行动：基于对数据、信息的分析和洞察，支持下一步的行动或商业决策。

可以简单地将物联网的网络架构分为感知层、网络层和应用层三个层级。在感知层，泛在的物联网传感器，从所在环境中捕获目标对象的数据。在网络层，物联网设备通过有线网络、无线网络等方式，将数据直接或通过物联网网关传递到云端。在应用层，云服务基于对数据的处理和分析，生成基于数据的结果、趋势、洞察，并在需要时自主或由人工采取下一步行动。物联网架构示意图如图 6-13 所示。

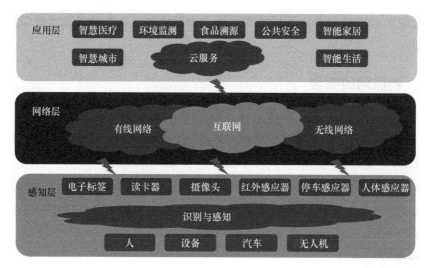

图 6-13　物联网架构示意图

6.3.2　物联网的数据安全风险

物联网安全指物联网硬件、软件及其系统中的数据受到保护，不因偶然的或恶意的原因受到破坏、更改、泄露，物联网系统可以连续、可靠、正常地运行，使物联网服务不会中断。物联网安全包括一切解决或缓解物联网技术应用过程中的安全威胁的技术手段或管理手段，也包括这些安全威胁本身及相关的活动。

IEEE 于 2017 年 2 月发布的"物联网安全最佳实践"①文章中指出，物联网的安全分为三个层面的问题：

（1）设备的安全问题；

（2）网络的安全问题；

（3）数据的安全问题。

其中最为主要的数据的安全问题是最本质的物联网安全问题，也是物联网安全的核心。在万物互联互通的物联网中，信息直接与物理世界相连接，在带来极大便利性的同时也带来了巨大的风险。大到国家信息安全，生产安全，甚至个人私密信息，都因为其在物联网上运行而增添了被盗取、拦截和更改的风险。基于这些风险，对于数据的保护必不可少。

6.3.2.1　物联网安全属性

物联网安全也具有以下三项基本属性：机密性、完整性、可用性。这是处于安全核心地位的三个关键目标，但具体的含义略有不同。

（1）机密性（Confidentiality），主要是指数据的机密性，确保隐私或机密信息不能由

---

① CORSER G, FINK G A, BIELBY J. Internet of Things (IoT) Security Best Practices; IEEE Internet Technology Policy Community, White Paper[J]. IEEE: Piscataway, NJ, USA, 2017.

非授权个人利用，或者不能披露给非授权个人。

（2）完整性（Integrity），主要指数据完整性和系统完整性。

数据完整性：确保信息和程序只能在指定的和授权的方式下才能够被改变。

系统完整性：确保系统在未受损的方式下执行预期的功能，避免对系统进行有意的或无意的非授权操作。

（3）可用性（Availability），也称有效性，指信息资源可以被授权实体按要求访问、正常使用，或者在非正常情况下能恢复使用的特性（系统面向用户服务的安全特性）。在系统运行时能够正确存取所需信息，当系统遭受意外攻击或破坏时，可以迅速恢复并能投入使用。这是衡量网络信息系统面向用户的一种安全性能，以保障为用户提供服务。

此外，物联网的安全要求还包含隐私性（Privacy），指既能够确保个人控制其信息的收集和存储，也能够确保控制这些信息可以由谁披露或向谁披露。

6.3.2.2　物联网安全风险分析

惠普公司于 2014 年发布的一项研究结果显示，70%最常用的物联网（IoT）设备存在高危漏洞，包括密码安全、加密和普遍缺乏合适的用户访问权限设置[182]。

惠普公司扫描了十多种流行的物联网设备，涵盖电视、网络摄像头、家庭恒温器、远程电源插座、洒水控制器、控制多个设备的枢纽、门锁、家庭警报器、电子秤和车库门开启器等，平均每台设备发现了 25 个漏洞。

主要的五类安全隐患如下。

（1）80%的 IoT 设备或其应用程序/云服务存在消费者隐私数据收集的问题，收集的数据包括姓名、电子邮件地址、家庭地址、出生日期、信用卡凭证和健康信息等。

（2）80%的 IoT 设备或其应用程序/云服务没有要求设置足够复杂和长度的密码。

（3）70%的 IoT 设备与互联网或本地网络的通信没有加密，而 50%的设备的移动应用对云、互联网或本地网络进行未加密的通信。由于 IoT 设备收集和传输的数据包含敏感数据，因此传输加密至关重要。

（4）60%的 IoT 设备的 Web 界面存在安全漏洞，如存储型 XSS、糟糕的会话管理、薄弱的默认凭证和以明文传输的凭证。70%的设备的云和移动组件存在潜在的攻击者通过账户枚举或密码重置功能确定有效的用户账户的风险。

（5）60%的 IoT 设备下载软件更新时没有使用加密，可能导致设备功能被篡改。一些下载的软件甚至可被拦截、提取，并作为文件系统挂载在 Linux 中，以方便查看或修改。

物联网的设备数量、协议异构和网络复杂性的结合，使得物联网安全存在艰巨的挑战。仅从物联网设备的层面，虽然安全基本可控，但是仍存在不正确的配置和缺乏更新等问题。消费级物联网设备存在一些挑战，因为消费者往往缺乏安全意识。而从物联网网络的维度，或者在工业物联网的场景，安全问题更为复杂。

2021 年 4 月，针对物联网安全的数据统计[183]显示：

（1）不到 20%的物联网安全风险专业人员了解他们组织所使用的所有或大部分物联网设备；

（2）76%的物联网风险专家认为他们组织的物联网安全态势使他们容易受到网络攻击；

（3）56%的组织没有其使用的物联网设备的完整清单；64%的组织没有其物联网应用的完整清单；

（4）2020 年，在新冠肺炎疫情等综合因素导致恶意软件总量减少 39%的前提下，物联网恶意软件攻击增加了 30%。

基于物联网的本质特点，存在如下几个突出的安全风险。

第一，部署的复杂性增加了远程暴露和外部攻击面。物联网设备并不像大部分 IT 设备那样部署在物理上独立的机房，而是可能放置在办公室开放空间、工厂、家庭等各种设备的拥有者无法控制的位置。因此，设备本身和网络连接都存在特别大的攻击面，给予攻击者远程与设备互动的机会。物联网安全必须考虑大量的入口点，以保护资产。

第二，物联网设备的资源限制，导致其缺乏计算能力来整合安全功能（如传输加密）或安全产品（如防火墙）。有些设备甚至几乎不具备与其他设备连接的能力，例如，仅支持蓝牙技术的物联网设备。2020 年，一位网络安全专家利用一个蓝牙漏洞，在不到 90 秒的时间内入侵了一辆特斯拉 Model X 的系统。其他依靠 FOB（无线）钥匙打开和启动的汽车也可能因类似的原因而遭遇攻击。

第三，升级和维护的复杂性。物联网设备制造商发布补丁和更新的速度通常比生产通用操作系统和其他通用软件的公司要慢。物联网设备在数周或数月内未打补丁和运行过时的软件是很常见的。甚至在一些组织中，一些设备从未得到软件或固件升级。

第四，物联网设备的终端消费者或操作者缺乏安全知识或安全意识。物联网设备本身有很多安全措施，但终端消费者往往是任何物联网安全系统中最薄弱的一环。物联网设备体积小、易于携带，已经成为消费者日常生活和工作离不开的伙伴。如果算上智能手机，大多数人都有自己的物联网设备。问题是大多数人没有意识到安全风险，如经常将设备连接到未知网络。

第五，行业对于物联网安全缺乏洞察和远见。在数字化转型的过程中，汽车、物流和医疗健康等行业大规模选用物联网设备，以提升生产力和效率。与此同时，物联网的数据泄露风险尚未得到这些行业的充分重视，没有得到充分的、必要的资金和资源投入。

6.3.3　物联网数据安全响应

在物联网中，数据的形态发生了较大的改变，数据的速度与往日相比也不可同日而语。此外，物联网设备形态及部署方式的复杂性，为数据安全和隐私保护带来了巨大挑战。

当前，物联网设备存在近端、无线和广域网互联等多种连接场景，以用于传输各种不同的数据。展望未来，物联网将更加独立于人类的干预，通过人工智能在物联网中的深度应用，物和物可能会更多、更主动地沟通。在如此复杂的连接和交互场景中，数据的机密性、完整性和隐私保护问题变得更加复杂。

识别和应对物联网数据安全的挑战，还应从最基础的数据识别和分类入手，应考虑的问题包括系统中有哪些物联网设备？如终端设备、网关等，在这些设备上及传输过程中，有哪些数据需要保护？例如，敏感数据包含录音、视频、地理位置和运动健康数据等，需要做机密性和完整性防护。对于物理世界的数据，如传感器采集的环境温度，未必需要机密性防护，但可能需要完整性防护（防篡改）和可用性保护。

在明确了受保护的数据后，从安全需求分析和方案设计的维度，可以基于场景的不同分析和实施如下解决方案。

第一，为设备提供物理安全，这是最基础的一步。物理安全包括设备硬件安全、传感器安全、传感器防干扰和传输防拦截。具备条件的设备还可以考虑安全芯片、加密和密钥存储、设备身份认证等能力。没有物理安全的支持，其他安全措施的实施会非常困难。

第二，认证机制。通过为合适的物联网设备纳入多种认证和访问控制机制，如双因素认证、指纹扫描器等，以提升人机交互和机机交互的安全性，从而保障数据的安全性。

第三，系统安全。系统安全涉及物联网设备的操作系统安全、操作系统加固，以及操作系统对外提供的访问接口（API）的安全。举例来说，操作系统的代码应该通过数字签名以防止被篡改。用于传输数据的接口，需要分析是否提供数据加密功能和完整性保护功能。

第四，传输安全。传输层的协议设计需要系统化地分析安全与隐私维度的威胁和风险，并得出安全需求。例如，个人可穿戴设备跟踪和记录个人在时间和空间上的位置。如何防止在个人不知情的情况下，因定位个人的所在位置而导致出现侵犯个人隐私的风险，是协议设计需要考虑的内容之一。

第五，网络安全。传统的网络安全的一些设备或功能，仍然可以作为物联网的网络安全或网络周界安全（Perimeter Security）的手段或补充，如网关的安全、防火墙、防病毒和防恶意软件产品、入侵检测系统（IDS）、入侵防御系统（IPS）。

第六，应用安全。物联网应用的开发者必须关注其物联网应用的安全和隐私保护问题。在设计物联网系统时应该对其安全性进行全面分析，并尽力在用户体验和物联网应用的保护之间找到一个合适的平衡。

第七，云安全。受物联网设备的处理能力所限，物联网数据的分析和处理常在云端进行。云数据安全解决方案需要考虑物联网数据的特殊性，如海量端点、快速流动等特点。

上述解决方案均基于产品的设计和实现来考虑。除技术方案外，组织的安全策略同样不可忽视，特别是物联网设备厂商、物联网软件开发商和物联网运营服务的提供商等组织的安全策略。

此外，"人"的因素同样需要充分纳入考虑。物联网设备的拥有者需要了解所有可能的安全威胁，以保证数据安全。物联网的运营者和维护者更需要了解自己的安全职责，以避免数据泄露和侵犯隐私事件的发生。

6.4 5G 与数据安全

最新一代的蜂窝移动通信网络（5G）已经逐步被人们所使用，机构和消费者都盼望着更快的传输速率、更丰富的应用场景。5G 引发了新一轮科技和产业的变革，并逐渐成为全球经济发展的重要支撑力和驱动力。

5G 通过使用比以前的蜂窝网络更高频率的无线电波，提供更高的数据速率。5G 的其他优势包括减少延迟、节省能源、降低成本，以及提高系统容量和大规模设备连接——物联网（IoT）。

除物联网外，5G 的高传输速率和低延迟将支持诸如虚拟现实（VR）和增强现实（AR）之类的应用场景，并满足自动驾驶车辆安全运行所需的大数据量。

5G 规范的第一阶段（Release 15）于 2019 年 4 月完成，以适应早期的商业部署[184]；第二阶段（Release 16）于 2020 年 7 月完成[185]。

国际数据公司（IDC）在 2018 年 11 月预测，随着网络建设的发展和支持 5G 的解决方案的普及，截至 2022 年年底全球 5G 网络基础设施收入将达到 260 亿美元[186]。

该公司表示，由于 5G 服务的首批实验网络已于 2018 年第四季度推出，2019 年是 5G 移动网络行业的"元年"。

事实上，全球各大运营商都在加速 5G 网络的部署，各产学研机构也在积极探索 5G 的行业应用场景。在中国，三大运营商（中国移动、中国电信、中国联通）于 2019 年 10 月同时宣布启动 5G 的商业用途服务。日本最大的电信运营商 NTT DOCOMO 也在 2019 年 9 月启动了 5G 预商业用途服务，并在 2020 年正式启动了商业用途服务。在欧洲，挪威、德国、英国等国也在 2020 年启动了 5G 网络的商业用途服务部署。

5G 定义了全新的移动通信网络架构，并引入网络功能虚拟化（NFV）、网络切片、边缘计算等关键技术，以支撑增强型移动宽带（Enhanced Mobile Broadband，eMBB）、大规模机器类型通信（Massive Machine-Type Communications，mMTC）、超可靠的低时延通信（Ultra-Reliable Low Latency Communication，URLLC）等多种应用场景。5G 应用场景如图 6-14 所示。

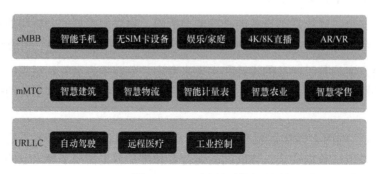

图 6-14 5G 应用场景

在网络与业务不断创新、蓬勃发展的同时，5G 的标准制定者、产业参与者和消费者，及时识别和有效应对 5G 相关的安全风险，变得非常重要。从安全的视角，新型的网络架构、新型的关键技术及新型的应用场景，均引入了不同层级、不同维度的安全风险，下面将详细阐述。

6.4.1 5G 数据安全标准

全球性通信技术组织第三代合作伙伴计划（3rd Generation Partnership Project，3GPP）负责 3G、4G、5G 的移动通信标准的制定。该组织设立了一个独立的安全与隐私工作组（SA WG3），来负责制定一系列 5G 安全标准[187]。该工作组负责识别 5G 的安全和隐私需求，并定义安全架构和相关协议以满足这些需求。加密算法规范的制定也归属于该工作组的工作范围。

5G 安全技术的总体定义规范 3GPP TS 33.501《5G 系统的安全架构和过程》存在针对第 15 版（Release 15）和第 16 版（Release 16）的两个版本。该规范在 2020 年 9 月发布了 16.4.0 版本。

5G 是 4G 的演进，但是相对于 4G，5G 的网络更加异构化、部署更加复杂化、形态更加虚拟化、业务更加开放化。5G 的安全步骤如下：首先，关注能否提供与 4G 网络和网元同等的安全能力；其次，基于对 4G 网络和网元的脆弱性分析与安全威胁评估，针对无线接口、信令面、用户面、仿冒、隐私窃取、中间人攻击、运营商对接中的攻击场景，分析相应的安全增强和安全演进需求，定义安全架构与安全协议；再次，基于 5G 新的网络架构、部署环境，定义相应的安全标准；最后，根据 5G 提供的新型业务和新的能力，分析其安全与隐私的威胁，并生成相应的安全要求与安全标准。上述描述的步骤概括了 5G 安全协议的不同维度，并非按时间顺序依次完成。

总之，3GPP 的安全标准分为三条主线：面向场景的业务安全与能力开放、5G 网络和网元的自身安全机制设计、安全保障要求。5G 网络安全标准如图 6-15 所示。

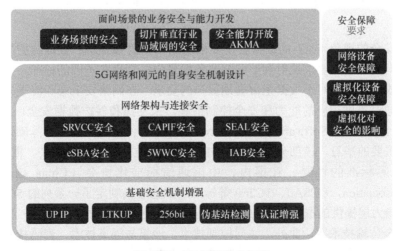

图 6-15　5G 网络安全标准

面向场景的业务安全与能力开放包含：

（1）蜂窝物联网（Cellular Internet of Things，cIoT）、URLLC、车联网等业务场景的安全；

（2）切片、垂直行业局域网的安全；

（3）安全能力开放（Authentication and Key Agreement for Applications，AKMA）：提供给应用的认证和密钥管理。

网络架构与连接安全包含：

（1）SRVCC（Single Radio Voice Call Continuity，3GPP 提出的一种 VoLTE 语音业务连续性方案）安全；

（2）通用 API 框架（Common API Framework，CAPIF；用于能力开放）安全；

（3）垂直服务使能器架构层（Service Enabler Architecture Layer，SEAL）安全；

（4）增强的服务化架构（enhanced SBA，eSBA）安全；

（5）5G 系统架构的无线和有线融合（5G Wireless Wireline Convergence，5WWC）安全；

（6）接入回传一体化（Integrated Access and Backhaul，IAB）安全；

基础安全机制增强包含：

（1）UP IP：上行 IP 链路安全的增强；

（2）长期密钥更新流程（Long Term Key Update Process，LTKUP）；

（3）256bit：支持 256bit 密钥长度和加密算法，以预防量子计算对密码学的攻击；

（4）增强对伪基站的检测能力；

（5）认证增强：对用户的可追溯性攻击的防御，由 TS33.846 系列协议标准化。

安全保障包含网络设备安全保障、虚拟化设备安全保障、虚拟化对安全的影响三个维度。

从数据安全的视角，5G 的数据安全要求涵盖数据监管要求、数据防护技术和用户隐私保护三个维度。这些要求映射到不同的业务场景中，则存在不同的标准，如针对垂直行业和能力开放的标准、对于数据生命周期保护的要求。在网络安全层和终端安全层，网络和终端分别通过提供相应的能力和安全控制措施，来支撑和保护数据安全。5G 依赖于虚拟化、云平台和 SDN（Software-defined networking，软件定义网络）等基础设施。基础设施的安全是重要的基石，该部分未必在 3GPP 国际标准里有全面的定义，需要和 IETF、ISO 系列国际标准的协同。在国内，中国通信标准化协会（China Communications Standards Association，CCSA）、TC260 等标准组织也牵头制定了一系列的 5G 标准和安全标准。基础能力层提供的框架、能力和控制措施涉及更多的层面，如 IETF 标准组织定义的 IPSec 安全传输技术等。此外，访问控制技术、沙箱与隔离技术、密码技术等工程化技术，对终端、云和设备、服务都提供了坚实的安全支撑。

除此之外，国内的 5G 网络安全运营，特别是安全运维、应急响应及内容管控的相关业务和流程，也有相应的标准定义。

5G 数据安全标准分层架构如图 6-16 所示。

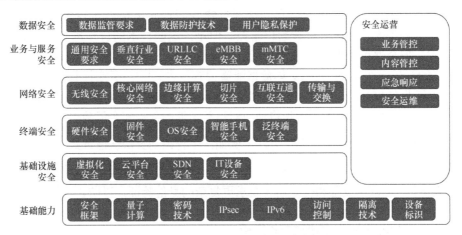

图 6-16　5G 数据安全标准分层架构

以分层架构的视角，网络安全层中边缘计算、切片等新网络架构的安全，以及业务与服务安全层中的垂直行业、URLLC、eMBB、mMTC 等新业务场景的安全，是 5G 数据安全的关键变化点。

6.4.2　5G 新网络架构的安全

诸如软件定义网络（SDN）和网络功能虚拟化（NFV）之类的云虚拟化技术随着 5G 网络的发展而蓬勃发展，但这也带来了新的安全隐患。由于云虚拟化技术开放、灵活、可编程的性质，SDN 和 NFV 开辟了一条新的安全威胁途径。例如，SDN 的网元（如管理接口）可用于攻击 SDN 控制器或管理系统并关闭系统。

《信息技术与标准化》（*Journal of ICT Standardization*）上的一篇论文《3GPP 5G 安全》[187]指出，针对 5G 安全的多管齐下的方法包括信任模型、身份验证和密钥协议（Authentication and Key Agreement，AKA）及基于可扩展认证协议（Extensible Authentication Protocol，EAP）的辅助身份验证等。

5G 网络基础设施的安全性必须与标准一起发展。例如，由于可以将 5G 网络切成唯一用途的切片，因此每个虚拟网络切片都可以根据不同使用场景的需求要求独特的安全功能。同样，受感染的无线接入网（RAN）端 5G 设备可能会带来更大的分布式拒绝服务（DDoS）威胁。

6.4.3　5G 新业务场景的安全

5G 网络具有引发垂直行业爆发性增长的潜力，从而能够创建各种各样的新服务，所有这些新服务都将要求新的不同级别的安全性。

例如，随着自动驾驶汽车的普及，汽车网络攻击的威胁将日益增加。为了解决这个问题，美国国家公路交通安全管理局（National Highway Traffic Safety Administration，NHTSA）在批准驾驶员辅助技术时采用了多层网络安全的方法。

在医疗保健领域，5G 功能将有助于通过物联网设备更快地传输患者的大型影像文件，以进行远程手术及对患者进行远程监控。但是，这些技术的进步也带来了更严格的安全性的需求。安全性可能造成的风险包括医疗身份盗用、侵犯健康隐私和破坏医疗数据管理等。根据 Verizon 发布的《2019 年数据泄露调查报告》[11]，医疗行业是排名第二位的攻击目标，该行业在 2019 年全年发生过 466 起安全事故，其中的 304 起事故被证实是因数据泄露导致的。物联网设备应用的增长将使应对日益增加的数据安全风险更具挑战性。

智能家居也需要更强的身份验证方法。例如，生物识别身份认证方式的引入，在使用语音和面部识别的软件中可以看到，或者在硬件商店可以买到的指纹门锁中也被广泛应用。

5G 场景下，物联网设备和传感器将要求更复杂的身份验证，以防止未经授权的访问。

6.4.4 5G 认证协议的形式化分析

来自苏黎世联邦理工学院、洛林大学、INRIA 和邓迪大学的团队在 2018 年进行的一项研究中描述了针对 5G 通信协议的一些担忧。

在论文《5G 认证的形式化分析》[188]中，研究人员对 5G 移动通信标准的 Rel-15 版本进行了全面的安全性分析。他们得出的结论是，与之前的 3G 和 4G 标准相比，5G 的数据保护得到了改善，但仍然存在安全漏洞。

研究人员借助用于分析密码协议的安全协议验证工具，系统地检查了 5G 身份验证和密钥（AKA）安全协议，并考虑了指定的安全目标。

该安全工具自动识别与实现第三代合作伙伴计划（3GPP）设定的安全目标所需的最低安全性标准。第三代合作伙伴计划是电信标准协会团体之间的协作，也是 5G 通信标准的制定者。

分析表明，该安全性标准不足以实现 5G AKA 协议的所有关键安全目标。

研究人员还确定，5G 身份验证和密钥安全协议允许某些类型的可追踪性攻击。在这种攻击中，移动电话不会将用户的完整身份发送到跟踪设备，研究人员仍然能够判断该移动电话的粗略位置。

研究人员认为，更复杂的跟踪设备将来也可能会对 5G 用户造成危险。研究小组认为，如果以 Rel-15 标准引入新的移动通信技术，则可能导致大量网络安全攻击。

安全新闻网站 SDxCentral 发表的一篇文章《5G 安全面临的主要挑战是什么？》[189]概述了一些与 5G 相关的主要安全挑战、威胁和漏洞，如随着自动驾驶汽车的普及而引起的汽车网络攻击的威胁；伴随新的医疗和健康行业应用场景出现的医疗身份盗用；未经授权的物联网设备访问。

该文章称，新的云和虚拟化技术，如软件定义网络（SDN）和网络功能虚拟化（NFV）

在 5G 网络中逐渐普及，但同时带来了新的安全隐患。由于 SDN 和 NFV 具有开放的、灵活的可编程特性，因此它们可能是不安全的技术隔离。5G 网络基础设施的安全性必须与标准一起发展。

SDxCentral 引用了思科公司（Cisco）的建议，指出许多组织应该关注的安全保护。其中一种建议是通过使用防火墙来保护网络，使用访问控制来最大限度地减少基于用户的风险，使用入侵检测和预防工具来阻止基本的 5G 安全威胁，从而可以使大多数安全事件的基本问题最小化。

还有一个建议是通过签名验证工具及其他手段，发现并阻止高级恶意软件通过逃避基本过滤器而造成的攻击。对端点进行基于行为的检查（可能使用沙箱检查）非常重要。一旦检测到威胁，组织应该能删除网络上的所有威胁实例。

其他建议是使用数据包捕获、大数据和机器学习来识别基本过滤器无法检测到的威胁。当嵌入网络交换机和路由器时，这些技术将更加有效，因为它们将设备变成了 5G 安全传感器。

6.5　6G 与数据安全展望

有预测显示，自 1982 年第一代移动通信系统出现以来，每隔十年，新一代的移动通信系统就会出现。因此，尽管 5G 在世界大多数地区刚启动商业用途服务不久，甚至尚未启动商业用途服务，超 5G（Beyond 5G，B5G）/6G 已经在研究的路上了。

回顾过去的各代移动通信系统，2G 带来了语音通信，3G 使互联网访问和视频电话成为可能，4G 更带来了丰富的应用程序生态。无线技术和应用飞速发展，从智能手机到平板电脑，再到各类物联网设备，甚至自动驾驶，4G 已经无法满足这些场景的需求。5G 提供高传输速率、低延迟和大规模互联的服务，愿景是使能一个真正互联的社会。拟议中的 6G 将针对带宽密集型需求进一步提升，同时带来人工智能技术的进一步普及，并针对特定的工业环境，如机器人控制、远程手术或联网汽车提供更高的可用性水平。

本节概述 6G 的研究方向、6G 安全的演进及太赫兹网络的攻防。

6.5.1　6G 的研究方向

移动通信领域的发展日新月异。随着 5G 于 2019 年在中国、日本、韩国等东亚地区刚刚启动商用，6G 已经进入研究进程。目前普遍的观点认为，太赫兹通信（Tera-Hertz Communication）将成为构成 6G 的新无线电技术。

预期 6G 将带来至少 100GB/s 的传输速率及更低的延迟。相比之下，国际电信联盟（ITU）的 IMT-2020 预测，伴随着高毫米波频率的采纳，5G 速度将演进到 20 Gbps，甚至更高[190]。在 2018 年 Verizon 公司（美国运营商）和诺基亚（Nokia）公司的现场测试中，基于 28GHz 的波段，5G 达成了 1.5 ms 的延迟和 1.8 Gbps 的吞吐率。对比之下，4G 常使用几千兆赫兹的波段，普遍的下载速率低于 20 Mbps。

加州大学圣塔芭芭拉分校的科学家在 2018 年的一份新闻稿中说："（预计 6G 将使用）100 GHz 至 1 THz（太赫兹）范围内的高频率，以用于 100 Gbps 传输速率的实现。"与之对比，Verizon 公司联合高通（QualComm）公司和诺瓦特尔无线公司（Novatel Wireless，INC.）的 5Gmm 波试验在 39 GHz 频谱范围内进行[191]。

研究人员称，"通信系统的高度致密化，可以实现数百甚至数千个同时进行的无线连接，将提供和近期 5G 系统相比提升 10 到 1000 倍的容量。"

预计，受益于 6G 提供的更高传输速率和更低延迟，医学影像、增强现实和物联网（IoT）传感器是 6G 的一些目标应用场景。

在 6G 网络的关键技术上，研究的热点为空分多路复用（Spatial Multiplexing）技术及 Wi-Fi 和 5G 网络中运用的多输入/多输出技术（MIMO）。利用空分多路复用技术可以使单独的数据信号以流的形式发送出去，以确保带宽得以有效地连续重复使用。MIMO 是利用多径来最大化天线的一种方法，同样也可以提升效率。总体而言，太赫兹通信应该需要更少的功率和更大的容量。

基于无线电波的传播特性，在太赫兹通信的频段，波长更短，障碍物将成为明显的问题。在此场景下，对于该频段的无线电波的反射和衍射的研究将更为重要。

6.5.2　6G 安全的演进

虽然截至目前 5G 尚未普及，但是技术上的突破不会止步。6G 的研究更需要提早考虑和布局安全。具体而言，6G 的网络架构、应用场景、传输的数据的安全性（机密性、完整性、可用性）、消费者的隐私保护，都是需要考虑的重点。

展望未来，6G 的安全目标应该是基于 6G 应用场景的安全。虽然尚未正式定义，但以 5G 的演进方向分析，至少下述关键点需要予以考虑。6G 安全架构设想如图 6-17 所示。

在 6G 的目标场景中，物理、虚拟、生物世界会进一步融合；泛在网络和泛在体验也会进一步普及；在垂直行业领域，医疗、教育、交通等行业会出现多种新型应用。甚至空天网络、卫星互联网、海洋网络都在 6G 的目标场景的构想中。

这些场景直接影响信息和数据安全层面，包括数据的形态、内涵和范畴进一步外延，数据量的飞速提高，数据传输速度的量级提升，以及数据处理方式的变化（云计算、边缘计算和端计算）。

在通信与接口安全层面，由于异构网络的进一步融合更为复杂，包括太赫兹通信频段空中接口的复杂度、核心网的演进及与互联网的接口安全。通信安全本身的演进，既要考虑 6G 通信协议，也要考虑 IETF 互联网协议及运维 O&M 协议，甚至是一些颠覆性技术，如后量子密码学的影响。

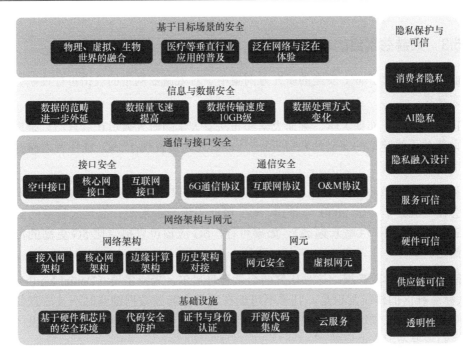

图 6-17　6G 安全架构设想

　　在网络架构与网元层面，需要考虑接入网架构、核心网安全架构的演进、边缘计算架构，甚至是与历史架构的对接的安全性。4G 协议的 2G 回落特性就是一个反例。攻击者可以通过触发终端，从 4G 网络回落到 2G 网络，从而利用 2G 协议的不安全性展开攻击。同时，传统网元在 6G 网络中仍然需要兼容，需要考虑网元安全；此外，虚拟化网元在 6G 网络中会得到更广泛的应用。虚拟化网元和虚拟化网络的安全性需要予以考虑。

　　在基础设施层面，现有安全基础技术依然会在 6G 时代发挥作用，如基于硬件和芯片的安全环境、代码安全防护、证书与身份认证等。值得注意的是，6G 时代的网络和网元，将进一步软件化、通用化、云化。不管是网络协议的实现，还是基础的计算和存储功能，都大量依赖于开源代码。开源代码的安全性、漏洞防御及安全集成，是经常会被忽视的基础设施关键点。

　　在 6G 安全全景图中，有一个独立的维度：隐私保护与可信。隐私保护设计，即将隐私保护的要求融入 6G 产品的设计至关重要。此处的隐私不仅是指网络中处理、传输和存储的消费者个人数据，各场景、业务特性，甚至是使能技术，如 AI 的端到端的隐私保护也都有不同的隐私要求。在可信的维度，如何通过硬件可信、供应链可信交付给运营商和行业可信的产品，通过服务可信实现 6G 网络可信的运行和维护，并对政府监管机构、上下游、媒体与行业伙伴做到透明，是每个设备制造商需要关注的重点。

　　欧盟 5G PPP 组织的"后 5G 的智能连接"项目旨在提供"高度虚拟化和软件环境中，基于安全性、隐私和可信机制的个性化的、多租户和永久保护，考虑包括硬件安全功能和软件流程的端到端的维度。在这种情况下可以探索区块链技术。"该项目指出了后 5G 的数据安全和隐私保护的可能方向。

6.5.3 太赫兹网络的攻防

当前，学术界对于 6G 安全的研究方向集中于对太赫兹网络的攻击可行性研究，并已经有论文发表。

2018 年 10 月，布朗大学、莱斯大学和布法罗大学的研究人员在《自然》杂志发表了论文《太赫兹无线链路的安全性和窃听》[192]，研究人员发现了 5G 继任者太赫兹数据通信网络中的严重漏洞。

太赫兹是位于微波和红外线之间的极高波长，可以构成 6G 网络的基础技术，该网络也许会在 2025 年甚至 2030 年推出。6G 可能采用亚毫米级、高达太赫兹的频率，远高于 5G 所使用的频率（毫米频谱）。如果可行，6G 应该可以提供比 5G 更高的可靠性和更低的延迟。

布朗大学工程学院教授，这项研究的合著者丹尼尔·米特尔曼（Daniel Mittleman）指出："太赫兹社区的传统常识是，几乎不可能在监视太赫兹数据链路时不被注意到。但是我们证明，在太赫兹领域进行未发现的窃听比大多数人想象的要容易，并且在设计网络架构时，我们需要考虑安全问题。"

由于其太高的频率，太赫兹通信可以承载的数据量是当今无线通信所用微波的 100 倍，这使太赫兹成为 6G 无线网络中有吸引力的选择。随着带宽的增加，通常还假定高频波的传播方式自然会增强安全性。与以广角广播形式传播的微波不同，太赫兹波以狭窄且定向性强的光束传播。

太赫兹的极短波长已经使许多人相信它们太小而无法截获——中间人接收器放置在狭窄的定向太赫兹波束中以躲避干扰，会阻挡整个传输并会被立即发现。但是现在的研究表明，这种假设是错误的。

在微波通信中，窃听者可以将天线放在广播锥体中的几乎任何地方，并可以拾取信号，而不会干扰预期的接收器。假设攻击者可以解码该信号，那么他们就可以在不被发现的情况下进行监听。但是在太赫兹网络中，窄波束意味着窃听者必须将天线放置在发射器和接收器之间。以往的假设是，如果没有阻塞部分或全部信号就不可能做到这一点，这将使目标接收者容易检测到窃听尝试。

来自布朗大学、莱斯大学和布法罗大学的丹尼尔·米特尔曼及其团队着手测试该假设，如图 6-18 所示。他们在发射器和接收器之间建立了直接的太赫兹数据链路，并尝试安装拦截信号的设备。他们能够试验几种策略，即使信号携带的光束的指向性很强，锥角小于 2°（微波传输通常角度高达 120°），他们仍可以窃取信号而不会被检测到。

一组策略涉及将对象放置在光束的边缘，该边缘能够散射光束的一小部分。为了使数据链路可靠，光束的直径必须略大于接收器的孔径。这样一来，攻击者就可以利用一小段信号工作，而不会在接收器上留下可检测的阴影。

研究人员发现，一块扁平的金属可以将一部分光束重定向到攻击者操作的辅助接收器。研究人员能够在第二个接收器处获得可用信号，而在主要接收器处没有明显的功率损耗。

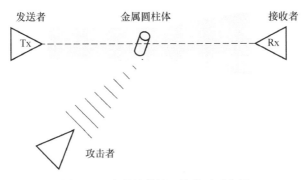

图 6-18 太赫兹传输网络监听示意图

该研究团队还展示了一种更灵活的方法（从攻击者的角度来看），即在光束中使用金属圆柱体而不是平板。

布法罗大学电气工程学助理教授，研究合作者约瑟夫·乔内特说："圆柱体具有向各个方向散射光的优势，为攻击者提供了安装接收器的更多选择。""而且考虑到太赫兹波传播的物理性质，即使是很小的圆柱体也可以在不阻塞视线路径的情况下显著散射信号。"

研究人员继续演示了另一种涉及无损分束器的攻击，对于该攻击即使不是不可能，也很难检测到。放置在发射器前面的分束器将使攻击者能够窃取足够有用的东西，但不会引起网络管理员的警觉。

研究人员指出，最重要的是，与低频相比，太赫兹链路固有的安全性增强，但这些安全性增强仍远非万无一失。

6.6 本章总结

在万物融合的时代，物理世界、数字世界，甚至是生物世界的进一步融合，新场景、新业务与新的处理方式的不断涌现，为数据安全与隐私保护带来了极大的挑战。而聚焦于数据本身，正如本书第 1 章所提到的，随着 5G、物联网、人工智能的迅速普及，数据的范畴、速度、数量、质量都有数量级的巨大增长，数据安全的风险随之增长。

而聚焦于保护层面，保护的目标（数据的机密性、完整性和可用性）保持不变，保护的原则（如纵深防御架构、以数据为中心的安全、零信任架构等）依然可以遵循。只是在具体的控制措施维度，基于不同业务场景的威胁建模，需要设计和实施不同的安全控制措施，以缓解或消除威胁等负面影响。

安全是技术维度的控制措施，而且还依赖于全链路每个环节上每个人的深入理解与参与。良好的数据安全生态更需要上下游的共同协同。安全是防御潜在攻击者的威胁与破坏，而隐私保护代表着组织对于其用户、客户或消费者的约定与承诺。

让我们共同努力，让连接更安全，让数据受保护，让隐私更可信，从而共同迎接一个更美好的万物融合的未来！

附录　缩略语对照表

缩略语	英 文 全 称	中文及描述
2FA	Two-Factor Authentication	双因素身份验证
3GPP	3rd Generation Partnership Project	第三代合作伙伴计划（全球性通信技术组织）
ABAC	Attribute-Based Access Control	基于属性的访问控制
AEAD	Authenticated Encryption with Associated Data	具有关联数据的认证加密
AES	Advanced Encryption Standard	高级加密标准
AI	Artificial Intelligence	人工智能
AKE	Authenticated Key Exchange	认证密钥交换
API	Application Programming Interface	应用程序接口
AWS	Amazon Web Services	AWS 云服务（亚马逊公司）
Azure	Microsoft Azure	微软云计算服务
BOSS	Business Operations Support System	业务运营支持系统
CA	Certificate Authority	证书颁发机构
CASB	Cloud Access Security Broker	云访问安全代理
CBC	Cipher Block Chaining	密文分组链接
CC	Common Criteria	通用标准，通常指用于计算机安全认证的国际标准 ISO/IEC 15408
CCM	Cloud Control Matrix	云控制矩阵，CSA 发布的云计算安全的实施指南
CCPA	California Consumer Privacy Act	加利福尼亚州消费者隐私法案（美国）
CDSA	Content Delivery & Security Association	内容交付和安全协会
ChaCha	—	流密码算法
CIO	Chief Information Officer	首席信息官
CIS	Center for Internet Security	互联网安全中心（非营利机构）
CMK	Customer Master Key	用户主密钥
CNIL	Commission for Information Technology and Civil Liberties	国家信息与自由委员会（法国隐私保护监管机构）
COBIT	Control Objectives for Information and related technologies	信息系统和技术控制目标

（续表）

缩略语	英 文 全 称	中文及描述
CSA	Cloud Security Alliance	云安全联盟
CSF	Cybersecurity Framework	NIST 发布的网络安全框架
CSS	Content Scrambling System	内容加扰系统
CTR	Counter	计数器
DAM	Database Activity Monitoring	数据库活动监控
DBMS	DataBase Management System	数据库管理系统
DDoS	Distributed Denial of Service	分布式拒绝服务（攻击）
DES	Data Encryption Standard	数据加密标准
DH	Diffie-Hellman	迪菲−赫尔曼（密钥交换算法）
DLP	Data Loss Prevention	数据泄露防护
DoS	Denial of Service	拒绝服务（攻击）
DPP	Digital Production Partnership	数字生产合作伙伴（英国）
DRM	Digital Rights Management	数字版权管理
DSS	Digital Signature Standard	数字签名标准
DVD	Digital Video Disc	数字视频光盘
ECB	Electronic codebook	电子密码本
ECC	Elliptic Curve Cryptography	椭圆曲线密码学
EMM	Enterprise Mobility Management	企业移动性管理
EPHI	Electronic Protected Health Information	受保护的健康信息
FACT	Federation Against Copyright Theft	反盗版联盟（英国）
FERPA	Family Educational Rights and Privacy Act	家庭教育权利和隐私法案（美国）
FIM	File Integrity Monitoring	文件完整性监控
FIPS	Federal Information Processing Standards	联邦信息处理标准（美国）
FPE	Format Preserving Encryption	格式保留加密
GCM	Galois/Counter Mode	伽罗瓦/计数器模式
GDPR	General Data Protection Regulation	通用数据保护条例
GLBA	Gramm-Leach-Bliley Act	格雷姆−里奇−比利雷法案（美国）
GP	GlobalPlatform	全球平台国际标准组织（行业组织，负责 TEE 等安全标准与认证）
GSM	Global System for Mobile communications	全球移动通信系统，通常简称 GSM 或 2G
HHS	United States Department of Health and Human Services	卫生与公众服务部（美国）
HIPAA	Health Insurance Portability Accountability Act	健康保险携带与责任法案

（续表）

缩略语	英 文 全 称	中文及描述
HIPPA	Health Insurance Portability and Accountability Act	健康保险便携性和责任法案（美国）
HITECH	Health Information Technology for Economic and Clinical Health Act	经济和临床健康卫生信息技术法案
HITRUST	Health Information Trust Alliance	健康信息信任联盟（美国）
HMAC	Hash-based Message Authentication Code	基于散列的消息验证码
HSM	Hardware Security Module	硬件安全模块
IaaS	Infrastructure as a Service	基础设施即服务
IAM	Identity and Access Management	身份和访问管理
IDS	Intrusion Detection System	入侵检测系统
IEC	International Electrotechnical Commission	国际电工委员会
IETF	Internet Engineering Task Force	因特网工程任务组
IoT	Internet of Things	物联网
IPS	Intrusion Prevention System	入侵防御系统
IRM	Information Rights Management	信息权限管理
ISO	International Organization for Standardization	国际标准化组织
ITOS	Information Technology Operation & Support	信息技术运营和支持
IV	Initialization Vector	初始化向量
KDC	Key Distribution Center	密钥分配中心
KMS	Key Management Service	密钥管理服务
MAC	Mandatory Access Control	强制访问控制
MD5	MD5 message-digest algorithm	MD5 信息摘要算法
MDM	Mobile Device Management	移动设备管理
MT	Merkle Tree	Merkle 树，又叫哈希树，是一种基于哈希构建的树形数据结构
MFA	Multi-Factor Authentication	多因素身份验证
MITM	Man In The Middle	中间人（攻击）
NERC	North American Electric Reliability Corporation	北美电力可靠性公司
NFV	Network Functions Virtualization	网络功能虚拟化
NIST	National Institute of Standards and Technology	美国国家标准与技术研究院
Nonce	Number once	（密码学中使用到的）一次性有效的随机数
OECD	Organisation for Economic Co-operation and Development	国际经济合作与发展组织
OFB	Output feedback	输出反馈（模式），分组密码算法的一种操作模式

（续表）

缩略语	英 文 全 称	中文及描述
OSA	Open Security Architecture	开放安全架构（一系列安全参考架构）
OTP	One Time Pad	一次性密码
PAKE	Password-Authenticated Key Agreement	密码验证密钥交换
PAN	Primary Account Number	主账号
PCI DSS	Payment Card Industry Data Security Standard	第三方支付行业数据安全标准
PDP	Policy Decision Point	策略决策点
PEP	Policy Enforcement Point	策略执行点
PGP	Pretty Good Privacy	颇好保密性，一种加密程序和其对应的标准
PHI	Protected Health Information	受保护的健康信息
PII	Personally Identifiable Information	个人身份信息
PIPEDA	Personal Information Protection and Electronic Documents Act	个人信息保护和电子文件法（加拿大）
PKI	Public Key Infrastructure	公钥基础设施
PoW	Proof of Work	工作量证明
QKD	Quantum Key Distribution	量子密钥分配
RA	Registration Authority	注册机构
RC4	Rivest Cipher 4	RC4 流密码算法
REE	Rich Execution Environment	富执行环境（与 TEE 对应）
RFC	Request For Comments	征求意见稿（多数是由 IETF 标准组织发布的标准文档）
RMS	Rights Management Services	权限管理服务
RSA	Rivest–Shamir–Adleman	RSA 公钥密码系统
S/MIME	Secure/Multipurpose Internet Mail Extensions	安全多用途互联网邮件扩展协议
SaaS	Software as a Service	软件即服务
SABSA	Sherwood Applied Business Security Architecture	舍伍德应用业务安全架构（一种安全架构模型）
Salsa20	—	一种流密码算法
SC 27	—	ISO 和 IEC 联合小组委员会，负责信息和 ICT 的安全标准
SDLC	Security Development Life Cycle	安全开发生命周期
SDN	Software-Defined Networking	软件定义网络
secp256k1	—	比特币使用的一种椭圆曲线算法
SHA	Secure Hash Algorithm	安全哈希算法
SOX	Sarbanes-Oxley Act	萨班斯-奥克斯利法案（美国）

缩略语	英 文 全 称	中文及描述
SQL	Structured Query Language	结构化查询语言
SSL	Secure Sockets Layer	安全套接字层。一种网络安全协议。其多数版本已被 TLS 取代
STRIDE	STRIDE Threat Model	微软提出的威胁建模方法
TA	Trusted Application	可信应用
TEE	Trusted Execution Environment	可信执行环境
TLS	Transport Layer Security	传输层安全协议
TOGAF	The Open Group Architecture Framework	开放组体系结构框架（企业信息架构的规范）
TPM	Trusted Platform Module	可信平台模块
TTP	Trusted Third Party	可信第三方
VDA	Verband Der Automobilindustrie	德国汽车工业协会
Verizon	—	美国一家大型电信运营商
VR	Virtual Reality	虚拟现实

参考文献

[1] Transforma Insights. Global IoT market to grow to 24.1 billion devices in 2030, generating $1. 5 trillion annual revenue [EB/OL]. (2020-05-19)[2021-05-20]. https://transformainsights.com/news/iot-market-24-billion-usd15-trillion-revenue-2030.

[2] MCCALLISTER E, GRANCE T, SCARFONE K A. Guide to Protecting the Confidentiality of Personally Identifiable Information (PII) (No. NIST SP 800−122). Gaithersburg, MD: National Institute of Standards and Technology[J]. 2010.

[3] Council of the European Union. General Data Protection Regulation [Z]. 2018-5-25.

[4] 全国人民代表大会常务委员会. 中华人民共和国网络安全法[Z]. 2016-11-7.

[5] 中华人民共和国工业和信息化部. 电信和互联网用户个人信息保护规定[S]. 2013-7-16.

[6] 国家互联网信息办公室. 儿童个人信息网络保护规定[EB/OL]. (2019-08-23)[2019-12-30]. http://www. gov.cn/xinwen/2019-08/23/content_5423865.htm.

[7] GB/T 35273—2017, 信息安全技术个人信息安全规范[S].

[8] 人民日报. 个人信息保护法草案进入二审 强化互联网平台个人信息保护义务 [EB/OL]. (2021-04-27) [2021-05-30]. http://www.npc.gov.cn/npc/c30834/202104/2941c951e03e4945a8d85958b2fa40fa.shtml.

[9] PUB F. Standards for Security Categorization of Federal Information and Information Systems[J]. NIST FIPS, 2004, 199. (FIPS 199).

[10] ROWLEY J. The Wisdom Hierarchy: representations of the DIKW hierarchy[J]. Journal of Information Science, vol. 33, no. 2, pp. 163-180, April 2007.

[11] SOLUTIONS V E. 2019 Data Breach Investigations Report[J]. https://enterprise. verizon. com/resources/ reports/ 2019-data-breach-investigations-report. pdf, 2019.

[12] IEC I. BS ISO/IEC 27001:2013 Information Technology — Security Techniques — Information Security Management Systems — Requirements. 2013.

[13] IEC I. BS ISO/IEC 27002:2013 Information Technology — Security Techniques — Code of Practice for Information Security Management. 2013.

[14] STINE, KEVIN, et al. Guide for Mapping Types of Information and Information Systems to Security Categories[S]. No. NIST Special Publication (SP) 800-60 Vol. 1 Rev. 1. National Institute of Standards and Technology, 2008.

[15] LANDER G P. The Sarbanes-Oxley Act of 2002[J]. Journal of Investment Compliance, 2002, 3(1):44-53.

[16] DIRECTIVE E U. Directive 95/46/EC of the European Parliament and of the Council of 24 October 1995 on the Protection of Individuals with Regard to the Processing of Personal Data and on the Free Movement of Such Data[J]. Official Journal of the European Communities, 1995, 38(281): 31-50.

[17] OBAMA B. Executive order 13526: Classified national security information[C]//United States. Office of the Federal Register. United States. Office of the Federal Register, 2009 (Executive order 13526; EO 13526).

[18] SAUERWEIN L B, Linnemann J J. Personal Data Protection Act[J]. 2016.

[19] CUARESMA J C. The Gramm-Leach-Bliley Act[J]. Berkeley Tech. LJ, 2002, 17: 497.

[20] STATISTA. Number of Smartphone Users Worldwide from 2014 to 2020 (in billions)[J]. 2016.

[21] iOS Security Guide. https://www.apple.com/business/site/docs/iOS_Security_Guide.pdf, September 2018. (Accessed on 11/14/2018).

[22] KREBS B. Google: Security Keys Neutralized Employee Phishing [EB/OL]. (2018-07-23)[2020-10-28]. https://krebsonsecurity. com/2018/07/google-security-keys-neutralized-employee-phishing/.

[23] Microsoft Corporation. Password-less Protection [EB/OL]. [2020-10-24] https://www.microsoft.com/zh-cn/ security/business/identity/passwordless.

[24] Purdue University Global. Top 10 Worst Data Breaches Of All Time [EB/OL]. [2019-10-04]. https://www. purdueglobal.edu/blog/information-technology/worst-data-breaches-infographic/.

[25] PONEMON L , JULIAN T , LALAN C. IBM & Ponemon Institute Study: Data Breach Costs Rising, Now $4 million per Incident[R].

[26] 吴雨欣. 5 亿微博用户数据泄露？暗网无人交易，专家建议用户勤改密码 [EB/OL]. (2020-03-24) [2020-10-28]. https://www.thepaper.cn/newsDetail_forward_6664125.

[27] FIRSTBROOK P, PERKINS E, WHEATMAN J, et al. Top Security and Risk Management Trends[J]. 2018.

[28] MCMILLAN R, PROCTOR P E. Cybersecurity and Digital Risk Management: CIOs Must Engage and Prepare[R]. G00349114 Gartner Inc. , 2018.

[29] HOLDINGS T. Trustwave Global Security Report[R]. 2014.

[30] LENZNER, ROBERT. IBM CEO Ginni Rometty Crowns Data as The Globe's Next Natural Resource. [J]. Forbes Com, 2013.

[31] FireEye Inc. M-Trends 2019[J]. M-Trends 2019, 2019.

[32] Positive Technologies. Cybersecurity Threatscape 2018: Trends and Forecasts [EB/OL]. (2019-03-18)[2021-05-25]. https://www.ptsecurity.com/ww-en/analytics/cybersecurity-threatscape-2018/.

[33] 中国泰尔实验室等. 智能终端产业个人信息保护白皮书（2018 年）[EB/OL]. [2018-12-30]. http://www. caict.ac.cn/kxyj/qwfb/bps/201812/t20181203_189932.htm.

[34] GOERLICH J. Encrypt: Protect the Business, Prevent the Threats [EB/OL]. (2017-02-16)[2021-05-25]. https://www.rsaconference.com/library/presentation/usa/2017/encrypt-protect-the-business-prevent-the-threats.

[35] International Organization for Standardization. ISO 27005: 2018, Information Technology–Security Techniques–Information Security Risk Management[J]. 2018.

[36] DSS P C I. Payment card industry data security standards[J]. International Information Security Standard, 2016.

[37] ROSS R , SWANSON M , BOND P J , et al. NIST Special Publication 800-37. 2003.

[38] NIST Special Publication 800-53 , Security and Privacy Controls for Federal Information Systems and Organizations[S], 2013-4.

[39] IT Governance Institute. Control Objectives for Information and Related Technologies (COBIT) [EB/OL]. 2005, www.isaca.org.

[40] ISO. ISO/IEC 15288:2015[S/OL]. (2015-05)[2020-06-06]. https://www.iso.org/standard/63711.html.

[41] ROSS R, MCEVILLEY M, OREN J. NIST Special Publication 800-160: Systems Security Engineering Considerations for a Multidisciplinary Approach in the Engineering of Trustworthy Secure Systems[J].

Gaithersburg: National Institute of Standards and Technology, 2016.

[42] LIPNER S. The Trustworthy Computing Security Development Lifecycle[C]// Computer Security Applications Conference. IEEE Computer Society, 2004.

[43] UCEDAVELEZ T, MORANA M M. Risk Centric Threat Modeling: Process for Attack Simulation and Threat Analysis[M]. Hoboken, New Jersey, USA: John Wiley & Sons, 2015.

[44] STONEBURNER G ,GOUGEN A. NIST 800-30 Risk Management[J]. Guide for Information Technology Systems. Gaithersburg: National Institute of Standard and Technology, 2002.

[45] SHOSTACK A. Experiences Threat Modeling at Microsoft[J]. MODSEC 2008, 2008: 35.

[46] IBM, IBM Study: Responding to Cybersecurity Incidents Still a Major Challenge for Businesses [EB/OL]. [2018-05-14]. https://www.prnewswire.com/news-releases/ibm-study-responding-to-cybersecurity-incidents-still-a-major-challenge-for-businesses-300613590. html.

[47] Verizon RISK Team. Data Breach Investigations Report (2012)[R]. 2012.

[48] ISO. ISO/IEC 42010:2007[S/OL]. (2007-07)[2020-06-06]. https://www.iso.org/standard/45991.html.

[49] HILLIARD R. IEEE-STD-1471-2000 Recommended Practice for Architectural Description of Software-intensive Systems[J]. IEEE. http://standards. ieee. org, 2000, 12(16-20): 2000.

[50] NIST Cloud Computing Security Working Group. NIST cloud Computing Security Reference Architecture[R]. National Institute of Standards and Technology, 2013.

[51] KRUCHTEN P B. The 4+ 1 View Model of Architecture[J]. IEEE Software, 1995, 12(6): 42-50.

[52] TRACEY S. The fall of the Data Retention Directive[J]. Communications Law, 2015, 20(2):53-55.

[53] NETTER E. Sanction à 50 Millions d'euros: au-delà de Google, la CNIL ś Attaque aux Politiques de Confidentialité Obscures et aux Consentements Creux[J]. Dalloz IP/IT, 2019 (3): 165.

[54] III A , Noyes S M. NIST Cybersecurity Framework[R]. 2016.

[55] GRANDISON T, BILGER M, O'CONNOR L, et al. Elevating the Discussion on Security Management: The Data Centric Paradigm[C]//2007 2nd IEEE/IFIP International Workshop on Business-Driven IT Management. IEEE, 2007: 84-93.

[56] Gartner Group. Gartner Says Big Data Needs a Data-Centric Security Focus[R]. 2014. http://www.gartner.com/newsroom/id/2758717.

[57] OLOVSSON T , BODLEYSCOTT J. The Jericho Forum: De-perimeterisation of Network Resources[C]. 2005.

[58] KINDERVAG J, SHEY H, MAK K. The Future Of Data Security And Privacy: Growth And Competitive Differentiation[J]. Vision: The Data Security And Privacy Playbook, 2016: 1-15.

[59] SALTZER J H , M. D. SCHROEDER. The Protection of Information in Computer Systems[J]. Proceedings of the IEEE, 1975, 63(9):1278-1308.

[60] SHANNON C E. Communication Theory of Secrecy Systems[J]. Bell System Technical Journal, 1949, 28(4):656–715.

[61] GOLDREICH O, GOLDWASSER S, HALEVI S. Public-key Cryptosystems from Lattice Reduction Problems[C]//Annual International Cryptology Conference. Springer, Berlin, Heidelberg, 1997: 112-131.

[62] HOFFSTEIN J, Howgrave-Graham N, Pipher J, et al. NTRUSIGN: Digital Signatures Using the NTRU Lattice[C]//Cryptographers' track at the RSA conference. Springer, Berlin, Heidelberg, 2003: 122-140.

[63] NGUYEN P Q, REGEV O. Learning a Parallelepiped: Cryptanalysis of GGH and NTRU signatures[C]//

Annual International Conference on the Theory and Applications of Cryptographic Techniques. Springer, Berlin, Heidelberg, 2006: 271-288.

[64] BUSCH M , WESTPHAL J,   MUELLER T. Unearthing the Trusted Core: A Critical Review on Huawei's Trusted Execution Environment[C]// USENIX Security Symposium. 2020.

[65] MARKET S. Database Encryption Market with Report In Depth Industry Analysis on Trends, Growth, Opportunities and Forecast till 2026[EB/OL]. (2021-05-18)[2021-05-25]. https://www.marketwatch. com/press-release/database-encryption-market-with-report-in-depth-industry-analysis-on-trends-growth-opportunities-and-forecast-till-2026-2021-05-18.

[66] DWORKIN M. Recommendation for Block Cipher Modes of Operation: Methods for Format Preserving Encryption[J]. NIST Special Publication, 2016, 800: 38G.

[67] Hu V C, FERRAIOLO D, KUHN R, et al. Guide to Attribute Based Access Control (ABAC) Definition and Considerations (draft)[J]. NIST Special Publication, 2013, 800(162): 1-54.

[68] HASSON, JUDI. FISMA. [J]. Government Executive, 2008.

[69] DEMPSEY K, CHAWLA N, JOHNSON L, et al. Information Security Continuous Monitoring (ISCM) for Federal Information Systems and Organizations[R]. National Institute of Standards and Technology, 2011.

[70] KAUR G. A Review on Database Security[J]. International Journal of Engineering and Management Research (IJEMR), 2017, 7(3): 269-272.

[71] ENTERPRISE V. Verizon 2018 Data Breach Investigations Report (DBIR)[J]. Verizon Partner Solutions, 2018.

[72] MOGULL R. Database Activity Monitoring is a Viable Stopgap to Database Encryption for the Payment Card Industry Data Security Standard (and Beyond)[J]. Gartner Research, 2006.

[73] STEFIK M. Shifting the Possible: How Trusted Systems and Digital Property Rights Challenge Us to Rethink Digital Publishing[J]. Berkeley Tech. LJ, 1997, 12: 137.

[74] GIRARD J, DULANEY. K. Four Architectural Approaches to Limit Business Risk on Consumer Smartphones and Tablets[R]. Gartner, 2010.

[75] MCAFEE C. Cloud Adoption and Risk Report [EB/OL]. (2019-08-15)[2019-11-26]. https://www.mcafee. com/enterprise/en-us/assets/skyhigh/white-papers/cloud-adoption-risk-report-2019.pdf.

[76] BARKER E, Smid M, Branstad D, et al. NIST Special Publication 800-130: A Framework for Designing Cryptographic Key Management Systems[J]. National Institute of Standards and Technology Report, 2013.

[77] CHURCHHOUSE R, CHURCHHOUSE R F, Churchhouse R F. Codes and Ciphers: Julius Caesar, the Enigma, and the Internet[M]. Cambridge University Press, 2002.

[78] Wikipedia Inc. Kerckhoffs's Principle. [EB/OL]. [2020-10-24]. http://en. wikipedia. org/wiki/ Kerckhoffs's_principle.

[79] DIFFIE W, HELLMAN M. New Directions in Cryptography[J]. IEEE Transactions on Information Theory, 1976, 22(6): 644-654.

[80] RIVEST R L, SHAMIR A, ADLEMAN L. A Method for Obtaining Digital Signatures and Public-key Cryptosystems[J]. Communications of the ACM, 1978, 21(2): 120-126.

[81] KATZ J, LINDELL Y. Introduction to Modern Cryptography[M]. Boca Raton, Florida, USA: CRC Press, 2020.

[82] VALSORDA F. The ECB Penguin [EB/OL]. (2013-11-10)[2020-06-05]. https://words.filippo.io/the-ecb-

penguin/.

[83] EHRSAM W F, MEYER C H W, SMITH J L, et al. Message Verification and Transmission Error Detection by Block Chaining: U.S. Patent 4,074,066[P]. 1978-2-14.

[84] NIST SP 800-38D Recommendation for Block Cipher Modes of Operation: Galois/Counter Mode (GCM) and GMAC[S/OL]. (2007-11)[2020-06-05]. https://csrc.nist.gov/publications/detail/sp/800-38d/final.

[85] PoPOV A. RFC 7465: Prohibiting RC4 Cipher Suites[J]. Internet Engineering Task Force (IETF), 2015.

[86] BRICENO M, GOLDBERG I, WAGNER D. A Pedagogical Implementation of the GSM A5/1 and A5/2[J]. Internet Security Applications, Authentication and Cryptography Group (ISAAC) at the University of California at Berkeley and the Smartcard Developers Association, 1999.

[87] ANDERSON R. A5 (was: Hacking Digital Phones)[J]. Newsgroup Communication, 1994.

[88] GOLIĆ J D. Cryptanalysis of Alleged A5 Stream Cipher[C]//International Conference on the Theory and Applications of Cryptographic Techniques. Springer, Berlin, Heidelberg, 1997: 239-255.

[89] BIRYUKOV A, SHAMIR A, WAGNER D. Real Time Cryptanalysis of A5/1 on a PC[C]//International Workshop on Fast Software Encryption. Springer, Berlin, Heidelberg, 2000: 1-18.

[90] BARKAN E, BIHAM E, KELLER N. Instant Ciphertext-only Cryptanalysis of GSM Encrypted Communication [C]. Annual International Cryptology Conference. Springer, Berlin, Heidelberg, 2003: 600-616.

[91] BERNSTEIN D J. The Salsa20 Family of Stream Ciphers[M]//New Stream Cipher Designs. Springer, Berlin, Heidelberg, 2008: 84-97.

[92] BERNSTEIN D J. ChaCha, A Variant of Salsa20[C]//Workshop Record of SASC. 2008, 8: 3-5.

[93] Mouha N, Preneel B. A Proof that the ARX Cipher Salsa20 is Secure Against Differential Cryptanalysis[J]. IACR Cryptol. ePrint Arch. , 2013, 2013: 328.

[94] ELGAMAL T. A Public Key Cryptosystem and A Signature Scheme Based on Discrete Logarithms[J]. IEEE Transactions on Information Theory, 1985, 31(4): 469-472.

[95] LOPEZ J, DAHAB R. An Overview of Elliptic Curve Cryptography[R]. Brazil: State University of Campinas, 2000.

[96] MAYER H. ECDSA Security in Bitcoin and Ethereum: A Research Survey[J]. CoinFaabrik, June, 2016, 28: 126.

[97] ANSI. ANSI X9.79-2013 Public Key Infrastructure - Part 4: Asymmetric Key Management. [S/OL]. [2020-06-05]. https://webstore.ansi.org/Standards/ASCX9/ANSIX9792013.

[98] O'HERRIN J K, FOST N, KUDSK K A. Health Insurance Portability Accountability Act (HIPAA) Regulations: Effect on Medical Record Research[J]. Annals of Surgery, 2004, 239(6): 772.

[99] REDHEAD C S. The Health Information Technology for Economic and Clinical Health (HITECH) Act[C]. Congressional Research Service, Library of Congress, 2009.

[100] RIVEST R. The MD5 Message-Digest Algorithm, Internet Request for Comments[J]. Internet Request for Comments (RFC) 1321, 1992.

[101] DEN BOER B, BOSSELAERS A. Collisions for the Compression Function of MD5[C]//Workshop on the Theory and Application of of Cryptographic Techniques. Springer, Berlin, Heidelberg, 1993: 293-304.

[102] DOBBERTIN H. Cryptanalysis of MD5 Compress[J]. Rump Session of Eurocrypt, 1996, 96: 71-82.

[103] WANG X , D FENG, LAI X, et al. Collisions for Hash Functions MD4, MD5, HAVAL-128 and RIPEMD[J]. Cryptology ePrint Archive Report, 2004.

[104]LENSTRA A, WANG X, DE WEGER B. Colliding X. 509 Certificates[J]. Cryptology ePrint Archive, 2005.

[105] LAMBERGER M, MENDEL F. Higher-Order Differential Attack on Reduced SHA-256[J]. IACR Cryptol. ePrint Arch. , 2011, 2011: 37.

[106] KHOVRATOVICH D, RECHBERGER C, SAVELIEVA A. Bicliques for Preimages: Attacks on Skein-512 and the SHA-2 family[C]//International Workshop on Fast Software Encryption. Springer, Berlin, Heidelberg, 2012: 244-263.

[107] BERTONI G, DAEMEN J, PEETERS M, et al. Keccak Sponge Function Family Main Document[J]. Submission To NIST (Round 2), 2009, 3(30): 320-337.

[108] KRAWCZYK H , BELLARE M , CANETTI R. HMAC: Keyed-hashing for Message Authentication[J]. Internet Request for Comments (RFC) 2104, 2019.

[109] ROGAWAY P. Authenticated-encryption with Associated-data[C]//Proceedings of the 9th ACM Conference on Computer and Communications Security. 2002: 98-107.

[110] KERRY C F, GALLAGHER P D. Digital Signature Standard (DSS)[J]. FIPS PUB, 2013: 186-4.

[111] COHN-GORDON K, CREMERS C, DOWLING B, et al. A Formal Security Analysis of The Signal Messaging Protocol[J]. Journal of Cryptology, 2020, 33(4): 1914-1983.

[112] ALWEN J, CORETTI S, DODIS Y, et al. Security Analysis and Improvements for The IETF MLS Standard for Group Messaging[C]//Annual International Cryptology Conference. Springer, Cham, 2020: 248-277.

[113] ABDALLA M, HAASE B, HESSE J. Security Analysis of CPace[J]. IACR Cryptol. ePrint Arch. , 2021, 2021: 114.

[114] JARECKI S, KRAWCZYK H, XU J. OPAQUE: An Asymmetric PAKE Protocol Secure Against Pre-Computation Attacks[C]//Annual International Conference on the Theory and Applications of Cryptographic Techniques. Springer, Cham, 2018: 456-486.

[115] GOLDWASSER S, MICALI S, RACKOFF C. The Knowledge Complexity of Interactive Proof Systems[J]. SIAM Journal on Computing, 1989, 18(1): 186-208.

[116] GENNARO R, GENTRY C, PARNO B. Non-interactive Verifiable Computing: Outsourcing Computation to Untrusted Workers[C]//Annual Cryptology Conference. Springer, Berlin, Heidelberg, 2010: 465-482.

[117] PARNO B, HOWELL J, GENTRY C, et al. Pinocchio: Nearly Practical Verifiable Computation[C]//2013 IEEE Symposium on Security and Privacy. IEEE, 2013: 238-252.

[118] BEN-SASSON E, CHIESA A, TROMER E, et al. Succinct Non-interactive Zero Knowledge for A Von Neumann Architecture[C]//23rd {USENIX} Security Symposium ({USENIX} Security 14). 2014: 781-796.

[119] BITANSKY N, CANETTI R, CHIESA A, et al. From Extractable Collision Resistance to Succinct Non-interactive Arguments of Knowledge, and Back Again[C]//Proceedings of the 3rd Innovations in Theoretical Computer Science Conference. 2012: 326-349.

[120] NINA B. Satoshi & Company: The 10 Most Important Scientific White Papers In Development Of Cryptocurrencies [EB/OL]. (2021-02-13)[2021-05-25]. https://www.forbes.com/sites/ninabambysheva/ 2021/ 02/13/satoshi-company-the-10-most-important-scientific-white-papers-in-development-of-cryptocurrencies/.

[121] YAO A C. Protocols for Secure Computations[C]//23rd Annual Symposium on Foundations of Computer Science (sfcs 1982). IEEE, 1982: 160-164.

[122] GOLDREICH O. Secure Multi-party Computation[J]. Manuscript. Preliminary Version, 1998, 78.

[123] GENTRY C. Fully Homomorphic Encryption Using Ideal Lattices[C]// ACM. ACM, 2009:169-178.

[124] NCSC（英国网络安全中心）. Quantum Security Technologies [EB/OL]. [2020-03-24]. https://www.ncsc. gov.uk/whitepaper/quantum-security-technologies.

[125] SHOR P W. Algorithms for Quantum Computation: Discrete Logarithms and Factoring[C]//Proceedings 35th Annual Symposium on Foundations of Computer Science. IEEE, 1994: 124-134.

[126] MARIANTONI M. Building a Superconducting Quantum Computer[C]//Invited Presentation Given at the 6th International Conference on Post-Quantum Cryptography (PQCrypto 2014), Waterloo, ON, Canada. 2014.

[127] MOODY D. The 2nd round of the NIST PQC Standardization Process[C]//the second PQC standardization Conference. 2019.

[128] HÜLSING A, BUTIN D, GAZDAG S, et al. XMSS: Extended Merkle Signature Scheme[J]. Internet Request for Comments (RFC) 8391, 2018.

[129] MCGREW D, CURCIO M, FLUHRER S. Leighton-Micali Hash-based Signatures[J]. Internet Request for Comments (RFC) 8554, 2019.

[130] PRESKILL J. Quantum Computing and the Entanglement Frontier[J]. Physics, 2012.

[131] MANIN J I. Vychislimoe I Nevychislimoe[J]. Soviet Radio, Moscow, 1980.

[132] FEYNMAN R P. Simulating Physics with Computers[M]. Feynman and Computation. CRC Press, 2018: 133-153.

[133] PALACIOS-BERRAQUERO C , MUECK L , PERSAUD D M. Instead of 'Supremacy' Use 'Quantum Advantage'[J]. Nature, 2019, 576(7786):213-213.

[134] Quantum Supremacy Using a Programmable Superconducting Processor[J]. Nature, 2019, 574(7779):505-510.

[135] BALL P. Google Moves Closer to a Universal Quantum Computer[J]. Nature News, 2016.

[136] JON P. Google Confirms 'Quantum Supremacy' Breakthrough [EB/OL]. (2019-10-23)[2021-05-25]. https://www.theverge.com/2019/10/23/20928294/google-quantum-supremacy-sycamore-computer-qubit-milestone.

[137] HARTNETT K. A New Law to Describe Quantum Computing's Rise[J]. Quanta Magazine, 2019.

[138] WARREN S D, BRANDEIS L D. The Right to Privacy[J]. Harvard Law Review, 1890: 193-220.

[139] DOYLE C, BAGARIC M. Privacy Law in Australia[M]. Federation Press, 2005.

[140] KNIGHT J, MCNAUGHT M, PARKER D, et al. Canada Personal Information Protection and Electronic Documents Act: Quick Reference[M]. Carswell, 2019.

[141] 谢青. 日本的个人信息保护法制及启示[J]. 政治与法律, 2006 (6): 152-157.

[142] ASSEMBLY U N G. Universal Declaration of Human Rights[J]. UN General Assembly, 1948, 302(2): 14-25.

[143] OECD (Organisation for Economic Co-operation and Development). The OECD Privacy Framework [R/OL]. (2013-12)[2020-06-05]. https://www.oecd.org/sti/ieconomy/oecd_privacy_framework.pdf.

[144] ACT F C R. The Fair Credit Reporting Act[J]. Public Law, 91: 508.

[145] U. S. Department of Heath, Education, Richardson F, Weinberger C W. Records, Computers, and the Rights of Citizens: Report of the Secretary's Advisory Committee on Automated Personal Data Systems[J]. Educational Researcher, 1973, 2(11):18-19.

[146] GELLMAN R. Fair Information Practices: A Basic History-Version 2. 19[J]. Available at SSRN 2415020, 2019.

[147] Organization for Economic Co-operation and Development,. OECD Guidelines on the Protection of Privacy and Transborder Flows of Personal Data[J]. Paris, France, 1980.

[148] ASHA B. Public Transport Victoria in Breach of Privacy Act after Re-identifiable Data on Over 15m Myki Cards Released [EB/OL]. (2019-08-15)[2021-08-01]. https://www.zdnet.com/article/public-transport-victoria-in-breach-of-privacy-act-after-re-identifiable-data-on-over-15m-myki-cards-released/.

[149] STALLA-BOURDILLON S, KNIGHT A. Anonymous Data v. Personal Data-False Debate: An EU Perspective on Anonymization, Pseudonymization and Personal Data[J]. Wis. Int'l LJ, 2016, 34: 284.

[150] Article 29 Data Protection Working Party. Opinion 05/2014 on Anonymisation Techniques[J]. European Commission, 2014.

[151] ERLINGSSON Ú, PIHUR V, KOROLOVA A. Rappor: Randomized Aggregatable Privacy-preserving Ordinal Response[C]//Proceedings of the 2014 ACM SIGSAC conference on computer and communications security. 2014: 1054-1067.

[152] DWORK C. Differential Privacy: A Survey of Results[C]//International Conference on Theory and Applications of Models of Computation. Springer, Berlin, Heidelberg, 2008: 1-19.

[153] DWORK C, MCSHERRY F, NISSIM K, et al. Calibrating Noise to Sensitivity in Private Data Analysis[C]//Theory of Cryptography Conference. Springer, Berlin, Heidelberg, 2006: 265-284.

[154] NARAYANAN A, SHMATIKOV V. Robust De-anonymization of Large Sparse Datasets[C]//2008 IEEE Symposium on Security and Privacy (sp 2008). IEEE, 2008: 111-125.

[155] SWEENEY L. k-anonymity: A Model for Protecting Privacy[J]. International Journal of Uncertainty, Fuzziness and Knowledge-Based Systems, 2002, 10(05): 557-570.

[156] MACHANAVAJJHALA A, KIFER D, GEHRKE J, et al. L-diversity: Privacy Beyond K-anonymity[J]. ACM Transactions on Knowledge Discovery from Data (TKDD), 2007, 1(1): 3-es.

[157] LI N, LI T, Venkatasubramanian S. T-closeness: Privacy Beyond K-anonymity and L-diversity[C]//2007 IEEE 23rd International Conference on Data Engineering. IEEE, 2007: 106-115.

[158] RULE T P. HEALTH INSURANCE PORTABILITY AND ACCOUNTABILITY ACT OF 1996 (HIPAA)[S]. 1996.

[159] ISO/IEC 27001: 2005. Information Technology Security Techniques - Information Security Management Systems- Requirements[S]. ISO Office, Published in Switzerland, 2005.

[160] ISO. ISO/IEC 29100:2011[S/OL]. (2011-12)[2020-06-06]. https://www.iso.org/standard/45123.html.

[161] 希波克拉底, 綦彦臣. 希波克拉底誓言[M]. 北京：世界图书出版公司, 2004.

[162] HUDSON K L, HOLOHAN M K, COLLINS F S. Keeping Pace With the Times—The Genetic Information Nondiscrimination Act of 2008[J]. New England Journal of Medicine, 2008, 358(25): 2661-2663.

[163] Alliance H. HITRUST Common Security Framework[S/OL]. (2021-12-30)[2022-06-13]. https://hitrustalliance.net/product-tool/hitrust-csf/.

[164] RITVO D, BAVITZ C, GUPTA R, et al. Privacy and Children's Data-An Overview of the Children's Online Privacy Protection Act and the Family Educational Rights and Privacy Act[J]. Berkman Center Research Publication, 2013 (23).

[165] FDA U S, Food and Drug Administration. CFR-Code of Federal Regulations Title 21[J]. Current good Manufacturing Practice for Finished Pharmaceuticals Part 211, 2018.

[166] Goia O S. TISAX Assessment for Information Security in the Automotive Industry[J]. 2019.

[167] NORTH A. NABA and DPP Broadcasters Unite to Promote Cyber Security Requirements for Suppliers [EB/OL]. (2016-10-01) [2021-05-25]. https://nabanet.com/wp-content/uploads/2017/08/NABAcaster-Issue_26. pdf.

[168] DPP. Committed To Security [EB/OL]. [2021-05-25]. https://www.thedpp.com/security.

[169] LUCAS M. Colonial Pipeline Hack Prompts DHS to Issue New Cybersecurity Regulations [EB/OL]. (2021-05-25) [2021-05-26]. http://a. msn. com/00/en-us/AAKnc3b?ocid=se.

[170] CONGRESS U S. Energy Policy Act of 2005 (Public Law 109-58)[J]. Washington DC, 2005, 35.

[171] NERC CIP. Standards as Approved by the NERC Board of Trustees May 2006[J]. North American Electric Reliability Corporation: Atlanta, GA, USA, 2006.

[172] STEVAN V. NERC CIP Standards and Cloud Computing [EB/OL]. [2021-05-25]. https://aka. ms/ AzureNERC.

[173] 马力, 祝国邦, 陆磊. 网络安全等级保护基本要求 (GB/T 22239—2019) 标准解读[J]. 信息网络安全, 2019, 19(2): 77.

[174] KATIE COSTELLO, Gartner Predicts the Future of AI Technologies [EB/OL]. [2020-02-05]. https://www. gartner.com/smarterwithgartner/gartner-predicts-the-future-of-ai-technologies/.

[175] CHAPPELL D. Introducing Azure Machine Learning[J]. A Guide for Technical Professionals, Sponsored by Microsoft Corporation, 2015.

[176] DAVEY W. Hackers Made Tesla Cars Autonomously Accelerate Up To 85 In A 35 Zone   [EB/OL]. (2020-02-19)[2020-02-28]. https://www.forbes.com/sites/daveywinder/2020/02/19/hackers-made-tesla-cars-autonomously-accelerate-up-to-85-in-a-35-zone/.

[177] GOODFELLOW I J, SHLENS J, SZEGEDY C. Explaining and Harnessing Adversarial Examples[J]. Computer Science, 2014.

[178] TAPSCOTT D, TAPSCOTT A. Blockchain Revolution: How the Technology Behind Bitcoin is Changing Money, Business, and the World[M]. NewYork, Penguin, 2016.

[179] CHAUM D L. Computer Systems Established, Maintained and Trusted by Mutually Suspicious Groups[D]. University of California, Berkeley, 1982.

[180] HABER S, STORNETTA W S. How to Time-stamp a Digital Document[J]. Journal of Cryptology, 1991.

[181] SZABO N. Secure Property Titles with Owner Authority[J/OL]. [2020-11-20]. https://nakamotoinstitute. org /secure-property-titles/.

[182] RAWLINSON, K. Internet of Things Research Study [EB/OL]. Available Online: https://www8. hp. com/us/en/hp-news/press-release. html?id=1744676 (accessed on 6 December 2019).

[183] BRIAN SEGAL. Breaking Down IoT Security Challenges and Solutions   [EB/OL]. (2021-04-20)[2021-05-25]. https://telnyx. com/resources/iot-security-solutions.

[184] 3GPP. Release 15. [EB/OL]. (2019-04-26)[2019-12-15]. https://www.3gpp.org/release-15.

[185] BaEK S , KIM D , TESANOVIC M , et al. 3GPP New Radio Release 16: Evolution of 5G for Industrial Internet of Things[J]. IEEE Communications Magazine, 2021, 59(1):41-47.

[186] PATRICK F. IDC Forecasts 5G Network Infrastructure Revenue to Reach $26 Billion in 2022 as Network Build-Outs Progress and 5G-Enabled Solutions Gain Traction   [EB/OL]. (2018-11-06)[2020-02-28]. https://www.businesswire.com/news/home/20181106005674/en/IDC-Forecasts-5G-Network-Infrastructure-Revenue-Reach/.

[187] PRASAD A R, ARUMUGAM S, SHEEBA B, et al. 3GPP 5G Security[J]. Journal of ICT Standardization, 2018, 6(1): 137-158.

[188] BASIN D, DREIER J, HIRSCHI L, et al. A Formal Analysis of 5G Authentication[C]//Proceedings of the 2018 ACM SIGSAC Conference on Computer and Communications Security. 2018: 1383-1396.

[189] SDXCENTRAL S. What Are the Top 5G Security Challenges? [EB/OL]. (2020-09-01)[2020-10-28]. https://www.sdxcentral.com/5g/definitions/top-5g-security-challenges/.

[190] SERIES M. IMT Vision–Framework and Overall Objectives of The Future Development of IMT for 2020 and Beyond[J]. Recommendation ITU, 2015, 2083.

[191] PATRICK N. Get Ready for Upcoming 6G Wireless, too [EB/OL]. (2018-06-28)[2021-05-25]. https://www.networkworld.com/article/3285112/get-ready-for-upcoming-6g-wireless-too.html.

[192] MA J, SHRESTHA R, ADELBERG J, et al. Security and Eavesdropping in Terahertz Wireless Links[J]. Nature, 2018, 563(7729): 89-93.